全国高职高专护理类专业"十三五"规划教材

（供护理、助产专业用）

U0746424

正常人体结构

主 编　叶 明　张春强

副主编　张俊玲　田 恒　黄国志

编 者　（以姓氏笔画为序）

王振全（漯河医学高等专科学校）

叶 明（红河卫生职业学院）

田 恒（楚雄医药高等专科学校）

刘一奇（泰山护理职业学院）

刘正华（长沙卫生职业学院）

杨兴文（红河卫生职业学院）

杨国仲（雅安职业技术学院）

吴龙祥（江西卫生职业学院）

张春强（长沙卫生职业学院）

张俊玲（山东医药技师学院）

陈海瑞（曲靖医学高等专科学校）

黄国志（娄底职业技术学院）

中国健康传媒集团

中国医药科技出版社

内容提要

本教材是"全国高职高专护理类专业'十三五'规划教材"之一。系根据本套教材编写指导思想、原则要求和《正常人体结构》教学大纲基本要求及课程特点编写而成,其内容按细胞、组织和器官系统描述。教材紧扣高职高专护理专业的要求,尤其根据教与学的具体需要而做到内容取舍适中。全书分为12章,每章在主干内容介绍的同时还设有"学习目标""案例导入""知识链接""知识拓展""本章小结"及"习题"等模块。本教材为书网融合教材,即纸质教材有机融合电子教材,教学配套资源(PPT、微课、视频、图片等),题库系统,数字化教学服务(在线教学、在线作业、在线考试)。

本教材供全国高职高专护理、助产专业师生教学使用。

图书在版编目(CIP)数据

正常人体结构 / 叶明,张春强主编.—北京:中国医药科技出版社,2018.8

全国高职高专护理类专业"十三五"规划教材

ISBN 978-7-5214-0139-4

Ⅰ.①正… Ⅱ.①叶… ②张… Ⅲ.①人体结构—高等职业教育—教材 Ⅳ.①Q983

中国版本图书馆CIP数据核字(2018)第061501号

美术编辑 陈君杞

版式设计 南博文化

出版 **中国健康传媒集团** | 中国医药科技出版社

地址 北京市海淀区文慧园北路甲 22 号

邮编 100082

电话 发行:010-62227427 邮购:010-62236938

网址 www.cmstp.com

规格 889×1094mm $^1/_{16}$

印张 21 $^3/_4$

字数 534 千字

版次 2018 年 8 月第 1 版

印次 2021 年 5 月第 4 次印刷

印刷 三河市万龙印装有限公司

经销 全国各地新华书店

书号 ISBN 978-7-5214-0139-4

定价 **75.00 元**

获取新书信息、投稿、为图书纠错,请扫码联系我们。

数字化教材编委会

主　编　叶　明

副主编　张俊玲　田　恒　黄国志

编　者　（以姓氏笔画为序）

王振全（漯河医学高等专科学校）

叶　明（红河卫生职业学院）

田　恒（楚雄医药高等专科学校）

乔继峰（山东医药技师学院）

刘　波（娄底职业技术学院）

刘一奇（泰山护理职业学院）

刘正华（长沙卫生职业学院）

杨兴文（红河卫生职业学院）

杨国仲（雅安职业技术学院）

李金鑫（红河卫生职业学院）

张俊玲（山东医药技师学院）

陈海瑞（曲靖医学高等专科学校）

林正彬（红河卫生职业学院）

黄国志（娄底职业技术学院）

出版说明

为贯彻落实国务院办公厅《关于深化医教协同进一步推进医学教育改革与发展的意见》（〔2017〕63号）等有关文件精神，不断推动职业教育教学改革，推进信息技术与医学教育融合，加强医学人才培养，使职业教育切实对接岗位需求，教材内容与形式及呈现方式更加切合现代职业教育需求，培养具有整体护理观的护理人才，在教育部、国家卫生健康委员会、国家药品监督管理局的支持下，在本套教材建设指导委员会和评审委员会顾问、苏州卫生职业学院吕俊峰教授和主任委员、南方医科大学护理学院史瑞芬教授等专家的指导和顶层设计下，中国健康传媒集团·中国医药科技出版社组织全国100余所以高职高专院校及其附属医疗机构为主体的，近300名专家、教师历时近1年精心编撰了"全国高职高专护理类专业'十三五'规划教材"，该套教材即将付梓出版。

本套教材先期出版包括护理类专业理论课程主干教材共计27门，主要供全国高职高专护理、助产专业教学使用。同时，针对当前老年护理教学实际需要，我社及时组织《老年护理与保健》《老年中医养生》《现代老年护理技术》三本教材的编写工作，预计年内出版，作为本套护理类专业教材的补充品种。

本套教材定位清晰、特色鲜明，主要体现在以下方面。

一、内容精练，专业特色鲜明

本套教材的编写，始终满足高职高专护理类专业的培养目标要求，即：公共基础课、医学基础课、临床护理课、人文社科课紧紧围绕专业培养目标要求，教材内容精练、针对性强，具有鲜明的专业特色和高职教育特色。

二、对接岗位，强化能力培养

本套教材强化以岗位需求为导向的理实教学，注重理论知识与护理岗位需求相结合，对接职业标准和岗位要求。在教材正文适当插入临床案例（如"故事点睛"或"案例导入"），起到边读边想、边读边悟、边读边练，做到理论与临床护理岗位相结合，强化培养学生临床思维能力和护理操作能力。

同时注重护士人文关怀素养的养成,构建"双技能"并重的护理专业教材内容体系;注重吸收临床护理新技术、新方法、新材料,体现教材的先进性。

三、对接护考,满足考试需求

本套教材内容和结构设计,与护士执业资格考试紧密对接,在护士执业资格考试相关课程教材中插入护士执业资格考试"考点提示",为学生学习和参加护士执业资格考试奠定基础,提升学习效率。

四、书网融合,学习便捷轻松

全套教材为书网融合教材,即纸质教材有机融合数字教材、配套教学资源、题库系统、数字化教学服务。通过"一书一码"的强关联,为读者提供全免费增值服务。按教材封底的提示激活教材后,读者可通过 PC、手机阅读电子教材和配套课程资源(PPT、微课、视频、动画、图片、文本等),并可在线进行同步练习,实时反馈答案和解析。同时,读者也可以直接扫描书中二维码,阅读与教材内容关联的课程资源("扫码学一学",轻松学习 PPT 课件;"扫码看一看",即刻浏览微课、视频等教学资源;"扫码练一练",随时做题检测学习效果),从而丰富学习体验,使学习更便捷。教师可通过 PC 在线创建课程,与学生互动,开展在线课程内容定制、布置和批改作业、在线组织考试、讨论与答疑等教学活动,学生通过 PC、手机均可实现在线作业、在线考试,提升学习效率,使教与学更轻松。此外,平台尚有数据分析、教学诊断等功能,可为教学研究与管理提供技术和数据支撑。

编写出版本套高质量教材,得到了全国知名专家的精心指导和各有关院校领导与编者的大力支持,在此一并表示衷心感谢。出版发行本套教材,希望受到广大师生欢迎,并在教学中积极使用本套教材和提出宝贵意见,以便修订完善。让我们共同打造精品教材,为促进我国高职高专护理类专业教育教学改革和人才培养做出积极贡献。

中国医药科技出版社

2018 年 5 月

全国高职高专护理类专业"十三五"规划教材

建设指导委员会

委　　员（以姓氏笔画为序）

丁凤云（江苏医药职业学院）
马宁生（金华职业技术学院）
王　玉（山东医学高等专科学校）
王所荣（曲靖医学高等专科学校）
邓　辉（重庆三峡医药高等专科学校）
左凤林（重庆三峡医药高等专科学校）
叶　明（红河卫生职业学院）
叶　玲（益阳医学高等专科学校）
田晓露（红河卫生职业学院）
包再梅（益阳医学高等专科学校）
刘　艳（红河卫生职业学院）
刘　婕（山东医药技师学院）
刘　毅（红河卫生职业学院）
刘亚莉（辽宁医药职业学院）
刘俊香（重庆三峡医药高等专科学校）
刘淑霞（山东医学高等专科学校）
孙志军（山东医学高等专科学校）
杨　铤（江苏护理职业学院）
杨小玉（天津医学高等专科学校）
杨朝晔（江苏医药职业学院）
李镇麟（益阳医学高等专科学校）
何曙芝（江苏医药职业学院）
宋光熠（辽宁医药职业学院）
宋思源（楚雄医药高等专科学校）
张　庆（济南护理职业学院）

张义伟（宁夏医科大学）

张亚光（河南医学高等专科学校）

张向阳（济宁医学院）

张绍异（重庆医药高等专科学校）

张春强（长沙卫生职业学院）

易淑明（益阳医学高等专科学校）

罗仕蓉（遵义医药高等专科学校）

周良燕（雅安职业技术学院）

柳韦华［山东第一医科大学（山东省医学科学院）］

贾　平（益阳医学高等专科学校）

晏廷亮（曲靖医学高等专科学校）

高国丽（辽宁医药职业学院）

郭　宏（沈阳医学院）

郭梦安（益阳医学高等专科学校）

谈永进（安庆医药高等专科学校）

常陆林（广东江门中医药职业学院）

黄　萍（四川护理职业学院）

曹　旭（长沙卫生职业学院）

蒋　莉（重庆医药高等专科学校）

韩　慧（郑州大学）

傅学红（益阳医学高等专科学校）

蔡晓红（遵义医药高等专科学校）

谭　严（重庆三峡医药高等专科学校）

谭　毅（山东医学高等专科学校）

全国高职高专护理类专业"十三五"规划教材

评审委员会

前言

QIANYAN

依据《现代职业教育体系建设规划（2014—2020年）》《医药卫生中长期人才发展规划（2011—2020年）》的精神，为适应《国家中长期教育改革和发展规划纲要（2010—2020年）》关于"重点扩大应用型、复合型、技能型人才培养模式"的教改需要，推动高职高专护理专业教育教学改革，创新护理类专业人才培养模式，提升人才培养水平，在全国高职高专护理类专业"十三五"规划教材建设指导委员会的指导下，由富有教育教学经验的一线教师编写了这本《正常人体结构》教材。

《正常人体结构》是护理类专业的重要专业基础课程。编委们编写教材力求做到"内容适中、逻辑清晰、文字精炼、图文并茂、详略得当、易教易学、联系临床、结合护考"，体现作为一门形态学课程和重要基础课程的特点。具体编写中秉持的原则：首先，体现卫生职业教育的理念，满足培养目标和技能要求。以高职高专护理类专业培养目标为导向，以职业技能的培养为根本，满足三个需求：岗位需要、学教需要、社会需要。教材贴近岗位、贴近学生、贴近社会，强调学生通过学习与实践，增强探究和创新意识，发展综合运用知识的能力。其次，遵循"三基（基本理论、基本知识、基本技能）""五性（思想性、科学性、先进性、启发性、适用性）"的基本规律，适当扩展，适应高职高专护理类专业教育教学的需要。教材融传授知识、培养能力、提高素质为一体，重视培养学生获取信息及终身学习的能力，突出启发性。再次，注意教材本身的整体优化，既避免内容与相关课程的重复，又防止其后续课程需要内容的疏漏，做到与其他学科紧密联系、互相呼应，同时又保证教材自身体系的完整。

本教材的特色是：①课程内容融系统解剖学、组织学和胚胎学内容融为一体，符合护理专业的人才培养目标。②章节前设置学习目标和案例导入。学习目标体现教学大纲的基本要求，"案例导入"呈现临床病例引导学习内容，提高学习兴趣，培养临床思维能力。③联系临床护理应用的知识，提高学习兴趣，帮助学生理解和记忆。④正文中穿插"知识拓展"或"知识链接"，增加教材的可读性，开阔学生视野，扩大知识面。⑤每章结束设置小结，简明扼要的总结，有助于学生记忆。每章后的习题，紧贴执业考试内容，供教师辅导和学生学习参考应用。⑥本教材为书网融合教材，即纸质教材有机融合电子教材，教学配套资源（PPT、图片等），题库系统，数字化教学服务（在线教学、在线作业、在线考试）。

本教材精准定位，专为高职高专护理类专业打造，尤其适宜3年制专科护理、助产专业使用。在编写过程中得到了编者及其所在单位和中国医药科技出版社的大力支持与帮助，在此表示衷心感谢。

由于编者学术水平有限，加之编写时间仓促，虽尽了最大的努力，但难免有不足之处，恳请同行专家和广大师生提出宝贵意见。

编　者

2018年3月

目录
MULU

绪　　论

一、正常人体结构的定义

正常人体结构是研究正常人体形态结构及其发生发展规律的科学，属于生物科学中形态学的范畴，其主要任务是探讨与阐述正常人体各器官和组织的形态结构特征、位置毗邻、发生发育规律及其功能意义。正常人体结构主要包括人体解剖学、组织学和胚胎学三门学科。

人体解剖学（human anatomy）是通过肉眼观察的方法研究正常人体形态结构的一门学科。根据研究内容和叙述方法的不同，人体解剖学可分为系统解剖学和局部解剖学。系统解剖学（systematic anatomy）是按人体器官功能系统，即运动系统、消化系统、呼吸系统、泌尿系统、生殖系统、脉管系统、感觉器、神经系统和内分泌系统来阐述正常人体器官形态结构、相关功能及其发生发展规律的科学。一般所说的人体解剖学就是指系统解剖学。局部解剖学（topographic anatomy）是按人体的某一局部，如头部、颈部、胸部、腹部、盆部和四肢等来描述人体器官的配布位置关系及层次结构的科学。

由于科学研究和技术方法的不断创新，解剖学与医学其他学科一样，也是不断发展，研究范围和研究水平也在不断拓宽与加深，解剖学的分科越来越细。如密切联系外科手术的外科解剖学；联系临床应用，研究人体表面形态特征的表面解剖学；运用X线摄影技术研究人体形态结构的X线解剖学；研究人体各局部或器官的断面形态结构的断面解剖学；针对护理技术操作、治疗、病情观察、护理诊断等内容开展应用研究的护理应用解剖学。当人类进入"信息化"、"数字化"和"智能化"的时代，解剖学的研究也随之进入到分子和基因水平。随着揭示人体结构的不断深入，又会有一些新学科不断从解剖学中分化出来，但在广义上它们仍属于解剖学范畴。

组织学（histology）是借助于显微镜观察的方法，研究正常人体微细结构及相关功能的科学。

胚胎学（embryology）是研究人体在发生、发育过程中，形态结构变化规律的科学。

正常人体结构是基础医学科学中重要的学科之一，是医学生的必修课。学好这门课程，可以为学习后续基础医学和护理专业课程奠定坚实的形态学基础。只有在掌握正常人体形态结构的基础上，才能正确理解人体的生理功能与病理变化，正确判断人体的正常与异常，鉴别生理与病理状态，从而对疾病做出正确的诊断，采取相应的护理措施。

二、人体的组成和分部

（一）人体的组成

人体结构和功能的基本单位是细胞。许多形态相似、功能相近的细胞与细胞间质共同构成组织。人体的组织分为上皮组织、肌肉组织、结缔组织和神经组织，这四类组织又称为基本组织。几种不同的组织按一定规律组合成具有一定形态，并能完成特定生理功能的结构，称为器官，如心、肝、肺、肾、脑等。许多功能相关的器官组合在一起，共同完成某一方面的功能，称为系统。人体有运动系统、消化系统、呼吸系统、泌尿系统、生殖系统、脉管系统、感觉器、内分泌系统和神经系统等。其中消化、呼吸、泌尿和生殖系统的大部分器官位于胸腔、腹腔和盆腔内，并借孔、道直接或间接与外界相通，总称为内脏。

（二）人体的分部

从外形上通常将人体分为头部、颈部、躯干部和四肢。头部包括颅和面部。颈部包括颈和项部。躯干部的前面分为胸部、腹部、盆部和会阴部；躯干部的后面分为背部和腰部。四肢分为上肢和下肢。上肢分为肩、臂、前臂和手；下肢分为臀、大腿（股）、小腿和足（图1）。

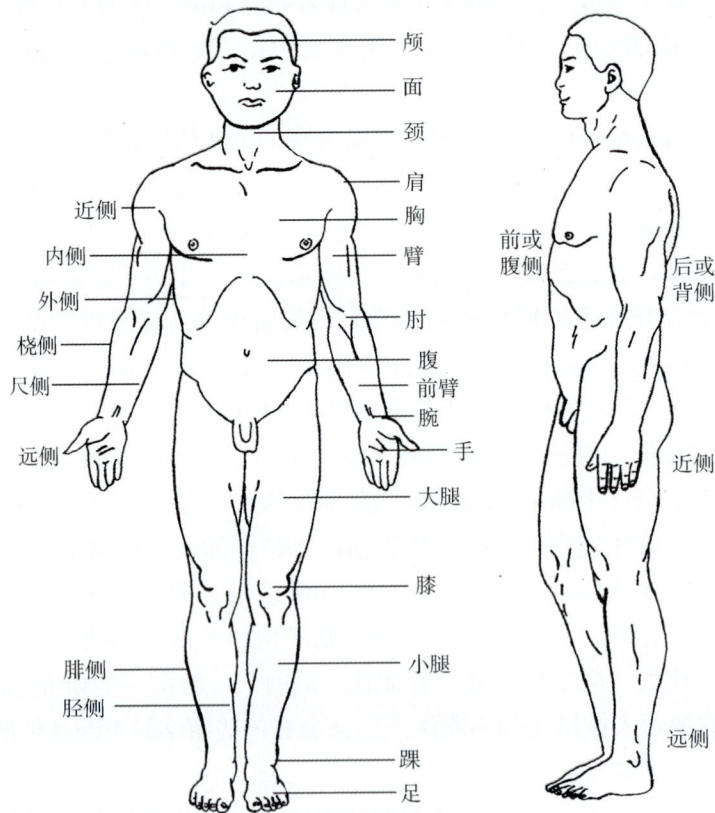

图1　人体的分部与解剖学姿势

三、正常人体结构常用术语

为了能正确的描述人体各部、各器官的形态结构和位置关系，需要有公认的统一标准和描述用语，以便统一认识，避免混淆与错误描述。因此确定了人体的标准解剖学姿势、方位、轴和面等术语。学习正常人体结构必须准确掌握这些基本知识。

（一）标准解剖学姿势

人体的标准解剖学姿势是指身体直立，面向前，两眼平视正前方，两足并拢，足尖向前，双上肢下垂于躯干的两侧，掌心向前（图1）。不论被观察的人体结构、标本或模型处于何种位置，均应以此标准姿势来进行描述。

（二）方位术语

按照人体标准解剖学姿势，规定的方位术语，用于描述人体各结构的相互位置关系。

1.**上和下**　是描述器官或结构距颅顶或足底的相对远近关系的术语。近颅者为上，近足者为下。在比较解剖学则称为颅侧和尾侧。

2.**前和后**　是指距身体前、后面距离相对远近的术语。距身体腹侧面近者为前，又称腹侧；距身体背侧面近者为后，又称背侧。

3.**内侧和外侧**　是描述人体各局部或器官、结构与人体正中矢状面相对距离大小的术语。距人体正中矢状面近者为内则，远者为外则。在上肢，因前臂的尺骨与桡骨并列，尺骨在内侧，桡骨在外侧，故前臂的内侧也可称为尺侧，外侧也称为桡侧；下肢小腿的胫骨与腓骨并列，小腿的内侧也称胫侧，外侧也称腓侧。

4.**内和外**　是描述空腔器官相互位置关系的术语，近内腔者为内，远离内腔者为外。

5.**浅和深**　是描述与皮肤表面相对距离关系的术语，距皮肤近者为浅，远离皮肤而距人体内部中心近者为深。

6.**近侧和远侧**　用于描述四肢。距肢体根部较近者为近侧，距肢体根部较远者为远侧。

（三）人体的轴与面

轴和面是为了准确表达及理解人体在标准解剖学姿势下关节运动和整体或局部的形态结构位置的术语。一般设定了相互垂直的三种轴及三种面（图2）。

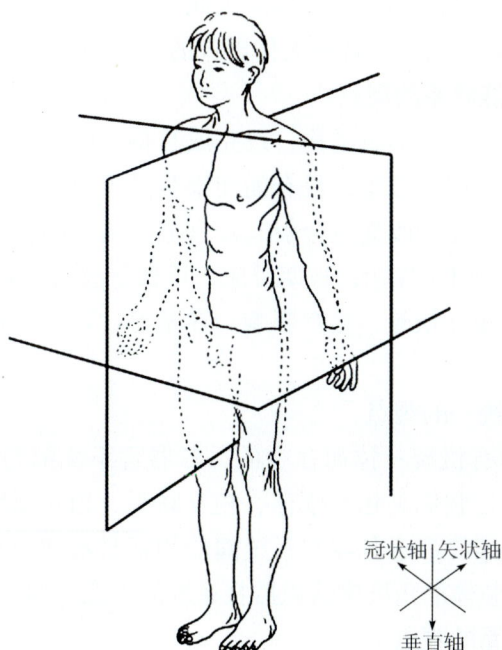

冠状轴｜矢状轴

垂直轴

图2　人体的轴和面

1. 轴

（1）垂直轴 为上下方向，与地平面相垂直的轴。

（2）矢状轴 从前至后或从腹侧面至背侧面，同时与垂直轴呈直角交叉的轴，又称腹背轴。

（3）冠状轴 为左右方向与水平面平行，与垂直轴和矢状相垂直的轴。

2. 面

（1）矢状面 按前后方向，将人体分成左、右两部的纵切面，该切面与水平面和冠状面互相垂直。将人体分成左右相等两半的矢状面称正中正矢状面。

（2）冠状面 按左右方向，将人体分为前、后两部的纵切面，该切面与水平面及矢状面互相垂直。

（3）水平面 又称横切面，是指与地平面平行，与矢状面和冠状面相互垂直，将人体分为上、下两部的平面。

在描述器官的切面时，则以器官自身的长轴为标准，与其长轴平行的切面称纵切面，与其长轴垂直的切面称横切面。

四、学习正常人体结构的观点和方法

正常人体结构是一门形态科学，其特点是结构复杂、描述内容多、名词繁多。要学好这门课程，必须遵循以下观点和方法。

（一）进化发展的观点

人类经历漫长的生物进化发展而来，是种系发生的结果。人和动物有着本质区别，如人能进行思维，有交流思维活动的语言和进行生产劳动的双手，从而使人类成为世界的主宰者。但人体的形态结构至今仍保留了许多与动物，尤其是与哺乳类动物类似的特征，如皮肤生有毛发，两侧对称的身体，体腔分为胸腔、腹腔和盆腔等。现代人的形态结构仍然处于不断发展和变化之中。人出生以后，不同的年龄，不同的自然因素、社会环境和劳动条件等均可影响人体形态结构与功能的发展。因此，只有用进化发展的观点来学习正常人体结构，才能正确全面地认识人体，理解人体出现的变异和畸形。

（二）形态结构与功能联系的观点

人体的每个器官都有一定的形态结构，以完成其特定的功能，器官的形态结构是其功能的物质基础。如细长的骨骼肌细胞，具有能使细胞发生收缩的结构；眼呈球形，能灵活运动，以利于扩大视野。功能的改变也会引起器官形态结构的发展和变化。如加强体育锻炼，可使骨骼肌细胞变粗，肌肉发达；长期卧床，可致骨骼肌细胞细弱和肌肉萎缩。因此，人体的形态结构与功能是相互依赖、相互影响。在学习过程中，要以形态联系功能，以功能来联想形态。

（三）局部与整体相统一的观点

人体是以一个完整的有机统一体而存在的，各器官系统都是整体不可分割的一部分，不能离开整体而单独存在。它们是相互依存、相互联系、相互制约、有机配合和协调一致的。在学习过程中，既要始终注意各器官系统间的相互联系和相互影响，了解它们在整体中的地位和作用，又要从整体的角度来认识器官系统的形态结构。

（四）理论与实际联系的观点

学习的目的是为了应用，在学习中必须坚持理论联系实际，联系临床应用，做到三个

结合：①图文结合。图形是将名词概念简单化和形象化，课本中的插图是对文字最好的说明，学习时要做到图形与文字并重，二者结合，以达到建立初步的立体概念、帮助理解和记忆的目的。②理论知识与观察实物相结合。通过对尸体、标本、组织切片的观察及活体的触摸，使理论知识得到实际验证，以加深对理论知识的理解，建立形体概念，形成形象记忆。这是学好正常人体结构最基本、最重要的方法之一。③理论知识与临床应用相结合。形态结构的基础知识是要为临床实际服务，在学习的过程中，适度地联系临床应用，可激发学习兴趣，增强对某些器官结构重要性的理解认识。

习　题

一、选择题

1.常用来描述空腔器官的方位术语是

　　A.浅和深　　　　　　　　B.内和外　　　　　　　　C.上和下

　　D.近侧和远侧　　　　　　E.前和后

2.以体表为准的方位术语是

　　A.前和后　　　　　　　　B.上和下　　　　　　　　C.内和外

　　D.浅和深　　　　　　　　E.近侧和远侧

3.按照人体各功能系统描述人体器官的形态结构的科学是

　　A.局部解剖学　　　　　　B.断面解剖学　　　　　　C.X线解剖学

　　D.护理应用解剖学　　　　E.系统解剖学

4.把人体分为左、右两部分的纵切面是

　　A.冠状面　　　　　　　　B.垂直面　　　　　　　　C.水平面

　　D.矢状面　　　　　　　　E.正中矢状面

5.呈左右方向，将人体分为前、后两部分的切面是

　　A.冠状面　　　　　　　　B.垂直面　　　　　　　　C.水平面

　　D.矢状面　　　　　　　　E.正中矢状面

二、思考题

1.简述人体的组成和分部。

2.如何描述解剖学姿势、轴、面及方位术语？

（叶　明）

第一章　细　　胞

学习目标

1. **掌握**　细胞的基本结构；各种细胞器的形态结构和功能。
2. **熟悉**　细胞核的组成及各组成成分的结构和功能。
3. **了解**　细胞膜的电镜结构。
4. 会使用光学显微镜；能观察辨认细胞的光镜结构。
5. 树立正确的学习态度及辩证唯物主义观点；具有良好的职业素质、人际沟通能力和团结协作精神。

细胞是一切生物体的结构、功能和发育的最基本单位。一个成年人体大约由 10^{15} 个细胞构成。细胞种类较多，约有200余种。人体就是由这大量不同的细胞按照一定的规律组合而成，执行着复杂多样的功能活动。人体所有的生理功能、生化反应和病理变化都是在细胞及其产物的基础上进行的，即使是人体疾病的发生、发展也离不开细胞的结构基础。因此，研究细胞的形态结构和功能，能深入地理解人体的形态结构和生理功能。

第一节　细胞的形态

构成人体的细胞种类较多，形态多样，如球形、梭形、多面体形、星形和不规则形等（图1-1）。细胞结构复杂，功能也各不相同。细胞的形态、结构与其执行的功能和所处的部位相适应，有些细胞可随功能状态的不同而发生相应的变化。如巨噬细胞一般呈圆形或椭圆形，功能活跃时则伸出伪足而呈不规则形；血细胞多呈球形，便于在血管中流动；凡具有较强吞噬能力的细胞必然含有较多的溶酶体，以消化吞噬物；蛋白质合成旺盛的细胞都具有丰富的粗面内质网和发达的高尔基复合体；饱食和饥饿时的肝细胞中糖原颗粒的多少和分布均不相同。细胞的多样性都是为了适应机体各种特定的功能而逐渐演化而成的。

构成人体的细胞大小不一，多数细胞直径为 $6 \sim 30 \mu m$，肉眼不可见，必须借助光学显微镜才能看到。

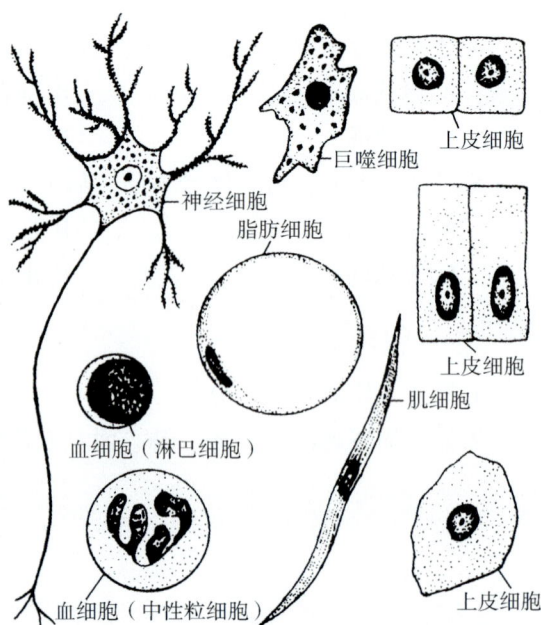

图 1-1　各种形态的细胞模式图

第二节　细胞的结构

在光镜下，细胞由细胞膜、细胞质和细胞核三部分组成（图1-2），三者为细胞的基本结构。

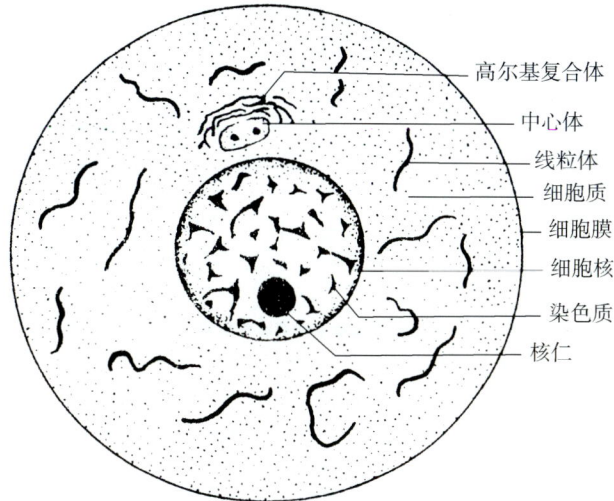

高尔基复合体
中心体
线粒体
细胞质
细胞膜
细胞核
染色质
核仁

图 1-2　细胞的一般结构模式图

一、细胞膜

（一）细胞膜的结构和化学成分

细胞膜是细胞表面的一层薄膜，又称质膜。在光镜下很难分辨，但用透射电镜观察，细胞膜可分为内、中、外三层结构，内、外两层电子密度高，颜色较深；中间层电子密度低，颜色较浅，呈现出"两暗夹一明"的图像。具有这种典型的"两暗夹一明"图像的除细胞膜外，还有细胞内的内质网、线粒体、高尔基复合体、溶酶体和核膜等，因此把具有这种模式的结构统称为生物膜，而把这种"两暗夹一明"的三层膜结构称为单位膜（图1-3）。

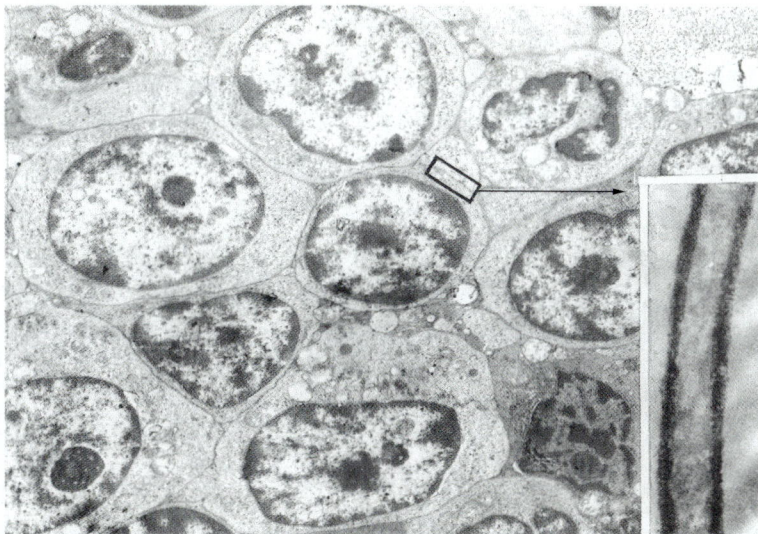

图 1-3　细胞膜

化学分析表明，细胞膜主要是由脂类、蛋白质和少量的糖类组成，种类不同的膜中这些物质的比例和组成有所不同。20世纪30年代以来学者们提出了各种关于膜的分子结构的假说，1972年由Singer和Nicholson提出的液态镶嵌模型假说得到较多的实验事实支持，并且迄今被广泛接受应用。该学说的主要内容是：①构成细胞膜的类脂分子排列成内外两层，成液态状，并能移动；②蛋白质分子有的镶嵌在类脂分子之间，称嵌入蛋白质，有的附着在类脂分子的表面（图1-4）。

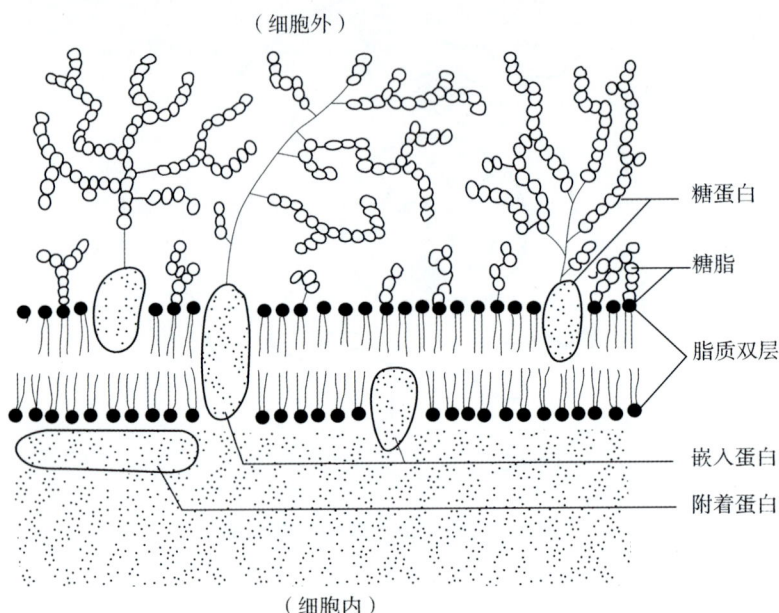

（细胞外）

糖蛋白
糖脂
脂质双层
嵌入蛋白
附着蛋白

（细胞内）

图1-4 细胞膜的分子结构模型

细胞膜并不是细胞的最外边界，其外侧还附着一些物质，主要是多糖，分别与膜脂或膜蛋白形成糖脂或糖蛋白。糖脂和糖蛋白的糖链向外伸展而构成了糖衣或细胞衣，糖衣和细胞膜合称细胞表面。

知识拓展

癌 细 胞

癌细胞的恶性增殖和转移与癌细胞膜化学成分的改变有关。细胞在癌变的过程中，细胞膜的化学成分在发生改变，有的产生甲胎蛋白AFP、癌胚抗原CEA等物质。因此，在检查癌症的验血报告单上，有AFP、CEA等检查项目。如果这些指标超过正常值，应做进一步检查，以确定体内是否出现癌细胞。

（二）细胞膜的功能

1. 屏障作用 细胞膜是细胞与外界环境之间的屏障，能抵御外界的损伤因子，防止细胞内物质外流。

2. 维持细胞形态 维持细胞的完整性，保持一定的细胞形态，对细胞起保护作用。

3. 物质交换 细胞不断进行新陈代谢，从周围环境中摄入营养物质和氧，排出其代谢产物。细胞膜是一层半透膜，它能有选择地摄取和排出某些物质，从而保持细胞内外物质的交换和新陈代谢的正常进行。

4. 受体作用 细胞膜上的某些嵌入蛋白质能和一定的化学物质（如激素、神经递质和某些药物）发生特异性结合，该蛋白质被称为相应化学物质的受体，与受体结合的化学物质叫这种受体的配体。受体能识别配体，并与之结合引起细胞内一系列的代谢反应和生理效应。

二、细胞质

细胞质是细胞膜与细胞核之间的部分，简称胞质或胞浆，是细胞的代谢和功能中心。由基质、细胞器和包含物三部分组成。

（一）基质

基质是细胞质内无定形的胶状物质，为细胞的基本成分，细胞器或包含物悬浮于其中。其化学成分复杂，是细胞内各种生理活动所必需的内环境。基质对维持细胞形态及细胞生命活动有着重要的作用。

（二）细胞器

细胞器是指胞质内具有特定形态结构和一定生理功能的结构，包括线粒体、核糖体、内质网、高尔基复合体、溶酶体、微体、中心体、微管和微丝等（图1-5）。

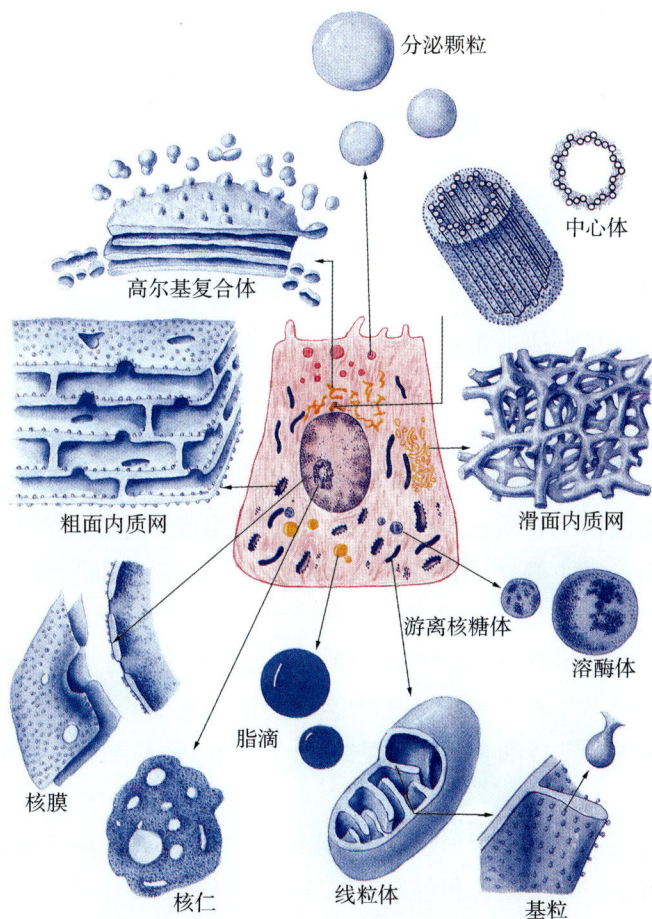

图1-5　细胞超微结构模式图

1.线粒体　除成熟红细胞外，线粒体普遍存在于各种细胞中。因光镜下呈线状或颗粒状，故称线粒体。电镜下观察，线粒体是由内外两层生物膜围成的圆形或椭圆形小体，外膜光滑，内膜向内折叠形成板状或管状结构称线粒嵴。线粒体内含多种酶，能对细胞摄入的糖类、脂类及蛋白质进行氧化分解，释放出能量，供给细胞各种生命活动的需要，故线粒体有细胞"供能站"之称。此外线粒体内还含有线粒体DNA、RNA及线粒体核糖体，因此，线粒体还具有独立合成蛋白质和自我复制的能力。

2.核糖体 又称核蛋白体，是细胞内合成蛋白质的场所，主要由核糖核酸（RNA）和蛋白质构成。电镜下为致密颗粒状，是细胞内最小的细胞器。核糖体附着在内质网表面或游离于细胞质内，因此可分为附着核糖体和游离核糖体两种，其功能有所不同，游离核糖体主要合成细胞"内销性"结构蛋白，其合成的蛋白质供细胞自身生长和生殖所用，在干细胞、肿瘤细胞等分裂增生较快的细胞中多见；附着核糖体主要合成"外销性"输出蛋白，其合成的蛋白质供细胞外的机体调节或防御所用，多见于各种腺细胞及浆细胞。

3.内质网 为多功能的膜性小管系统，电镜下观察，内质网是由一层单位膜围成的管状、泡状或扁平囊状结构，并相吻合成网。根据其表面有无核糖体附着可将其分为粗面内质网和滑面内质网。粗面内质网表面有大量核糖体附着，主要功能是合成和分泌蛋白质，故在合成分泌蛋白质功能旺盛的细胞内，粗面内质网非常发达；滑面内质网表面无核糖体附着，不分泌蛋白质，但其功能复杂，在不同细胞中具有不同的功能，主要功能是合成类固醇激素、参与解毒、脂类代谢、储存和释放Ca^{2+}等。

4.高尔基复合体 位于细胞核的周围或一侧。光镜下高尔基复合体呈网状，又称内网器。电镜下观察，高尔基复合体是由一层单位膜围成的一些扁平囊泡、小泡和大泡等结构。高尔基复合体的主要功能是参与细胞的分泌活动，进行细胞分泌物的加工、浓缩、包装和运输等过程。

5.溶酶体 是由一层单位膜围成的囊状小体，以白细胞和巨噬细胞含量较多。溶酶体最大的特点是含有大量的水解酶，能够清除细胞内的外源性异物和内源性残余物，维持细胞的正常形态和功能。

6.微体 又称过氧化物体，多见于肝细胞和肾小管上皮细胞，是由单位膜包裹形成的圆形或椭圆形小体，内含40多种酶，其标志酶是过氧化氢酶。微体的主要功能是通过过氧化氢酶的作用，破坏对细胞有毒性的过氧化氢，起解毒作用。

7.中心体 位于细胞核的附近，因其位置比较接近细胞的中央，故称为中心体。光镜下，中心体是由一团浓稠的胞质包绕着1～2个中心粒组成。电镜下观察，中心粒为两个短筒状小体，互相垂直。其主要功能是参与细胞的有丝分裂，与细胞分裂期纺锤体的形成及染色体的移动有关。

8.微管和微丝 电镜下观察，微管是一种中空的管状结构，其主要的化学成分是微管蛋白；微丝一种实心丝状结构，常分布于细胞周边部，主要的化学成分为肌蛋白。微管和微丝对细胞有支持作用，维持细胞形态，是细胞的骨架，还与细胞的运动、收缩等有关。

（三）包含物

包含物是指细胞质内具有一定形态（细胞器除外）的各种代谢产物和储存物质的总称，如糖原、质滴、蛋白质、分泌颗粒和色素颗粒等。

三、细胞核

细胞核是细胞的重要结构，核内含有遗传信息分子，在一定程度上控制着细胞的代谢、增殖、分化等功能活动。人体内除成熟的红细胞外，都有细胞核。一个细胞通常只有一个细胞核，也有两个细胞核的，如肝细胞，甚至有几十个乃至几百个细胞核，如骨骼肌细胞。细胞核的位置多数位于细胞的中央，有的偏一侧或靠近基底部。

　　细胞核的形态多与细胞的形态和功能相适应，大多数圆形、立方形的细胞，细胞核呈圆形；柱状、梭形的细胞，细胞核呈椭圆形；少数细胞的细胞核为不规则形，如马蹄形、分叶核形等。

　　细胞核的存在形态随着细胞周期的演变而变化，其中细胞间期时较典型，通过电镜观察，可以把分裂间期的细胞核分为核膜、核仁、染色质和核基质四个部分（图1-6）。

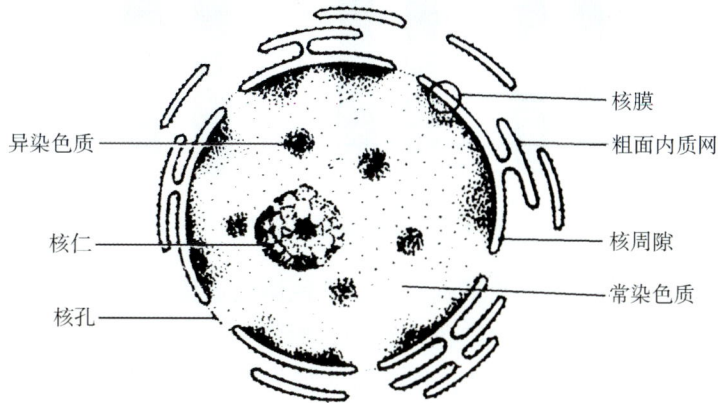

图 1-6　细胞核电镜结构

（一）核膜

　　核膜是遗传物质区域化的膜，为细胞核表面的薄膜。电镜下观察，核膜是由内外两层单位膜构成，两层单位膜之间的间隙称核周隙。核膜上有许多小孔叫核孔，是细胞核和细胞质之间进行物质交换的通道。核膜的主要作用是包围核内容物，对核内容物起保护作用，也控制细胞内外物质的交换。

（二）核仁

　　核仁为圆形或椭圆形的颗粒状结构，无膜包裹，其主要化学成分为蛋白质和核糖核酸。核仁是合成核糖体的场所。

（三）染色质和染色体

　　染色质和染色体为遗传物质的载体，是同一物质在细胞不同时期的两种表现形式。光镜下观察，在细胞分裂前期，染色质易被碱性染料染成深蓝色，呈粒状或块状；细胞进行有丝分裂时，染色质细丝螺旋盘曲缠绕成为具有特定形态结构的短棒状染色体。染色体的主要化学成分是脱氧核糖核酸（DNA）和蛋白质。

　　染色体的数目是恒定的。人类体细胞有46条染色体，组成23对，称二倍体，其中22对为常染色体，一对为性染色体。性染色体与性别有关，在男性，体细胞核型是46，XY；而女性是46，XX。人体成熟的生殖细胞有23条染色体，称单倍体，其中22条为常染色体，1条为性染色体。男性生殖细胞核型为23，X或23，Y；女性生殖细胞核型为23，X。

　　每条染色体由两条纵向排列的染色单体构成。两条染色单体的连接处有纺锤丝附着，称着丝点（图1-7）。

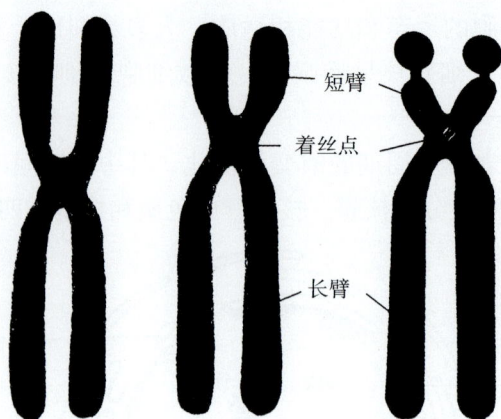

图 1-7　染色体形态模式图

　　染色体中的DNA是遗传物质的基础，所以染色体是遗传物质的载体。分裂中期的染色体，按其形态顺序排列成图案，称染色体组型，男性为46，XY，女性为46，XX。如果染色体数目和结构发生改变，将导致遗传性疾病。如先天性睾丸发育不全的患者，染色体组型为47，XXY；先天性卵巢发育不全患者，染色体组型为45，XO。临床上检查早期胎儿细胞，如羊水细胞的染色体组型，可对某些遗传性疾病予以早期诊断并给予及时处理。

（四）核基质

　　核基质是由核液和细胞骨架组成。核液是由水、蛋白质、各种酶和无机盐等成分组成，为核内代谢活动提供适宜的环境。细胞骨架是由多种蛋白质形成的三维纤维网架结构，主要功能是维持细胞核的形状。

本章小结

　　细胞是人体的结构、功能和发育的基本单位，它由细胞膜、细胞质和细胞核三部分组成。电镜下细胞膜呈"两暗夹一明"的结构，它是所有生物膜的共同结构特征，因此又称单位膜。细胞器是胞质内具有特定形态结构和一定生理功能的有形成分。如线粒体为细胞提供能量、核糖体与粗面内质网是细胞内合成蛋白质的场所，溶酶体能够消化分解细胞内的外源性异物和内源性残余物等。细胞核是细胞生命的活动控制中心，它由核膜、染色质、核仁和核基质四部分组成。染色质的主要化学成分是DNA和蛋白质。DNA是遗传物质的载体。染色质的DNA分子高度螺旋、增粗变短，称染色体。人类体细胞共23对染色体（46条），其中22对（44条）为常染色体，1对（2条）为性染色体。

习题

一、选择题

1.构成人体的基本结构和功能单位的是

　　A.细胞器　　　　　　　　B.组织　　　　　　　　C.系统

D.器官　　　　　　　　　E.细胞

2.参与蛋白质合成的细胞器是

A.滑面内质网和游离核糖体　　　B.粗面内质网和高尔基复合体

C.粗面内质网和游离核糖体　　　D.滑面内质网和粗面内质网

E.高尔基复合体和溶酶体

3.被称为细胞内"消化器"的是

A.高尔基复合体　　　　　B.线粒体　　　　　　　C.核糖体

D.中心粒　　　　　　　　E.溶酶体

4.含多种水解酶的细胞器是

A.线粒体　　　　　　　　B.核糖体　　　　　　　C.溶酶体

D.中心体　　　　　　　　E.内质网

5.被称为"动力工厂"的细胞器是

A.核糖体　　　　　　　　B.线粒体　　　　　　　C.中心体

D.高尔基复合体　　　　　E.溶酶体

6.参与细胞分裂活动的是

A.溶酶体　　　　　　　　B.中心体　　　　　　　C.粗面内质网

D.高尔基复合体　　　　　E.线粒体

7.遗传物质存在于下列哪一结构中

A.核仁与核膜　　　　　　B.核膜与核液　　　　　C.染色质或染色体

D.核仁与核液　　　　　　E.核仁与染色质

8.女性生殖细胞的正常染色体数目是

A.44，XX　　　　　　　B.44，XY　　　　　　　C.23，X

D.23，Y　　　　　　　　E.47，X

二、思考题

1.简述细胞的基本结构。

2.何谓细胞器？列举三种细胞器并说明其主要功能。

（刘正华）

扫码"练一练"

第二章 基本组织

构成人体最基本的结构单位是细胞，同一类型细胞与细胞间质构成组织，由组织构成具有一定形态和功能的器官，功能相似的器官组成系统，由系统组成人体。人体的基本组织包括上皮组织、结缔组织、肌组织和神经组织。

第一节 上皮组织

案例导入

患者，男，20岁，未婚，因"右侧胸闷、胸痛、气喘半个月"入院。患者半个月前无明显诱因出现右侧胸痛，呈持续性闷痛，伴咳嗽、气喘，无发热、头痛，无寒战，无盗汗等，在当地医院诊断为"结核性胸膜炎"，行抗炎、增强免疫力及对症治疗，病情未见好转，为进一步诊治，以"右侧胸腔积液"转上级医院，发病以来，神志清，精神差，饮食睡眠可，大小便正常，体重无明显下降。既往体健。无肝炎、结核等传染性疾病病史，无外伤手术史，无食物及药物过敏史，无输血史及成分献血史。

初步诊断：右侧结核性胸膜炎。

请问：

1.胸膜属于何种组织？

2.说出上皮组织的结构特点、分类和分布。

扫码"学一学"

上皮组织简称上皮，由紧密排列的上皮细胞和少量细胞间质组成。上皮组织的特点：①上皮细胞数量多且排列紧密，细胞间质少。②上皮细胞有明显极性，细胞一面游离朝向身体表面或器官的腔面，称游离面。与游离面相对的一面，称基底面，经基膜与结缔组织相连。单层上皮细胞的极性最典型。③上皮内无血管，所需营养依靠深部结缔组织透过基膜供应。④上皮组织内感觉神经末梢丰富。

上皮组织有保护、分泌、吸收和排泄等功能，人体不同部位的上皮组织的功能有所差异。根据功能的不同，上皮组织主要分为被覆上皮和腺上皮两大类。此外，体内还有少量特化的上皮，如能感受特定物理或化学性刺激的感觉上皮、具有收缩能力的肌上皮、能产生精子的生精上皮等。

一、被覆上皮

被覆上皮是指覆盖于身体表面、体腔或有腔器官内腔面的上皮。根据上皮细胞排列的层次及细胞形态，可将被覆上皮分为以下几类。

1.单层扁平上皮 主要由一层扁平细胞组成，细胞形似鱼鳞，又称单层鳞状上皮。从表面观察，细胞呈多边或不规则形；核椭圆，居细胞中央；细胞边缘呈锯齿或波浪状，互相嵌合（图2-1）。从垂直切面观察，细胞扁薄，胞质少，仅核的部位略厚。衬覆于心、血管和淋巴管内面的单层扁平上皮称内皮，内皮游离面光滑，利于血液、淋巴流动及物质通透；衬覆于胸膜腔、腹膜腔和心包腔内表面的单层扁平上皮称间皮，间皮的分泌物使其表面湿润光滑，减少器官活动时相互摩擦力。

2.单层立方上皮 由一层矮柱状细胞组成。从表面观察，呈六角形或多角形；从垂直切面看，呈正方形、核圆形，居细胞中央（图2-2）。主要分布在肾小管及甲状腺滤泡等处，具有吸收和分泌的功能。

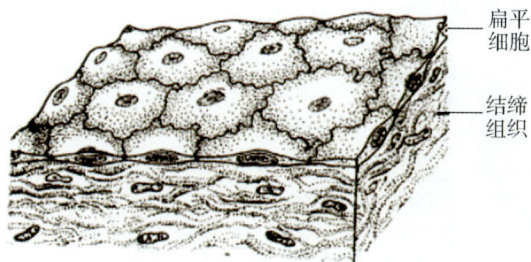

图2-1 单层扁平上皮

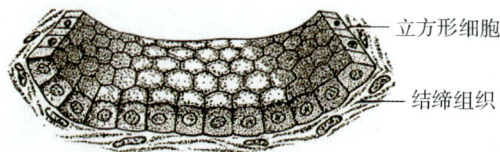

图2-2 单层立方上皮

3.单层柱状上皮 由一层高柱状细胞组成。从表面观察，与单层立方上皮相同，细胞呈六角形或多角形；从垂直切面看，细胞为高柱状，核呈长椭圆形，靠近细胞基底面，细胞核的长轴与细胞长轴一致（图2-3）。主要分布于胃、肠、胆囊和子宫等器官的内腔面，有保护、吸收和分泌等功能。在肠道的单层柱状上皮中，还有散在的杯状细胞分布。杯状细胞形似高脚酒杯，底部狭窄与单层柱状上皮基底层相连，顶部膨大；核染色较深，呈三角形或扁圆形；顶部胞质内充满分泌颗粒，颗粒中含黏蛋白，称黏原颗粒，黏蛋白可形成黏液，具有润滑和保护上皮的作用。

4.假复层纤毛柱状上皮 由柱状细胞、梭形细胞、锥形细胞和杯状细胞组成，所有细胞的基底面都与基膜相连接。由于细胞形态、高矮不一，细胞核处于不同的水平位置上，故从垂直切面上看，可见为多层，但实为一层。柱状细胞游离面有纤毛，因而称为假复层纤毛柱状上皮（图2-4）。主要分布于呼吸道的腔面，具有保护和分泌功能。

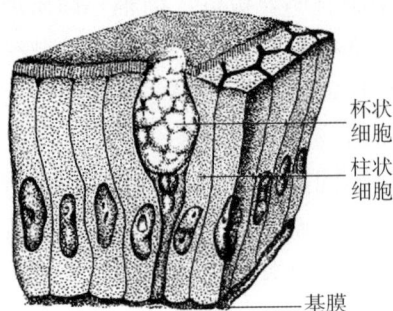

图2-3 单层柱状上皮

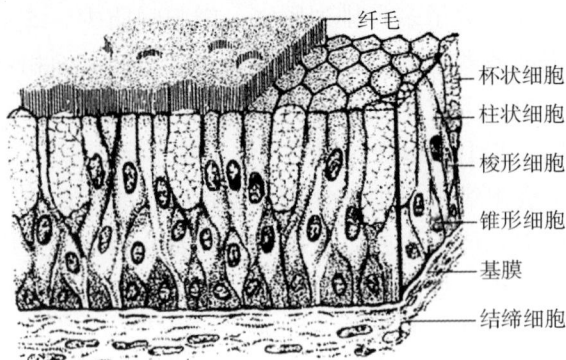

图2-4 假复层纤毛柱状上皮

5. 复层扁平上皮 由多层细胞组成，表层细胞呈扁平鳞片状，又称复层鳞状上皮（图2-5）。从垂直切面上看，细胞形状不一。紧贴基膜的一层细胞为矮柱状或立方形，具有较强的分裂增生能力。中间数层为多边形或梭形细胞。表层为几层扁平细胞。新生的细胞不断向浅层推移，最表层的扁平细胞不断退化、脱落。这种上皮与深部结缔组织连接凹凸不平，可增加两者的接触面积，有利于营养供应和连接的牢固。复层扁平上皮具有耐摩擦和阻止异物侵入等作用，受损伤后有较强的再生修复能力。

复层扁平上皮根据表层细胞是否角化，可分为未角化和角化复层扁平上皮。衬覆在口腔和食管等腔面的复层扁平上皮，浅层细胞有核，含角蛋白少，称未角化的复层扁平上皮（图2-5）。分布在皮肤表皮的复层扁平上皮，浅层细胞的细胞核退化，胞质充满角蛋白，细胞干硬，并不断脱落，称角化的复层扁平上皮（图2-5）。

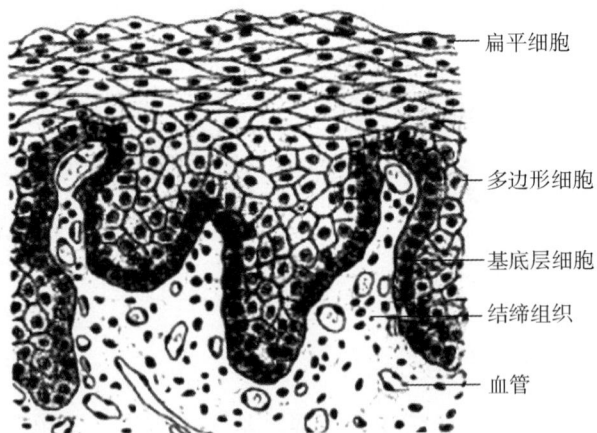

图2-5 复层扁平上皮

6. 变移上皮 由多层细胞组成，分布于肾盂、肾盏、输尿管和膀胱等排尿管道的腔面。分为表层、中间层和基底层三层细胞。表层细胞胞质丰富，浅层胞质浓缩，嗜酸性较强，有防止尿液侵蚀的作用，即壳层。一个表层细胞可覆盖几个中间层细胞。变移上皮的细胞形状和层数可随器官的收缩与扩张不同状态而变化。如当膀胱空虚时，上皮变厚，细胞层数增多，表层细胞呈大立方形；当膀胱充盈时，上皮变薄，细胞层数减少，表层细胞呈扁平形（图2-6）。

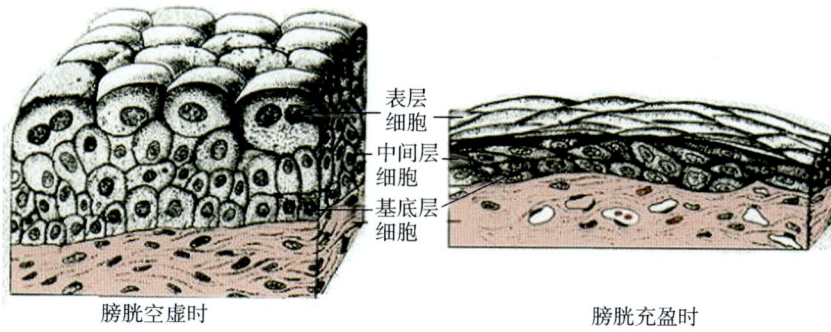

表层
细胞
中间层
细胞
基底层
细胞

膀胱空虚时   膀胱充盈时

图 2-6 变移上皮

二、腺上皮和腺

以分泌功能为主的上皮，称为腺上皮，主要由腺上皮构成的器官，称为腺或腺体，如胰腺、乳腺等。根据腺的分泌物排出方式不同，腺可分为外分泌腺和内分泌腺两类（图 2-7）。分泌物经导管排至体表或器官腔内的，称外分泌腺，如汗腺、唾液腺等；没有导管，分泌物（又称激素）直接释放入血液、淋巴和组织液内，称内分泌腺，如甲状腺、肾上腺等。

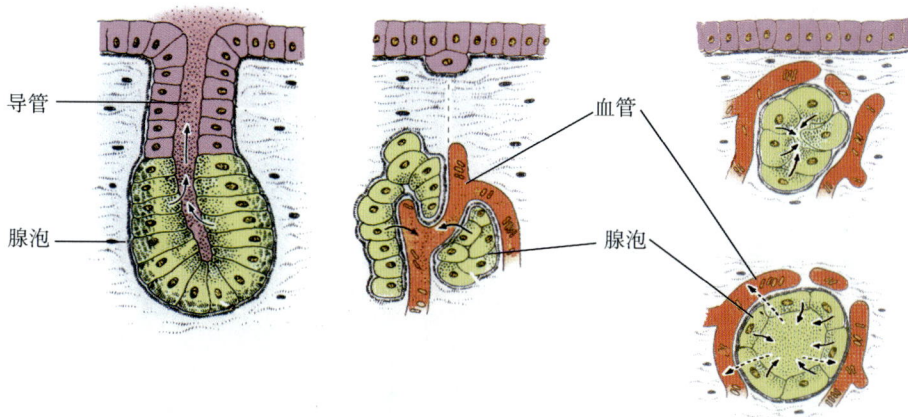

导管

腺泡

血管

腺泡

图 2-7 腺

外分泌腺大部分为多细胞腺，极少数由一个腺细胞构成，称单细胞腺，如散在分布于消化道和呼吸道上皮中的杯状细胞。多细胞腺大小不一，一般由分泌部和导管两部分组成。根据分泌部形状的不同，外分泌腺可分为管状腺、泡状腺和管泡状腺（图 2-8）。

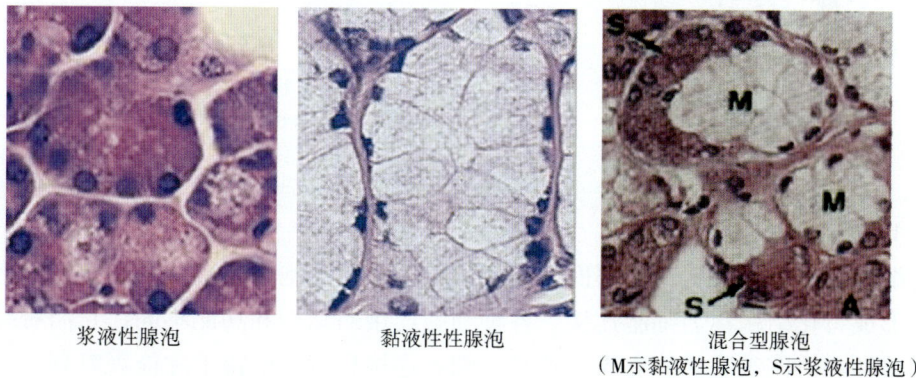

浆液性腺泡   黏液性性腺泡   混合型腺泡
（M示黏液性腺泡，S示浆液性腺泡）

图 2-8 腺泡

三、上皮组织的特殊结构

上皮细胞的游离面、侧面和基底面常形成一些特殊结构，一般由细胞膜和细胞质构成，有的还有细胞外基质参与。

（一）上皮细胞的游离面

1. 微绒毛 是上皮细胞游离面伸出的微细指状突起，直径约 0.1 μm，一般只有在电镜下才能辨认，不同种类细胞微绒毛长度差异很大。微绒毛内有许多纵行的微丝，微绒毛扩大了细胞的表面积，利于细胞的吸收。如小肠黏膜柱状上皮的纹状缘和肾近端小管上皮的刷状缘均由微绒毛组成（图 2-9）。

2. 纤毛 是上皮细胞游离面伸出的粗而长的突起，长 5~10 μm，直径 0.3~0.5 μm，光镜下清晰可见（图 2-10）。电镜下，可见纤毛表面为质膜，胞质内含纵行排列的微管。纤毛能定向摆动，像风吹麦浪起伏，把上皮表面的黏液及其黏附的颗粒物质定向推送。呼吸道的假复层纤毛柱状上皮即以此方式把吸入的灰尘和细菌等推至咽部随痰咳出。

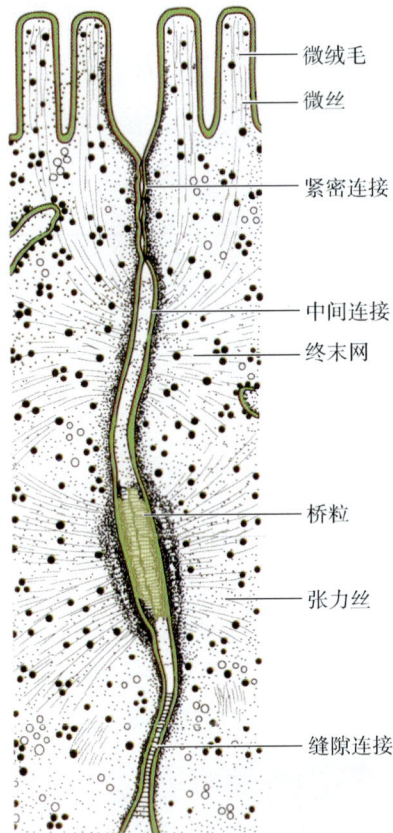

图 2-9 微绒毛

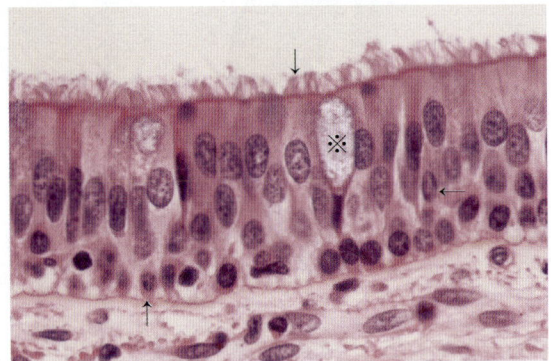

图 2-10 气管黏膜上皮光镜图
↓纤毛柱状细胞；※杯状细胞；
←梭形细胞；↑锥形细胞

（二）上皮细胞的侧面

上皮细胞的侧面是细胞的相邻面，细胞间隙很窄，细胞间质极少。在相邻细胞侧面的某些区域形成特化结构称为细胞连接。各种细胞连接的结构和功能不同，它们对维持组织结构的完整性和协调细胞功能有重要意义。细胞连接只有在电镜下才能观察到。常见的细胞连接有以下四种（图 2-11）。

1. 紧密连接 一般位于细胞的侧面顶端，又称闭锁小带。在超薄切片上，此处相邻细胞膜形成2~4个点状融合，融合点细胞间隙消失，非融合点细胞间隙极窄。功能主要是对上皮细胞起机械性连接、阻挡物质穿过细胞间隙。

2.中间连接 多位于紧密连接的深面，又称黏着小带。相邻细胞之间有15~20nm的间隙，内有丝状物连接相邻细胞膜，两侧细胞膜的胞质内面有薄层致密物质，有微丝组成的终末网附着。功能主要是加强细胞间的黏着，保持细胞形状和传递细胞收缩力。

3.桥粒 又称黏着斑，呈盘状，大小不等，直径0.2~0.5μm，细胞间隙宽20~30nm，间隙中有低密度的丝状物，中央有一条与细胞膜相平行而致密的中间线，由丝状物质交织而成。胞质面有较厚的附着板，许多角蛋白丝（张力细丝）附着于板上。桥粒的主要功能是使细胞的连接更为牢固，防止细胞的过度变形或损伤。

图 2-11 细胞连接

微绒毛
微丝
紧密连接
中间连接
桥粒
缝隙连接

4.缝隙连接 又称通讯连接，相邻细胞膜间接触面积较大，细胞间隙很窄，仅为2~3nm。缝隙连接的主要功能是通过细胞间离子和分子的传递进行细胞通讯，在细胞间物质交换、代谢协调、细胞生长和分化调控以及电信号传递等方面起着重要作用，对细胞的生命活动具有重要意义；使细胞间连接更牢固。

以上四种细胞连接，如果有两种或两种以上的细胞连接同时存在，则称连接复合体。细胞连接不仅存在于上皮细胞间，还可分布于其他组织的细胞间。

（三）上皮细胞的基底面

1.基膜 是上皮细胞基底面与深部结缔组织之间共同形成的薄膜。不同上皮的基膜厚度不同，在HE染色切片一般难以分辨，镀银染色可以显示基膜呈黑色。假复层纤毛柱状上皮和复层扁平上皮的基膜较厚，明显可见，HE染色呈粉红色均质状。在电镜下，基膜分为两部分，靠近上皮的部分为基板，与结缔组织相接的部分为网板。基板由上皮细胞分泌产生，厚50~100nm，可分为两层，电子密度低的，紧贴上皮细胞基底面的一薄层为透明层，其下方电子密度高、较厚的为致密层。网板较厚，主要由网状纤维和基质构成，是结缔组织成纤维细胞的产物。

基膜对上皮有支持、连接和固着作用；是半透膜，具有选择性通透作用，有利于上皮细胞与深部结缔组织进行物质交换；能引导上皮细胞移动，影响细胞的增殖和分化。

2.质膜内褶 是上皮细胞基底面的细胞膜折向胞质所形成的许多内褶，长短不一，内褶与细胞基底面垂直，内褶间含有与其平行的长杆状线粒体（图2-12）。大量的质膜内褶形成光镜下所见的上皮细胞基底纵纹，主要见于肾小管和外分泌腺的纹状管。质膜内褶的功能是扩大了细胞基底部的表面积，有利于水和电解质的迅速转运。

3.半桥粒 位于上皮细胞基底面，为桥粒结构的一半，质膜内面也有附着板，张力细丝附着其上，也可形成裥状折回胞质。半桥粒的主要功能是加固上皮细胞与基膜的连接。

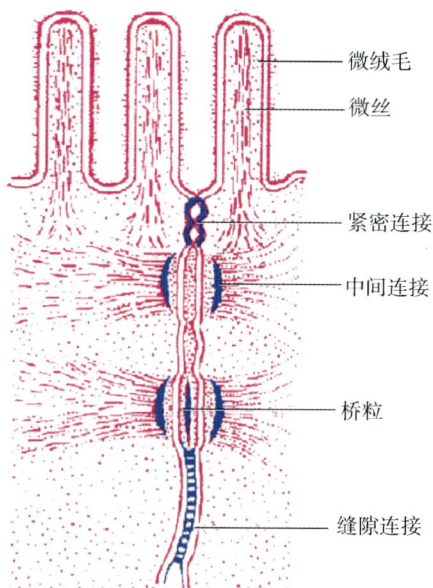

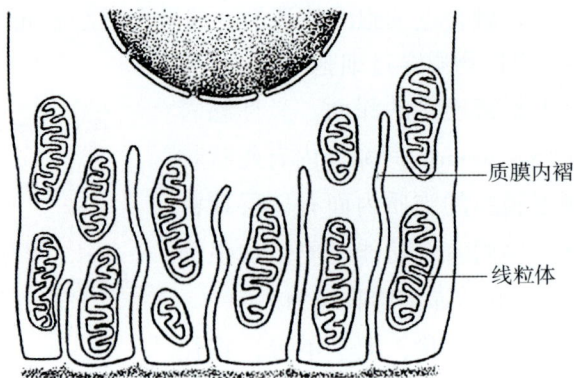

图 2-12　质膜内褶超微结构模式图

第二节　结缔组织

结缔组织由细胞和大量的细胞间质构成。结构特点是：①细胞数量较少，但种类较多；②细胞无极性；③细胞间质多，由纤维和基质组成。

结缔组织在体内分布广泛，形式多样，具有支持、连接、保护、营养、物质运输等功能。广义的结缔组织包括固有结缔组织、骨组织、软骨组织和血液。狭义的结缔组织仅指固有结缔组织，包括疏松结缔组织、致密结缔组织、脂肪组织和网状组织。

一、固有结缔组织

（一）疏松结缔组织

疏松结缔组织又称蜂窝组织（图2-13），其特点是：①细胞数量少、种类多；②基质多，纤维数量少且排列疏松；③血管丰富。

疏松结缔组织分布最广泛，在器官之间、组织之间和细胞之间，具有连接、支持、防御、营养、保护和修复等功能。

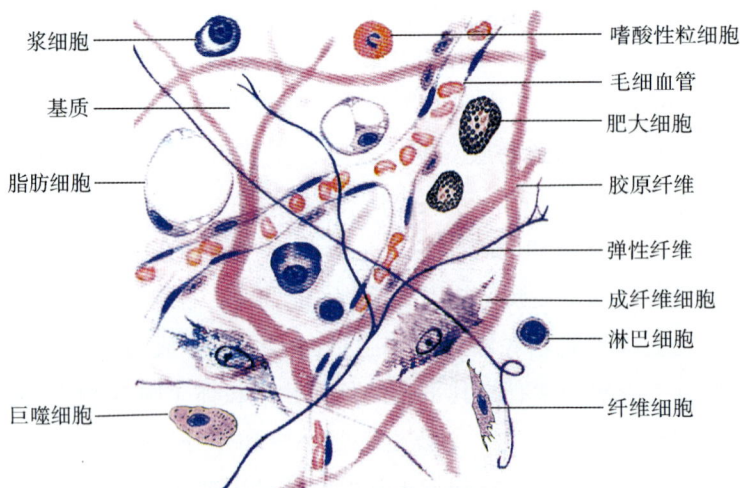

图 2-13　疏松结缔组织

1.细胞　疏松结缔组织内的细胞种类多，包括成纤维细胞、巨噬细胞、浆细胞、肥大细胞、脂肪细胞、未分化的间充质细胞等，各类细胞的数量和分布可因疏松结缔组织所处

部位和功能状态不同而不同。

（1）成纤维细胞　数目最多，是疏松结缔组织中的主要细胞，胞体较大，呈扁平形，突起较多，常附着在胶原纤维或弹性纤维上。核较大，卵圆形，常染色质多，染色浅，核仁明显。胞质弱嗜碱性（图2-14）。成纤维细胞的功能是产生结缔组织中的各种纤维和基质，参与创伤修复。在创伤等情况下，合成分泌新的细胞外基质，与增生的毛细血管共同形成新生的肉芽组织。

（2）巨噬细胞　是在体内广泛存在的一种免疫细胞。由血液中的单核细胞穿出毛细血管，进入结缔组织后分化而成。细胞界限清楚，呈圆形、梭形或因伸出伪足而呈不规则形，形态随功能状态而改变。核较小，染色较深，呈圆形或椭圆形，常偏于细胞一侧。胞质嗜酸性，常含空泡和被吞噬的异物颗粒（图2-14）。细胞膜附近有较多的微丝和微管，参与细胞的变形运动。

巨噬细胞具有趋化性，参与吞噬作用，被吞噬物在巨噬细胞内被溶酶体酶消化分解（图2-15）；具有抗原递呈作用，通过巨噬细胞捕捉、加工处理抗原，并提呈给淋巴细胞，启动淋巴细胞发生免疫应答；具有分泌功能，能合成和分泌上百种生物活性物质，如溶菌酶、补体、干扰素及多种细胞因子等。

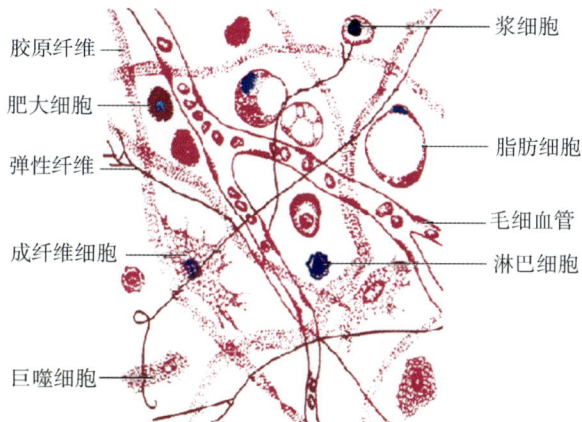

图 2-14　疏松结缔组织铺片

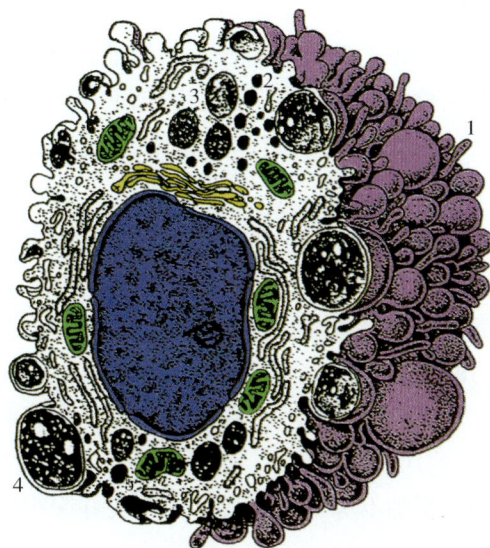

图 2-15　巨噬细胞电镜结构模式图
1. 微绒毛；2. 初级溶酶体；3. 次级溶酶体；
4. 吞噬体；5. 残余体

（3）浆细胞　浆细胞来源于B淋巴细胞，在一般的结缔组织内少见，多分布在病原菌和异种蛋白质易于入侵的部位，例如淋巴器官、消化管和呼吸道黏膜的结缔组织内。细胞呈圆形或卵圆形。核圆形，较小，偏于细胞的一侧，染色质呈块状附于核膜上，呈辐射状分布，使核呈车轮状。胞质嗜碱性，核旁有一浅染区（图2-16）。浆细胞的功能是合成和分泌免疫球蛋白即抗体，参与体液免疫。浆细胞的寿命短，仅存活数日至数周。

（4）肥大细胞　肥大细胞常沿小血管和小淋巴管分布，细胞体积大，为圆形或卵圆形。胞核常位于细胞中央，染色浅，小而圆。胞质内充满粗大的嗜碱性分泌颗粒（图2-16），颗粒内含肝素、组胺、白三烯和嗜酸性粒细胞趋化因子等。组胺和白三烯参与过敏反应，肝素有抗凝血作用。

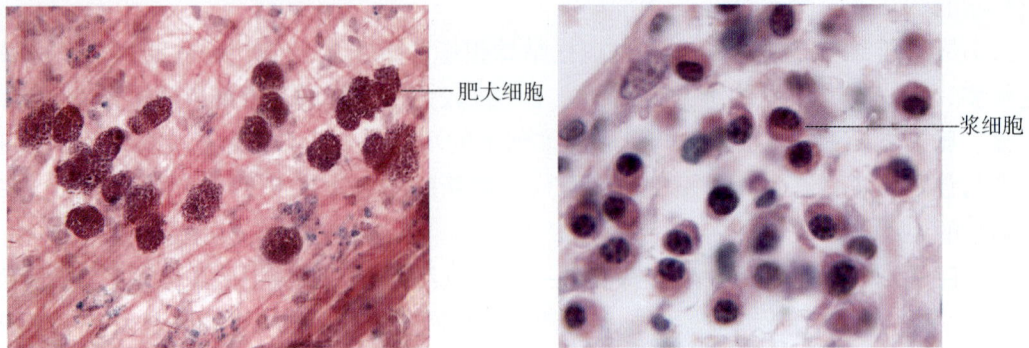

图 2-16 肥大细胞、浆细胞

（5）脂肪细胞　单个或成群分布，细胞体积较大，呈圆球形或相互挤压成多边形，胞质内充满脂滴，占据胞质的大部分，并将胞质的其余部分推挤到细胞的周缘，成为很薄的一层。胞核被挤压成扁圆形，位于细胞一侧。在HE染色标本中，脂滴被溶解而呈空泡状（图2-17）。脂肪细胞能合成和储存脂肪，参与脂类代谢。

（6）未分化的间充质细胞　是一种分化程度较低的干细胞，形态似纤维细胞，多沿毛细血管走行分布。具有多向分化的潜能，在机体炎症或损伤修复时可增殖分化为成纤维细胞、脂肪细胞、血管内皮细胞和平滑肌细胞等，参与组织修复。

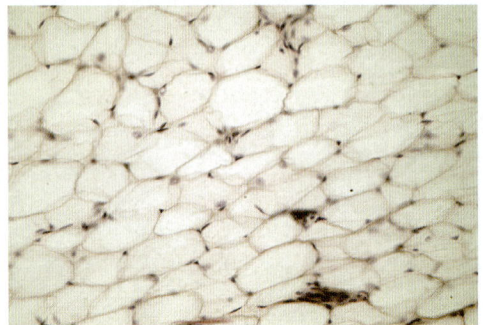

图 2-17 脂肪细胞

（7）白细胞　疏松结缔组织中尚可见以变形运动穿出血管壁的血液中的白细胞，如淋巴细胞、嗜酸性粒细胞、中性粒细胞等，行使防御功能。

2.纤维　包埋在基质内，可分为胶原纤维、弹性纤维和网状纤维三种。

（1）胶原纤维　数量最多，新鲜时呈白色，故又称白纤维。HE染色切片中呈嗜酸性。纤维粗细不等，呈波浪形，分支并交织成网（图2-14）。胶原纤维的韧性大，抗拉力强，弹性较差。

（2）弹性纤维　含量较少，但分布却很广。新鲜时呈黄色，又称黄纤维。在HE染色切片中，弹性纤维呈淡红色，折光性很强，不易与胶原纤维区分（图2-14）。弹性纤维富于弹性，伸展性强，与胶原纤维混合交织在一起，使疏松结缔组织兼有弹性和韧性，有利于所在器官和组织保持形态和位置的相对恒定，又具有一定的可变性。

（3）网状纤维　数量少，纤维细、短、分支多，交织成网。网状纤维表面被覆蛋白多糖和糖蛋白，HE染色不着色，但可被银盐染为黑色（图2-18），故又称嗜银纤维。网状纤维主要分布于网状组织，也分布在结缔组织与其他组织交界处、造血器官、淋巴组织和内分泌腺等。

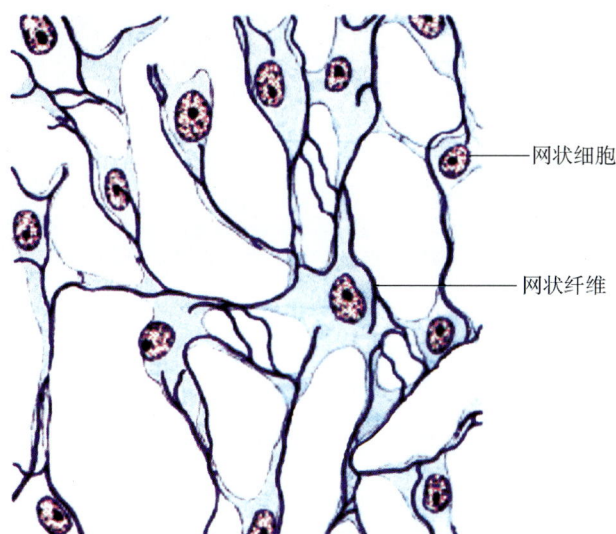

图 2-18　网状纤维

3.基质　为无定形的胶状物质，具有一定黏性，无色透明。基质由蛋白多糖、糖蛋白和组织液等组成。

（1）蛋白多糖　又称黏多糖，为基质的主要成分，是由糖胺多糖与蛋白质结合成的复合物。能限制细菌等有害物质在结缔组织内扩散。溶血性链球菌和癌细胞能产生透明质酸酶破坏蛋白多糖，使细菌和癌细胞易于浸润扩散。

（2）糖蛋白　结缔组织基质中最主要的糖蛋白是纤维黏连蛋白，是细胞迁移的桥梁。

（3）组织液　是指存在于细胞外基质中的水和溶于其中的物质，从毛细血管动脉端透过管壁而形成。细胞与组织液进行物质交换后，经由毛细血管静脉端或毛细淋巴管回流入血。

（二）致密结缔组织

致密结缔组织是一种以纤维成分为主的结缔组织。结构特点是纤维粗大，排列致密，细胞少，主要功能是支持和连接。根据纤维的性质和排列方式不同，可分为以下几种类型。

1.规则致密结缔组织　主要由大量密集、平行排列的胶原纤维束和纤维束之间的腱细胞构成。腱细胞胞体伸出多个薄翼状突起插入胶原纤维束之间，细胞核长而着色深（图2-19）。肌腱、腱膜和韧带等均由规则致密结缔组织构成。肌腱再生能力很强，断裂后经处理能修复。

2.不规则致密结缔组织　主要特点是粗大的胶原纤维纵横交织、形成致密的板层结构，纤维之间含少量基质和成纤维细胞（图2-19）。主要存在于真皮、硬脑膜和多数器官的被膜等处。

3.弹性组织　主要特点是粗大的弹性纤维平行排列成束或编织成膜状，弹性纤维间有少量的胶原纤维和成纤维细胞。弹性组织分布于承受伸展和扩展的组织，如黄韧带、项韧带和大动脉的中膜。

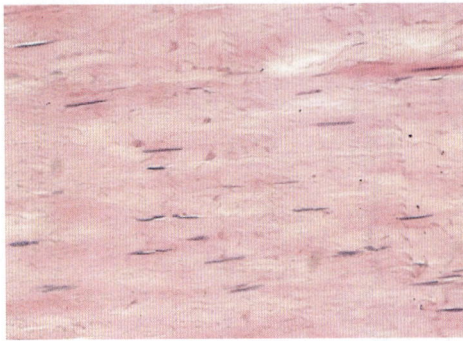
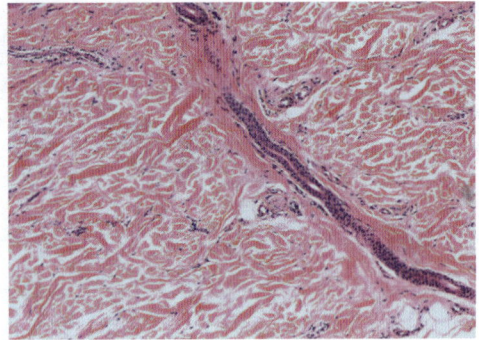

规则致密结缔组织　　　　不规则致密结缔组织

图 2-19　致密结缔组织

（三）脂肪组织

脂肪组织由大量脂肪细胞聚集而成，其间有少量疏松结缔组织将其分隔成小叶。脂肪组织主要功能是储存脂肪、维持体温、缓冲、保护、填充等，为体内最大的"能量库"（图2-20）。

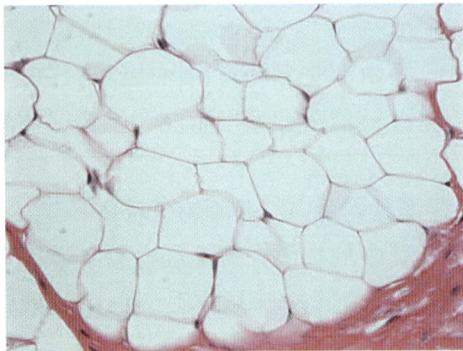
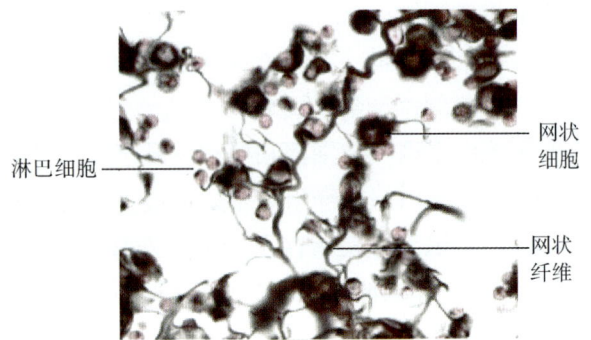

脂肪组织　　　　　　　　　网状组织

图 2-20　脂肪组织、网状组织

（四）网状组织

网状组织由网状细胞、网状纤维和基质构成。网状细胞有许多突起，呈星形，突起彼此连接成网。网状细胞具有产生网状纤维和分泌基质的功能。网状纤维交织成网，形成网状细胞依附的支架（图2-20）。网状组织是构成淋巴组织、淋巴器官、造血器官的基本成分，为血细胞发生和淋巴细胞发育提供适宜的微环境。

二、软骨组织和软骨

软骨由软骨组织和周围的软骨膜构成。软骨是胚胎早期的主要支架成分，略有弹性，能承受压力和耐受摩擦，具有一定的支持和保护作用。随着发育逐渐被骨取代，取代过程一直延续到出生后一段时期。在成年体内，仅散在分布一些软骨，其作用依所处部位而异。除关节软骨外，软骨表面被覆薄层致密结缔组织，即软骨膜。软骨膜与周围结缔组织相连续，主要起保护作用。

（一）软骨组织

软骨组织是一种固态的结缔组织，主要由软骨细胞和软骨基质构成。

1.软骨细胞　包埋在软骨基质中，软骨细胞所在的基质腔隙称软骨陷窝。软骨细胞的形态和分布有一定的规律，在软骨周边的细胞较小，为幼稚的软骨细胞，呈扁圆形，常单个分布，与软骨表面平行排列。在软骨中央的细胞长大成熟，它们由同一个幼稚软骨细胞分裂而来，呈圆形或椭圆形，常成群分布，每群多为2~8个细胞，故称同源细胞群（图2-21）。软骨细胞具有合成、分泌软骨基质和产生纤维的功能。

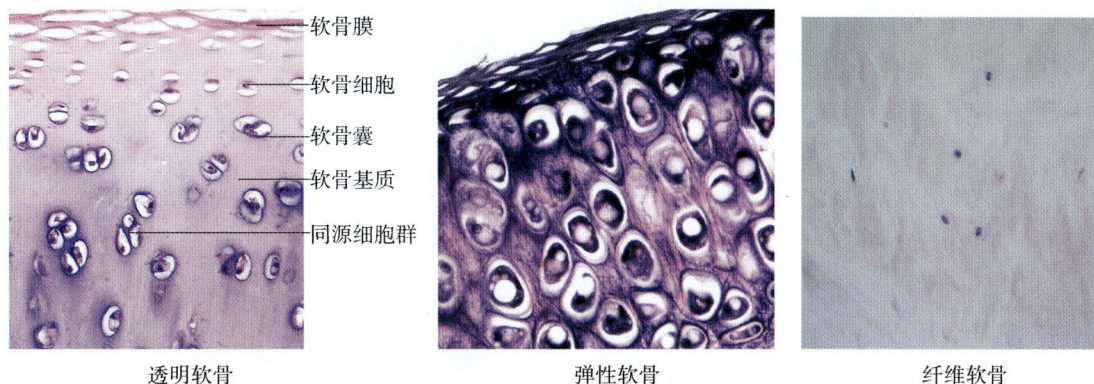

透明软骨　　　　　　　　　弹性软骨　　　　　　　　　纤维软骨

图 2-21　软骨组织

2.软骨基质　由软骨细胞产生的细胞外基质，由纤维和无定形基质组成。无定形基质的主要成分为蛋白聚糖和水，使软骨基质形成较为坚固的凝胶。纤维埋于基质中，使软骨具有韧性或弹性。纤维的种类和含量因软骨类型而异。

（二）软骨的类型

因软骨基质中纤维种类不同，软骨可分为透明软骨、弹性软骨和纤维软骨三种（图2-21）。

1.透明软骨　新鲜时呈半透明而得名，分布较广，包括肋软骨、关节软骨、呼吸道软骨等。具有较强的抗压性，有一定的弹性和韧性，在外力作用下比其他类型软骨更易断裂。

2.弹性软骨　新鲜时呈黄色，分布于耳郭、会厌等处，有较强的弹性，组织结构与透明软骨类似，但含纤维成分为大量交织排列的弹性纤维。

3.纤维软骨　新鲜时呈不透明的乳白色，分布于椎间盘、关节盘及耻骨联合等处。结构特点是有大量平行或交叉排列的胶原纤维束，韧性较强。软骨细胞小而少，成行排列于纤维束之间。

三、骨组织

骨组织是一种坚硬而具有一定韧性的固态结缔组织，构成骨的主体成分。

（一）骨组织的一般结构

骨组织由骨细胞和大量钙化的细胞间质构成。人体90%以上的钙以骨盐形式存在于骨的细胞间质中。

1.细胞间质　又称骨基质，即钙化的细胞间质，由有机质和无机质构成，含水较少。有机质包括大量胶原纤维和少量无定形基质。胶原纤维占90%，基质呈凝胶状，具有黏合胶原纤维的作用。无机质又称骨盐，约占65%，且含量随年龄的增长而增加，其主要成分为羟基磷灰石结晶。骨盐沉积于成板层状排列的胶原纤维上，形成骨板。同一骨板内的胶原纤维相互平行排列，而相邻两层骨板的有机质与无机质紧密结合，使骨组织具有较强的支持能力（图2-22）。

2.骨组织的细胞　骨组织的细胞有骨祖细胞、成骨细胞、骨细胞和破骨细胞四种，其中骨细胞数量最多，包埋于骨基质内，其他细胞均位于骨组织的周边（图2-22）。

（1）骨祖细胞 又叫骨原细胞，是骨组织内的干细胞，位于骨膜内。光镜下，呈弱嗜碱性，细胞较小，呈不规则的梭形，胞质较少，核呈椭圆形或细长形。在骨生长、改建、修复时，骨祖细胞分裂活跃，并能分化为成骨细胞。

（2）成骨细胞 分布在骨组织表面，成年之前数量较多。一般以单层上皮样排列，胞体较大，呈立方形或矮柱状。细胞有许多小突起，并与相邻成骨细胞突起和骨细胞突起形成缝隙连接。核大而圆，核仁明显。胞质呈嗜碱性。成骨细胞具有合成和分泌胶原纤维和基质的功能。当成骨细胞被类骨质包埋后，便成为骨细胞。

（3）骨细胞 是一种多突起的细胞，单个均匀分布于骨板之间或骨板内。骨细胞胞体较小，呈扁椭圆形，向周围发出许多细长突起；

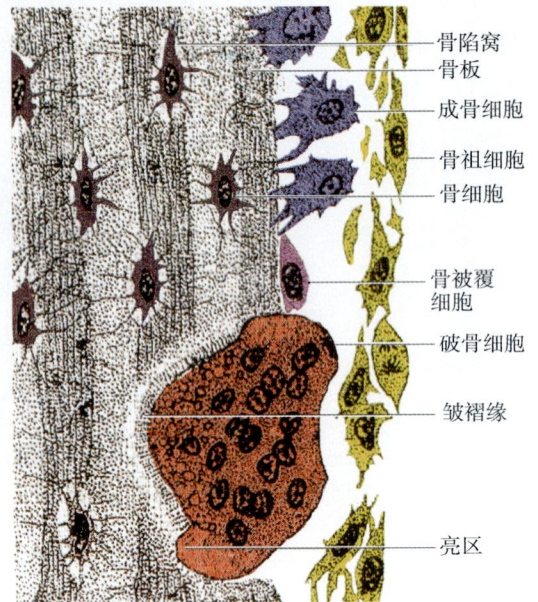

骨陷窝
骨板
成骨细胞
骨祖细胞
骨细胞

骨被覆
细胞
破骨细胞
皱褶缘

亮区

图2-22 骨组织中各种细胞模式图

胞质较少，呈嗜酸性。骨细胞埋于骨质内，胞体所处的腔隙称骨陷窝，骨陷窝向四周发出许多细小的管道，叫骨小管；突起位于骨小管内。相邻骨细胞的突起之间形成缝隙连接，传递骨细胞间信息。相邻骨陷窝通过骨小管彼此连通，骨陷窝和骨小管含有组织液，通过组织液的循环，保证了骨细胞的营养供给和代谢产物的排出。

（4）破骨细胞 由多个单核细胞融合而成，数量较少，常位于骨组织表面。光镜下，破骨细胞体积大，一般含有2~50个细胞核；胞质呈嗜酸性。破骨细胞具有很强的溶解和吸收骨质的作用，与成骨细胞相辅相成，共同参与骨的形成和改建。

（二）长骨的结构

长骨由骨膜、骨密质、骨松质、骨髓、关节软骨及血管、神经等构成。

1.骨密质 分布在长骨骨干和骨骺外侧部分。骨干的骨密质较厚，骨板排列规则且紧密结合，骨板排列方式有三种，即环骨板、骨单位和间骨板。

（1）环骨板 指环绕骨干内、外表面排列的骨板，分别称为内环骨板和外环骨板。外环骨板较厚，由数层至数十层骨板组成，较整齐地环绕骨干平行排列。内环骨板较薄，仅由几层骨板组成，且排列不规则。骨干中可见一些横向贯穿的管道，称为穿通管或福尔克曼管，骨膜中的血管和神经由此进入骨组织内（图2-23）。

（2）骨单位 又称哈弗斯系统，位于内、外环骨板之间，是骨干骨密质的主要部分，它们以中央管（又称哈弗斯管）为中心，周围有4~20层呈同心圆排列的骨板组成。骨单位呈圆筒状，其长轴与骨干长轴平行，其中央管与穿通管相联通，构成血管和神经的通路（图2-23）。

（3）间骨板 位于骨单位之间或骨单位与环骨板之间，呈三角形或不规则形，由几层平行排列骨板构成，无血管通过（图2-23）。间骨板是骨生长和改建时骨单位或环骨板未能被吸收的残留部分。

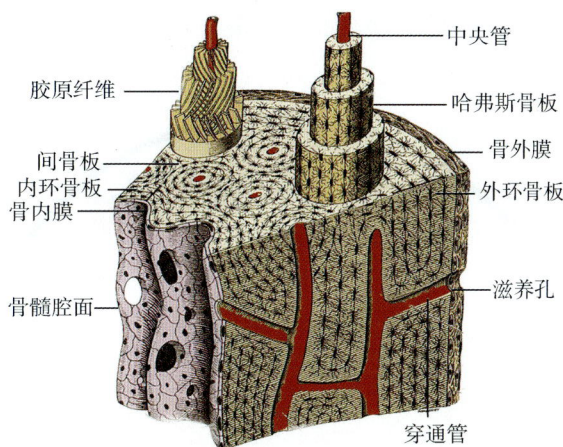

图 2-23　长骨骨干立体结构模式图

中央管
胶原纤维
哈弗斯骨板
间骨板
骨外膜
内环骨板
外环骨板
骨内膜
滋养孔
骨髓腔面
穿通管

2.骨松质　分布在长骨的骨骺和骨干的内侧面，由大量针状或片状骨小梁相互连接成的多孔隙网架结构，孔隙内充满红骨髓。骨小梁由数层平行排列的骨板构成。

3.骨膜　除关节面为透明软骨被覆外，骨的内、外面表面均覆盖一层结缔组织膜，分别称为骨内膜和骨外膜。骨膜的主要功能是保护和营养骨组织，并为骨的生长或修复提供新的成骨细胞。

（三）骨的发生

骨起源于胚胎时期的间充质，骨发生有两种方式，即膜内成骨和软骨内成骨。膜内成骨是间充质先形成结缔组织薄膜，后在此膜内直接形成骨组织，如额骨、顶骨和锁骨等以此方式成骨；软骨内成骨是间充质先形成透明软骨雏形，然后在雏形基础上被新生骨组织替代，如躯干骨和四肢骨等以此种方式成骨。

四、血液

血液是在心血管系统内流动的液态结缔组织，成人的循环血容量约5L，占体重的7%左右。血液由血细胞和相当于细胞间质的血浆组成。从血管抽取血液，加入适量抗凝剂（如肝素或枸橼酸钠），静置或离心沉淀后，血液可分出三层：上层为淡黄色的血浆，下层深红色的是红细胞，中间薄层灰白色的是白细胞和血小板（图2-24）。

（一）血浆

血浆约占血液容积的55%，为淡黄色液体，其中90%是水，其余为血浆蛋白（白蛋白、球蛋白、纤维蛋白原等）、脂蛋白、酶、激素、糖、维生素、无机盐和各种代谢产物等。血液凝固时，溶解状态的纤维蛋白原转变为不溶解状态的纤维蛋白，将细胞成分及大分子血浆蛋白包裹起来，形成血凝块，并析出淡黄色透明的液体，称血清。与血浆相比，血清里缺少纤维蛋白原。

（二）血细胞的类型和结构

血细胞约占血液容积45%，悬浮于血浆中，包括红细胞、白细胞和血小板。临床上为观察血细胞的形态结构，通常将血液制成血涂片，用Wright或Giemsa

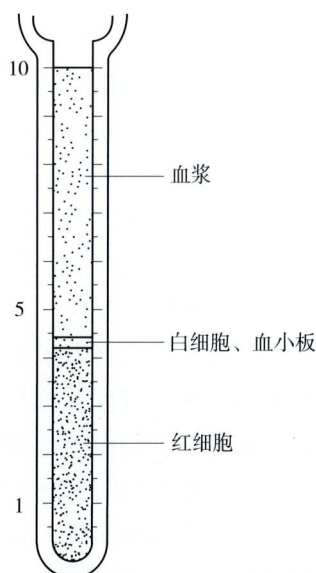

图 2-24　血液分层

血浆
白细胞、血小板
红细胞

染色，在光镜下观察血细胞分类及计数（图2-25）。血细胞形态、数量、比例和血红蛋白含量的测定称为血液细胞学检查（血象）。患病时，血象常有显著变化，临床上将其作为疾病诊断和治疗的重要依据之一。

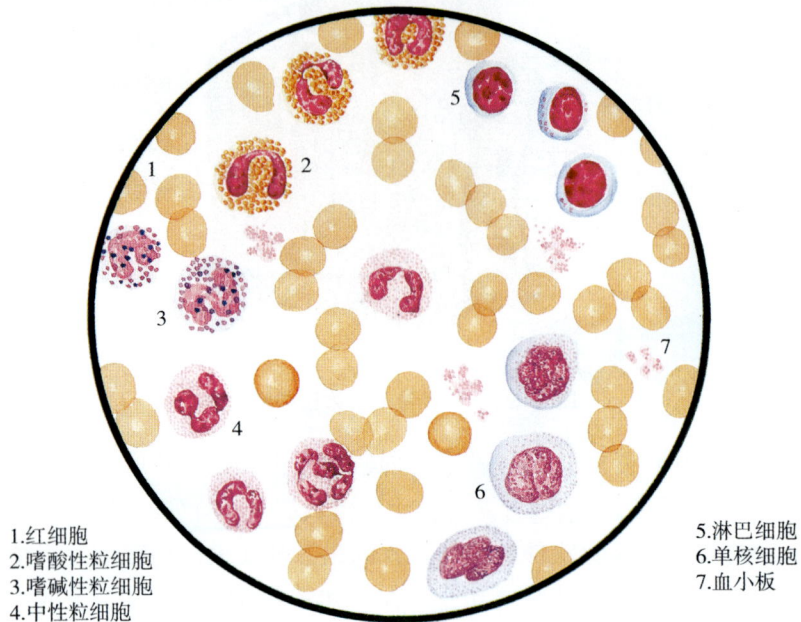

1.红细胞
2.嗜酸性粒细胞
3.嗜碱性粒细胞
4.中性粒细胞

5.淋巴细胞
6.单核细胞
7.血小板

图 2-25　血涂片

1.红细胞（RBC） 是血液中数量最多的血细胞，占血细胞总数的99%，直径6~8.5μm。光镜下观察的血涂片标本中，红细胞中央薄，染色较浅，周缘厚，染色较深（图2-25）。

红细胞的平均寿命约120天。因此，每天有大量新生红细胞从骨髓进入血液。新生的细胞有的尚残留部分核糖体，称网织红细胞。网织红细胞在血流中经过24~48小时达到完全成熟，核糖体消失。在成人血液中，网织红细胞占红细胞总数的0.5%~1%；新生儿可达3%~6%。骨髓造血功能障碍的患者，网织红细胞计数降低。贫血患者的网织红细胞计数增加，说明治疗有效。

成熟红细胞的结构与功能高度特化，无细胞核，也无细胞器，胞质内充满血红蛋白。正常成人血液中血红蛋白含量，男性为120~150g/L，女性为110~140g/L。血红蛋白具有结合与运输O_2和CO_2的功能，为组织细胞提供O_2，带走其所产生的部分CO_2。红细胞的形态和数目的改变以及血红蛋白质和量的改变超出正常范围，则为病理现象。当红细胞数少于$3×10^{12}$/L或血红蛋白低于100g/L时，称贫血。

2.白细胞（WBC） 体积大，球形，有核，多数能以变形运动的方式穿过毛细血管壁，进入结缔组织或淋巴组织，发挥防御和免疫功能。某些疾病患者的白细胞总数及各种白细胞的百分率皆可发生改变。根据白细胞胞质内有无特殊颗粒，可将其分为有粒白细胞和无粒白细胞。有粒白细胞按特殊颗粒的染色特点，分为中性粒细胞、嗜酸性粒细胞和嗜碱性粒细胞；无粒白细胞分为单核细胞和淋巴细胞两种。

（1）中性粒细胞　白细胞中数量最多的一种。细胞呈球形，直径10~12μm，核呈杆状或分叶状（图2-26），一般分2~5叶，叶间有细丝相连，以2~3叶核多见。刚从骨髓入血的幼稚中性粒细胞核多呈杆状，以后形成分叶状，一般认为核分叶越多，细胞越近衰老。中性粒细胞的胞质染成粉红色，含有许多细小嗜天青颗粒和特殊颗粒。胞质含有丰富的肌动蛋白丝和微管等细胞骨架成分，使细胞具有较强的运动能力。

中性粒细胞具有变形运动和吞噬功能，在趋化因子的刺激下，能以变形运动穿出毛细血管，聚集到细菌侵犯部位，吞噬细菌，有重要的防御功能。中性粒细胞在分解细菌等异物的同时，细胞自身也死亡，成为脓细胞。当机体受到某些细菌感染发生急性化脓性感染时，除白细胞总数增加外，中性粒细胞的比例也显著增高。

（2）嗜酸性粒细胞　细胞呈球形，直径 $10 \sim 15\,\mu m$，核多为2叶，胞质内充满粗大、分布均匀、染成橘红色的嗜酸性颗粒（图2-26）。嗜酸性粒细胞能减轻过敏反应和杀灭寄生虫。因此，患过敏性疾病或寄生虫病时，血液中嗜酸性粒细胞增多。

（3）嗜碱性粒细胞　是白细胞中数量最少的。细胞呈球形，直径 $10 \sim 12\,\mu m$。胞核呈S形或不规则形，偶尔见分叶，着色较浅。胞质内含有大小不等、分布不均、染成蓝紫色的嗜碱性颗粒，常可掩盖细胞核（图2-26）。颗粒内含肝素、组胺和嗜酸性粒细胞趋化因子，胞质中含白三烯。嗜碱性粒细胞参与过敏反应。

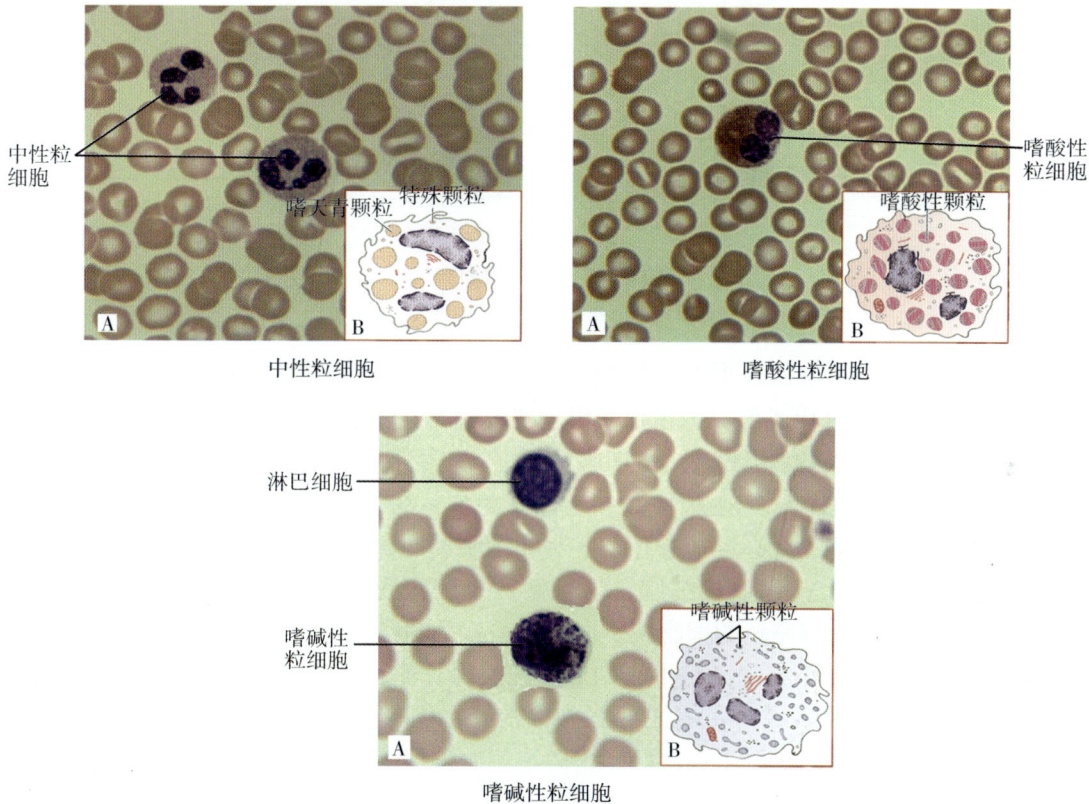

图 2-26　有粒白细胞
A. 油镜图（Wright 染色）　B. 电镜模式图

（4）单核细胞　是体积最大的白细胞，直径 $14 \sim 20\,\mu m$，呈圆形或椭圆形，胞核呈肾形、马蹄铁形、卵圆形或不规则形等，着色较浅。胞质丰富，呈灰蓝色，内含许多细小的淡紫色嗜天青颗粒（图2-27）。单核细胞具有活跃的变形运动、趋化性和吞噬功能，能吞噬细菌和异物，它能分化为巨噬细胞。

（5）淋巴细胞　成人血液中淋巴细胞呈球形，大小不等，绝大多数直径为 $6 \sim 8\,\mu m$ 的小淋巴细胞，少数是直径为 $9 \sim 12\,\mu m$ 的中淋巴细胞，偶尔可见直径达 $13 \sim 20\,\mu m$ 的大淋巴细胞。正常循环血液中主要是小淋巴细胞，细胞核大，圆形，胞质很少，在核周围成一窄带，嗜碱性，染成蔚蓝色，含少量嗜天青颗粒（图2-27）。

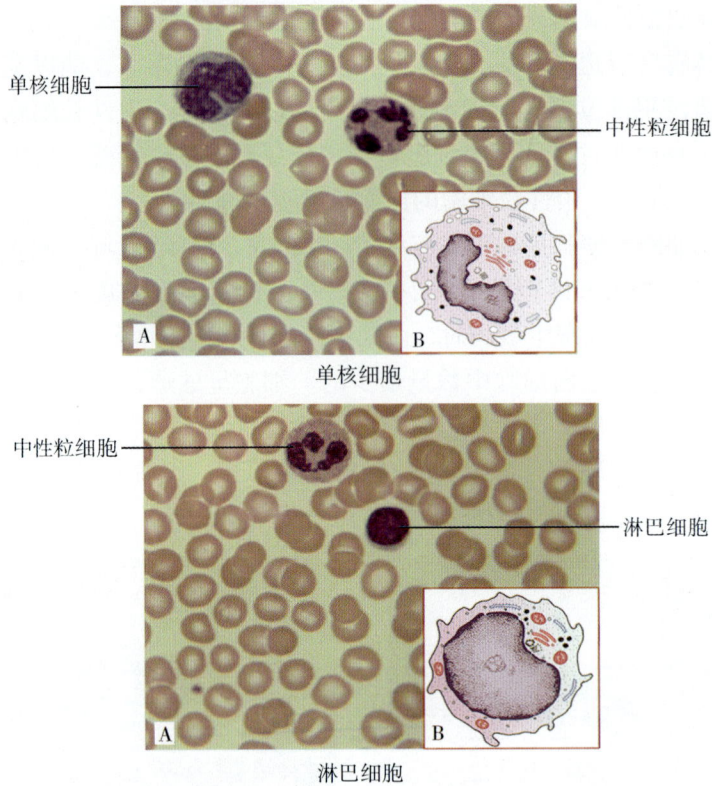

图 2-27 无粒白细胞

A. 油镜图（Wright 染色） B. 电镜模式图

　　淋巴细胞根据发生部位、形态结构和功能等不同，可分为三类：①胸腺依赖淋巴细胞（T 细胞），在胸腺内分化成熟，约占血液淋巴细胞总数的 75%，参与细胞免疫，调节免疫应答的作用；②骨髓依赖淋巴细胞（B 细胞），在骨髓内分化成熟，占 10% ~ 15%，受抗原刺激后增殖分化为浆细胞，产生抗体，参与体液免疫；③自然杀伤细胞（NK 细胞），产生于骨髓，约占 10%，能非特异性地杀伤某些肿瘤细胞和病毒感染细胞。

　　3. 血小板（PLT）　又称血栓细胞，由骨髓巨核细胞脱落的胞质小块形成，故无细胞核，但有细胞器，表面有完整的细胞膜。血小板呈双凸扁盘状，直径 2 ~ 4 μm，当受到机械或化学刺激时，则伸出小突起，呈不规则形。在血涂片中，血小板呈星形或多角形，成群分布于血细胞之间（图 2-28）。每一血小板中央部有密集的蓝紫色颗粒，称颗粒区；周边部呈均质浅蓝色，称透明区。血小板在机体止血和凝血过程中起着重要作用。

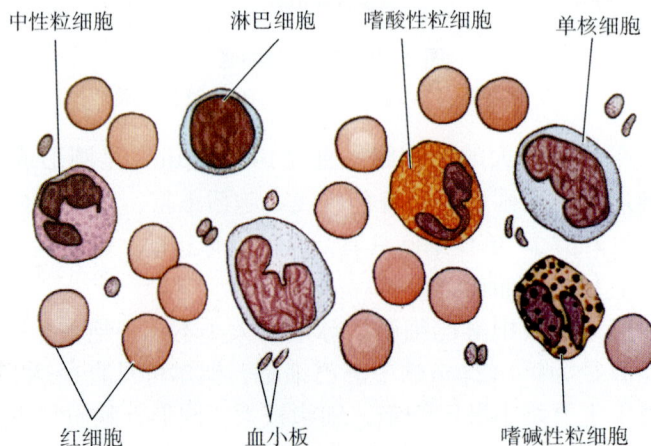

图 2-28　血小板

（三）血细胞的发生

体内的血细胞都有一定的寿命，每天都有一定数量的血细胞衰老死亡，又有相同数量的血细胞在骨髓生成并进入血液，从而使外周血中各种血细胞的数量和比例保持相对稳定。

血细胞是在胚胎第3周于卵黄囊壁的血岛内生成，卵黄囊退化后，先后由肝、脾、骨髓等造血。出生后，骨髓成为主要的造血器官。

1.骨髓的结构 骨髓位于骨髓腔中，分为红骨髓和黄骨髓。红骨髓具有造血功能，黄骨髓主要为脂肪组织。胎儿及婴幼儿时期的骨髓都是红骨髓。从5岁开始，长骨骨髓腔内逐渐出现脂肪组织，并随年龄增长而增多，红骨髓逐渐成为黄骨髓而失去造血功能。成人的红骨髓和黄骨髓约各占一半。红骨髓主要分布在扁骨、不规则骨和长骨骺端的骨松质中，造血功能活跃。黄骨髓内有少量的造血干细胞，仍有潜在的造血功能，当机体需要时可转变为红骨髓进行造血。

2.造血干细胞和造血祖细胞 造血干细胞是生成各种血细胞的原始细胞，又称多能干细胞。造血干细胞具有多向分化的能力，即能分化形成不同的造血祖细胞。造血干细胞最早起源于胚胎早期的卵黄囊壁的血岛，当胚体建立血循环后，造血干细胞随血流依次迁移至肝、脾、骨髓等器官分化成血细胞。出生后，红骨髓的造血功能保持终身；造血祖细胞是造血干细胞分化的几种定向的干细胞。造血祖细胞已失去多向分化能力，只能向一个或几个血细胞系分化，故又称为定向干细胞。

3.血细胞发生过程的形态演变 血细胞的发生是一个连续变化过程，各种血细胞的发生，大致可分为原始阶段、幼稚阶段（又分早、中、晚三期）和成熟阶段（图2-29）。

各系血细胞的发生的共同规律：①胞体由大变小，但巨核细胞则由小变大。②胞核由大变小，红细胞的核最后消失，粒细胞的核由圆形逐渐变成杆状乃至分叶。核内染色质由细疏逐渐变粗密，核的着色由浅变深，核仁由明显渐至消失；但巨核细胞的核由小变大，呈分叶状。③胞质由少变多，嗜碱性逐渐变弱，但单核细胞和淋巴细胞仍保持嗜碱性；胞质内的特殊结构或蛋白成分从无到有，并逐渐增多。④细胞分裂能力从有到无，但成熟的淋巴细胞仍保持很强的潜在分裂能力。

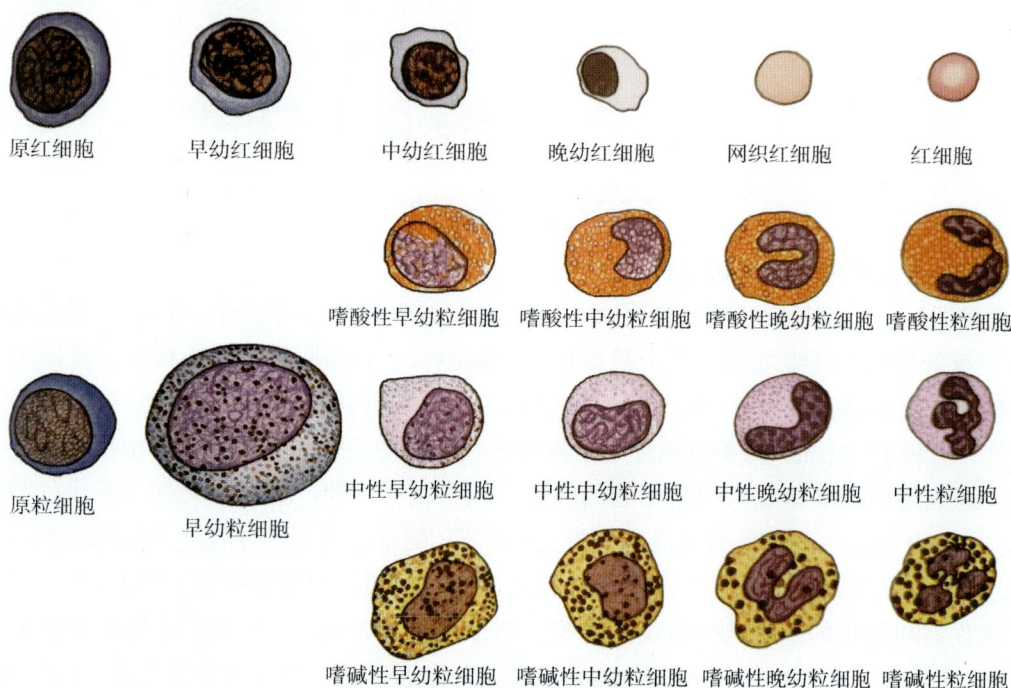

原红细胞　　早幼红细胞　　中幼红细胞　　晚幼红细胞　　网织红细胞　　红细胞

嗜酸性早幼粒细胞　嗜酸性中幼粒细胞　嗜酸性晚幼粒细胞　嗜酸性粒细胞

原粒细胞　　早幼粒细胞　　中性早幼粒细胞　中性中幼粒细胞　中性晚幼粒细胞　中性粒细胞

嗜碱性早幼粒细胞　嗜碱性中幼粒细胞　嗜碱性晚幼粒细胞　嗜碱性粒细胞

图2-29 血细胞发生示意图

第三节　肌组织

　　肌组织主要由肌细胞构成，肌细胞之间有少量的结缔组织、血管、淋巴管和神经。肌细胞呈细长纤维状，故又称为肌纤维。肌细胞的细胞膜称肌膜，细胞质称肌质，滑面内质网称肌质网。肌质内含有大量的肌丝，它是肌纤维收缩和舒张的物质基础。根据结构和功能特点，将肌组织分为骨骼肌、心肌和平滑肌三类。其中骨骼肌和心肌的肌纤维都有明暗相间的横纹，均属横纹肌；平滑肌无横纹，属非横纹肌。骨骼肌受躯体神经支配，属随意肌；而心肌和平滑肌受自主神经支配，为不随意肌。

一、骨骼肌

　　骨骼肌一般通过肌腱附着于骨骼，也有少数不附着在骨骼上，如分布于眼和口周围的表情肌以及食管壁的骨骼肌。每块骨骼肌外面有结缔组织包裹形成肌外膜。肌外膜的结缔组织伸入肌内，将肌肉分隔成大小不等的肌束，包裹在肌束外面的结缔组织称肌束膜。肌束由若干肌纤维平行排列而成，每条肌纤维周围包有少量的结缔组织称肌内膜，结缔组织内含有丰富的毛细血管及神经，对骨骼肌纤维具有支持、连接、营养和功能调节作用（图2-30）。

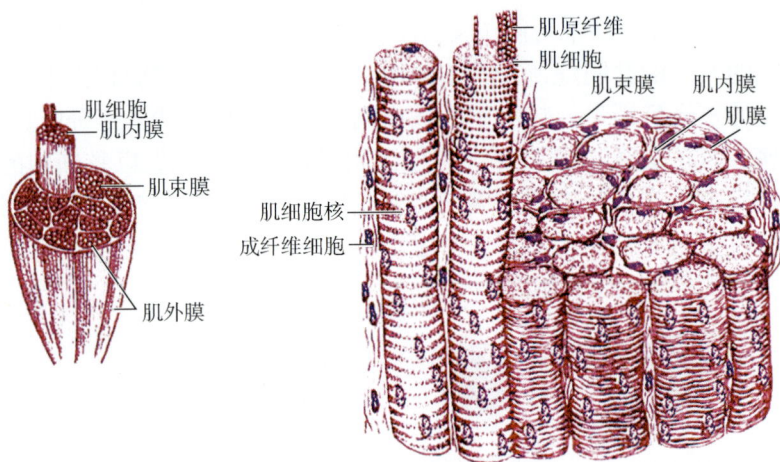

图 2-30　骨骼肌结构模式图

（一）骨骼肌纤维的光镜结构

　　骨骼肌纤维呈细长圆柱形，直径 $10 \sim 100\,\mu m$，长短不一，一般为 $1 \sim 40mm$，最长者可达 12cm。每条骨骼肌纤维可有几十个甚至几百个细胞核，紧贴肌膜下方，核呈扁椭圆形，染色质较少，着色较浅（图2-31）。肌质内含有大量与肌纤维长轴平行排列的肌原纤维，呈细丝状，直径 $1 \sim 2\,\mu m$。每条肌原纤维上都有相间排列的明带和暗带，整齐地排列在同一平面上，因此使肌纤维呈现出明暗相间的横纹。暗带又称A带，暗带中央有一条浅色窄带称H带，H带中央有一条深色的M线。明带又称I带，明带中央有一条深色的Z线。相邻两条Z线之间的一段肌原纤维称肌节，每个肌节由1/2I带+A带+1/2I带构成（图2-32），是骨骼肌纤维收缩和舒张的基本结构与功能单位。肌节长度约 $2.5\,\mu m$。骨骼肌纤维的横断面呈圆形或多边形，大小较一致，可见多个核，均紧贴于肌膜下方，肌原纤维呈点状（图2-33）。

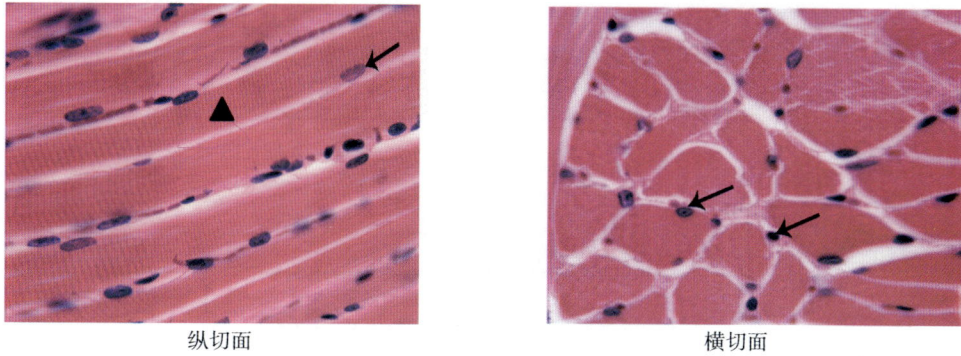

纵切面　　　　　　　　　　　　横切面

图 2-31　骨骼肌纵、横切面光镜图（油镜）
▲骨骼肌纤维；→骨骼肌细胞核

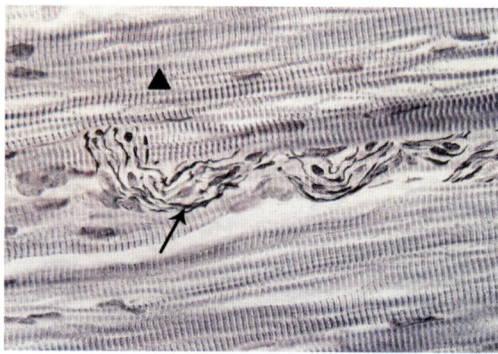

图 2-32　骨骼肌光镜图（Giemsa 染色）（油镜）
▲骨骼肌纤维；→神经纤维

（二）骨骼肌纤维的超微结构

1.肌原纤维　肌原纤维由大量平行排列的粗、细肌丝组成。粗肌丝位于肌节的 A 带，中央借 M 线固定，两端游离。细肌丝位于 Z 线的两侧，一端固定于 Z 线，另一端游离，插入粗肌丝之间，直达 H 带的外缘。因此，I 带内只有细肌丝，H 带内只有粗肌丝，而除 H 带以外的 A 带内既有粗肌丝又有细肌丝。在肌原纤维横切面上，可见一条粗肌丝周围均匀排列着 6 条细肌丝，而一条细肌丝周围只有 3 条粗肌丝（图 2-33）。

（1）**粗肌丝**　粗肌丝长约 1.5 μm，直径约 15nm，由许多肌球蛋白分子有序排列组成（图 2-34）。肌球蛋白形如豆芽，分为头和杆两部分，在头、杆的连接点及杆上有两处类似关节的结构，可以屈曲转动。在一条粗肌丝中，肌球蛋白分子的杆朝向中央 M 线，而头部则朝向两端的 Z 线，并突出于粗肌丝表面形成横桥。肌球蛋白的头部具有 ATP 酶的活性以及与肌动蛋白结合的能力，当头部与细肌丝的肌动蛋白接触时，ATP 酶被激活，分解 ATP 并释放的能量，使横桥发生屈伸运动，牵拉细肌丝滑动。

（2）**细肌丝**　细肌丝长约 1 μm，直径 5~7nm，由肌动蛋白、原肌球蛋白和肌钙蛋白组成（图 2-34）。肌动蛋白是细肌丝的结构蛋白，由许多球形的肌动蛋白单体连成串珠状链，并相互缠绕成双股螺旋链。每个肌动蛋白单体都有一个能与肌球蛋白头部相结合的位点。原肌球蛋白和肌钙蛋白属于调节蛋白，在肌动蛋白与肌球蛋白的相互作用中起调节作用。原肌球蛋白由较短的双股螺旋多肽链组成，分子首尾相接形成长链，当肌纤维舒张时，嵌于肌动蛋白双股螺旋链的浅沟内，恰好盖在肌动蛋白单体与肌球蛋白头部相结合的位点上。肌钙蛋白由三个球形亚单位组成，分别简称为 TnT、TnC 和 TnI。TnT 是和原肌球蛋白相结合的亚单位。TnC 是能与 Ca^{2+} 相结合的亚单位。TnI 是抑制肌动蛋白和肌球蛋白相互作用的亚单位。

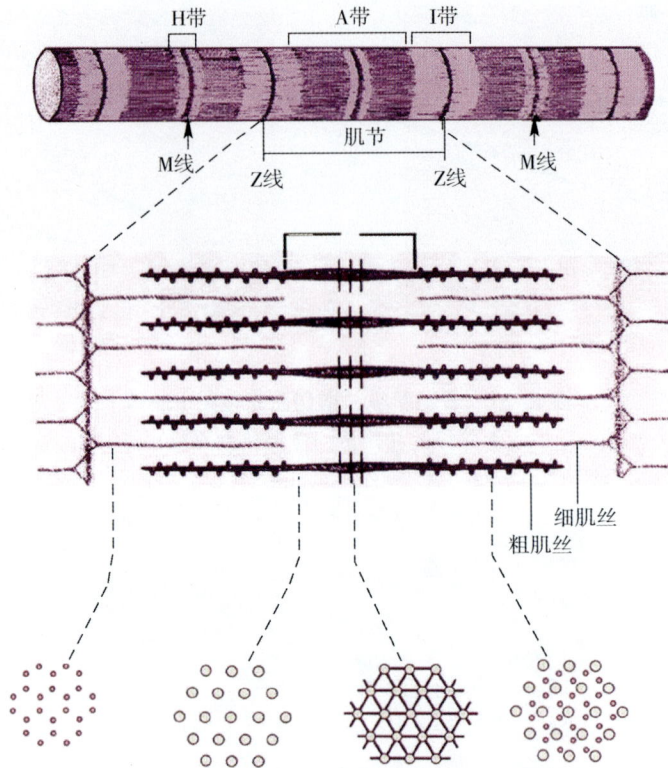

图 2-33 骨骼肌肌原纤维超微结构模式图

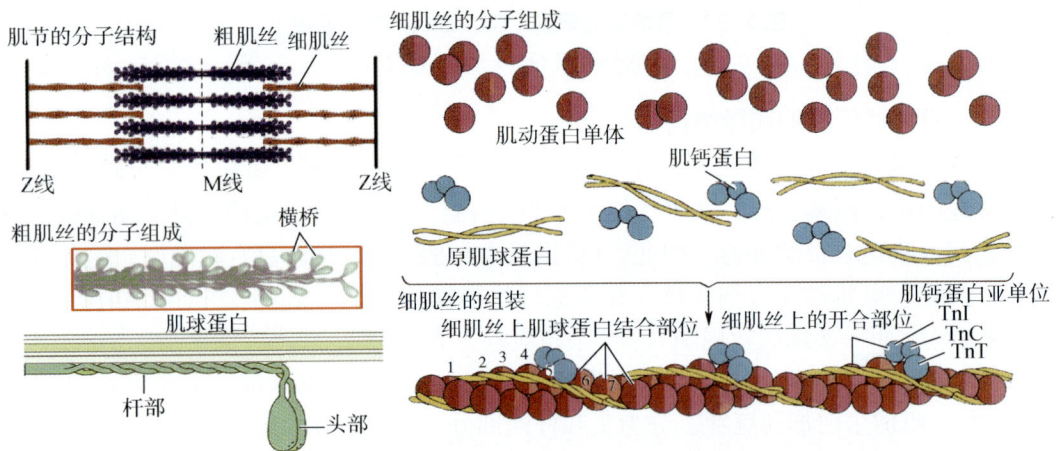

图 2-34 粗、细肌丝分子结构模式图

2. 横小管　又称 T 小管，是肌膜向细胞内凹陷形成的横向行走的小管（图 2-35）。人和哺乳类动物骨骼肌纤维的横小管位于明、暗带交界处，同一水平面的横小管分支吻合环绕每条肌原纤维，横小管开口于肌细胞表面，其功能是将肌膜的兴奋快速地传到肌纤维内部。

3. 肌质网　是肌质内特化的滑面内质网，位于相邻两条横小管之间，包绕在肌原纤维的周围，形成连续的管状系统，故又称纵小管。位于横小管

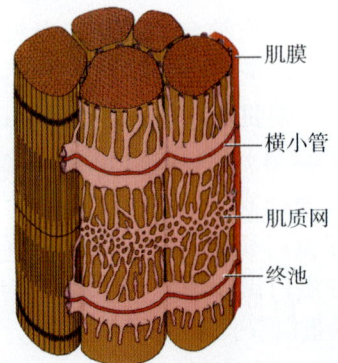

图 2-35 骨骼肌纤维超微结构立体模式图

两侧的肌质网膨大呈扁囊状，称终池。每条横小管及其两侧的终池共同组成三联体（图2-35）。肌质网具有贮存、释放 Ca^{2+} 的作用。肌质网膜上有丰富的钙泵和钙通道，能逆浓度梯度将肌质中的 Ca^{2+} 泵入肌质网内储存。当肌质网膜接受兴奋时，钙通道开放，使肌质网内储存的 Ca^{2+} 释放到肌质。

知识链接

骨骼肌类型与运动

人体的各种运动都是通过骨骼肌的收缩来完成的，而骨骼肌的收缩能力与肌纤维的类型有着密切的关系。骨骼肌纤维可分为红肌纤维、白肌纤维和中间型肌纤维三种类型。红肌纤维又称慢肌纤维，细胞内含丰富的肌红蛋白，收缩缓慢而持久，抗疲劳能力强，适合力量小、时间长的有氧运动项目，如竞走、长跑、马拉松等；白肌纤维又称快肌纤维，收缩快，但持续时间短，易疲劳，其能量来源主要靠有氧氧化，适合快速、爆发性强的无氧运动项目，如短跑、举重、拳击等。中间型纤维的结构和功能特点介于前两者之间。

二、心肌

心肌主要由心肌纤维构成，分布于心脏和邻近心脏的大血管根部。心肌纤维收缩具有自动节律性，缓慢而持久，不易疲劳。

（一）心肌纤维的光镜结构

心肌纤维呈短柱状，有分支，相互连接成网。心肌纤维有 1~2 个核，呈卵圆形，位于细胞中央。肌质较丰富，内含线粒体、糖原、少量脂滴和脂褐素，随年龄增长而增多。心肌纤维也有明暗相间的横纹，但横纹不如骨骼肌纤维明显。相邻心肌纤维的连接处称为闰盘，在铁苏木精染色标本中呈蓝黑色横行阶梯状线纹。心肌纤维的横断面大小不等，部分断面可见核，位于细胞中央（图2-36、图2-37）。

（二）心肌纤维的超微结构

心肌纤维的超微结构与骨骼肌纤维相似，但有以下特点（图2-38）：①肌原纤维粗细不等，界限不明显，这是由于肌丝被少量肌质和大量纵行排列的线粒体分隔成粗、细不等的肌丝束，以致横纹也不如骨骼肌的明显；②横小管较粗，位于Z线水平；③肌质网较稀疏，纵小管不发达，终池较少且扁而小，横小管两侧的终池往往不同时存在，多见横小管与一侧的终池紧贴形成二联体，三联体极少见，故心肌纤维贮存 Ca^{2+} 能力较低，收缩前需从细胞外摄取 Ca^{2+}；④闰盘（图2-39）位于Z线水平，常呈阶梯状，在连接的横位部分，有中间连接和桥粒，起牢固的连接作用。纵位部分为缝隙连接，便于细胞间化学信息的交流和电冲动的传导，以保证心肌纤维收缩的同步性和协调性；⑤心房肌纤维细胞质内含有分泌颗粒，可分泌心房钠尿多肽或称心钠素，具有排钠、利尿和扩张血管、降低血压的作用。

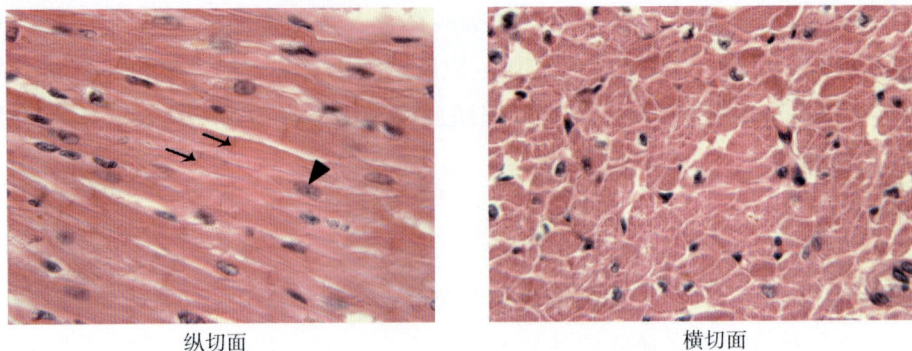

纵切面　　　　　　　　　横切面

图 2-36　心肌纵、横切面光镜图（油镜）

→闰盘；▲心肌细胞核

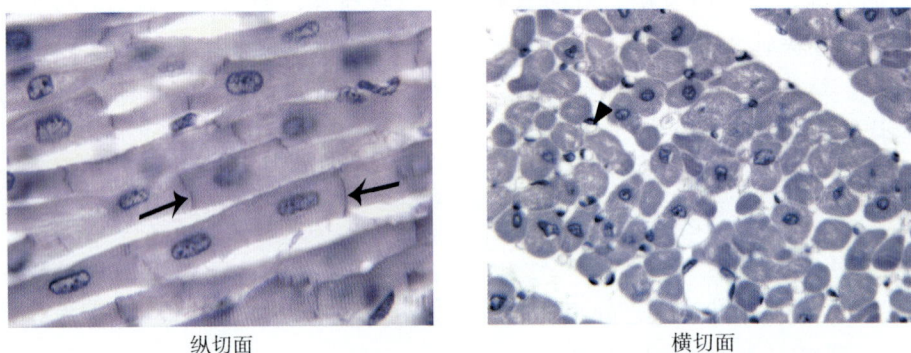

纵切面　　　　　　　　　横切面

图 2-37　心肌光镜图碘酸钠－苏木精染色（油镜）

→闰盘；▲毛细血管

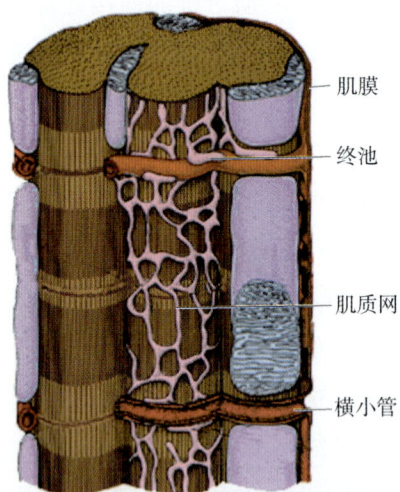

肌膜

终池

肌质网

横小管

图 2-38　心肌电镜结构模式图

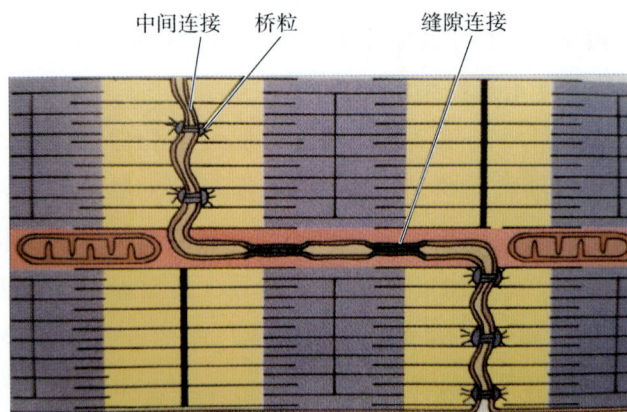

中间连接　桥粒　　　缝隙连接

图 2-39　心肌闰盘电镜结构模式图

心肌干细胞

　　近年来，心脏疾病的发病率与死亡率居高不下。心脏搭桥手术等传统治疗方法虽然可以明显降低死亡率，但心肌组织内原位定居的干细胞数量较少，对心肌细胞再生基本不起作用，所以心肌梗死区的功能无法再恢复，这大大降低了患者的生活质量。心脏干细胞输注治疗心脏疾病是一种新兴治疗方式，是最有可能在不远的将来替代现有医疗技术的治疗方式。利用心肌干细胞对严重心脏病患者实施细胞移植治疗，可望挽救患者的生命。

三、平滑肌

　　平滑肌分布于内脏器官和血管壁等处，收缩呈阵发性，缓慢而持久，属不随意肌。

（一）平滑肌纤维的光镜结构

　　平滑肌纤维呈长梭形，细胞核一个，呈长椭圆形或杆状，位于细胞中央，收缩时核扭曲呈螺旋状，肌质无肌原纤维，因此无横纹。肌纤维长短不一，短则20μm，长可达500μm。平滑肌纤维常互相平行、成束或分层分布，且同一束或同一层内的肌纤维按同一方向排列。平滑肌纤维的横切面呈大小不等的圆形断面，大的切面中央能见到细胞核，小切面无核（图2-40）。

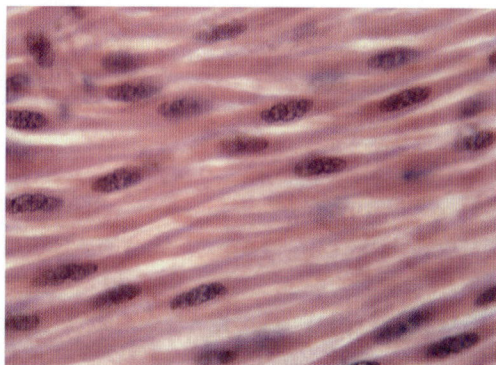
纵切面

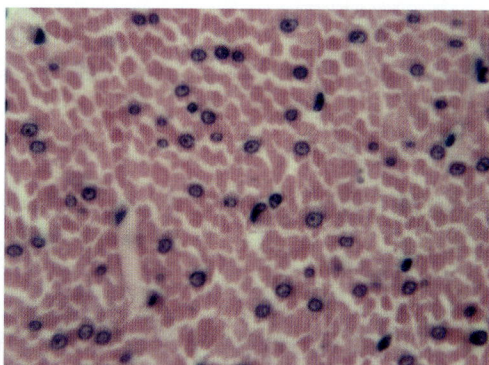
横切面

图 2-40　平滑肌纵、横切面光镜图（油镜）

（二）平滑肌纤维的超微结构

　　平滑肌纤维的肌质内含有粗肌丝和细肌丝，但不形成肌节的结构，细肌丝呈花瓣状环绕在粗肌丝周围，粗肌丝则均匀分布于细肌丝之间。粗肌丝呈圆柱形，表面有成行排列的横桥，相邻的两行横桥摆动方向相反。若干条粗肌丝和细肌丝聚集成肌丝单位，又称收缩单位。肌膜向内凹陷只形成小凹，不形成横小管。平滑肌的细胞骨架系统比较发达，主要由密斑、密体和中间丝构成。密斑和密体都是电子密度高的小体，密斑位于肌膜下，为扁平斑块状，是细肌丝的附着点。密体位于肌质中，为梭形小体，是细肌丝和中间丝的共同附着点。中间丝连于密斑、密体之间，构成菱形的细胞骨架（图2-41）。平滑肌纤维之间有较发达的缝隙连接。

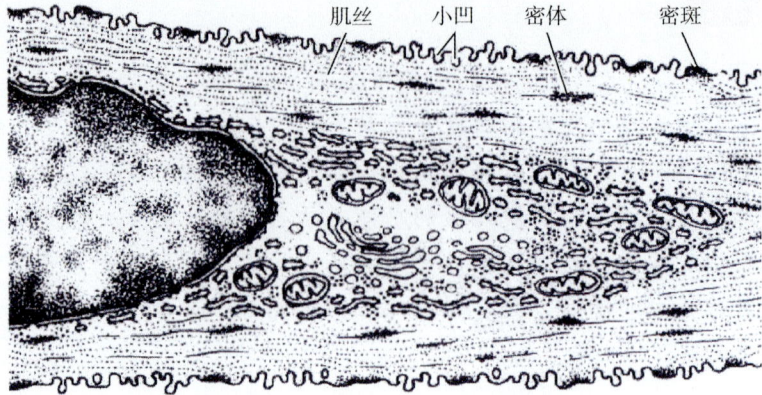

图 2-41 平滑肌电镜结构模式图

第四节 神经组织

神经组织由神经细胞和神经胶质细胞组成。神经细胞是神经系统的基本结构和功能单位，又称神经元。人体有100多亿个神经元，具有接受刺激、整合信息和传导神经冲动等功能，有些神经元还具有内分泌功能。神经胶质细胞的数量为神经元的10～50倍，对神经元起支持、营养、保护和绝缘等作用。

一、神经元

神经元的形态多样，大小不一，可分为胞体和突起两部分（图2-42）。

（一）神经元的形态结构

1.胞体 神经元的胞体是细胞的营养和代谢中心，其形态多样，有锥体形、星形、梨形、梭形或球形等。胞体由细胞膜、细胞质和细胞核组成。

（1）细胞膜 神经元的细胞膜是可兴奋膜，具有接受刺激，产生及传导神经冲动的功能。细胞膜上的膜蛋白有多种，构成了丰富的离子通道和受体。受体可与相应的化学物质（神经递质）结合，使离子通道的通透性和膜内外电位差发生改变而产生神经冲动。

（2）细胞核 一般只有一个细胞核，位于胞体中央，大而圆，核内异染色质少，故着色浅或呈空泡状，核仁大而明显，核膜清楚（图2-43）。

（3）细胞质 又称核周质，除了含一般的细胞器和发达的高尔基复合体外，光镜下可见两种特殊的结构，即尼氏体和神经原纤维（图2-43、图2-44）。①尼氏体：又称嗜染质，光镜下为颗粒状或斑块状的嗜碱性物质，电镜下由大量平行排列的粗面内质网和游离核糖体组成。尼氏体具有活跃的合成蛋白质功能，可合成神经递质、神经分泌物、酶和结构蛋白等。尼氏体广泛分布于神经元的胞体和树突内，但轴突内缺如。尼氏体的数量、形状和分布随神经元

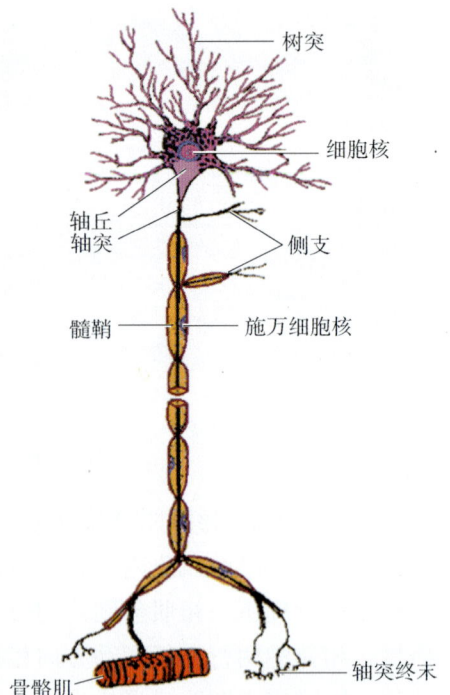

图 2-42 运动神经元模式图

的类型和功能状况不同而有差异，可作为判断神经元功能状态的标志。②神经原纤维：银染切片中，神经原纤维在胞体内呈棕黑色交织成网的细丝，并伸入到树突和轴突内。电镜观察，神经原纤维是由神经丝、微丝和微管聚集排列成束而成。神经原纤维作为神经元的细胞骨架起支持作用外，同时还参与神经元内物质的运输。

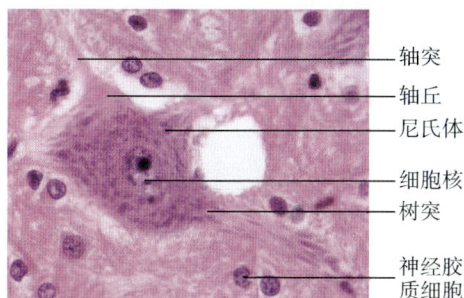

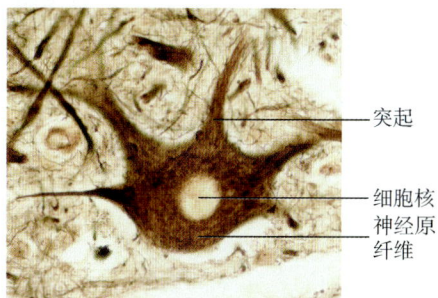

图 2-43　脊髓运动神经元光镜结构图（HE 染色）　　图 2-44　脊髓运动神经元光镜结构图（银染）

2.突起　神经元的突起是神经元胞体的延伸部分，其长短、数量、形态因不同神经元而异。根据其形态结构和功能的差异，可分为树突和轴突。

（1）树突　每个神经元有一个或多个树突，呈树枝样分支（图2-42）。树突表面常有许多棘状突起，称为树突棘。树突棘是神经元接受信息的主要部分，树突的分支和树突棘越多，接受的信息越多。树突内的结构与核周质的结构基本相似，也含有尼氏体、神经原纤维及滑面内质网等细胞器。树突具有接受刺激和传导冲动的功能。树突的分支和树突棘极大地扩展了神经元接受刺激的表面积。

（2）轴突　每个神经元只有一个轴突，较细，不同类型的神经元轴突长短不一，短者仅数微米，长者可达1m以上（图2-42）。光镜下，胞体发出轴突的部位常呈圆锥形，称轴丘。轴丘及轴突内均无尼氏体，故染色较浅，借此可区分树突和轴突。轴突表面光滑，直径均一，分支较少且多呈直角分出，轴突末端分支较多并膨大，形成轴突终末。轴突表面的胞膜称轴膜，其内的胞质称轴质。轴质含有大量微管、神经丝、滑面内质网、线粒体及多泡体等。轴突具有传导神经冲动的功能，轴丘处的轴膜是产生神经冲动的起始部位，神经冲动沿轴膜传导至轴突终末。

（二）神经元的分类

神经元种类较多，其形态和功能各不相同，故分类的方法有多种，常以神经元的数目、突起的长短、神经元的功能及所释放的递质进行分类。

1.根据神经元突起数量分类（图2-45）

（1）多极神经元　是体内最多的神经元，具有多个树突和一个轴突，如大脑皮质和脊髓前角运动神经元。

（2）双极神经元　从胞体两端分别发出一个树突和一个轴突，如耳蜗神经节和视网膜的双极神经元。

（3）假单极神经元　从胞体发出一个突起，但在距胞体不远处呈"T"形分为两支，一支进入中枢神经系统，称中枢突，另一支分布到外周组织和器官，称周围突。如脑神经节和脊神经节内的感觉神经元。

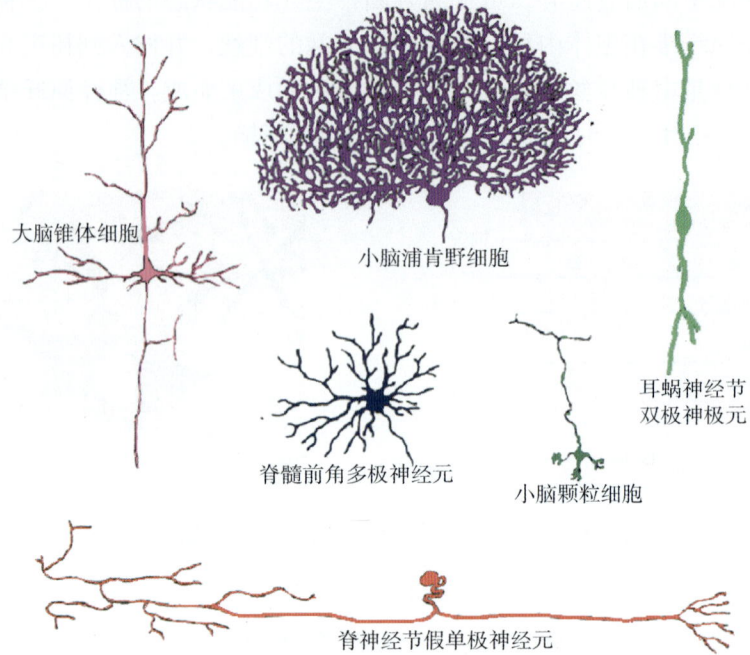

图 2-45 神经元几种主要形态模式图

2.根据神经元的功能分类（图2-46）

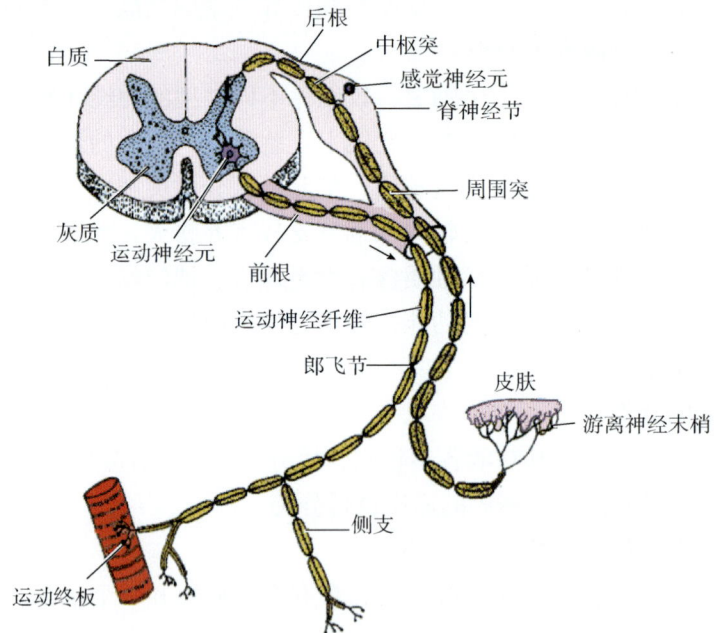

图 2-46 脊髓和脊神经模式图
示三种神经元的关系

（1）感觉神经元 又称传入神经元，多为假单极或双极神经元。其胞体位于脑、脊髓和神经节内，突起构成周围神经的传入神经，可接受内、外环境的刺激，并将信息传入中枢。

（2）运动神经元 又称传出神经元，常为多极神经元。其胞体位于中枢神经系统的灰质和自主神经节内，突起参与白质和周围神经组成，将神经冲动传给肌细胞、腺细胞等效应器，支配肌肉的运动和腺细胞的分泌。

（3）中间神经元　又称联络神经元，多数为多极神经元，在感觉神经元和运动神经元之间，起信息加工和传递作用。随着动物的进化，中间神经元数量不断增多，到人类的中枢神经系统，中间神经元的数量达到神经元总数的99%以上。

3.根据神经元轴突的长短分类

（1）高尔基Ⅰ型神经元　胞体大，长轴突的大神经元，最长的轴突可达1m以上，如脊髓前角的运动神经元。

（2）高尔基Ⅱ型神经元　胞体小，短轴突的小神经元，最短的轴突仅数微米，如某些中间神经元。

4.根据神经元所释放的神经递质分类

（1）胆碱能神经元　此类神经元的轴突终末能释放乙酰胆碱，如脊髓前角的运动神经元。

（2）胺能神经元　能释放肾上腺素、去甲肾上腺素、多巴胺和5-羟色胺等，如交感神经节内的神经元。

（3）氨基酸能神经元　能释放谷氨酸、甘氨酸和γ-氨基丁酸等，如大脑皮质的中间神经元。

（4）肽能神经元　能释放脑啡肽、内啡肽、P物质等肽类物质，如肌间神经丛的神经元。

二、突触

突触是神经元与神经元之间或神经元与非神经元之间的一种特化的细胞连接，是神经元传递信息的重要结构。突触的形式多样，按照形成突触的部位可分为轴-树突触、轴-体突触、轴-轴突触、树-树突触等（图2-47）；根据传导信息的方式不同，可把突触分为化学突触和电突触两类。

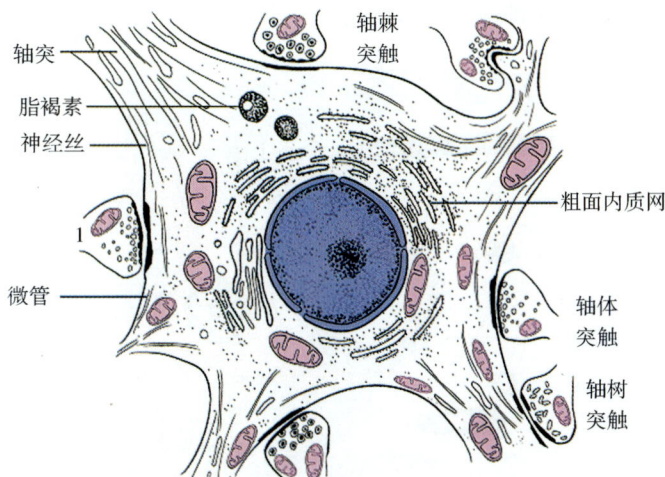

图 2-47　多极神经元及其突触超微结构模式图

1.化学突触　化学突触是以神经递质作为传递信息的媒介，通常所说的突触是指化学突触。电镜下，化学突触由突触前成分、突触间隙和突触后成分三部分组成（图2-48）。突触前、后成分彼此相对的细胞膜分别称为突触前膜和突触后膜，两者之间相隔15~30nm的狭窄间隙称为突触间隙。突触前成分常为前一个神经元的轴突终末，其内靠近突触前膜的轴质内含许多突触小泡，还有少量线粒体、滑面内质网、微管和微丝等。突触后膜上有特异性的神经递质的受体和离子通道，一种受体只能与一种相应的神经递质结合。

当神经冲动传到突触前膜时，突触小泡以胞吐的方式释放神经递质到突触间隙内，并与突触后膜的相应受体结合，将信息传递给后一个神经元或效应细胞，引起突触后神经元或效应细胞的兴奋或抑制。神经冲动通过化学突触的传导是单向性的。

2.电突触 电突触为缝隙连接，以电流的方式传递信息，不需要神经递质的参与，且冲动的传导是双向性的。

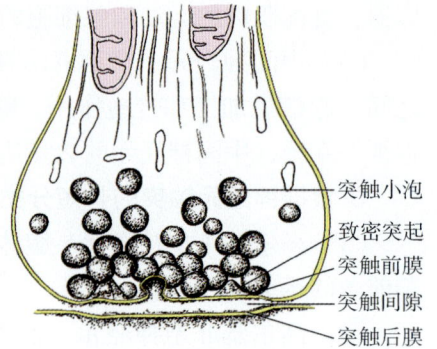

图2-48 化学性突触超微结构模式图

三、神经胶质细胞

神经胶质细胞又称神经胶质，广泛分布于神经元与神经元之间或神经元与非神经元之间，数量远比神经元多，也具有突起，但不分轴突和树突。神经胶质细胞对神经元起着支持、营养、保护、绝缘、修复和形成髓鞘等作用。

（一）中枢神经系统的神经胶质细胞（图2-49、图2-50）

1.星形胶质细胞 是神经胶质细胞中体积最大、数量最多的一种。胞体呈星形，核较大，呈圆形或椭圆形，染色浅，胞质内含有神经胶质丝，由胞体伸出许多突起，有些较粗的突起末端膨大形成脚板，贴附在毛细血管壁上。星形胶质细胞对神经元起支持和绝缘作用，还能分泌神经营养因子和多种生长因子，对神经元的分化、功能活动及创伤后神经元的可塑性变化有促进作用。中枢神经系统受损部位，常由星形胶质细胞增生形成胶质瘢痕修复。根据神经胶质丝的含量及突起的形状，星形胶质细胞可分为两种：①原浆性星形胶质细胞，多分布在中枢神经系统的灰质中，细胞突起短而粗，分支较多，表面粗糙，含神经胶质丝较少；②纤维性星形胶质细胞，多分布在中枢神经系统的白质中，细胞突起长而直，分支较少，表面光滑，含神经胶质丝丰富。

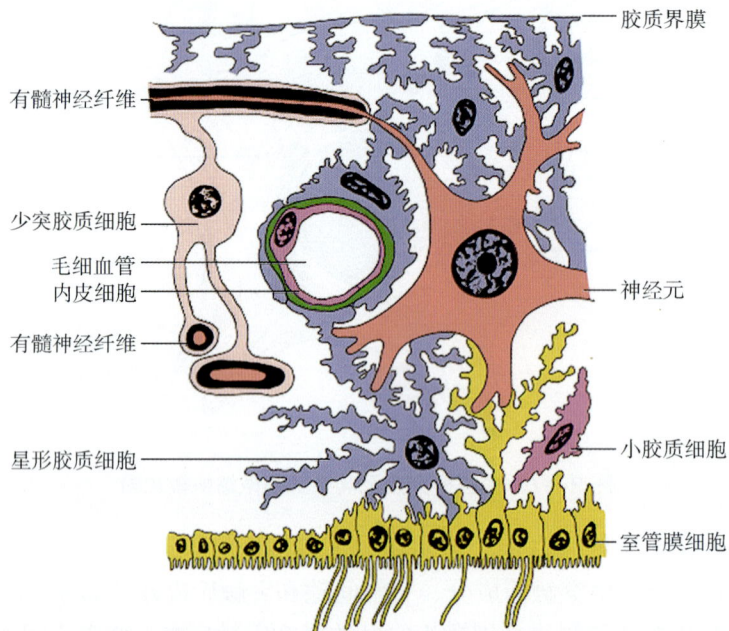

图2-49 中枢神经系统神经胶质细胞与神经元和毛细血管的关系模式图

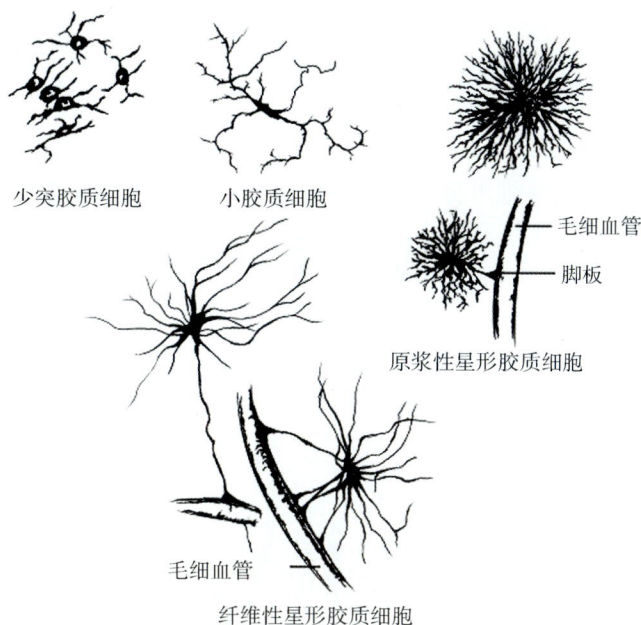

少突胶质细胞　　　小胶质细胞

毛细血管
脚板

原浆性星形胶质细胞

毛细血管

纤维性星形胶质细胞

图 2-50　中枢神经系统的神经胶质细胞系模式图

2.少突胶质细胞　分布于神经元胞体及轴突周围，数量多。胞体较小，呈梨形或椭圆形，突起较少，细胞器较多。中枢神经系统有髓神经纤维的髓鞘由少突胶质细胞形成。

3.小胶质细胞　分布于中枢的灰质及白质内，是数量最少、形态最小的胶质细胞。胞体细长或椭圆形，核小染色深，胞质少，胞体发出细长而有分支的突起，表面有许多小棘突。小胶质细胞来源于血液中的单核细胞。中枢神经系统损伤时，小胶质细胞可转变成巨噬细胞，能吞噬细胞碎屑及退化变性的髓鞘。

4.室管膜细胞　是一层覆盖于脑室和脊髓中央管腔面的立方或柱状上皮细胞，由该细胞构成的单层上皮称室管膜。室管膜细胞表面有许多微绒毛，少数细胞表面有纤毛，纤毛的摆动有助于脑脊液流动。室管膜细胞具有支持和保护作用，分布于脉络丛的室管膜细胞，还参与脑脊液形成。

（二）周围神经系统的神经胶质细胞

1.施万细胞　又称神经膜细胞，它包裹在神经元突起的周围形成周围神经纤维的髓鞘。施万细胞有保护和绝缘的作用，还可分泌神经营养因子，对神经纤维的生长及再生起诱导作用。

2.卫星细胞　又称被囊细胞，是包绕神经节细胞胞体周围的一层扁平或立方形的细胞，核圆或卵圆形，染色较深。卫星细胞具有营养和保护神经节细胞的功能。

知识链接

胶质细胞瘤

神经胶质瘤简称胶质瘤，也称为胶质细胞瘤，是最常见的原发性中枢神经系统肿瘤，约占所有颅内原发肿瘤的一半。广义上是指所有神经上皮来源的肿瘤，狭义上是指源于各类胶质细胞的肿瘤。常见类型有星形细胞瘤、少枝胶质瘤、室管膜瘤、混合性胶质瘤、神经元及神经元胶质混合瘤等。引起本病的病因尚不明确，可能与肿瘤起源、遗传因素、生化环境、电离辐射、亚硝基化合物、污染的空气、不良生活习惯、感染等因素有关。

四、神经纤维和神经

（一）神经纤维

神经纤维是由神经元的轴突或长树突和包在外面的神经胶质细胞所构成。根据神经胶质细胞是否形成髓鞘，神经纤维可分为有髓神经纤维和无髓神经纤维（图 2-51）。

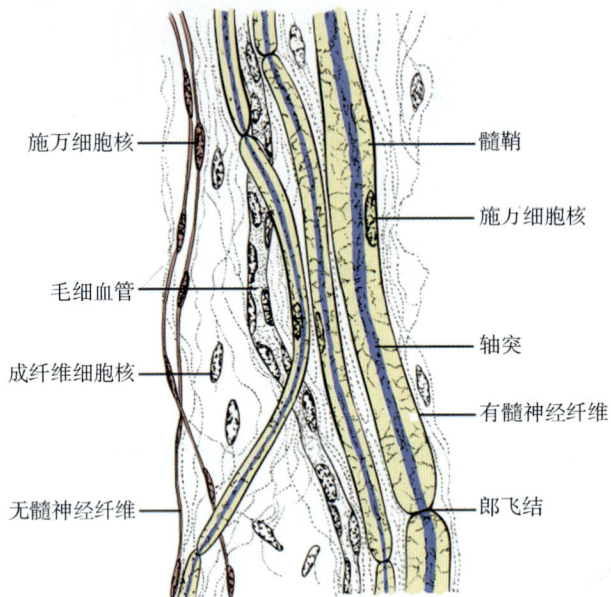

图 2-51 周围神经纤维模式图

1.有髓神经纤维 周围神经系统的有髓神经纤维由轴突、髓鞘和神经膜构成（图 2-52、图 2-53）。髓鞘的主要成分是髓磷脂和蛋白质，新鲜时呈亮白色，电镜下髓鞘呈明暗相间的同心圆板层样结构。髓鞘是由施万细胞的细胞膜反复包卷轴突并相互融合而形成。包卷时施万细胞的胞质被挤至细胞的边缘，在相邻两个施万细胞的连接处由于未形成髓鞘，在切片中为一缩窄部称郎飞结，相邻两个郎飞结之间的一段称结间体。每一结间体的髓鞘是由一个施万细胞形成。在髓鞘外面包有神经膜，神经膜是由施万细胞最外面的一层细胞膜及其外面的基膜构成（图 2-54）。

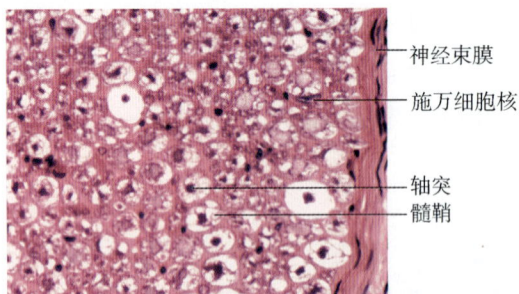

图 2-52 神经纤维束（局部横切面）光镜图

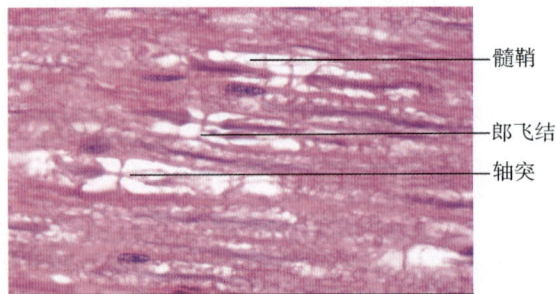

图 2-53 神经纤维束（局部纵切面）光镜图

中枢神经系统的有髓神经纤维的髓鞘是由少突胶质细胞突起末端的细胞膜包卷轴突而形成。一个少突胶质细胞有多个突可分别包卷多个轴突，其胞体位于神经纤维之间（图 2-55）。神经纤维的外表面没有基膜包裹，髓鞘内也无髓鞘切迹。

由于髓鞘的绝缘作用，有髓神经纤维的神经冲动只发生在郎飞结处的轴膜，其神经冲动传导呈跳跃式，即从一个郎飞结跳到另一个郎飞结，故传导速度较快。

2.无髓神经纤维 周围神经系统的无髓神经纤维由较细的轴突和包在其外面的施万细胞构成。电镜下可见一个施万细胞形成多处质膜凹陷分别包绕多条轴突，但施万细胞的膜不形成髓鞘包裹它们，故无郎飞结。中枢神经系统的无髓神经纤维轴突外无特异性神经胶质细胞包裹，裸露走行于有髓神经纤维或神经胶质细胞之间。

无髓神经纤维因无髓鞘和郎飞结，神经冲动传导是沿着轴突作连续性传导，故其传导速度比有髓神经纤维慢得多。

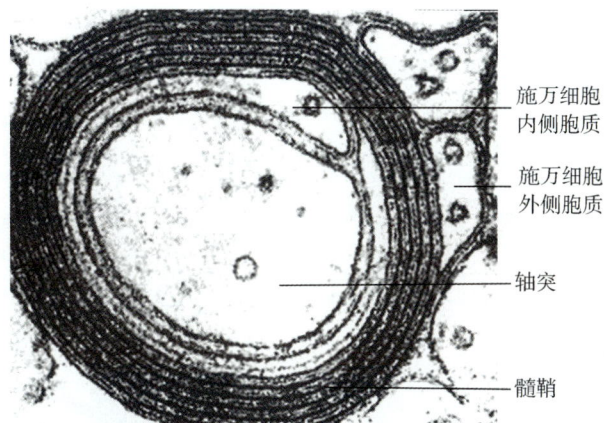

图 2-54 有髓神经纤维（横切面）电镜图

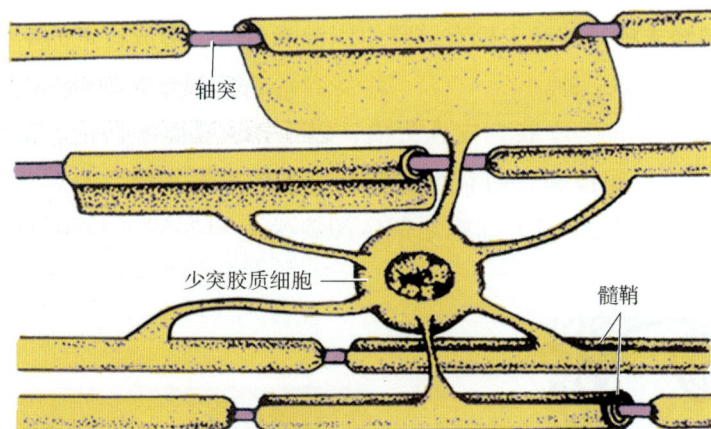

图 2-55 少突胶质细胞与中枢有髓神经纤维关系模式图

（二）神经

周围神经系统的神经纤维集合在一起，外包结缔组织膜，构成的条索状结构称神经。一条神经内可以只含有感觉神经纤维或运动神经纤维，但大多数神经是同时含有感觉、运动神经纤维；在结构上，多数神经同时含有无髓和有髓两种神经纤维。包裹在神经外面的致密结缔组织称神经外膜，其中含有血管。神经内的神经纤维又被结缔组织分隔成大小不等的神经纤维束，其外面包裹的结缔组织称神经束膜。神经纤维束内的每条神经纤维之间，有少量的疏松结缔组织，称神经内膜，其内含毛细血管和淋巴管（图2-56）。

五、神经末梢

神经末梢是指周围神经纤维的终末部分，与其他组织共同构成感受器或效应器。按功能可分为感觉神经末梢和运动神经末梢两类。

（一）感觉神经末梢

感觉神经末梢是感觉神经元周围突的终末部分，它与相应的结构共同组成感受器。感受器能接受体内、外环境的各种刺激，并将刺激转化为神经冲动传向中枢，产生相应感觉。感觉神经末梢按其结构可分为游离神经末梢和有被囊神经末梢两类。

1.游离神经末梢 由神经纤维的终末部分失去髓鞘后反复分支而成。广泛分布在表皮、角膜和毛囊等上皮细胞间，或分布在骨膜、关节囊、肌腱、牙髓等各种结缔组织中，能感受冷、热、疼痛的刺激（图2-57）。

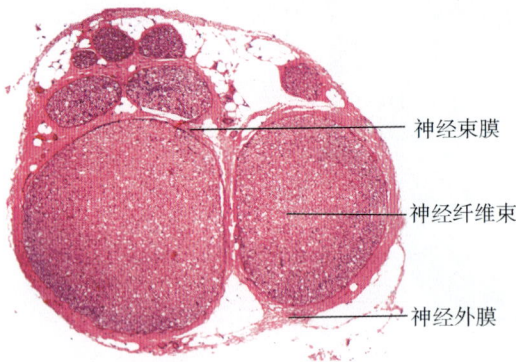

图 2-56 坐骨神经横切面光镜图

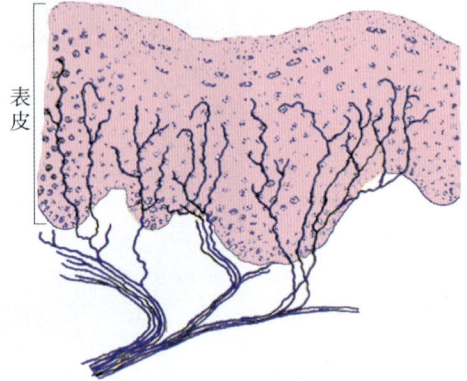

图 2-57 表皮内游离神经末梢模式图

2.有被囊的神经末梢 神经末梢有结缔组织被囊包裹，形成特定的结构，其形态各异，功能不同，常见的有如下三种。

（1）触觉小体 分布于皮肤真皮乳头内，以手指、足趾掌侧的皮肤最多。触觉小体呈卵圆形，外包结缔组织被囊，内有很多横行排列的扁平细胞。有髓神经纤维进入被囊前失去髓鞘，其分支盘绕在扁平细胞之间（图2-58、图2-59）。触觉小体有感受触觉的功能。

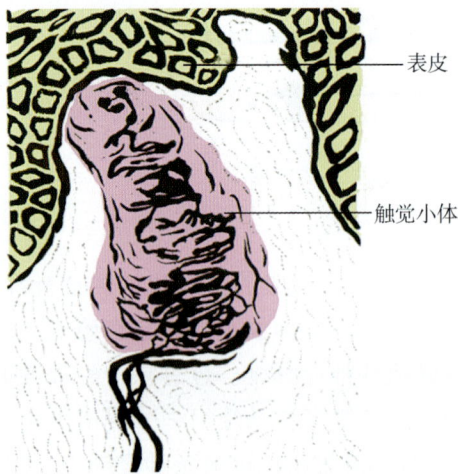

图 2-58 触觉小体模式图

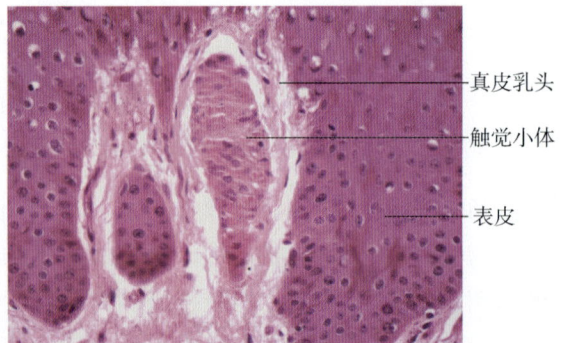

图 2-59 触觉小体光镜图

（2）环层小体 分布于皮下组织、腹膜、肠系膜、韧带和关节囊等处。环层小体呈圆形或卵圆形，大小不一，小体中央为一均质状的圆柱体，被囊由数十层同心圆排列的扁平细胞构成。有髓神经纤维进入被囊前失去髓鞘，其终末穿行于小体中央的圆柱体内（图2-60、图2-61）。环层小体感受压觉和振动觉。

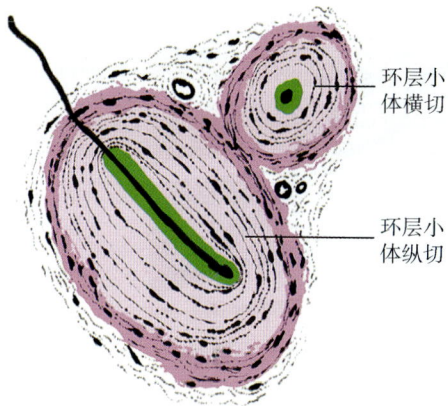

图 2-60　环层小体模式图

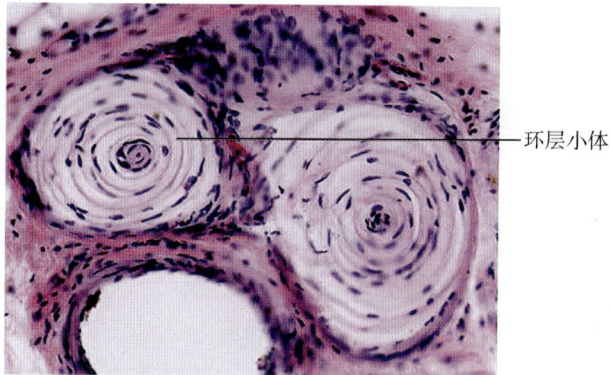

图 2-61　环层小体光镜图

（3）肌梭　是分布在骨骼肌内的梭形小体，表面有结缔组织被囊，内含数条细小的骨骼肌纤维，称梭内肌纤维。有髓经纤维进入肌梭时失去髓鞘，其终末分支分环绕梭内肌纤维上（图2-62）。肌梭是一种本体感受器，能感受骨骼肌纤维的收缩或舒张的牵拉刺激，在调控骨骼肌的活动中起重要作用。

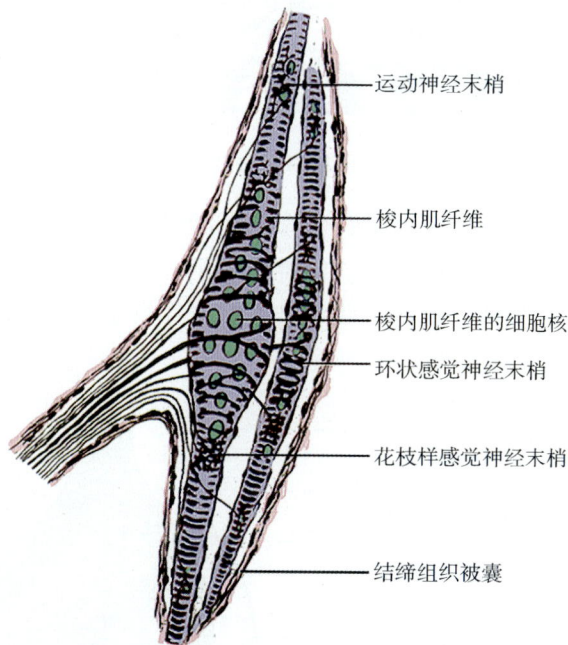

图 2-62　肌梭模式图

（二）运动神经末梢

运动神经末梢是运动神经元的长的轴突分布于肌组织和腺体内的终末结构，支配肌肉的收缩和腺体的分泌。按分布部位，可分为躯体运动神经末梢和内脏运动神经末梢两类。

1.躯体运动神经末梢　是分布于骨骼肌内的运动神经末梢。轴突抵达骨骼肌时失去髓鞘并反复分支，每一分支终末终止在骨骼肌纤维表面，形成椭圆形的板状隆起，称运动终板或称神经肌连接（图2-63、图2-64）。运动终板实际上是一种化学突触。电镜下，运动终板处的骨骼肌纤维表面凹陷成浅槽，轴突终末嵌入浅槽内。槽底的肌膜即突触后膜，其凹陷形成许多深沟和皱褶，使突触后膜的表面积增大（图2-65）。

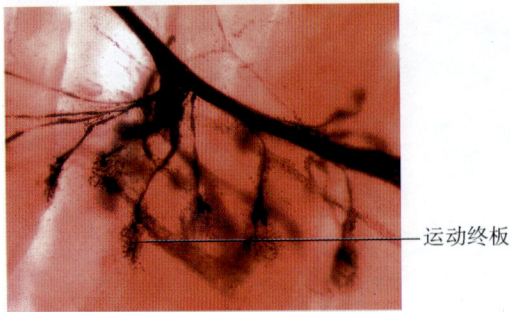

图 2-63　运动终板模式图

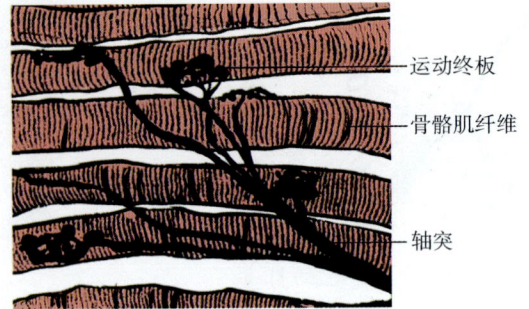

图 2-64　运动终板光镜图

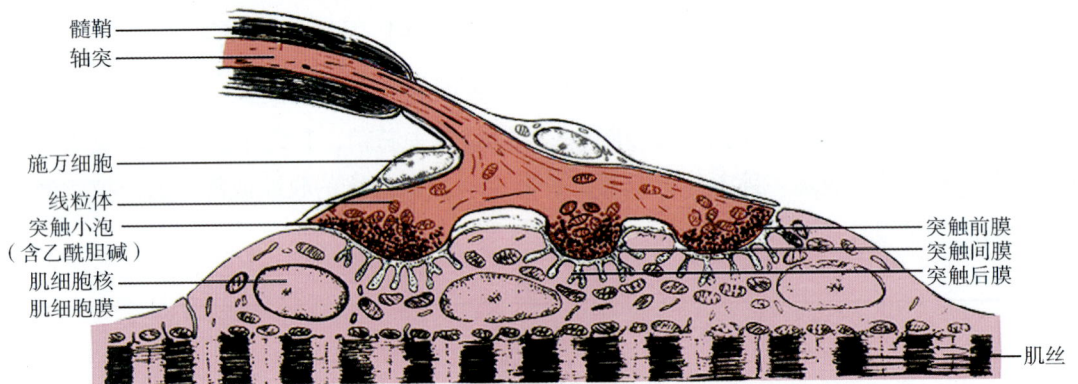

图 2-65　运动终板超微结构模式图

2.内脏运动神经末梢　分布于内脏及血管的平滑肌、心肌和腺体等处，是由自主神经节或神经丛发出的无髓神经纤维终末形成的神经末梢。其纤维较细，无髓鞘，其轴突终末分支常呈串珠样膨大，称膨体，附着于肌纤维表面或穿行于肌纤维间。电镜下可见膨体内含有许多突触小泡，内含神经递质（图2-66）。

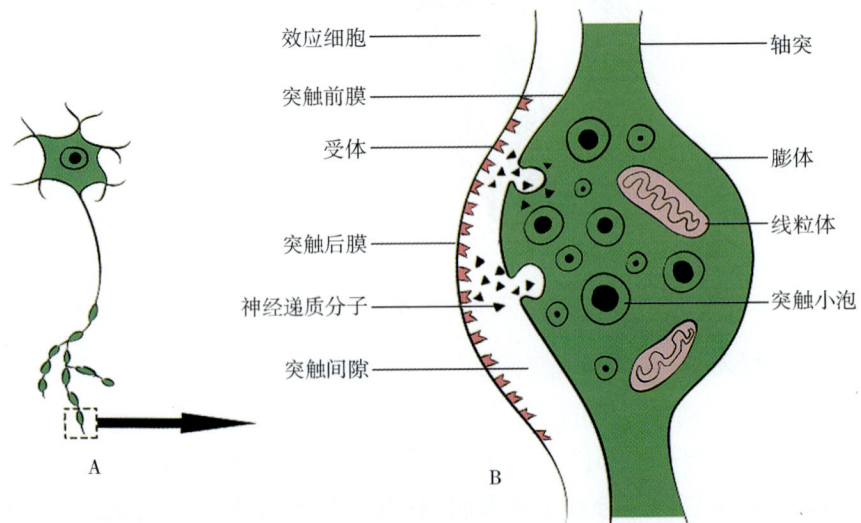

图 2-66　内脏运动神经纤维及其末梢（A）与膨体超微结构模式图（B）

本章小结

　　基本组织分为上皮组织、结缔组织、肌组织和神经组织。上皮组织由大量排列紧密的上皮细胞和少量的细胞间质构成，上皮主要分布在体表、体腔和管腔器官内表面；结缔组织分布广泛、形态多样，分为固有结缔组织、软骨组织、骨组织、血液和淋巴等，具有连接、支持、营养、保护和修复等作用；肌组织由肌细胞和少量的结缔组织组成，可分为骨骼肌、心肌、平滑肌三种；神经组织由神经元和神经胶质细胞组成。神经元具有接受刺激、整合信息和传导冲动的功能，神经元包括胞体和突起两部分，突起分为轴突和树突两种。根据突起数量，神经元分为多极神经元、双极神经元和假单极神经元。根据神经元的功能分为感觉神经元、运动神经元和中间神经元。突触是神经元与神经元之间或神经元与效应细胞之间传递信息的特化的细胞连接。化学突触由突触前成分、突触间隙和突触后成分组成。中枢神经系统中的胶质细胞有星形胶质细胞、少突胶质细胞、室管膜细胞和小胶质细胞。周围神经系统中的神经胶质细胞有施万细胞和卫星细胞。神经纤维由神经元长轴突以及包绕它的神经胶质细胞构成，分为有髓神经纤维和无髓神经纤维两类。神经末梢与其他组织共同构成感受器或效应器，可分为感觉神经末梢和运动神经末梢两类。

习 题

一、选择题

【A1／A2型题】

1. 分布于膀胱内表面的上皮是
　　A. 单层立方上皮　　　　　　　　B. 单层柱状上皮
　　C. 假复层纤毛柱状上皮　　　　　D. 变移上皮
　　E. 复层扁平上皮

2. 单层扁平上皮主要分布于下列哪些器官的内表面
　　A. 小叶间胆管、肾小管　　　　　B. 气管、主支气管
　　C. 肾盂、输尿管和膀胱　　　　　D. 口腔、食管和阴道
　　E. 血管、心脏

3. 在寄生虫感染或变态反应性疾病时，可能明显增多的是
　　A. 淋巴细胞　　　　　　B. 嗜碱性粒细胞　　　　　C. 中性粒细胞
　　D. 嗜酸性粒细胞　　　　E. 单核细胞

4. 急性化脓性感染时，可明显增多的白细胞是
　　A. 嗜酸性粒细胞　　　　B. 嗜碱性粒细胞　　　　　C. 中性粒细胞
　　D. 淋巴细胞　　　　　　E. 单核细胞

5. 骨骼肌纤维的结构特点是
　　A. 呈长梭形　　　　　　　　　B. 有明暗相间的横纹　　　　C. 有一个细胞核

扫码"练一练"

D.有闰盘　　　　　　　　　E.呈短圆柱形

6.心肌纤维的结构特点是

A.呈长梭形　　　　　　　　B.有闰盘　　　　　　　　C.有三个以上细胞核

D.无横纹　　　　　　　　　E.呈长圆柱形

7.一个肌节包括

A.一个完整的I带和两个1/2H带

B.一个完整的A带和两个1/2I带

C.一个完整的H带和两个1/2I带

D.一个完整的A带和两个1/2H带

E.以上都不对

8.闰盘是

A.心肌纤维的结构　　　　　B.骨骼肌纤维的结构　　　C.肌纤维的横纹

D.心肌纤维间的连接结构　　E.以上都不对

9.光镜下识别树突和轴突的主要依据是

A.有无神经原纤维　　　　　B.染色深浅　　　　　　　C.有无尼氏体

D.内网器　　　　　　　　　E.以上都不对

10.无髓神经纤维与有髓神经纤维相比，其主要区别是

A.无施万细胞　　　　　　　B.无髓鞘　　　　　　　　C.轴索粗大

D.都在中枢神经系统内　　　E.以上都不对

11.运动神经元多属于

A.假单极神经元　　　　　　B.双极神经元　　　　　　C.多极神经元

D.三级神经元　　　　　　　E.以上都不对

12.肌质网实为

A.肌膜内陷形成　　　　　　B.纵小管　　　　　　　　C.滑面内质网

D.粗面内质网　　　　　　　E.以上都不对

13.神经元通常含有

A.一个轴突　　　　　　　　B.二个轴突　　　　　　　C.三个轴突

D.多个轴突　　　　　　　　E.以上都不对

14.关于上皮组织结构特点的说法，错误的是

A.细胞数量多　　　　　　　B.间质少，细胞排列紧密　C.含丰富的血管

D.有丰富的神经末梢　　　　E.细胞具有极性

15.对复层扁平上皮不正确的描述是

A.表层为数层扁平细胞　　　B.中间数层为多边形的细胞

C.又称复层鳞状上皮　　　　D.由多层细胞组成

E.基底层为立方形细胞

16.不属于上皮组织特殊结构的是

A.微绒毛　　　　　　　　　B.杯状细胞　　　　　　　C.基膜

D.纤毛　　　　　　　　　　E.桥粒

17.疏松结缔组织中的细胞不包括

A.成纤维细胞　　　　　　　B.巨噬细胞　　　　　　　C.红细胞

　　D.肥大细胞　　　　　　　　E.浆细胞

18.对结缔组织的错误描述是

　　A.都由间充质分化而成　　　B.细胞数量多、细胞种类少　　C.无极性

　　D.形态结构多样、分布广泛　　E.细胞间质多

19.平滑肌纤维无

　　A.肌丝　　　　　　　　　　B.肌原纤维　　　　　　　　　C.线粒体

　　D.高尔基复合体　　　　　　E.细胞核

20.对嗜染质的错误描述是

　　A.又称尼氏体　　　　　　　B.呈嗜碱性

　　C.由线粒体和溶酶体构成　　D.能产生神经递质

　　E.合成蛋白质

二、思考题

1.试述被覆上皮的分类及其分布。

2.试述疏松结缔组织中的主要细胞成分和功能。

3.说出三种肌组织的光镜结构特点。

4.什么是突触？简述化学突触的光镜结构。

5.神经元是如何实现接受刺激、整合信息和传导冲动的功能？

（张春强　刘正华）

第三章 运动系统

学习目标

1.**掌握** 骨的分类；关节的基本结构、辅助结构；椎骨的一般形态及各部椎骨的特征，椎间盘和黄韧带，脊柱的整体观及其运动，胸廓及肋弓的组成；颅骨的分部及各骨的名称，颅的前面观，颞下颌关节的组成及运动；四肢骨的组成，肩胛骨、肱骨、尺骨、桡骨、髋骨、股骨、胫骨、髌骨的形态结构，肩关节、肘关节、腕关节、髋关节、膝关节、踝关节的组成及其运动，骨盆的组成；肌的形态和结构，咬肌、胸锁乳突肌、胸大肌、斜方肌、背阔肌、菱形肌、竖脊肌、膈肌、三角肌、肱二头肌、肱三头肌、臀大肌、股四头肌、股二头肌、小腿三头肌的起止点和作用。

2.**熟悉** 骨的构造，关节的运动形式；胸骨、肋的形态和结构，胸廓的形态特点；各颅骨的位置，颅底的主要结构、新生儿颅的特征；锁骨、腓骨的形态结构，腕骨、跗骨的组成及排列，骨盆的性差和结构特点，足弓的组成和功能；肌的起止、配布和作用，咀嚼肌的位置和作用，胸小肌、肋间肌、臀中肌、腹前外侧群肌、前臂前群及后群肌、大腿内侧群肌的位置和作用。

3.**了解** 骨的化学成分和物理特性，直接连结的特点和分类；各颅骨的形态分部；掌骨、指骨、跖骨、趾骨的形态结构和数目，手骨、足骨的连结及运动；肌的辅助装置，面肌、颈前肌、颈深肌、手肌、足肌等的配布及作用，颈部、躯干、四肢各部的局部记载。

4.会在活体或在人体标本、模型上观察摸认各种骨性标志和肌性标志，并理解其临床意义；会正确选择肌肉注射的部位。

5.具有关心患者、尊重患者的意识及良好的职业素质，并具备人际沟通能力和团结协作精神。

运动系统由骨、骨连结和骨骼肌组成，占成人体重的60%～70%。全身各骨以直接或间接方式连结构成骨骼，支持体重，保护内脏，维持体姿，赋予人体基本形态，并成为骨骼肌的附着点。骨骼肌为运动系统提供动力，一般跨越一个或多个关节，在神经系统支配下，牵拉其所附着的骨，以骨连结为枢纽，产生各种运动。骨骼肌是运动系统的主动部分，而骨和骨连结则是运动系统的被动部分。

在体表能看到或摸到的骨和骨骼肌突起及凹陷，分别称为骨性标志和肌性标志。临床上常利用这些标志来确定器官的位置、判定血管和神经的走行、选取手术切口的部位以及穿刺定位的依据。

第一节 骨和骨连结

一、概述

（一）骨

骨是一种坚硬的器官，主要由骨组织构成。骨具有一定的形态和功能，有血管、淋巴管及神经分布，不断进行新陈代谢和生长发育，并有修复、改建和再生能力。经常锻炼可促进骨的良好发育，长期废用则出现骨质疏松。体内99%的钙是以羟基磷灰石形式贮存于骨内，因而骨为体内最大的钙库，与钙，磷代谢关系密切。骨还是重要的造血器官。

扫码"学一学"

1.骨的分类 成人的骨共有206块，按其所在的部位可分为颅骨、躯干骨和四肢骨三部分（图3-1）。根据外形，骨又可分为长骨、短骨、扁骨和不规则骨四类。

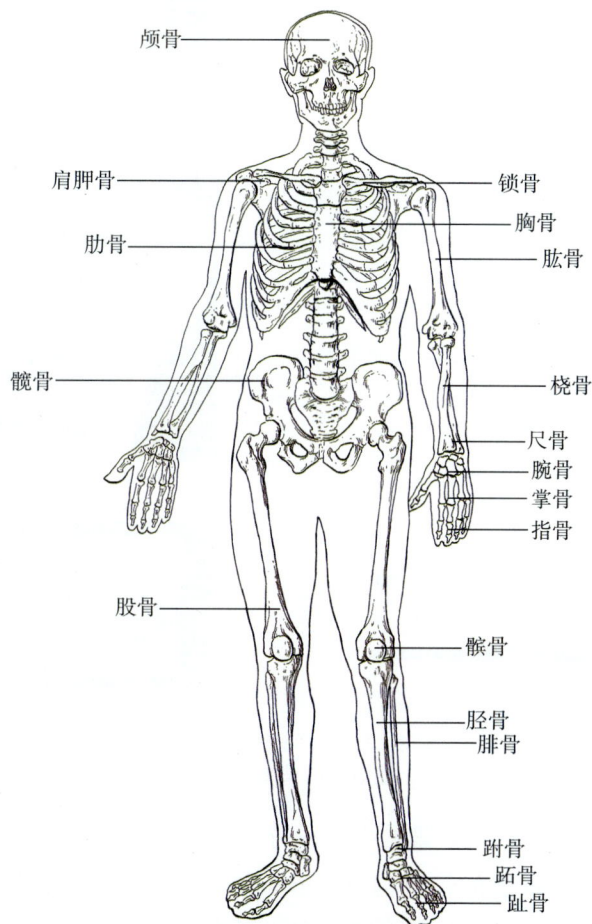

图3-1 全身骨骼

（1）长骨 呈长管状，分一体两端。长骨中部细长称为体或骨干，体内的腔称骨髓腔，容纳骨髓。骨的两端膨大称为骺，骺表面有光滑的关节面。骨干与骺邻接的部分称干骺端。长骨多分布于四肢，如股骨、肱骨等。

（2）短骨 呈立方形，多位于连接牢固并有一定灵活性的部位，如手的腕骨和足的跗骨。

（3）扁骨 呈板状，主要构成容纳重要器官的腔壁，起保护作用，如颅盖骨、胸骨等。

（4）不规则骨 形状不规则，功能各异，如椎骨和某些颅骨。在一些不规则骨内，具有含气的腔，称含气骨，如上颌骨和额骨等。

位于某些肌腱内的扁圆形小骨，称籽骨，如髌骨，在肌肉运动时可减少摩擦和改变力的方向。

2.骨的构造 骨主要由骨质、骨膜和骨髓构成，并有血管、淋巴管及神经分布（图3-2）。

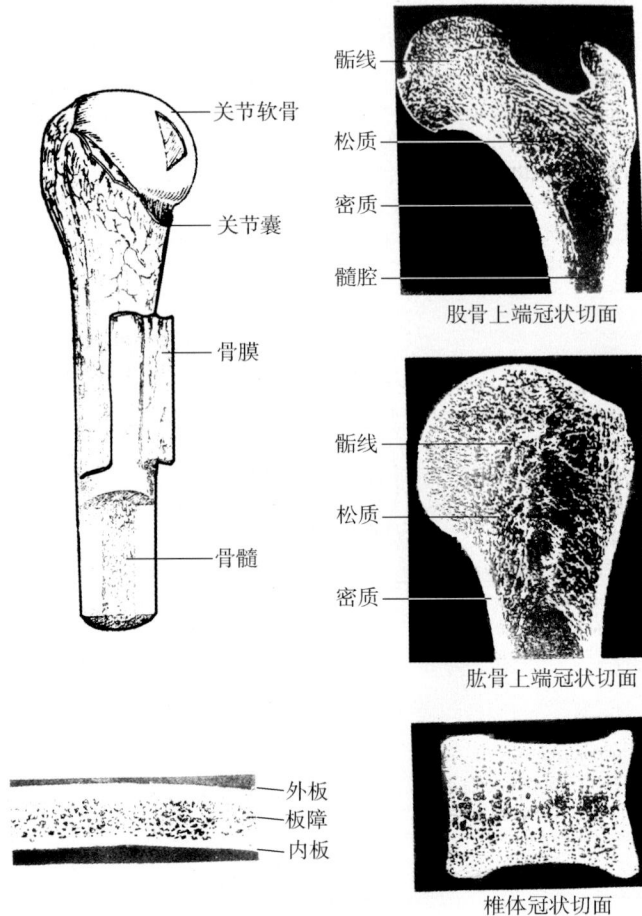

图 3-2　骨的构造

（1）骨质 由骨组织构成，是骨的主要成分，分为骨密质和骨松质。骨密质致密坚硬，耐压性较大，由紧密排列成层的骨板构成，分布于骨的表面。骨松质呈海绵状，由骨小梁交织排列而成，位于骨的内部。扁骨的内、外两面的骨密质，分别称内板和外板，内、外板之间的骨松质称为板障，有板障静脉经过。

（2）骨膜 由致密结缔组织构成，分布于除关节面以外的骨表面。衬于骨髓腔内面和骨松质腔隙内的骨膜称骨内膜。骨膜含有丰富的血管、神经和淋巴管，对骨的营养、生长和再生具有重要作用。

（3）骨髓 充满于骨髓腔和骨松质的腔隙内，分红骨髓和黄骨髓。红骨髓有造血功能，含有大量不同发育阶段的红细胞和其他幼稚型的血细胞。黄骨髓见于5岁以后的长骨的骨髓腔内，含大量的脂肪组织，失去造血能力。成人红骨髓主要分布于长骨的两端、短骨、扁骨和不规则骨的骨松质内，如肋骨、胸骨和椎骨等处。临床上常在髂结节、髂后上棘和胸骨等处穿刺取样，检查骨髓。

3.骨的化学成分和物理特性　骨的化学成分包括有机质和无机质。有机质由胶原纤维和黏多糖蛋白组成，它使骨具有韧性和弹性。无机质主要是钙盐，使骨具有硬度。一生中骨的无机质与有机质不断变化，年龄愈大，无机质的比例愈高。因此，年幼者骨易变形，年长者易发生骨折。

知识链接

骨质疏松

骨质疏松是一种以低骨量和骨组织微结构破坏为特征，导致骨质脆性增加和易于骨折的全身性骨代谢性疾病。本病常见于老年人，但各年龄时期均可发病。骨质疏松在X线片上，其基本改变是骨小梁数目减少、变细和骨皮质变薄。青少年期患者应鼓励其多运动，而对于老年人特别是已有骨量减少或骨质疏松的患者，应注意运动项目的选择和运动量。

（二）骨连结

骨与骨之间借纤维结缔组织、软骨或骨相连，形成骨连结。按骨连结的不同方式，可分为直接连结和间接连结两大类（图3-3）。

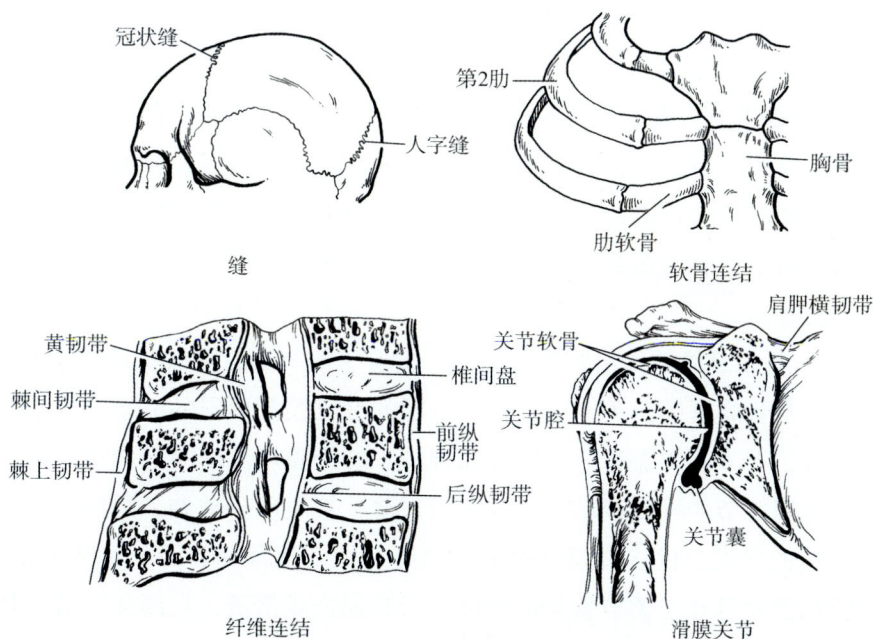

图3-3　骨连结的类型

1.直接连结　比较牢固，一般无活动或少许活动。直接连结可以分为纤维连结、软骨连结和骨性结合三类。

（1）纤维连结　两骨间以纤维结缔组织相连称为纤维连结，可分为：①韧带连结，连结两骨的纤维结缔组织呈条索状或膜板状，如椎骨棘突之间的棘间韧带、前臂骨间膜等；

②缝，两骨间借少量纤维结缔组织相连，如颅的矢状缝和冠状缝等。如果缝骨化，则成为骨性结合。

（2）软骨连结　两骨之间借软骨相连，可分为：①透明软骨结合，如长骨骨干与骺之间的骺软骨、蝶骨与枕骨的结合等，多见于幼年发育时期，随着年龄增长，可骨化形成骨性结合；②纤维软骨联合，如椎骨的椎体之间的椎间盘、耻骨间的耻骨联合等。

（3）骨性结合　两骨之间以骨组织连结，常由纤维连结或透明软骨结合骨化形成，如骶椎椎骨之间的骨性结合以及髂、耻、坐骨之间在髋臼处的骨性结合等。

2.间接连结　间接连结又称关节或滑膜关节，是骨连结的最高级分化形式，其特点是相对骨面间互相分离，具有充以滑液的腔隙，仅借其周围的结缔组织相连结，因而一般具有较大的活动性（图3-4）。

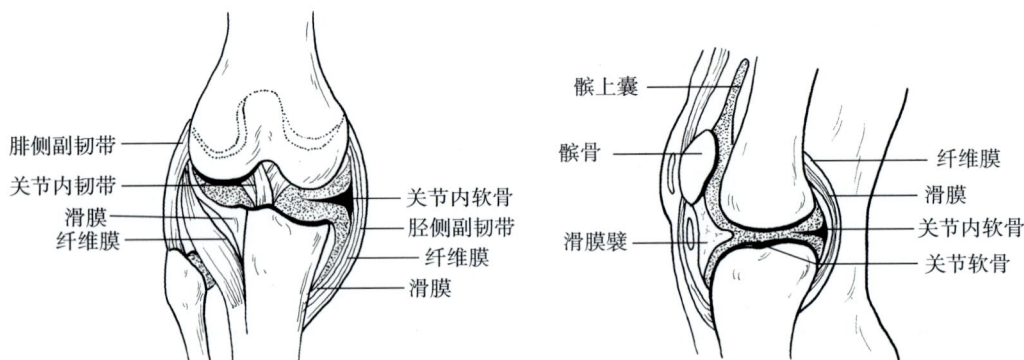

图 3-4　关节的构造

（1）关节的基本结构

1）关节面　是参与构成关节的各相关骨的接触面。一般多为一凸一凹，即关节头和关节窝。关节面上覆有关节软骨，多为透明软骨构成，极少数关节为纤维软骨，具有一定的压缩性和弹性，而且非常光滑，可使粗糙不平的关节面变得光滑，减少关节面的摩擦，缓冲震荡和冲击。关节软骨无血管和神经，其营养来源于其邻近的滑膜血管网、滑液和软骨深面的骨松质血液。

2）关节囊　是由纤维结缔组织构成的囊，附着于关节面的周缘及其邻近骨面，形成封闭的关节腔，并与骨膜延续。关节囊可分为外层的纤维膜和内层的滑膜。纤维膜由致密纤维结缔组织构成，有丰富的血管、淋巴管和神经。纤维膜局部增厚形成囊韧带，可加强骨间的连结，并限制关节的过度运动。如纤维膜很薄，甚至部分缺如，则形成关节囊的薄弱点，是关节脱位的好发部位。滑膜是由疏松结缔组织及被覆其表面的特殊滑膜细胞构成，衬附于纤维膜内面并延续于关节软骨的周缘。滑膜能产生滑液，可增加润滑，且是关节软骨、半月板等新陈代谢的重要媒介。

3）关节腔　为关节囊滑膜层和关节面的关节软骨共同围成密闭且呈负压的腔隙，腔内有0.13～2ml滑液，对维持关节的稳固性有一定的作用。

（2）关节的辅助结构　每个关节除具备上述三个基本结构外，有些部位的关节为了适应其主要的生理功能，而具有某些特殊的辅助结构，以增加关节的稳固性（图3-4）。

1）韧带 是连于相邻两骨之间的致密结缔组织束，可加强关节的稳固性和限制关节的运动。韧带可分为位于关节囊内的囊内韧带和位于关节囊外的囊外韧带。位于关节囊内的囊内韧带，其表面有滑膜包裹，如膝关节内的交叉韧带。

2）关节盘和关节唇 关节盘是指位于两骨关节面之间的纤维软骨板，其周缘附于关节囊纤维膜。关节盘多呈圆盘状，中部稍薄，周缘略厚，有的关节盘呈半月形称关节半月板。关节滑膜终止于关节盘的附着缘，关节盘表面无滑膜覆盖。关节盘将关节腔分隔成两部分，并使两关节面更为适应，增加了关节的稳固性和运动的多样性，减少了关节面之间的冲击和震荡。关节唇是附着于关节窝周缘的纤维软骨环，有加深关节窝、增大关节面和增加关节稳固性的作用。

3）滑膜襞和滑膜囊 某些关节的滑膜表面积大于纤维膜，滑膜折叠突入关节腔形成滑膜襞。襞内如含脂肪，则构成滑膜脂垫，在关节运动时，关节腔的形状、容积和压力发生改变，滑膜脂垫可起调节或填充作用。滑膜襞和滑膜脂垫扩大了关节腔内滑膜的面积，有利于滑液的分泌和吸收。有时滑膜也可以从关节囊纤维膜的薄弱或缺如处呈囊状膨出，充填在肌腱和骨面之间，形成滑膜囊，可起到减少肌肉运动时与骨面之间摩擦的作用。

（3）关节的运动 在肌肉的牵拉下，以关节为枢纽，相连骨绕关节的某一个轴活动而产生的空间位移，即运动。关节面的复杂形态以及运动轴的数量和位置，决定了关节的运动形式和范围。关节的运动有以下几种形式。

1）移动 是关节运动的最简单的形式，为两关节面间的相互滑动，运动范围较小。在许多关节，移动可与其他形式的运动同时发生。

2）屈和伸 是指关节沿冠状轴进行的运动。运动时，相关节的两骨靠近，角度减小为屈；两骨远离，角度加大为伸。一般关节的屈是指向腹侧面成角，但在膝关节的运动中则相反，小腿向后贴向大腿的运动为屈，反之为伸。在手部，由于拇指与其他四指几乎成直角，拇指背面朝外侧，因此该关节的屈伸运动是沿矢状轴进行，拇指与手掌面的角度变小为屈，反之为伸。在足部，由于胚胎早期后肢芽旋转，踝关节运动时，足尖上抬，足背向小腿前面靠拢为伸，习惯上称背屈，足尖下垂为屈，习惯上称跖屈。

3）收和展 是指关节沿矢状轴进行的运动。运动时，骨向正中矢状面靠拢为收，反之，远离正中矢状面为展。但手指是向中指中线、足趾是向第二趾中线靠拢的运动为收，离开中线的运动为展。而拇指的收展则是沿冠状轴进行，拇指向示指靠拢为收，远离示指为展。

4）旋转 是指关节沿垂直轴进行的运动。运动时，骨的前面转向内侧为旋内，转向外侧为旋外。但在前臂，则是围绕桡骨头中心到尺骨茎突基底部的轴线旋转，手背转向前方的运动为旋前，转向后方的运动为旋后。

5）环转 环转是运动骨的一端在原位转动，另一端作圆周运动，运动时全骨描绘出一圆锥形的轨迹。环转运动实际上是屈、展、伸、收依次结合的连续动作。凡能沿两轴以上运动的关节均可作环转运动。

知识拓展

关节弹响

很多人在日常生活中都有这样的情况，就是关节会出现嘎巴一声响，但不痛不痒，这种情况正常吗？专家对此做的解释是：关节在活动时，关节面之间、软骨垫与关节面之间、肌腱和关节囊之间、肌腱和骨骼之间、肌腱与肌腱之间，都在相对运动，这些部位在活动中互相碰撞或摩擦，就会发出声音。一般来说，仅有弹响、不伴疼痛活动障碍者属于生理性弹响，这是正常的生理反应，不需要太多的关注。

二、躯干骨及其连结

案例导入

患者，男，68岁，间断性腰背疼痛2年，加重1个月遂来就医。患者近2年来感觉腰背部疼痛，活动及劳累时加重，身高也明显变矮。近1个月以来腰背疼痛逐渐加重，翻身、弯腰等躯体活动障碍。体查：神志清楚，一般状况可。腰椎左侧侧弯，第1腰椎棘突压痛明显。CT检查显示：骨密度较低，第12胸椎、第1腰椎呈楔形改变。

请问：

1.躯干骨包括哪些，它们是怎么连结的？

2.该患者诊断为椎骨压缩性骨折。试问为什么老年人易患此病？

3.尊老爱幼在运动系统解剖知识中如何体现其科学性？

（一）躯干骨

躯干骨包括24块椎骨、1块骶骨、1块尾骨、12对肋和1块胸骨。

1.椎骨　幼年时为32或33块，即颈椎7块，胸椎12块，腰椎5块，骶椎5块，尾椎3～4块。成年后5块骶椎融合成1块骶骨，3～4块尾椎融合成1块尾骨。

（1）椎骨的一般形态　椎骨为不规则骨，典型椎骨由位于前方的椎体和后方的椎弓构成（图3-5）。椎体和椎弓共同围成椎孔，所有椎孔相连构成椎管，容纳脊髓。椎体呈短圆柱形，是椎骨负重的主要部分。椎体表层为密质，内部为松质，上、下面借椎间盘与相邻椎骨相接。椎弓是附着于椎体后方的弓形骨板。椎弓前部缩窄的部分为椎弓根，其上、下缘为椎上、下切迹。后部较宽的部分为椎弓板。相邻椎骨椎上、下切迹共同围成椎间孔，有脊神经根和血管通过。从椎弓上发出7个突起：即椎弓正中向后伸出的一个棘突；向两侧突出的一对横突；在椎弓根与椎弓结合处分别向上突起的一对上关节突和向下突起的一对下关节突。相邻关节突构成关节突关节。

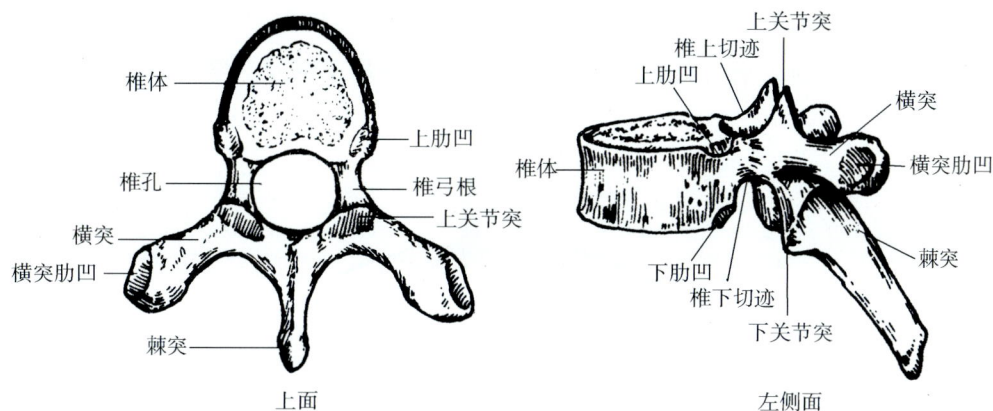

图 3-5　胸椎

（2）各部椎骨的主要特征

1）颈椎　椎体较小，横断面呈椭圆形（图3-6）。上、下关节突的关节面几乎呈水平位。第3~7颈椎体上面侧缘向上突起称椎体钩。椎体钩与上位椎体下面的两侧唇缘相接，构成钩椎关节，又称Luschka关节。如椎体钩过度增生肥大，可使椎间孔狭窄，压迫脊神经，产生颈椎病的症状和体征。颈椎椎孔较大，呈三角形。横突根部有孔，称横突孔，有椎动脉通过。第6颈椎横突末端前方的结节特别隆起，称颈动脉结节。当头部出血时，可用手指将颈总动脉压于此结节，进行暂时止血。第2~6颈椎的棘突较短，末端有分叉。

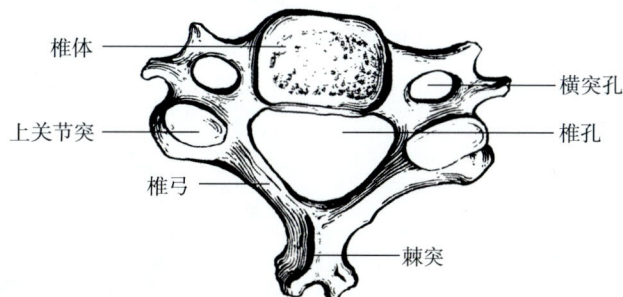

图 3-6　颈椎

第1颈椎又名寰椎（图3-7），呈环形，没有椎体、棘突和关节突，由前弓、后弓和两个侧块构成。前弓较短，后面正中有齿突凹，与枢椎的齿突相关节。侧块连接前后两弓，上面各有一椭圆形的上关节凹，与枕髁相关节；下面有圆形的下关节面与枢椎的上关节面相关节。后弓较长，上面有横行的椎动脉沟，有椎动脉通过。

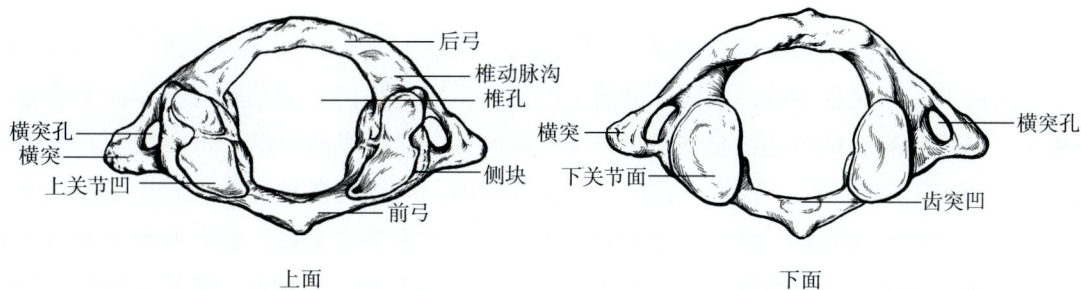

图 3-7　寰椎

第2颈椎又名枢椎（图3-8），特点是由椎体向上伸出一齿突，与寰椎的齿突凹相关节。

第7颈椎又名隆椎，棘突特长，末端不分叉，活体易于触及，常作为计数椎骨序数的标志。

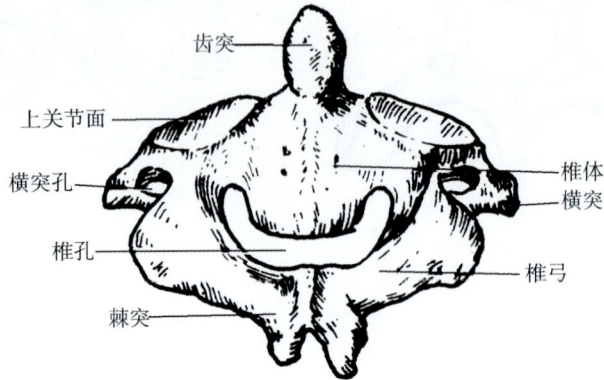

图3-8　枢椎

2）胸椎　椎体横断面呈心形，在椎体的两侧面上、下缘分别有上、下肋凹，与肋头相关节（图3-5）。横突末端前面有横突肋凹，与肋结节相关节。关节突的关节面几乎呈冠状位，上关节突的关节面朝向后，下关节突的关节面则朝向前。棘突细长，向后下方倾斜，彼此掩盖成叠瓦状。

3）腰椎　椎体粗壮，横断面呈肾形，椎孔呈卵圆形或三角形。上、下关节突粗大，关节面几乎呈矢状位。棘突宽而短，呈板状，水平伸向后（图3-9）。各棘突间的间隙较大，临床上可选择此处作腰椎穿刺术。

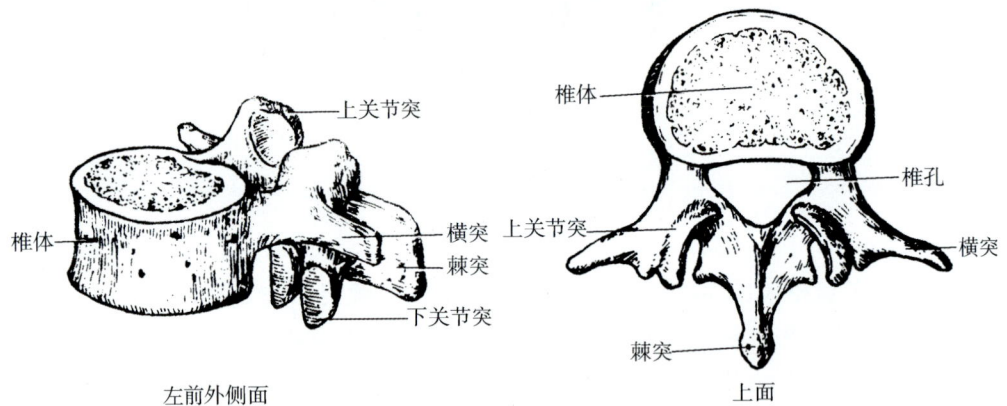

左前外侧面　　　　　　　　　　　　　　　　　上面

图3-9　腰椎

4）骶骨　是由5个骶椎融合而成，呈倒置的三角形（图3-10）。骶骨底向上，接第5腰椎体；尖向下，与尾骨相接；前面（盆面）凹陷，上缘中份向前隆凸称岬。盆面中部有四条横线，是椎体融合的痕迹。横线两端有4对骶前孔。背面隆凸粗糙，正中线上有骶正中嵴，嵴外侧有4对骶后孔。骶前、后孔均与骶管相通，分别有骶神经前、后支通过。由所有骶椎椎孔连接形成骶管。骶管上通椎管，下端的开口称骶管裂孔，裂孔两侧向下的突起称骶角，骶管麻醉常以骶角作为定位标志。骶骨外侧部上份有耳状面与髂骨的耳状面构成骶髂关节，耳状面后方的骨面凹凸不平称骶粗隆。

5）尾骨 是由3～4块退化的尾椎融合而成。上接骶骨，下端游离为尾骨尖（图3-10）。

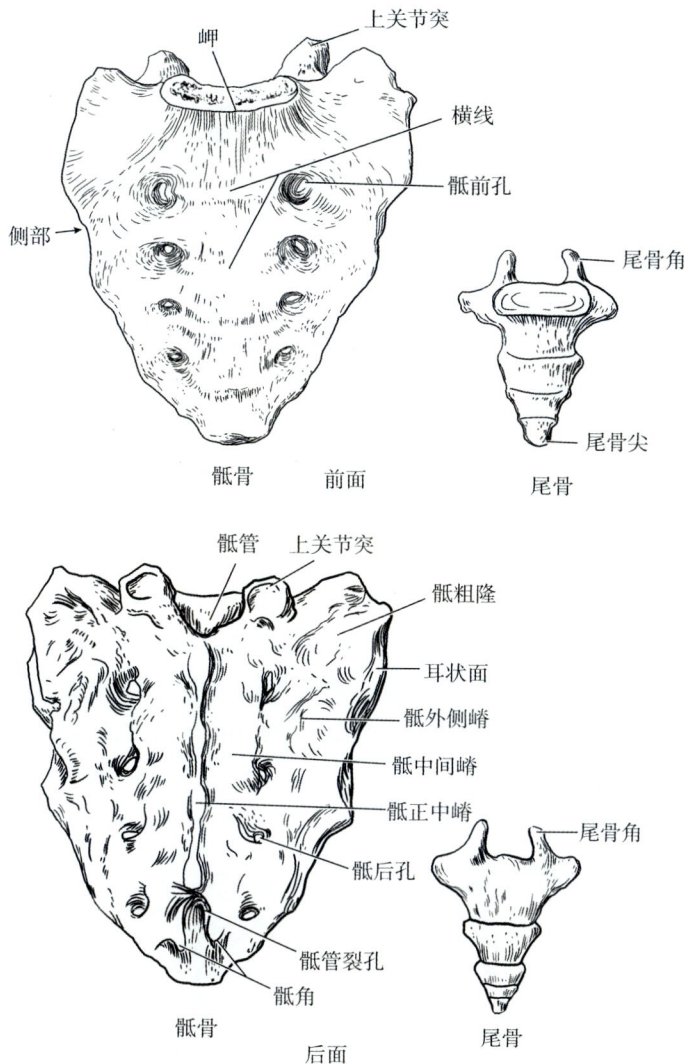

图 3-10 骶骨和尾骨

2.肋 是由肋骨和肋软骨组成，共12对。其中第1～7对肋的前端直接与胸骨连结，称真肋；第8～10对肋的前端不直接与胸骨相连，称假肋，其借助肋软骨与上位肋软骨连结，形成肋弓；第11～12对肋前端游离于腹后壁肌层中，称浮肋。

（1）肋骨 属于扁骨，可分为体和前、后两端（图3-11）。后端膨大称肋头，有关节面与胸椎体上的肋凹相关节。肋头外侧稍细，称肋颈。肋颈外侧的突起称肋结节，其上有关节面与相应胸椎的横突肋凹相关节。肋体长而扁，分上、下两缘和内、外两面。内面近下缘处有一浅沟称肋沟，容纳肋间神经、血管等。体的后份急转处称肋角。肋骨前端稍宽接肋软骨。第1肋骨扁宽而短，分上、下面和内、外缘，无肋角和肋沟。第11、12肋骨无肋结节、肋颈及肋角。

（2）肋软骨 位于各肋骨的前端，由透明软骨构成，终生不骨化。

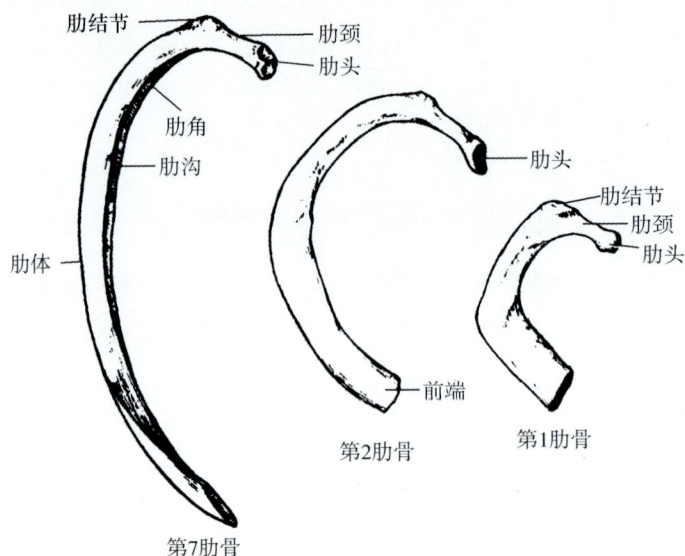

图 3-11　肋骨

3.胸骨　属于扁骨，位于胸前壁正中，自上而下分为胸骨柄、胸骨体和剑突三部分（图3-12）。胸骨柄上缘中份为颈静脉切迹。柄与体连接处微向前突，称胸骨角，可在体表扪及，向两侧平对第2肋，是肋计数的重要标志。胸骨角向后平对第4胸椎体下缘。剑突薄而细长，形状变化大，下端游离。

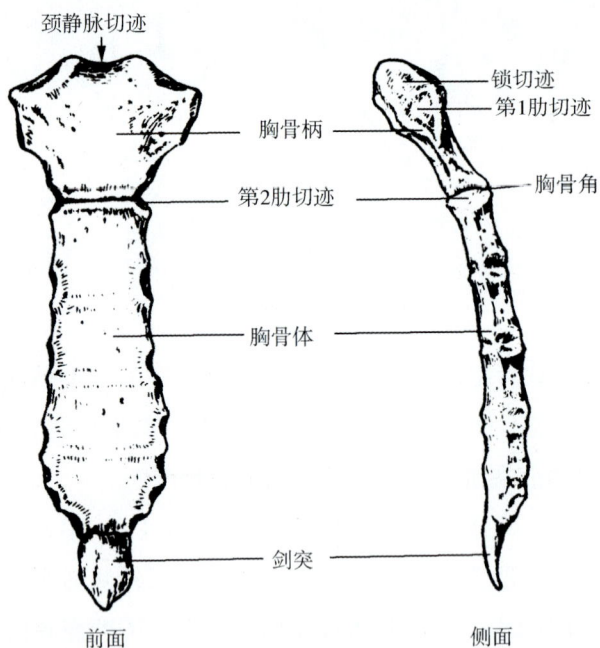

图 3-12　胸骨

（二）躯干骨的连结

所有椎骨连结构成脊柱。12块胸椎与12对肋和胸骨连结，形成骨性胸廓。骶骨、尾骨和两侧髋骨连结则构成骨盆。

1.脊柱　构成人体的中轴，由24块椎骨、1块骶骨和1块尾骨连结而成，上端承载颅，下端与下肢骨相连结。

（1）椎骨的连结 有韧带连结、软骨连结和关节连结。

1）椎体间的连结 相邻椎体间有椎间盘、前纵韧带和后纵韧带连结（图3-13）。①椎间盘：是连接相邻两个椎体间的纤维软骨，由中央的髓核和周边的纤维环构成。纤维环由多层同心圆排列的纤维软骨构成；髓核由富有弹性的胶状物构成。椎间盘坚韧而又有弹性，既牢固连结两个椎体，又可使两个椎体之间有少量的活动。随着年龄的增长，椎间盘易发生退行性变，过度的负重和劳损可导致纤维环破裂，髓核膨出，形成椎间盘突出症。由于椎间盘前方有宽而厚的前纵韧带，而后方是薄而窄的后纵韧带，故髓核常向后外侧脱出，以至压迫脊神经根和脊髓。一般以腰部椎间盘脱出常见。②前纵韧带：紧贴各椎体前面，呈宽扁带状，较强韧，上起枕骨，下达第1或第2骶椎椎体，有限制脊柱过度后伸的作用。③后纵韧带：位于各椎体后面，椎管前壁，纵贯脊柱全长，呈窄而薄弱的带状，有限制脊柱过度前屈的作用。

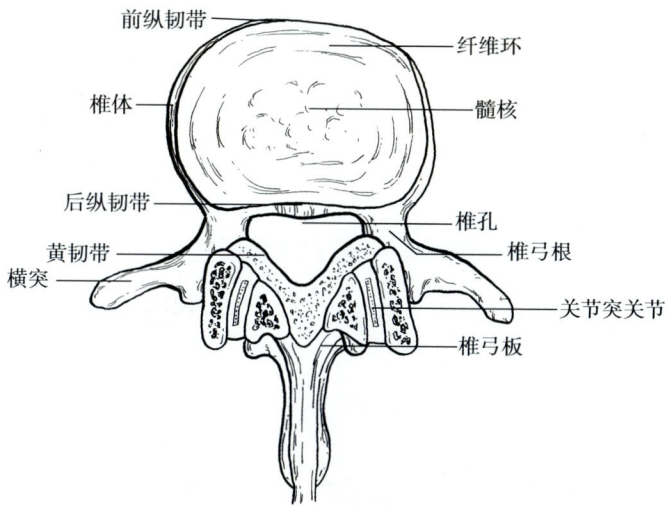

图 3-13 椎间盘和关节突关节

2）椎弓间的连结 有韧带连结和关节连结（图3-14）。①黄韧带：连结于相邻两椎弓板之间，由黄色的弹性纤维构成，参与构成椎管后壁，有限制脊柱过度前屈的作用。②棘间韧带：连于上、下两个棘突之间。③棘上韧带：连结于棘突尖端之间的纵行韧带，并与棘间韧带融合，棘间韧带和棘上韧带都有限制脊柱前屈的作用。在颈部，棘上韧带扩展成一矢状位薄膜，向上附于枕外隆突，向下至第7颈椎棘突，称项韧带。④横突间韧带：连结于相邻椎骨两横突之间。⑤关节突关节：由相邻椎骨的上、下关节突的关节面构成，只能做轻微滑动。

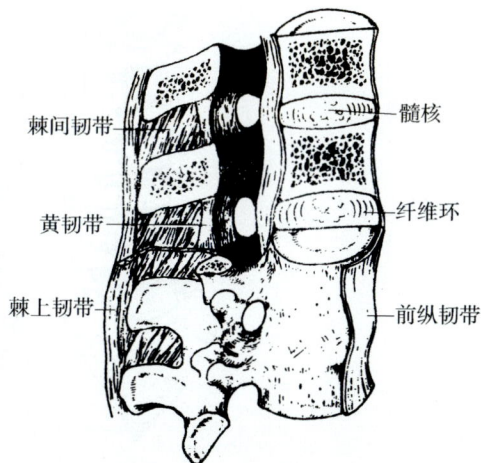

图 3-14 椎骨间连结

3）寰椎与枕骨及枢椎的连结 包括寰枕关节和寰枢关节。①寰枕关节：由枕骨髁与寰椎上关节凹构成，可使头部可做俯、仰及侧屈运动。②寰枢关节：包括两个寰枢外侧关节和一个寰枢正中关节，可使寰椎连同头部做旋转运动。

知识拓展

椎间盘突出症

人体椎间盘的厚薄各不相同，以胸部最薄，颈部较厚，腰部最厚，故脊柱颈、腰段的活动度最大。随着年龄的增长，椎间盘易发生退行性变，过度的负重和劳损可导致纤维环破裂，髓核向后外侧脱出，突入椎管或椎间孔，压迫相邻的脊神经根或脊髓引起牵涉性痛，临床上称为椎间盘突出症。椎间盘突出多发生于颈、腰部，腰部常见于第4、5腰椎或第5腰椎与骶骨之间。

（2）脊柱的整体观及其运动

1）脊柱的整体观（图3-15）　成年男性脊柱全长约70cm，女性略短，约60cm。椎间盘的总厚度约为脊柱全长的1/4，站立时椎间盘受重力压挤，脊柱较静卧时短2~3cm。从前面观察脊柱，可见椎体从第2颈椎至第2骶椎逐渐增大，在其下又逐渐变小。从后面观察脊柱，可见各部椎骨的棘突连贯成纵嵴，位于背部正中线上。从侧面观察脊柱，可见成人脊柱有颈、胸、腰、骶四个生理弯曲。其中颈曲和腰曲凸向前，胸曲和骶曲凸向后。颈曲和腰曲的形成，使身体重心垂线后移，以维持身体平衡，保持直立。脊柱弯曲的意义还在于增加脊柱的弹性，缓冲震荡，保护脑、脊髓和内脏器官。

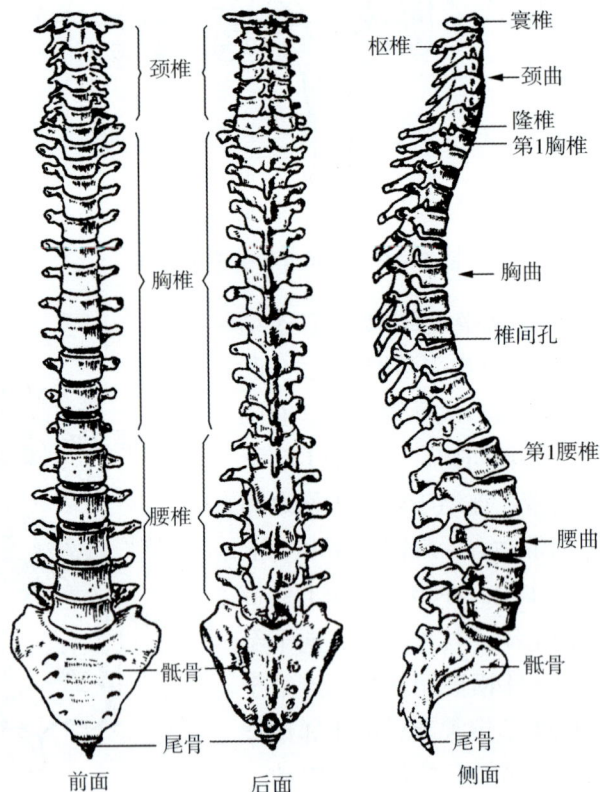

图3-15　脊柱

2）脊柱的运动　相邻两个椎骨之间的运动范围很小，但整个脊柱的运动范围却很大。脊柱可沿冠状轴做屈伸运动，沿矢状轴做侧屈运动，沿垂直轴做旋转运动，此外脊柱还可做环转运动。

2.胸廓 由12块胸椎、12对肋、1块胸骨和它们之间的连结共同构成（图3-16）。

（1）胸廓的连结 胸廓的连结有：①肋椎关节：由肋头和肋结节分别与胸椎的上、下肋凹和横突肋凹构成；②胸肋关节：由第2~7对肋软骨与胸骨体相应的肋切迹构成。第1对肋软骨与胸骨柄之间是直接连结。

（2）胸廓的形态 成人胸廓近似圆锥形，上窄下宽。胸廓有上、下两口及前、后壁和两侧壁。胸廓上口较小，由胸骨柄上缘、第1肋和第1胸椎体围成，是胸腔和颈部的通道。胸廓下口宽大，由第12胸椎、

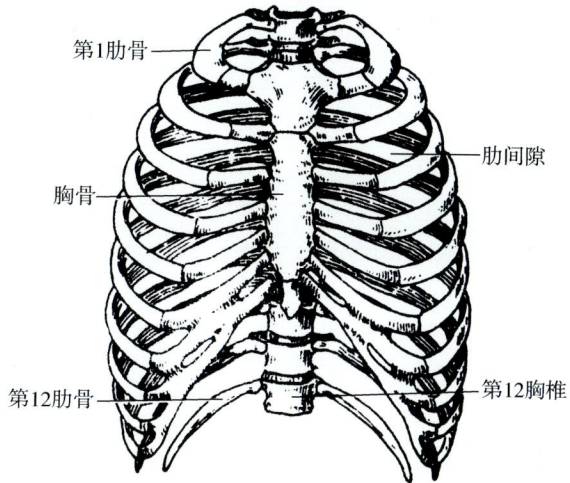

图 3-16 胸廓（前面）

第11和12对肋前端、肋弓和剑突围成，两侧肋弓在中线构成向下开放的胸骨下角。剑突又将胸骨下角分成左、右剑肋角。相邻两肋之间的间隙，称为肋间隙。

（3）胸廓的运动 胸廓除支持和保护胸、腹腔器官外，还参与呼吸运动。吸气时，在肌作用下，肋的前端抬高，伴以胸骨上升，从而加大胸廓前后径；肋上提时，肋体向外扩展，加大胸廓横径，使胸腔容积增大。呼气时，在肌肉和重力的作用下，胸廓运动正好相反，使胸腔容积减小。胸腔容积的改变，促成了的肺呼吸。

三、颅骨及其连结

（一）颅骨

颅位于脊柱上方，由23块颅骨组成（3对听小骨未计入），多为扁骨或不规则骨（图3-17、图3-18）。除下颌骨和舌骨以外，其他的颅骨借缝或软骨牢固连结。颅可分为后上部的脑颅和前下部的面颅两部分，二者以眶上缘、外耳门上缘和枕外隆凸的连线分界。

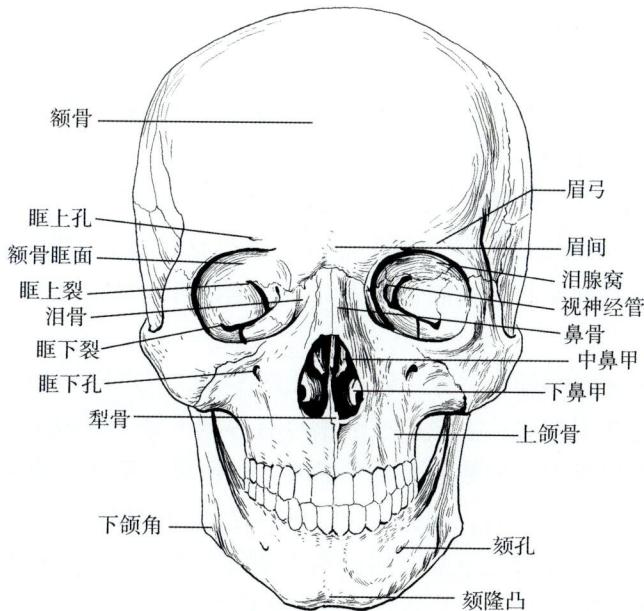

图 3-17 颅（前面）

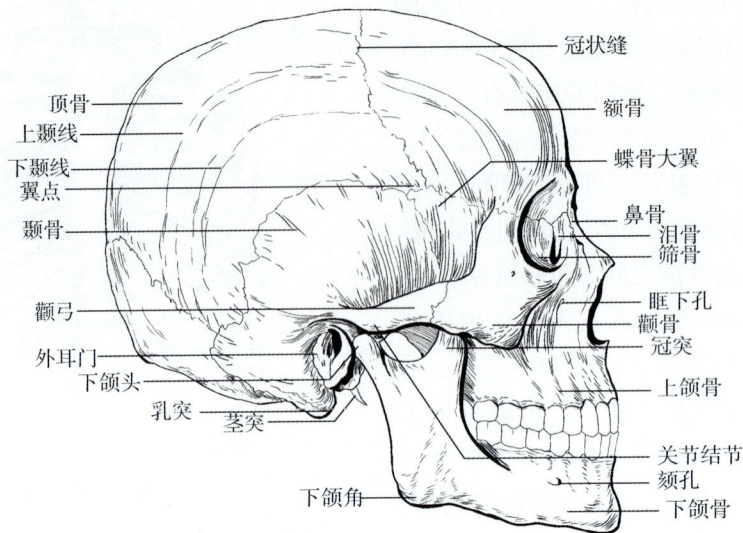

图 3-18　颅（侧面）

1.脑颅骨　脑颅由8块脑颅骨组成，脑颅骨包括成对的顶骨和颞骨，不成对的额骨、筛骨、蝶骨和枕骨，它们共同构成颅腔，容纳脑。颅腔的顶是穹隆状的颅盖，由额骨、顶骨和枕骨构成。颅腔的底由中部的蝶骨、后方的枕骨、两侧的颞骨、前方的额骨和筛骨构成。

（1）额骨　位于颅的前上部，参与颅腔的前壁及眶的上壁。内含空腔称额窦。

（2）筛骨　为含气骨。位于两眶之间，参与构成鼻腔上部、鼻腔外侧壁和鼻中隔。筛骨在额状切面呈"巾"字形，可分为筛板、垂直板和筛骨迷路三部分。

（3）蝶骨　形似蝴蝶，居颅底中央，可分为蝶骨体、蝶骨大翼、蝶骨小翼和蝶骨翼突四部分。蝶骨体内含空腔称蝶窦。

（4）颞骨　参与构成颅底和颅腔侧壁，形状不规则，以外耳门为中心，可分为鳞部、鼓部和岩部三部分。颞骨岩部后份位于外耳门后方肥厚的突起，称乳突，内有乳突小房，是颅外侧重要的骨性标志。

（5）枕骨　位于颅的后下部，呈勺状。前下部有枕骨大孔，枕骨大孔后方有枕外嵴延伸到枕外隆凸，隆凸向两侧延伸为上项线，其下方有与之平行的下项线。

（6）顶骨　外隆内凹，呈四边形，位于颅顶中部，左右各一。

2.面颅骨　面颅由15块面颅骨构成。面颅骨包括成对的上颌骨、颧骨、鼻骨、泪骨、腭骨及下鼻甲；不成对的犁骨、下颌骨及舌骨。面颅诸骨连结构成眶、鼻腔、口腔和面部的骨性支架。

（1）下颌骨　最大的面颅骨，分一体两支（图3-19）。①下颌体：有上、下两缘及内、外两面。下缘圆钝，为下颌底；上缘构成牙槽弓有容纳下颌牙牙根的牙槽。体外面正中凸向前为颏隆凸，前外侧面有一对颏孔；②下颌支：是由体向后上方高耸的方形骨板，末端有两个突起，前方的为冠突，后方的为髁突，两突之间的凹陷为下颌切迹。髁突上端的膨大为下颌头，与下颌窝相关节。下颌支后缘与下颌底相交处，称下颌角，为重要的骨性标志。下颌支内面中央有下颌孔，向下经下颌管通颏孔。

（2）舌骨　位于下颌骨后下方，呈马蹄铁形。中间部称体，向后外延伸的长突为大角，向上的短突为小角。大角和体都可以在体表扪及。

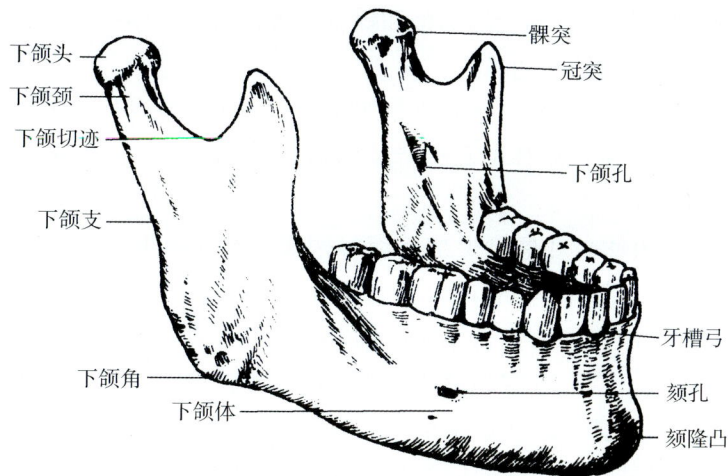

图 3-19 下颌骨

（3）犁骨 为斜方形骨板，组成骨性鼻中隔的后下份。

（4）上颌骨 成对，位于面部中央，几乎与全部面颅骨相接，可分1体和4突。体内有含气空腔，称上颌窦。

（5）腭骨 成对，呈"L"形，分水平板和垂直板两部，水平板组成骨腭的后份，垂直板构成鼻腔外侧壁的后份。

（6）鼻骨 为成对长条形的小骨片，上窄下宽，构成鼻背的基础。

（7）泪骨 为成对菲薄方形的小骨片，位于眶内侧壁的前份。

（8）下鼻甲 为成对薄而卷曲的小骨片。

（9）颧骨 位于眶的外下方，呈菱形，形成面颊的骨性突起。

3.颅的整体观 除下颌骨和舌骨外，颅骨借缝和软骨牢固结合成一整体。

（1）颅顶面观 颅顶面呈卵圆形，前宽后窄。顶面有三条缝，即位于额骨与两侧顶骨的冠状缝，两顶骨之间的矢状缝，以及两侧顶骨与枕骨之间的人字缝。

（2）颅后面观 可见人字缝、枕外隆凸和上项线。

（3）颅底内面观 颅底内面凹凸不平，由前向后分三个窝（图3-20）。

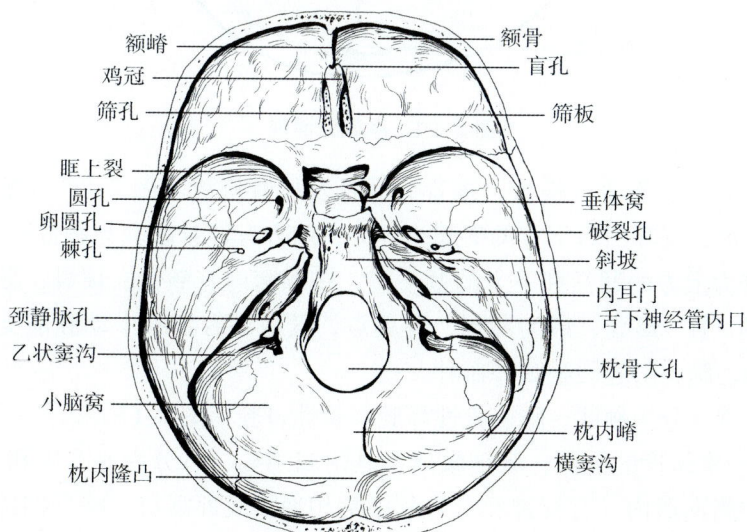

图 3-20 颅底内面观

1）颅前窝　由额骨眶部、筛骨的筛板和蝶骨小翼构成。正中线上由前向后有额嵴、盲孔、鸡冠等结构。筛板上有筛孔通鼻腔。

2）颅中窝　由蝶骨体和大翼、颞骨岩部等构成。中央是蝶骨体，上面有垂体窝，窝的前外侧有视神经管，通入眶。垂体窝和鞍背统称蝶鞍。其两侧，由前向后，依次有眶上裂、圆孔、卵圆孔和棘孔等。

3）颅后窝　主要由枕骨和颞骨岩部后面等构成。窝的中央有枕骨大孔。还有枕内隆凸、横窦沟、乙状窦沟、舌下神经管内口和内耳门等结构。

（4）颅底外面观　颅底外面高低不平，前部中央为上颌骨和腭骨水平板构成的骨腭，其前方及两侧为牙槽弓，后上方有一对鼻后孔，通鼻腔；后部中央有枕骨大孔，其两侧椭圆形突出的关节面，称枕髁，其根部有舌下神经管外口。枕髁的前外侧有一孔称颈静脉孔，该孔的前方是颈动脉管外口，向内通向颞骨岩部内的颈动脉管。颈静脉孔的前外侧有一细长的突起称茎突，茎突根部的小孔称茎乳孔，与面神经管相通。茎突外侧的锥形突起是颞骨的乳突。乳突前方的凹陷称下颌窝，窝前缘的隆起，称关节结节。枕骨大孔后上方的粗糙隆起为枕外隆凸（图3-21）。

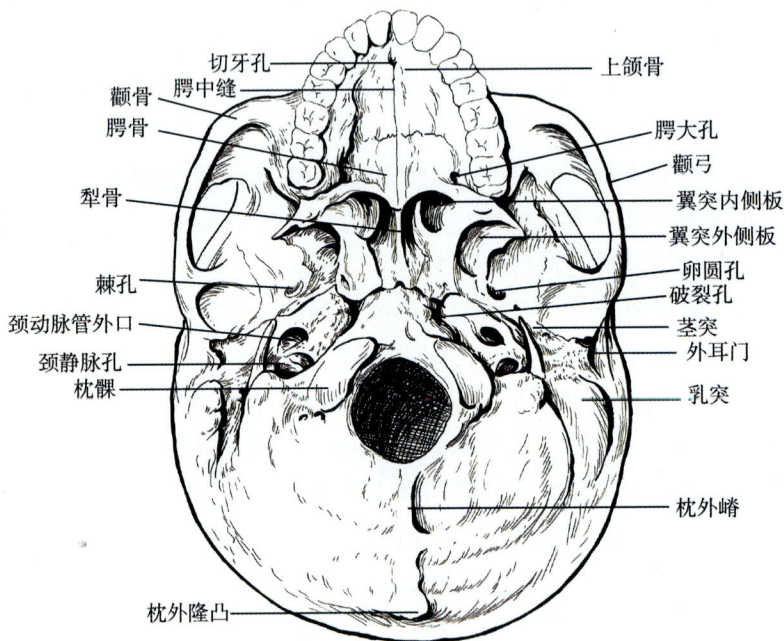

图 3-21　颅底外面观

（5）颅侧面观　由额骨、蝶骨、顶骨、颞骨及枕骨构成（图3-18）。侧面中部有外耳门，向内通外耳道，外耳门后下方的突起为乳突，前方有颞骨颧突与颧骨颞突形成的颧弓。颧弓将颅侧面分为上方的颞窝和下方的颞下窝，在颞窝内有额骨、顶骨、颞骨和蝶骨四骨交界处所构成的"H"形缝，最为薄弱，称翼点，其内面有脑膜中动脉前支通过，翼点处骨折，易损伤该动脉，引起硬脑膜外血肿。

（6）颅前面观　分为额区、眶、骨性鼻腔、骨性口腔（图3-17）。

1）眶　为一锥体形的腔隙，容纳眼球及其附属结构，可分为底、尖和上、下、内侧、外侧四壁。眶尖指向后内，有视神经管与颅中窝相通；底即眶口，略呈四边形，其上、下缘分别称眶上缘和眶下缘。眶上缘中、内1/3交界处有眶上孔或眶上切迹，眶下缘中点下方有眶下孔。眶上壁薄而光滑，与颅前窝相邻，前外侧份有一容纳泪腺的泪腺窝；内侧壁最薄，与筛窦和鼻腔相邻，前下部有一长圆形的泪囊窝，此窝向下经鼻泪管通鼻腔；外侧壁较厚，在上壁、外侧壁交界处的后份有眶上裂，通颅中窝；下壁主要由上颌骨构成，下、外侧壁交界处的后份有眶下裂，与颞下窝相通。

2）骨性鼻腔 位于面颅中央，介于两眶和上颌骨之间，由犁骨和筛骨垂直板构成的骨性鼻中隔，将其分成左右两半。鼻腔外侧壁有向下突出的三个骨片，自上而下分别称为上鼻甲、中鼻甲和下鼻甲。各鼻甲下方的间隙，分别称为上鼻道、中鼻道和下鼻道。上鼻甲后上方与蝶骨体之间的间隙称蝶筛隐窝（图3-22）。

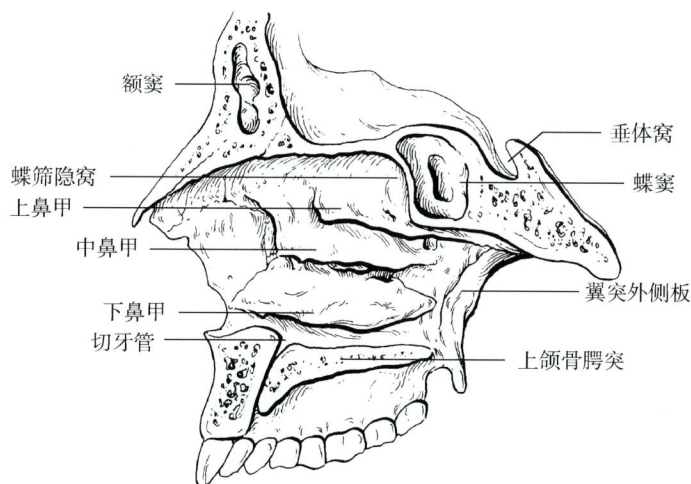

图 3-22 骨性鼻腔外侧壁

3）鼻旁窦 是上颌骨、额骨、蝶骨及筛骨内含气的空腔，在鼻腔周围并开口于鼻腔，共有4对。额窦位于额骨内眉弓深面，左右各一，开口于中鼻道。上颌窦在上颌骨体内，开口于中鼻道，此窦最大，窦口高于窦底，直立时窦内液体不易引流。筛窦又称筛小房，位于筛骨迷路内，呈蜂窝状，分前、中、后3群，前、中群开口于中鼻道，后群开口于上鼻道。蝶窦在蝶骨体内，被内板隔成左右两腔，向前开口于蝶筛隐窝。鼻旁窦对发音、共鸣和减轻颅骨重量起重要作用。

4）骨性口腔 由上颌骨、腭骨及下颌骨围成。顶即骨腭，前壁及外侧壁由下颌骨和上颌骨的牙槽突围成。

4.新生儿颅的特征 胎儿时期由于脑和感觉器官发育早，而咀嚼和呼吸器官，尤其是鼻旁窦尚不发达，故脑颅远大于面颅。新生儿面颅占全颅的1/8，而成人为1/4。额结节、顶结节和枕鳞都是骨化中心，发育明显，新生儿颅顶呈五角形。额骨正中缝尚未愈合，额窦尚未发育，眉弓及眉间不明显。颅顶各骨尚未完全发育，骨与骨之间的间隙充满纤维组织膜，间隙的膜较大称为颅囟，主要有前囟和后囟。前囟最大，呈菱形，位于矢状缝与冠状缝相接处；后囟位于矢状缝与人字缝会合处，呈三角形。此外还有顶骨前下角的蝶囟和顶骨后下角的乳突囟。前囟于1~2岁闭合，其余各囟都在出生后不久相继闭合。

（二）颅骨的连结

颅骨的连结有纤维连结、软骨连结和滑膜关节。

1.颅骨的纤维连结和软骨连结 各颅骨之间多以缝和软骨连结，连结非常牢固。随着年龄的增长，可发生骨化而形成骨性结合。

2.颞下颌关节 又称下颌关节，由下颌骨的下颌头与颞骨的下颌窝及关节结节构成

（图3-23）。关节囊松弛，囊外有外侧韧带加强。囊内有关节盘，其周缘与关节囊相连，将关节腔分为上、下两部分。颞下颌关节属于联合关节，两侧必须同时运动。下颌骨可做上提、下降、前进、后退以及侧方运动。极度张口时，由于关节囊前部薄弱，关节盘和下颌头甚至移到关节结节的前方，形成下颌关节脱位。

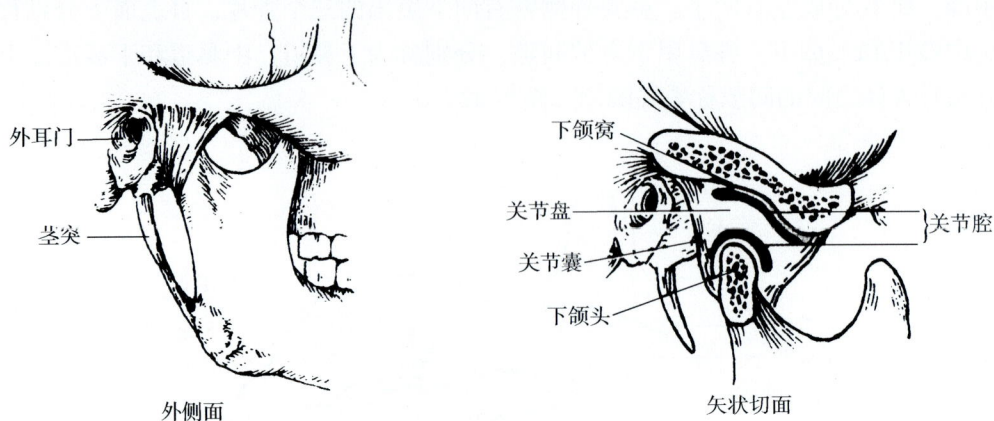

图 3-23　颞下颌关节

四、四肢骨及其连结

案例导入

患者，女，42岁，驾驶电动车不慎摔倒，左肩臂部着地受伤，急诊入院。体查：患者一般状况可，生命体征平稳。左肩臂部明显皮肤擦伤，左臂中部肿胀，畸形，有明显压痛，可扪及骨摩擦感，左臂活动障碍。经测左侧上臂较右侧短。

请问：

1. 四肢骨包括哪些，它们是怎么连结的？
2. 此患者最可能的骨折诊断是什么？可能伴随哪些神经、血管损伤？
3. 对摔倒患者为什么不适宜随意搬动？

四肢骨包括上肢骨和下肢骨。由于人类进化后身体直立，上肢从支持功能中解放出来，成为灵活运动的器官，下肢起着支持和移位的作用。因此，上肢骨纤细轻巧，下肢骨粗大坚固。四肢骨连结以滑膜关节为主。由于直立，上肢获得了适于抓握和操作的很大活动度，因而上肢关节以灵活运动为主；而下肢由于要支持身体的重量，所以下肢关节以运动的稳定为主。

（一）上肢骨及其连结

1.上肢骨　每侧32块，包括锁骨、肩胛骨、肱骨、尺骨、桡骨和手骨。

（1）锁骨　位于胸廓前上方皮下，呈"~"形弯曲，全长可在体表扪及（图3-24）。内侧端粗大为胸骨端，有关节面与胸骨柄构成胸锁关节。外侧端扁平为肩峰端，与肩胛骨的肩峰相关节。内侧2/3凸向前，呈三棱柱形；外侧1/3凸向后，呈扁平形，二者之间交界处较薄弱，此处易发生骨折。锁骨对固定上肢、支持肩胛骨、便于上肢灵活运动起重要作用。

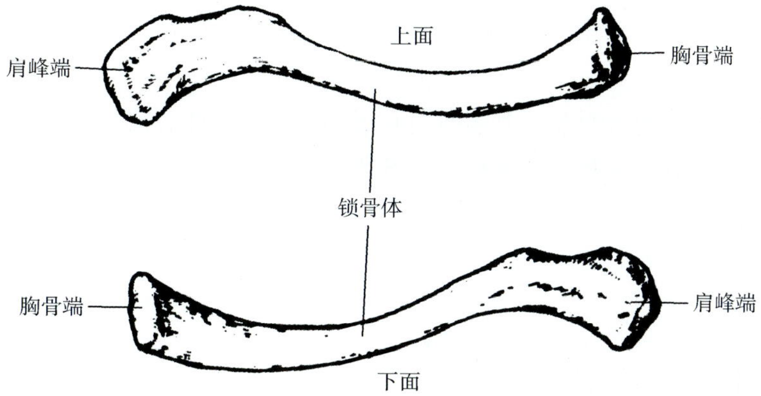

图 3-24 锁骨

（2）肩胛骨　位于胸廓后外侧的上份，介于第2～7肋之间，是三角形扁骨，可分为三缘、三角和前、后两面（图3-25）。上缘短而薄，外侧份有肩胛切迹，肩胛切迹外侧有向前的指状突起，称喙突。内侧缘薄而长，邻近脊柱又称脊柱缘。外侧缘肥厚邻近腋窝，又称腋缘。外侧角肥厚，有一呈梨形的关节面，称关节盂，与肱骨头相关节。关节盂上、下分别有盂上结节和盂下结节。上角即上缘和脊柱缘汇合处，平对第2肋。下角为脊柱缘和腋缘汇合处，平对第7肋或第7肋间隙，可作为肋骨计数的标志。前面凹陷为肩胛下窝，后面有一斜向外上的骨嵴，称肩胛冈，冈上、下方的浅窝分别为冈上窝和冈下窝。肩胛冈向外侧延伸为肩峰，与锁骨的肩峰端相连结。肩胛冈、肩峰、肩胛骨下角、内侧缘及喙突均可在体表扪及，是重要的体表标志。

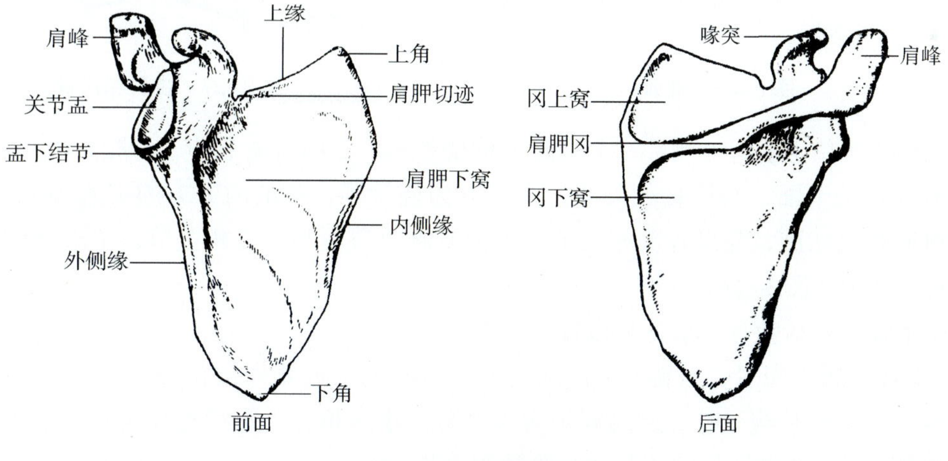

图 3-25 肩胛骨

（3）肱骨　为典型的长骨（图3-26）。上端膨大呈半球形为肱骨头，与肩胛骨的关节盂相关节。头周围环形的浅沟为解剖颈。肱骨头外侧和前方分别有大结节和小结节，它们向下分别延伸为大结节嵴和小结节嵴，两结节间的纵沟为结节间沟。上端与体交界处稍细的部分，称外科颈，是骨折好发部位。

肱骨体中部外侧面有粗糙的三角肌粗隆，为三角肌附着处。后面中份有一由上内斜向下外的桡神经沟，桡神经和肱深动脉沿此沟经过，肱骨中部骨折易损伤此神经和血管。

肱骨下端内侧部有肱骨滑车，与尺骨形成关节。滑车前面上方有冠突窝；后面上方有鹰嘴窝，可容纳尺骨鹰嘴。外侧部有肱骨小头，与桡骨相关节。小头外侧、滑车内侧的突起分别为外上髁、内上髁。内上髁后方有尺神经沟，尺神经由此经过。下端与体交界处，即肱骨内、外上髁稍上方，骨质较薄弱，受暴力易发生肱骨髁上骨折。肱骨大结节和内、外上髁都可在体表扪及。

（4）尺骨　位于前臂内侧部，上端前面有滑车切迹，与肱骨滑车相关节（图3-27）。在其前下方和后上方各有一突起，分别称冠突和鹰嘴，冠突外侧有桡切迹，与桡骨头相关节；冠突下方有尺骨粗隆。尺骨下端称尺骨头。头后内侧向下的突起，称为尺骨茎突。鹰嘴、尺骨头、茎突均可在体表扪及。

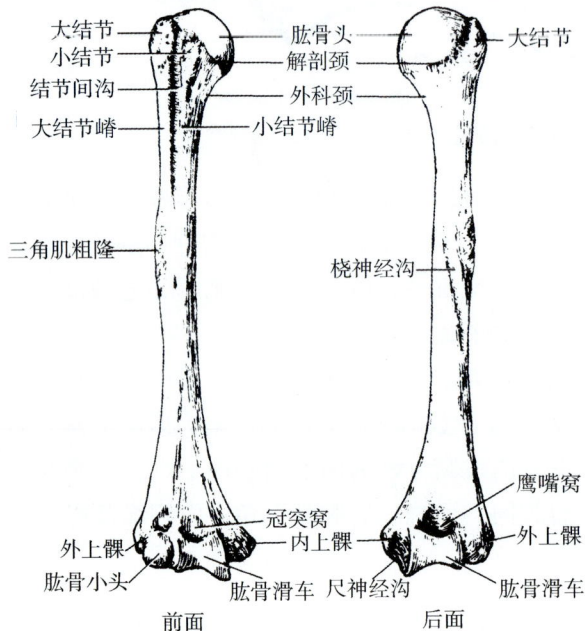

图3-26　肱骨

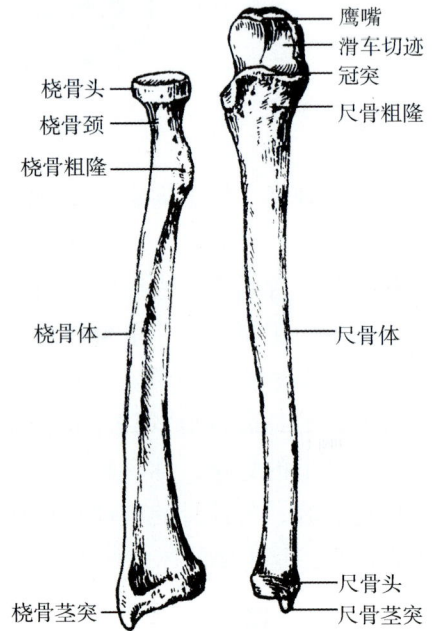

图3-27　桡骨和尺骨

（5）桡骨　位于前臂外侧部，上端膨大称桡骨头，上面有关节凹，与肱骨小头相关节；头周围有环状关节面，与尺骨相关节。头下方为桡骨颈，颈的内下方的突起为桡骨粗隆。下端内侧面有尺切迹，与尺骨头相关节，下面有腕关节面与腕骨相关节，下端外侧部向下突出称桡骨茎突（图3-27）。

（6）手骨　包括腕骨、掌骨和指骨（图3-28）。

1）腕骨　属于短骨，每侧8块，排成近、远两列。近侧列由桡侧向尺侧依次为手舟骨、月骨、三角骨和豌豆骨。远侧列为大多角骨、小多角骨、头状骨和钩骨。手舟骨、月骨、三角骨近端形成椭圆形的关节面与桡骨相关节。

2）掌骨　属于长骨，每侧5块。由桡侧向尺侧，依次为第1~5掌骨。掌骨近侧端为底，接腕骨；中间为体，远侧端为头，接指骨。第1掌骨短而粗，其底有鞍状关节面，与大多角骨的鞍状关节面相关节。

3）指骨　属于长骨，每侧14块，除拇指为2节外，其余各指均为3节。由近侧至远侧依次为近节、中节和远节指骨。每节都分底、体和头三部分。远节指骨远端掌面粗糙，称远节指骨粗隆。

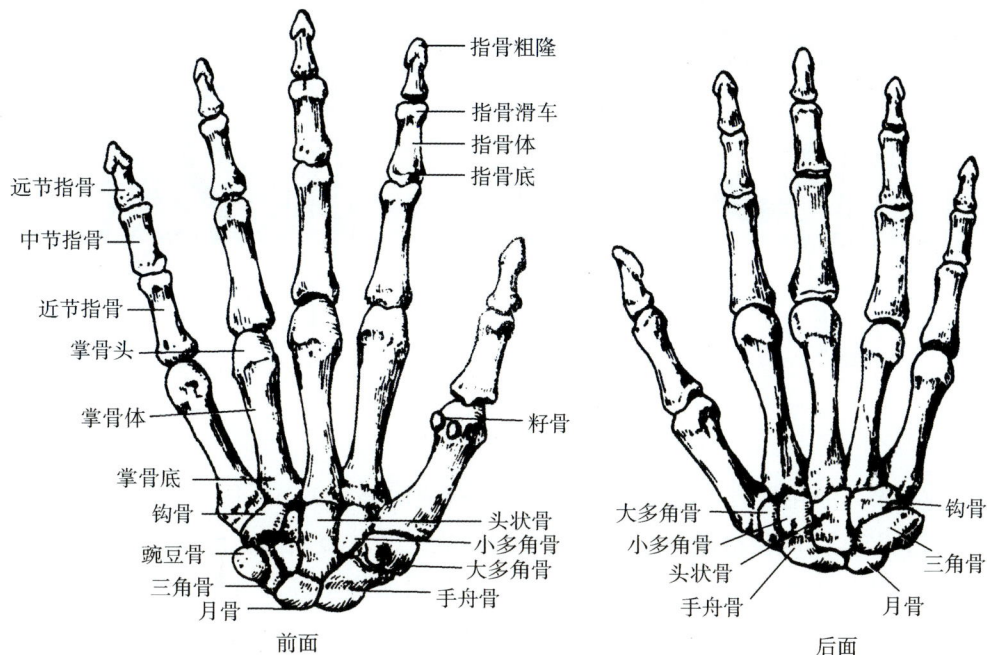

图 3-28　手骨

2.上肢骨的连结

（1）胸锁关节　是上肢骨与躯干骨连结的唯一关节（图3-29）。由锁骨的胸骨端和胸骨的锁切迹及第一肋软骨的上面构成，关节囊内有关节盘，将关节腔分为外上和内下两部分。胸锁关节的活动度虽小，但以此为支点扩大了上肢的活动范围。

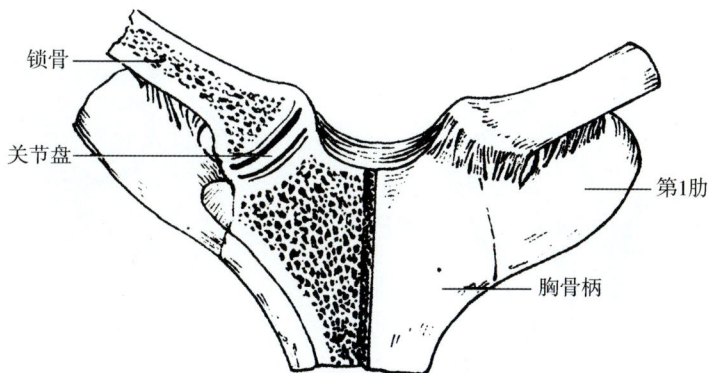

图 3-29　胸锁关节

（2）肩锁关节　由锁骨的肩峰端与肩胛骨肩峰的关节面构成，仅能微动，是肩胛骨活动的支点。关节的上方有肩锁韧带加强，关节囊和锁骨下方有坚韧的喙锁韧带连于喙突。囊内的关节盘常出现于关节上部，部分分隔关节，关节活动度小。

（3）肩关节　由肱骨头与肩胛骨的关节盂构成（图3-30）。其特点是肱骨头大，关节盂小，关节盂周缘有纤维软骨构成的盂唇加深关节窝；关节囊薄而松弛，囊内有肱二头肌长头腱通过。关节囊的上壁、后壁和前壁均有肌、肌腱和韧带加强，但其下壁薄弱，故肩关节脱位时，肱骨头常从下份脱出。

肩关节的运动十分灵活，能做屈、伸、收、展、旋内、旋外和环转运动。肩关节在运动时，常伴有胸锁关节和肩锁关节的运动，以及肩胛骨的旋转。

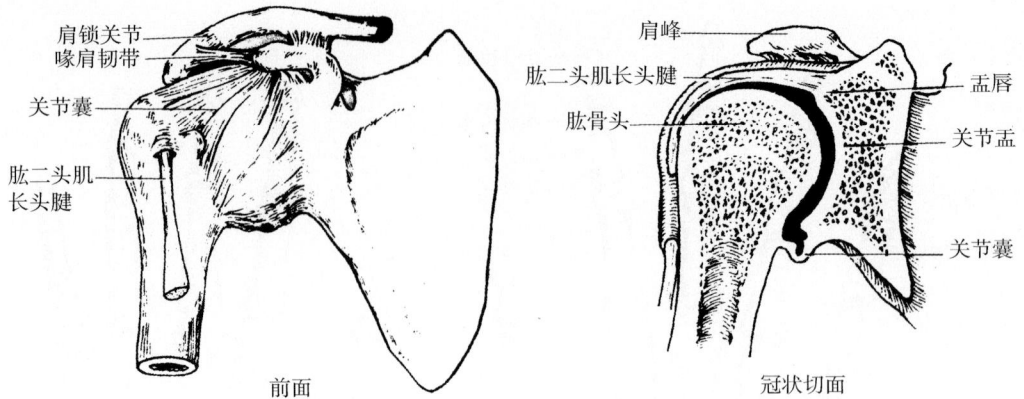

前面　　　　　　　　　　　　　冠状切面

图 3-30　肩关节

（4）肘关节　是由肱骨下端与桡、尺骨上端构成的复合关节（图3-31）。它包括三个关节：①肱尺关节，由肱骨滑车与尺骨滑车切迹构成；②肱桡关节，由肱骨小头与桡骨头关节凹构成；③桡尺近侧关节，由桡骨环状关节面与尺骨桡切迹以及桡骨环状韧带构成。上述三个关节包在同一个关节囊内，囊的前、后壁薄弱，两侧有桡侧副韧带和尺侧副韧带加强。桡骨环状韧带两端附于尺骨桡切迹的前、后缘，与尺骨桡切迹共同构成一个上口大、下口小的骨纤维环容纳桡骨头，防止桡骨头脱出。肘关节的运动以肱尺关节为主，主要做屈、伸运动。桡尺近侧关节与桡尺远侧关节联合可使前臂旋前和旋后。

肱骨内、外上髁和尺骨鹰嘴都可在体表扪及。当肘关节伸直时此三点在一条直线上；当肘关节屈至90°时，三点的连线呈一尖向下的等腰三角形。此三点的位置关系有助于鉴别肘关节脱位和肱骨髁上骨折。

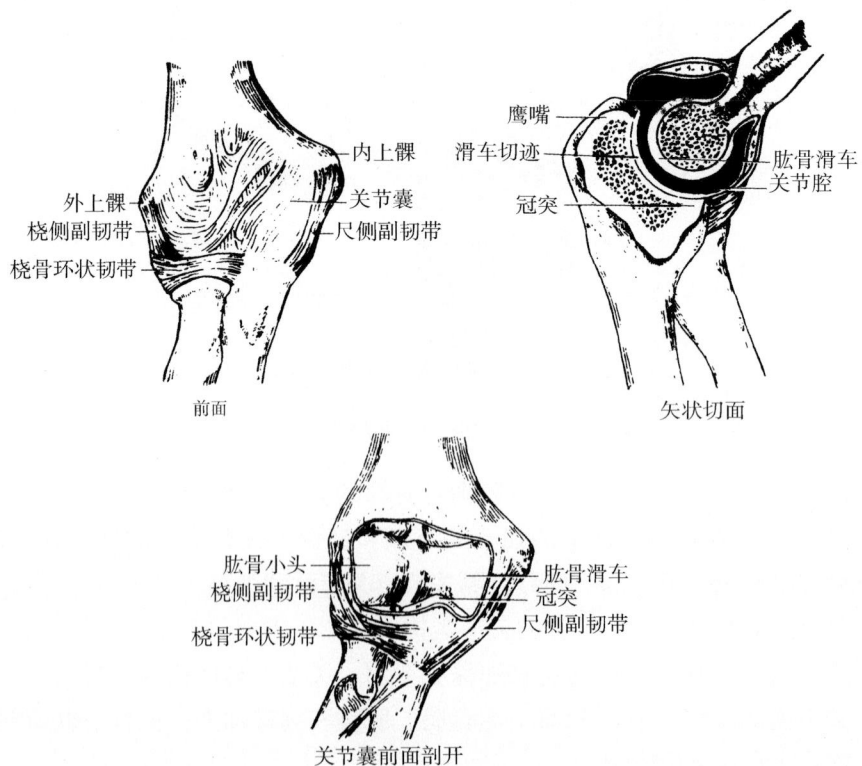

前面　　　　　　　　　　　　　矢状切面

关节囊前面剖开

图 3-31　肘关节

（5）桡尺连结　是指桡、尺骨之间的连结（图3-32）。它包括：①前臂骨间膜：是连结尺、桡骨体之间的纤维膜，纤维方向是从桡骨斜向下内达尺骨。②桡尺近侧关节：见上文肘关节。③桡尺远侧关节：由尺骨头环状关节面构成关节头，由桡骨的尺切迹及自其下缘至尺骨茎突根部的关节盘共同构成关节窝。关节盘将尺骨与腕骨分开。

桡尺近侧关节和桡尺远侧关节同时运动时，可使前臂旋前和旋后。旋前是指桡骨下部转向尺骨内前方，桡尺两骨交叉，手背朝前的运动；反之桡骨转向与尺骨平行，手背朝后的运动，称为旋后。

（6）手关节　是腕骨和桡骨、腕骨间、腕骨和掌骨、掌骨间、掌骨与指骨以及指骨间的连结（图3-33）。它包括以下关节。①桡腕关节：又称腕关节，由桡骨下端的关节面和尺骨头下方的关节盘共同构成关节窝，手舟骨、月骨、三角骨的近侧面构成关节头。腕关节可作屈、伸、收、展和环转运动。②腕骨间关节：8块腕骨排成两列，各腕骨间均构成关节，使腕骨形成一个整体。腕骨间关节只能轻微移动，且常与桡腕关节联合运动。③腕掌关节：由远侧列腕骨与5块掌骨底构成。除拇指、小指外，其余各指的腕掌关节运动范围极小。拇指腕掌关节由大多角骨和第1掌骨底构成，可做屈、伸、收、展、环转和对掌运动。小指腕掌关节可做微弱的对掌运动。④掌骨间关节：是第2～5掌骨底侧面之间的连结。⑤掌指关节：由掌骨头与近节指骨底构成。掌指关节可做屈、伸、收、展和环转运动。⑥指骨间关节：由相邻两节指骨的滑车和底构成。指间关节可做屈、伸运动。

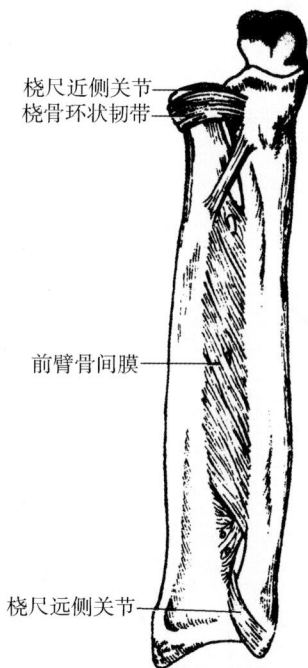

图3-32　前臂骨的连结

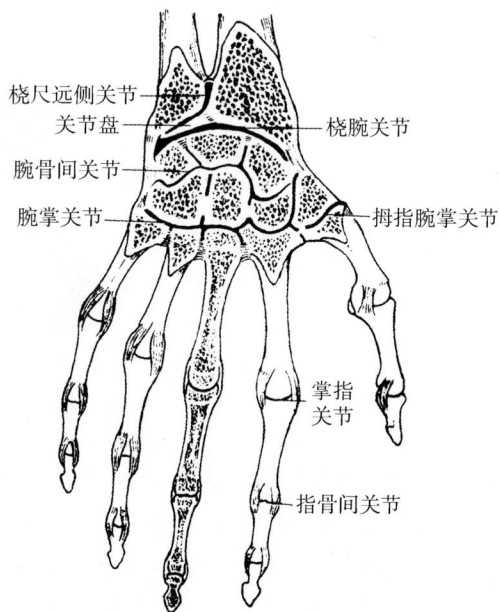

图3-33　手关节

（二）下肢骨及其连结

1. 下肢骨　每侧31块，包括髋骨、股骨、髌骨、胫骨、腓骨和足骨。

（1）髋骨　属于不规则骨，上部扁阔，中部窄厚，下部有闭孔。髋骨由髂骨、坐骨和耻骨三者愈合而成，在三骨愈合处的外侧面形成深陷的髋臼（图3-34）。

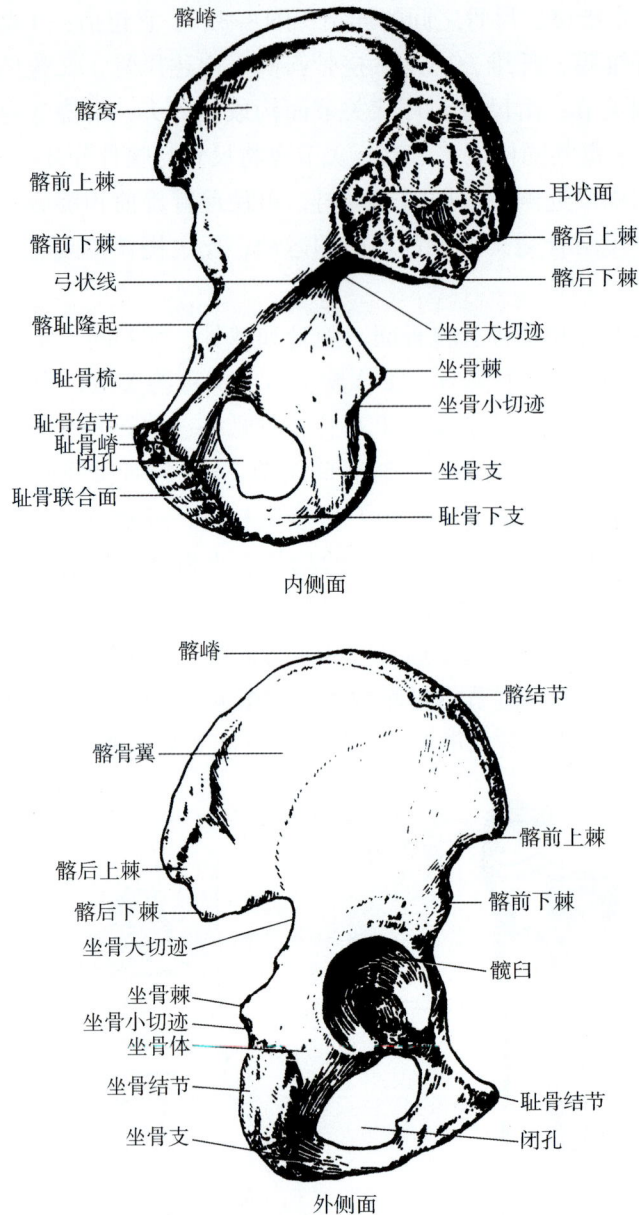

图 3-34　髋骨

1）髂骨　构成髋骨的后上部，分髂骨体和髂骨翼两部分。髂骨翼上缘肥厚呈弓形称髂嵴，其前端为髂前上棘，其后端为髂后上棘，髂前上棘向后 5～7cm 处，髂嵴外唇向后外突起，称髂结节。它们都是重要的体表标志。在髂前、后上棘的下方各有髂前下棘和髂后下棘，下方有深陷的切迹为坐骨大切迹。髂骨翼内侧面称髂窝，窝的后下方有一斜行隆起线，称弓状线。髂骨翼后下方有耳状面，与骶骨的耳状面相关节。耳状面后上方有髂粗隆，与骶骨间借韧带相连接。

2）坐骨　构成髋骨后下部，分坐骨体和坐骨支两部。坐骨体下份后部肥厚粗糙，称坐骨结节，是坐位时体重的承受点，为坐骨最低部，可在体表扪及。坐骨体后缘有三角形的突起称坐骨棘，其上、下方分别有坐骨大切迹和坐骨小切迹。坐骨体下后部向前、上、内延伸为较细的坐骨支。

3）耻骨 构成髋骨前下部，分体和上、下两支。耻骨上支的上缘锐薄，称耻骨梳，向后移行为弓状线，向前终于耻骨结节。耻骨结节到中线的粗钝上缘为耻骨嵴，可在体表扪及。耻骨上、下支移行部的内侧，有椭圆形的粗糙面，称耻骨联合面，两侧的耻骨联合面借纤维软骨相接，构成耻骨联合。耻骨和坐骨共同围成闭孔，活体有闭孔膜封闭。

髋臼由髂、坐、耻三骨的骨体融合而成。窝内半月形的关节面称月状面。窝的中央未形成关节面的部分为髋臼窝。髋臼边缘下部的缺口称髋臼切迹，活体有韧带封闭。

（2）股骨 是人体最长最结实的长骨，长度约占人体身高的1/4，分为一体两端（图3-35）。上端朝向内上呈球形的膨大为股骨头，与髋臼相关节。头中央稍下有小的凹陷，称股骨头凹，为股骨头韧带的附着处。头的外下侧较细的部分称股骨颈。颈、体交界处上外侧的隆起为大转子，下内侧隆起为小转子。大、小转子之间，前面为转子间线，后面隆起为转子间嵴。大转子是重要的体表标志，可在体表扪及。

股骨体略弓向前，上段呈圆柱形，中段三棱柱形，下段前后略扁。体后面有纵行骨嵴，称粗线。粗线上端分叉，向上外延续为粗糙的臀肌粗隆。

下端形成两个向后突出的膨大，为内侧髁和外侧髁。内、外侧髁的前面、下面和后面都是光滑的关节面。两髁前面的关节面彼此相连，形成髌面，与髌骨相接。两髁后份之间的深窝称髁间窝。两髁侧面的最突起处，分别为内上髁和外上髁。

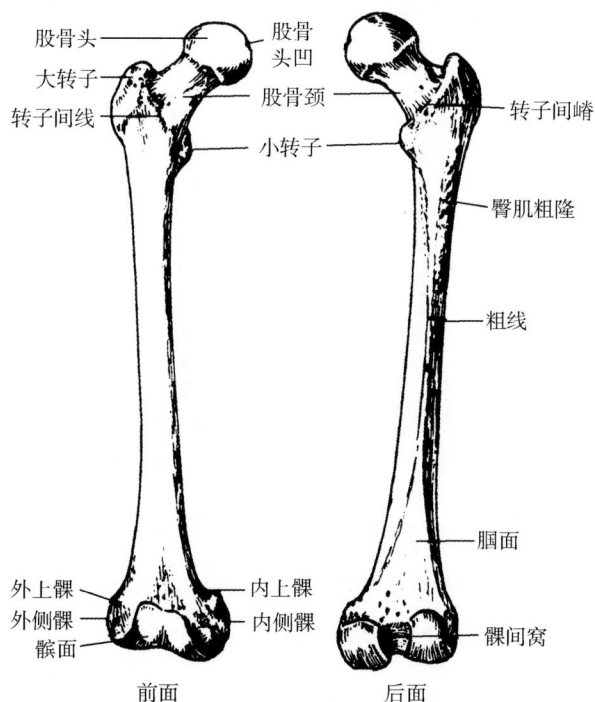

图 3-35 股骨

（3）髌骨 是人体最大的一块籽骨，位于股骨下端前面，包于股四头肌腱内，略呈三角形，上宽下窄，前面粗糙，后面光滑为关节面，与股骨髌面相关节（图3-36）。髌骨具有保护膝关节，减少摩擦和增强膝关节稳定性的作用。

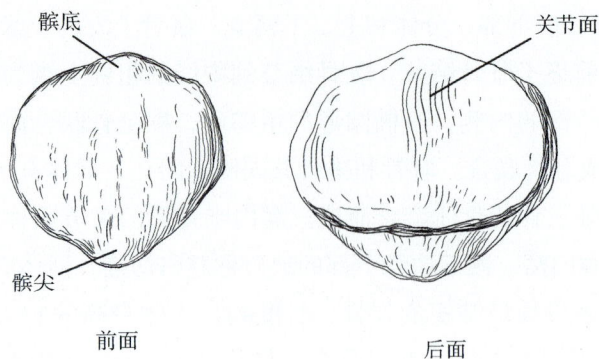

髌底   关节面

髌尖

前面   后面

图 3-36   髌骨

（4）胫骨   位于小腿内侧部（图3-37）。上端膨大，向两侧突出形成内侧髁和外侧髁。两髁上面各有一上关节面，与股骨髁形成关节。两上关节面之间粗糙的骨性隆起，称髁间隆起。外侧髁的后下方有腓关节面，与腓骨头相关节。上端与体移行处的前面有胫骨粗隆。内、外侧髁和胫骨粗隆均可在体表扪及。胫骨体为三棱柱形，较锐的前缘和平滑的内侧面直接位于皮下。胫骨下端稍膨大，其内下方的突起，称内踝。胫骨下端的下面和内踝外侧面的关节面与距骨滑车相关节。

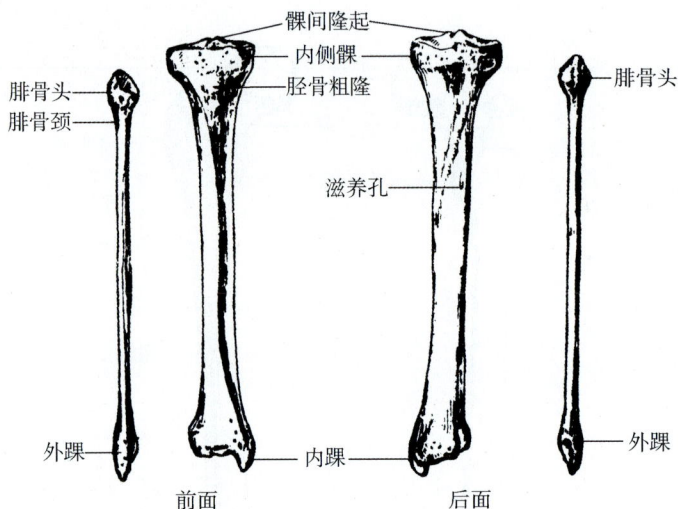

髁间隆起
内侧髁
胫骨粗隆
腓骨头
腓骨颈
滋养孔
腓骨头
外踝
内踝
外踝
前面   后面

图 3-37   胫骨和腓骨

（5）腓骨   细长，位于胫骨外后方（图3-37）。上端膨大称腓骨头，头下方缩细为腓骨颈，下端膨大为外踝，其内侧面的上外踝关节面，与距骨相关节。腓骨头和外踝都可在体表扪及。

（6）足骨   包括跗骨、距骨和趾骨（图3-38）。

1）跗骨   每侧7块，属于短骨，可分成前、中、后三列。后列为下方的跟骨和上方的距骨，跟骨后端为粗大的跟骨结节。距骨上面有前宽后窄的距骨滑车，与内、外踝和胫骨的下关节面相关节。中列为位于距骨前方的足舟骨，其内下方的骨隆起为舟骨粗隆，是重要的体表标志。前列为内侧楔骨、中间楔骨和外侧楔骨及跟骨前方的骰骨。

2）跖骨   每侧5块，由内侧向外侧依次为第1～5跖骨。趾骨近端为底，中间为体，远端为头。第5趾骨底向后突出为第5跖骨粗隆，在体表可扪及。

3）趾骨　每侧14块。踇趾为2节，其余各趾为3节。各节趾骨的名称和结构均与手指骨相同。踇趾骨粗壮，其余趾骨细小。

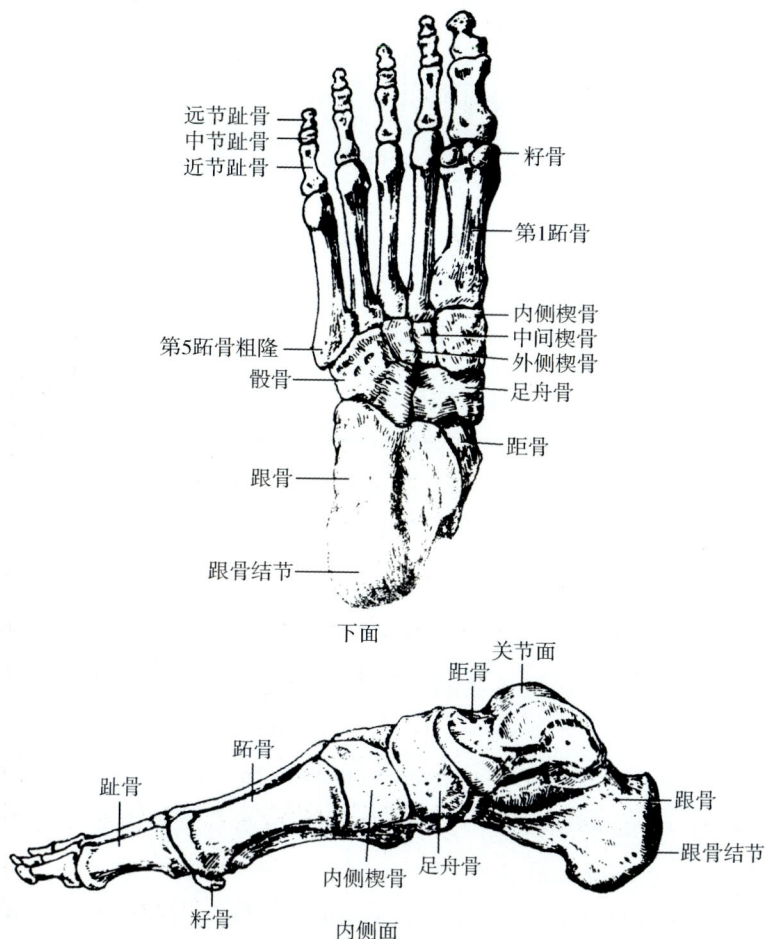

图 3-38　足骨

2.下肢骨的连结

（1）髋骨的连结　两侧髋骨的后部借骶髂关节及韧带与骶骨相连，前部借耻骨联合互相连结（图3-39、图3-40）。它们与尾骨共同构成骨盆。

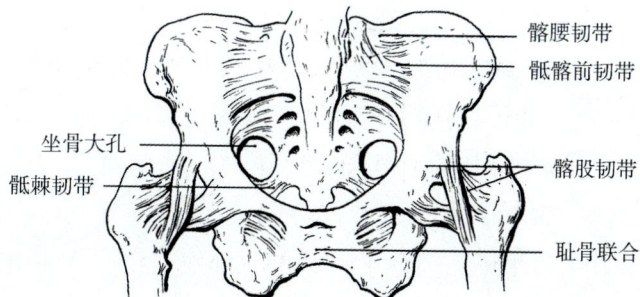

图 3-39　骨盆的韧带（前面）

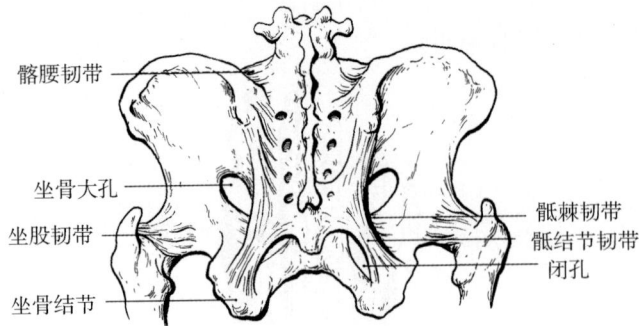

图 3-40　骨盆的韧带（后面）

1）骶髂关节　由骶骨和髂骨的耳状面构成。关节面凹凸不平，彼此结合十分紧密。关节囊紧张，其前、后面分别有骶髂前、后韧带加强。骶髂关节具有相当大的稳定性，活动极小，以适应支持体重的功能。

2）髋骨与脊柱间的韧带连结（图 3-39、图 3-40）　①髂腰韧带：是连于第 5 腰椎横突与髂嵴后部之间的韧带，较强厚；②骶结节韧带：是连于髂后上棘和骶、尾骨侧缘与坐骨结节内侧缘之间，呈扇形的韧带；③骶棘韧带：是连于骶、尾骨侧缘和坐骨棘之间。骶结节韧带、骶棘韧带与坐骨大、小切迹共同围成坐骨大孔和坐骨小孔。大、小孔有肌、血管和神经等通过。

3）耻骨联合　由两侧的耻骨联合面借纤维软骨构成的耻骨间盘连结而成。耻骨间盘中常有一矢状位的裂隙，女性较男性宽。耻骨联合上、下缘分别有耻骨上韧带和耻骨弓状韧带加强。耻骨联合有一定程度的可动性。

4）骨盆　由骶骨、尾骨和两侧髋骨及其连结构成（图 3-41）。人体骨盆的正常位置是向前倾斜的，两侧髂前上棘与耻骨结节在同一个冠状面内，耻骨联合上缘与尾骨尖处于同一水平面上。骨盆由骶骨的岬、弓状线、耻骨梳、耻骨结节和耻骨联合上缘所围成的界线分为上方的大骨盆和下方的小骨盆。小骨盆上口为界线，下口由尾骨尖、骶结节韧带、坐骨结节、坐骨支、耻骨支和耻骨联合下缘围成。两侧耻骨下支连成耻骨弓，两下支的夹角称耻骨下角。

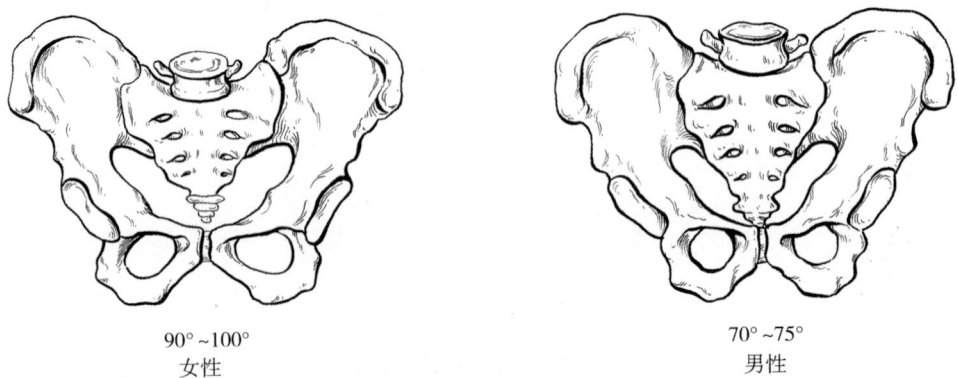

90°~100°
女性

70°~75°
男性

图 3-41　骨盆

骨盆腔为骨盆上、下口之间的空腔，它是前壁短，侧壁和后壁长的弯曲管道，在女性，是胎儿娩出的通道（产道）。男、女性骨盆有明显差异（表3-1）。

表3-1　男、女性骨盆的差异

项目	男性	女性
骨盆外形	窄而长	短而宽
骨盆上口	心形、较小	椭圆形、较大
骨盆下口	狭小	宽大
骨盆腔	漏斗形	圆桶形
耻骨下角	70°~75°	90°~100°

骨盆的主要功能除保护盆腔脏器外，由于它构成了一个完整的骨环，在承托和传递躯干和上肢的重力时，起到了非常大的作用。

（2）髋关节　由髋臼和股骨头构成（图3-42）。髋臼的周缘附有纤维软骨构成的髋臼唇，以增加髋臼的深度。股骨头关节面约为关节窝球面的2/3，故股骨头几乎全部纳入髋臼内。髋关节的关节囊紧张而坚韧，向上附着于髋臼周缘，向下附着于股骨颈，在股骨颈前面附着于转子间线，在股骨颈后面附于股骨颈内侧2/3，而股骨颈的外1/3则在囊外，故股骨颈骨折有囊内、囊外之分。关节囊上部、前部坚厚且有韧带加强，后下部较薄弱也无韧带加强，故股骨头脱位常发生在后下部（髋关节后脱位）。髋关节有股骨头韧带、髂股韧带等韧带加强，韧带除增强关节囊外，可限制大腿过度后伸，并对维持人体直立有很大作用。

髋关节可做屈、伸、收、展、旋内、旋外和环转运动，但其运动幅度远不及肩关节。髋关节具有较大的稳固性，以适应承担体重和支持行走的功能。

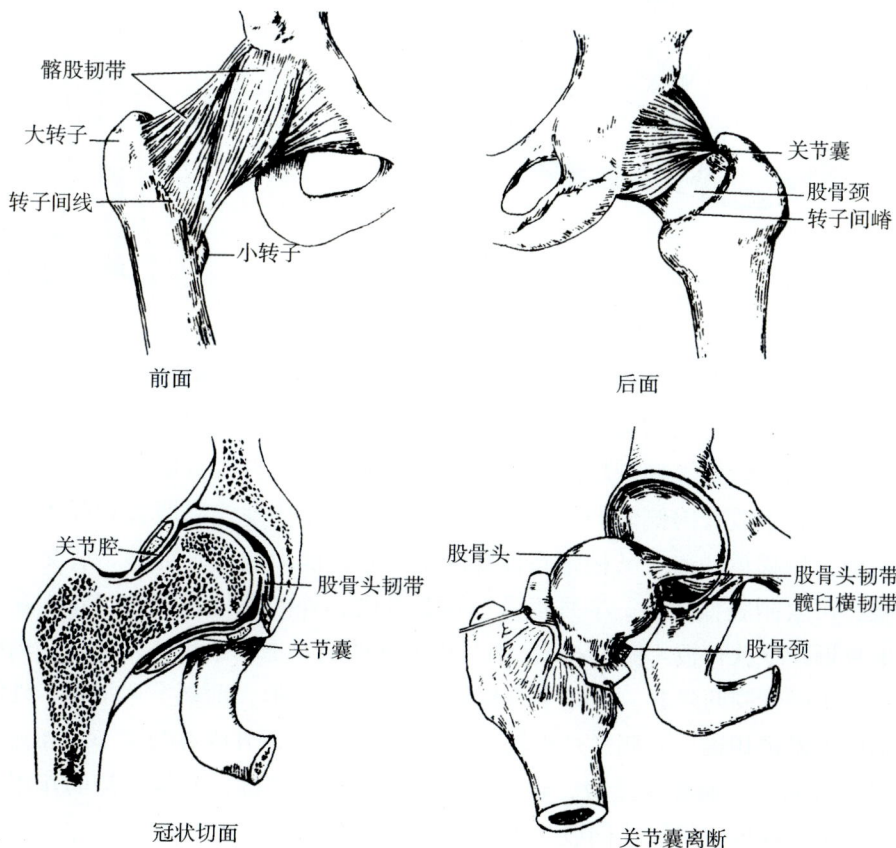

图3-42　髋关节

（3）膝关节 是人体最大、最复杂的关节，由股骨的内、外侧髁和胫骨的内、外侧髁及髌骨构成（图3-43、图3-44）。膝关节的关节囊薄而松弛，附于各关节面周缘，前面有髌韧带加强，两侧有胫侧副韧带和腓侧副韧带加强。

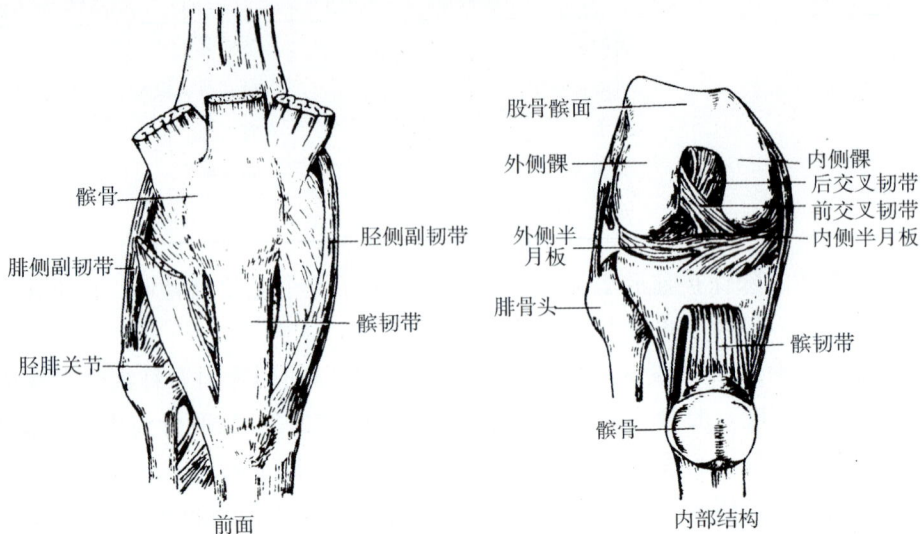

图 3-43 膝关节

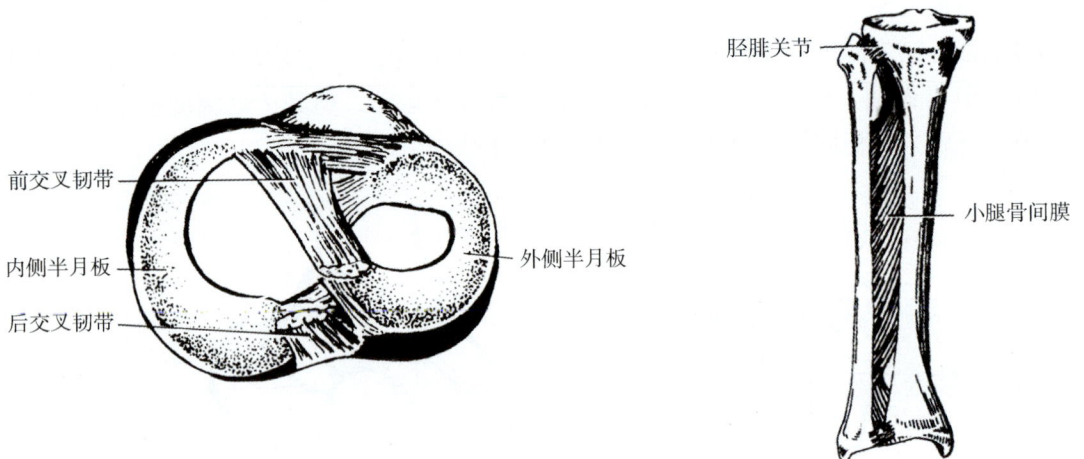

图 3-44 膝关节半月板、胫腓连接

膝关节腔内有膝交叉韧带和半月板。膝交叉韧带非常强韧，由滑膜衬覆，分为前交叉韧带和后交叉韧带。前交叉韧带起自胫骨髁间隆起的前方内侧，斜向后上方外侧，附着于股骨外侧髁的内侧。后交叉韧带较前交叉韧带短而强韧，起自胫骨髁间隆起的后方，斜向前上方内侧，附着于股骨内侧髁的外侧面。膝交叉韧带牢固地连结股骨和胫骨，可限制胫骨沿股骨向前、后移位。前交叉韧带在伸膝时最紧张，能限制胫骨前移。后交叉韧带在屈膝时最紧张，可限制胫骨后移。半月板是垫在股骨内、外侧髁与胫骨内、外侧髁关节面之间的两块半月形纤维软骨板（图3-44）。半月板上面凹陷，下面平坦，外缘厚，内缘薄，两端借韧带附着于胫骨髁间隆起。内侧半月板较大，呈"C"形，前端窄后端宽，外缘与关节囊及胫侧副韧带紧密相连。外侧半月板较小，近似"O"形，外缘亦与关节囊相连。半月板可使股、胫两骨的关节面更为适应，也能缓冲压力，吸收震荡，起弹性垫的作用。半月板还增大了关节窝的深度，又能连同股骨髁一起对胫骨做旋转运动。

膝关节囊的滑膜层覆盖关节内除了关节软骨和半月板以外的所有结构，还形成滑膜囊和滑膜襞等结构。如股四头肌腱和股骨体下部之间的髌上囊，在髌骨下方的中线两侧，部分滑膜层突向关节腔内，形成一对翼状襞。

膝关节的运动主要是前伸和后屈，在半屈膝时，还可做小幅度的旋内和旋外运动。

（4）胫腓连结　胫骨和腓骨连结紧密（图3-44）。上端由胫骨外侧髁与腓骨头构成微动的胫腓关节，两骨干间有坚韧的小腿骨间膜相连，下端是韧带连结。小腿两骨间活动极小。

（5）足关节　包括距小腿关节、跗骨间关节、跖骨间关节、跖趾关节和趾骨间关节（图3-45）。①距小腿关节：又称踝关节，由胫骨下端和胫、腓骨内、外踝的关节面与距骨滑车构成。关节囊的前、后壁薄而松弛，两侧有韧带加强。踝关节可做背屈（伸）和跖屈（屈）运动。足尖上抬，足背向小腿前面靠拢称背屈，反之称跖屈。当跖屈时，足能做轻微的侧方运动，关节不够稳定，故踝关节扭伤多发生在跖屈状态下。②跗骨间关节：位于各跗骨间，主要有距跟关节、距跟舟关节和跟骰关节等。跗骨间关节和踝关节一起运动，可做内翻和外翻运动。③跗跖关节：由3块楔骨和骰骨与5块跖骨构成，均是微动关节。④跖趾关节：由跖骨头与近节趾骨底构成，可做屈、伸和收、展运动。⑤趾骨间关节：由各趾骨的底与滑车构成，可做屈伸运动。

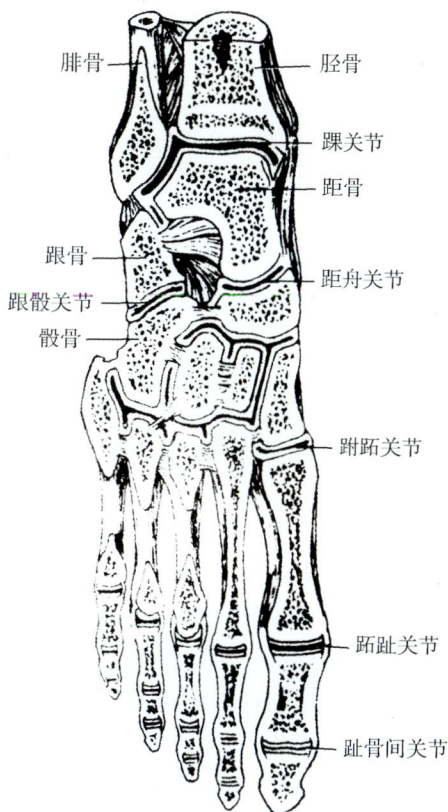

图 3-45　足关节

知识链接

关节扭伤

多见于青少年的运动损伤以及体力劳动者的工作伤，最常发生于踝关节、手腕部及下腰部。常见症状有疼痛、肿胀、关节活动受限等，其中疼痛是每个关节扭伤的患者都会出现的症状，而肿胀、皮肤青紫、关节不能转动则是扭伤的常见表现。在扭伤的急性期，患者都不可以让受伤部位随意活动，否则会因软组织得不到充分的修复，而使新鲜扭伤变成陈旧扭伤，使疼痛、瘀肿不易消退。另外，如果疼痛较严重，可以服用活血止痛药。

（6）足弓　由跗骨和跖骨连结成凸向上的弓，称为足弓（图3-46）。足弓可分为前后方向上的内、外侧纵弓和内外方向上的一个横弓。内侧纵弓由跟骨、距骨、足舟骨、3块楔骨以及内侧3块跖骨构成；外侧纵弓由跟骨、骰骨和外侧2块跖骨构成。横弓由骰骨、3块楔骨和跖骨构成。足弓的着力点，后方是跟骨结节，前方内侧是第1跖骨头，外侧是第5跖骨头。足弓呈三点鼎力形式，支持体重和维持人体站立既稳固又稳定。足弓有弹性，对行走、跳跃有重要作用；还能减小冲击和震荡，以保护体内器官，特别是脑免受震荡。足弓还保护足底的血管和神经免受压迫。足弓的维持除了依靠各骨的连结之外，足底的韧带、肌和肌腱的牵引对维持足弓也起着重要作用。如果足底韧带被动拉长或损伤、小腿和足的某些

正常人体结构

肌张力不够或损伤，可导致足弓塌陷，形成扁平足。

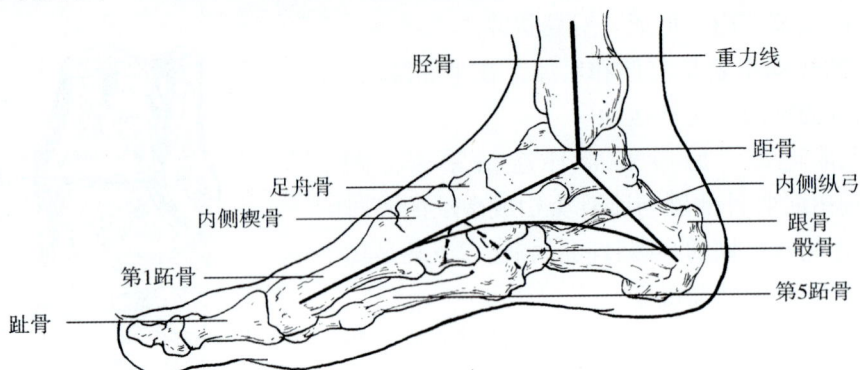

图 3-46　足弓

知识链接

常用的骨性标志

1. 乳突　是胸锁乳突肌的止点，位于外耳门后下方，当中耳炎波及乳突黏膜时局部出现压痛。

2. 下颌角　为下颌支后缘与下颌底转折处，此处骨质较薄，容易骨折。

3. 翼点　在颞窝内，位于颧弓中点上方 3～4cm 处，是颅骨的薄弱部位，受到暴力打击易骨折，可伤及脑膜中动脉导致颅内血肿。

4. 枕外隆凸　位于枕部向后最突出的隆起，其深面为窦汇。

5. 颧弓　位于眶下缘和枕外隆凸之间连线的同一水平面上，下方一横指处有腮腺导管经过。

6. 第 7 颈椎棘突　是项背部最突出的隆起，头部前屈时更容易触及，是背部计数椎骨序数的标志，大椎穴位于其下方。

7. 胸骨颈静脉切迹　位于胸骨上缘，两侧胸锁关节之间的凹陷，其上方为胸骨上窝。

8. 胸骨角　位于胸骨柄与胸骨体连接处向前的横向突起，自颈静脉切迹向下约两横指处。胸骨角两侧接第 2 肋软骨，是计数肋和肋间隙序数的标志。

9. 剑突　胸骨下方突出位于两侧肋弓之间，剑突与左侧肋弓交点处是心包腔穿刺的常选进针部位。也是第 6 肋间神经皮支分布的平面。

10. 骶角　沿骶正中嵴向下扪到骶管裂孔，在裂孔两侧可扪到骶角。骶角是骶管麻醉时的定位标志。

11. 肩胛骨下角　平对第 7 肋或第 7 肋间隙，作为在背部计数肋序数的标志。

12. 肩峰　高耸于肩关节上方，为肩部最高点。

13. 尺骨鹰嘴　位于肘后部突出处。

14. 桡骨茎突　位于腕部桡侧突起，可作为触摸桡动脉的定位标志。

15. 髂嵴　全长在体表均能扪到，其前端为髂前上棘，后端为髂后上棘，两侧髂嵴最高点的连线平对第 4 腰椎棘突，是腰椎穿刺时的定位标志。

16. 坐骨结节　位于臀大肌下缘内侧，屈大腿时在臀部易摸到。

17. 股骨大转子　大腿外上部的突起。屈髋时，由坐骨结节至髂前上棘的连线通过股骨大转子。

18. 内踝与外踝　位于踝部两侧的明显隆起，外踝低于内踝。

第二节 骨 骼 肌

患者，女，2岁，因发热就医。患儿发育正常，运动自如，无神经系统疾病。护士经右侧臀部肌内注射退热药后热退，但注射后该患儿不能行走。几天后发现其右腿无力、跛行。再次就诊，检查发现：右侧大腿后群肌、小腿肌肌张力减弱。肌电图显示右下肢神经损伤、肌肉轻度萎缩。诊断：坐骨神经损伤。

请问：

1. 为何首选臀部作为肌内注射部位？
2. 臀大肌深面有哪些重要结构？
3. 为何下肢肌会出现萎缩？

扫码"学一学"

一、概述

骨骼肌分布于头、颈、躯干和四肢，有600多块，约占体重的40%。骨骼肌为随意肌，是运动系统的动力部分。每块肌均可视为一个器官，因为每块肌都有一定的形态、结构、位置和辅助装置，执行一定的功能，有丰富的血管和淋巴管分布，并接受神经的支配（图3-47）。

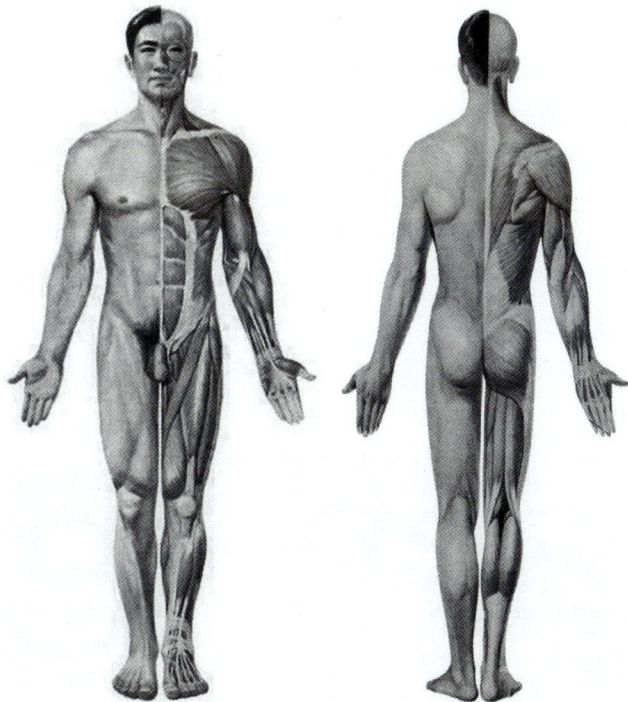

图3-47 全身骨骼肌

（一）肌的分类和构造

肌的形态多种多样，按其外形大致可分为长肌、短肌、扁肌和轮匝肌四种（图3-48）。长肌多见于四肢，收缩时肌显著缩短，可引起大幅度的运动。短肌多见于躯干深层，小而短，具有明显的节段性，收缩幅度较小。扁肌宽扁呈薄片状，多见于胸腹壁，除运动功能外还兼有保护内脏的作用。轮匝肌主要由环形的肌纤维构成，位于孔、裂的周围，收缩时可以关闭孔裂。

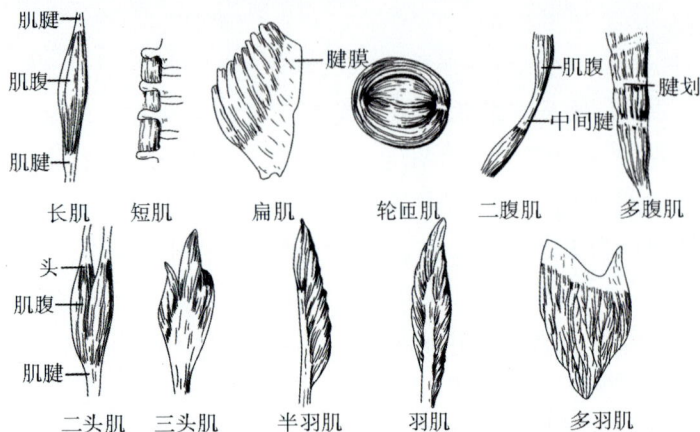

图 3-48　骨骼肌的种类

一般每块肌都由中间的肌腹和两端的肌腱构成。肌腹主要由肌纤维（即肌细胞）组成，色红、柔软，具有一定的收缩和舒张功能。肌腱主要由平行致密的胶原纤维束构成，色白、强韧而无收缩功能，位于肌腹的两端。骨骼肌借肌腱附着于骨骼。长肌的肌腱呈条索状，扁肌的肌腱呈薄膜状，称腱膜。

（二）肌的起止、配布和作用

肌通常以两端附着于两块或两块以上的骨面上，中间跨过一个或多个关节。肌收缩时使两骨彼此靠近而产生运动。通常把接近身体正中面或四肢部靠近近侧的附着点看作为肌肉的起点或定点；把另一端则看作为止点或动点。由于运动复杂多样化，肌肉的定点和动点在一定条件下，可以相换。

肌在关节周围配布的方式和多少与关节的运动轴一致。每一个关节至少配有两组运动方向完全相反的肌，这些在作用上相互对抗的肌称为拮抗肌。拮抗肌在功能上既相互对抗，又互为协调和依存。关节在完成某一种运动时，通常是几块肌共同配合完成的，这些功能相同的肌称为协同肌。骨骼肌在神经系统的统一支配下，互相协调以互相配合共同完成某动作。

（三）肌的辅助装置

肌的辅助装置主要包括筋膜、滑膜囊和腱鞘（图3-49），具有保持肌的位置、减少运动时的摩擦和保护等功能。

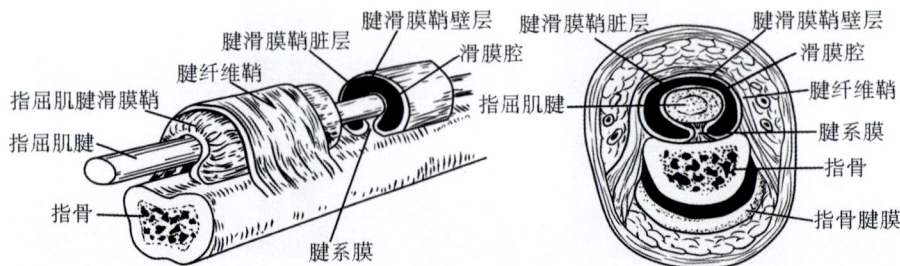

图 3-49　肌的辅助装置

1.**筋膜**　位于肌的表面，分为浅筋膜和深筋膜两种。

（1）浅筋膜　又称皮下筋膜，位于真皮下面，包被全身各处，由疏松结缔组织构成，内含脂肪、浅动脉、皮下静脉、皮神经和淋巴管等。临床常作皮下注射，即将药物注入浅筋膜内。

（2）深筋膜　又称固有筋膜，位于浅筋膜深面，它包被体壁、四肢的肌和血管神经等，由致密结缔组织构成。深筋膜与肌的关系非常密切，随肌的分层而分层。在四肢，深筋膜插入到肌群之间，并附着于骨，形成肌间隔。深筋膜能保护肌免受摩擦，还可以约束肌的活动，分隔肌群或肌群中的各个肌，以保证肌群或各肌能单独进行活动。

2.**滑膜囊**　为封闭的结缔组织囊，壁薄，内有滑液，多位于腱与骨面相接触处，以减少两者之间的摩擦。滑膜囊在慢性损伤和感染时，形成滑膜囊炎，可影响肢体局部的运动功能。

3.**腱鞘**　是包围在肌腱外面的鞘管，存在于活动性较大的部位，如腕、踝、手指和足趾等处，它使腱固定于一定的位置，并减少腱与骨面的摩擦。腱鞘可分纤维层和滑膜层两部分。腱鞘的纤维层又称腱纤维鞘，它位于外层，为深筋膜增厚所形成的骨性纤维性管道，它对肌腱起润滑和约束作用。腱鞘的滑膜层又称腱滑膜鞘，位于腱纤维鞘内，由滑膜构成，为双层圆筒形的鞘。鞘的内层包在肌腱的表面，称为脏层；外层贴在腱纤维层的内面和骨面，称为壁层。脏、壁两层之间含少量滑液，所以肌腱能在这个鞘内自由滑动。

二、头肌

头肌可分为面肌和咀嚼肌（表3-2）。

表 3-2　头肌的名称、起止点和作用

肌群	肌名	起点	止点	主要作用
面肌	枕额肌	帽状腱膜	眉部皮肤	提眉，下牵皮肤
		上项线	帽状腱膜	后牵头皮
	眼轮匝肌	环绕眼裂周围		闭合眼裂
	口轮匝肌	环绕口裂周围		闭合口裂
	颊肌	面颊深层		使唇和颊贴紧牙，帮助咀嚼和吸吮
咀嚼肌	咬肌	颧弓	下颌骨的咬肌粗隆	上提下颌（闭口）
	颞肌	颞窝	下颌骨冠突	
	翼内肌	翼窝	下颌骨内面的翼肌粗隆	
	翼外肌	翼突外侧面	下颌颈	两侧收缩拉下颌向前（张口），单侧收缩拉下颌向对侧

（一）面肌

面肌为扁薄的皮肌，位置表浅，大多起自颅骨的不同部位，止于面部皮肤。主要分布于面部口、眼、鼻等孔裂周围，可分为环形肌和辐射肌两种，有闭合或开大上述孔裂的作用，同时牵动面部皮肤显示喜怒哀乐等各种表情，故面肌又称表情肌（图3-50）。

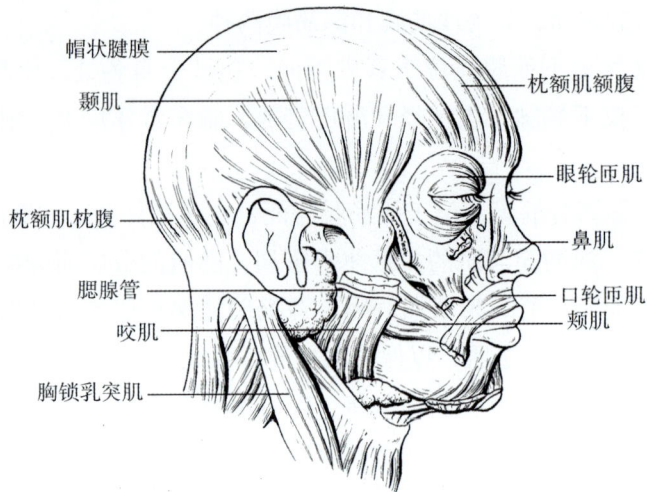

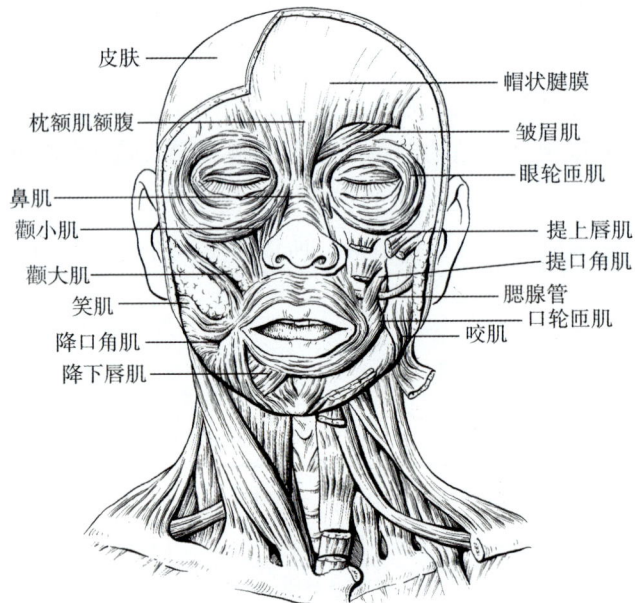

图 3-50　面肌

（二）咀嚼肌

咀嚼肌包括咬肌、颞肌、翼外肌和翼内肌，配布于下颌关节周围，参加咀嚼运动（图3-50、图3-51）。咬肌位于下颌支外面，可上提下颌骨。颞肌位于颞窝，可上提下颌骨。翼内肌位于下颌支内侧面，收缩可上提下颌骨，并牵拉下颌骨向前。翼外肌位于颞下窝内，一侧翼外肌收缩使下颌骨向对侧运动；两侧同时收缩，可牵拉下颌骨向前，做张口运动。

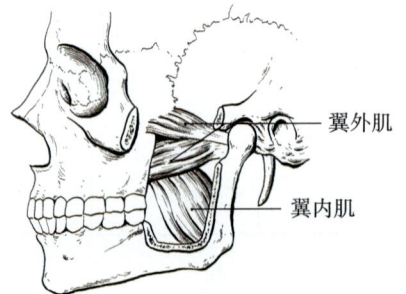

图 3-51　翼内肌和翼外肌

三、颈肌

颈肌可依其所在位置分为颈浅肌群、舌骨上、下肌群和颈深肌群（图3-52～图3-54，表3-3）。

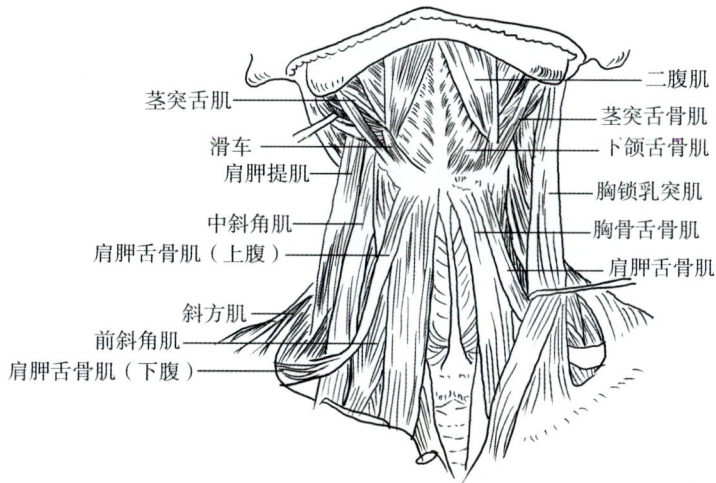

图 3-52　颈前肌

茎突舌肌
滑车
肩胛提肌
中斜角肌
肩胛舌骨肌（上腹）
斜方肌
前斜角肌
肩胛舌骨肌（下腹）

二腹肌
茎突舌骨肌
卜颌舌骨肌
胸锁乳突肌
胸骨舌骨肌
肩胛舌骨肌

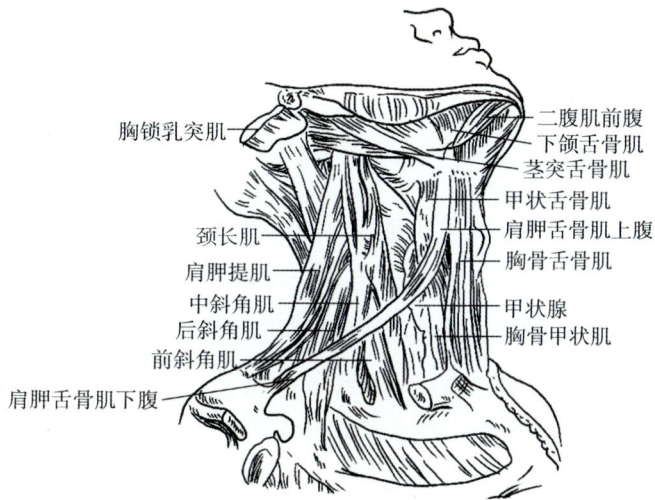

图 3-53　颈外侧肌

胸锁乳突肌
颈长肌
肩胛提肌
中斜角肌
后斜角肌
前斜角肌
肩胛舌骨肌下腹

二腹肌前腹
下颌舌骨肌
茎突舌骨肌
甲状舌骨肌
肩胛舌骨肌上腹
胸骨舌骨肌
甲状腺
胸骨甲状肌

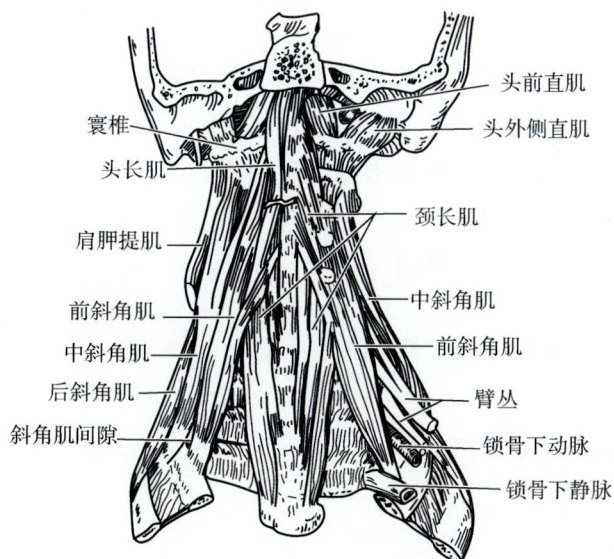

图 3-54　颈深肌群

寰椎
头长肌
肩胛提肌
前斜角肌
中斜角肌
后斜角肌
斜角肌间隙

头前直肌
头外侧直肌
颈长肌
中斜角肌
前斜角肌
臂丛
锁骨下动脉
锁骨下静脉

正常人体结构

表 3-3 颈肌的名称、位置和作用

肌群	肌名	位置	主要作用
颈浅肌群	颈阔肌	颈部浅筋膜中	紧张颈部皮肤
	胸锁乳突肌	颈部两侧	一侧收缩，使头偏向同侧，颜面部偏向同侧；双侧同时收缩使头后仰
舌骨上肌群	二腹肌	舌骨与下颌骨之间	上提舌骨，使舌升高，协助吞咽
	下颌舌骨肌		
	茎突舌骨肌		
	颏舌骨肌		
舌骨下肌群	胸骨舌骨肌	颈前部正中线的两侧	使喉和舌骨下降
	肩胛舌骨肌		
	胸骨甲状肌		
	甲状舌骨肌		
颈深肌群	前斜角肌	颈部两侧深层	一侧收缩，使颈侧屈；双侧同时收缩，上提第1、2肋，助深吸气
	中斜角肌		
	后斜角肌		

（一）颈浅肌群

颈浅肌群主要有颈阔肌和胸锁乳突肌。颈阔肌位于颈部浅筋膜中，为一皮肌，薄而宽阔，起自胸大肌和三角肌表面的筋膜，向上止于口角。有紧张颈部皮肤和拉口角向下的作用。胸锁乳突肌在颈部两侧皮下，大部分为颈阔肌所覆盖，于体表可见其轮廓，起自胸骨柄前面和锁骨的胸骨端，斜向后上方，止于颞骨的乳突（图3-53）。作用：一侧收缩使头向同侧倾斜，脸转向对侧；两侧收缩可使头后仰。

（二）舌骨上、下肌群

舌骨上肌群位于舌骨与下颌骨之间，每侧4块肌。舌骨下肌群位于颈前部，在舌骨下方正中线的两侧，每侧有4块肌，其作用是下降舌骨和喉。

（三）颈深肌群

颈深肌群分为内侧群和外侧群。外侧群位于脊柱颈段的两侧，有前斜角肌、中斜角肌和后斜角肌。各肌均起自颈椎横突，其中前、中斜角肌止于第1肋，后斜角肌止于第2肋。前、中斜角肌与第1肋之间围成三角形裂隙称斜角肌间隙，有锁骨下动脉和臂丛通过。内侧群位于脊柱颈段的前方，有头长肌和颈长肌等，合称椎前肌。椎前肌收缩能屈头、屈颈。

四、躯干肌

躯干肌可分为背肌、胸肌、膈、腹肌和会阴肌。

（一）背肌

背肌位于躯干后面的肌群，可分为浅、深两群（图3-55，表3-4）。

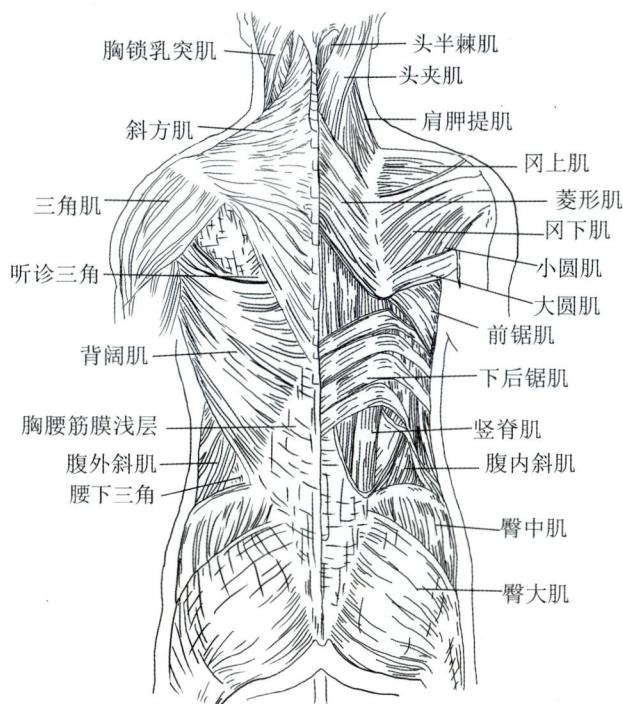

图 3-55 背肌

表 3-4 背肌的名称、起止点和作用

肌群	肌名	起点	止点	主要作用
浅群	斜方肌	上项线、枕外隆凸、项韧带、第 7 颈椎和全部胸椎的棘突	锁骨的外侧 1/3、肩峰和肩胛冈	上部收缩，可使肩胛骨上移；下部收缩，可使肩胛骨下移；双侧收缩，可使肩胛骨向脊柱靠拢
	背阔肌	下 6 个胸椎和全部腰椎的棘突、骶正中嵴和髂嵴后部	肱骨小结节嵴	使肱骨内收、旋内和后伸
深群	竖脊肌	骶骨背面和髂嵴后面	沿途止于椎骨、肋骨，上达颞骨乳突	单侧收缩，使脊柱侧屈；双侧收缩，使脊柱后伸和头后仰

1.浅群 主要包括斜方肌、背阔肌、肩胛提肌和菱形肌。

（1）斜方肌 位于项部和背上部，为三角形的扁肌，左右两侧合在一起呈斜方形。该肌起自上项线、枕外隆凸、项韧带、第 7 颈椎棘突和全部胸椎棘突，上部肌束斜向外下方，中部肌束水平向外，下部肌束斜向外上方，止于锁骨外侧 1/3 部、肩峰和肩胛冈。作用：使肩胛骨向脊柱靠拢，上部肌束可上提肩胛骨，下部肌束使肩胛骨下降。如果肩胛骨固定，一侧收缩使头颈向同侧屈、脸转向对侧，两侧同时收缩可使头后仰。

（2）背阔肌 为全身最大的扁肌，位于背下部。起自下 6 个胸椎棘突、全部腰椎棘突、骶正中嵴及髂嵴后份，肌束向外上方集中，以扁腱止于肱骨小结节嵴。作用：使臂内收、旋内和后伸。当上肢上举固定时，可引体向上。

2.深群 背肌深群中，最主要的是竖脊肌，又称骶棘肌，为背肌中最长、最大的肌，纵列于躯干的背面、脊柱两侧的沟内。起自骶骨背面和髂嵴的后部，向上分出三群肌束，沿途止于椎骨和肋骨，最后止于颞骨乳突。作用：使脊柱后伸和仰头，一侧收缩使脊柱侧屈。

胸腰筋膜包绕在竖脊肌和腰方肌的周围，在腰部筋膜明显增厚，可分浅层、中层和深层（图3-55）。浅层位于竖脊肌的后面，并与背阔肌起始腱膜紧密结合，白色而有光泽；中层分隔竖脊肌和腰方肌，中层和浅层在竖脊肌外侧会合，构成竖脊肌鞘；深层覆盖在腰方肌的前面。

（二）胸肌

胸肌参与构成胸壁，包括胸大肌、胸小肌、前锯肌和肋间肌等（图3-56、图3-57，表3-5）。

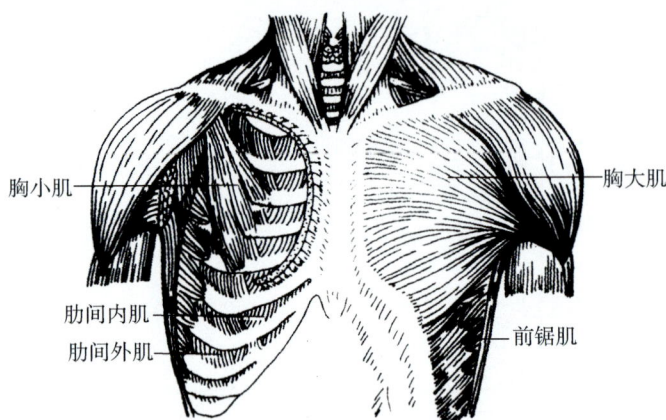

图3-56　胸肌

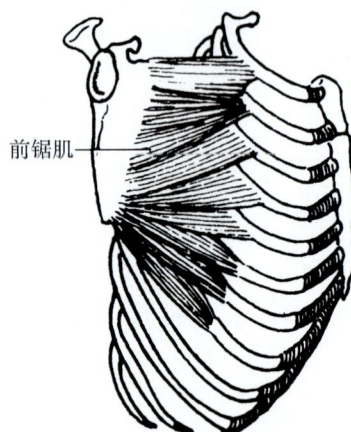

图3-57　前锯肌

表3-5　胸肌的名称、起止点和作用

肌群	肌名	起点	止点	主要作用
胸上肢肌	胸大肌	锁骨内侧半、胸骨、第1~6肋软骨	肱骨大结节嵴	肩关节内收，旋内及屈
	胸小肌	第3~5肋骨	肩胛骨喙突	拉肩胛骨向下
	前锯肌	第1~8肋骨	肩胛骨内侧缘及下角	拉肩胛骨向前
胸固有肌	肋间外肌	上位肋骨下缘	下位肋骨上缘	提肋助吸气
	肋间内肌	下位肋骨上缘	上位肋骨下缘	降肋助呼气

1.胸大肌　位于胸前壁上部，宽而厚，呈扇形。起自锁骨内侧半、胸骨和第1~6肋软骨，肌束向外聚合，止于肱骨大结节嵴。作用：使肩关节内收、旋内和前屈。如上肢固定，可上提躯干，也可提肋助吸气。

2.胸小肌　位于胸大肌深面，呈三角形。起自第3~5肋，止于肩胛骨的喙突。作用：拉肩胛骨向前下方。当肩胛骨固定时，可上提肋助吸气。

3.前锯肌　为宽大的扁肌，位于胸廓侧壁，以肌齿起自上位8个肋骨的外面，肌束斜向后上内，经肩胛骨的前方，止于肩胛骨内侧缘和下角。作用：拉肩胛骨向前紧贴胸廓，下部肌束可使胛骨下角旋外，助臂上举。当肩胛骨固定时，可上提肋助深吸气。

4.肋间肌　位于肋间隙内，分浅、深两层。浅层称肋间外肌，起自肋骨下缘，肌束斜向前下，止于下一肋骨的上缘，收缩时可提肋助吸气。深层称肋间内肌，起自下位肋骨的上缘，止于上位肋骨的下缘，肌束方向与肋间外肌相反，收缩时可降肋助呼气。

（三）膈

膈为向上膨隆，呈穹隆形的扁薄阔肌，位于胸、腹腔之间，成为胸腔的底和腹腔的顶。膈的肌束起自胸廓下口的周缘和腰椎前面，止于中央的中心腱，所以膈的外周是肌性部，而中央是腱膜。

膈上有三个裂孔：在第12胸椎前方，左右两个膈脚与脊柱之间有主动脉裂孔，有主动脉和胸导管通过；主动脉裂孔的左前上方，约在第10胸椎水平，有食管裂孔，有食管和迷走神经通过；在食管裂孔的右前上方的中心腱内有腔静脉孔，约在第8胸椎水平，有下腔静脉通过（图3-58）。

膈是主要的呼吸肌，收缩时，膈穹隆下降，胸腔容积扩大，以助吸气；松弛时，膈穹窿上升恢复原位，胸腔容积减小，以助呼气。膈与腹肌同时收缩，则能增加腹压，协助排便、呕吐及分娩等活动。

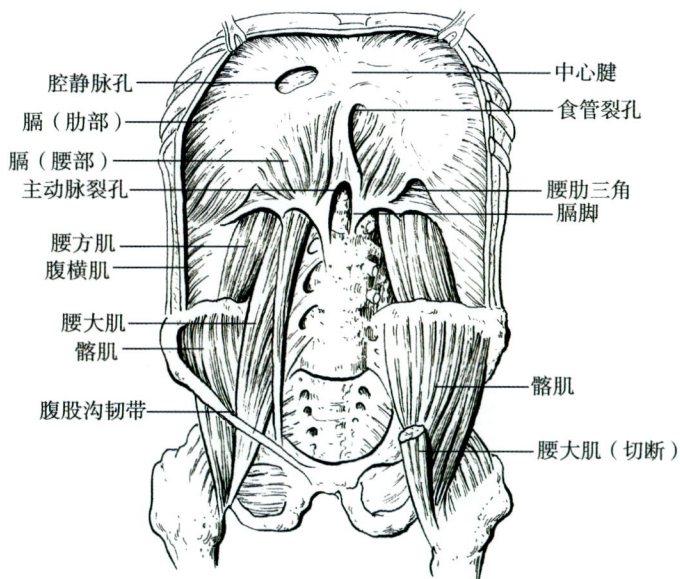

图 3-58 膈肌

（四）腹肌

腹肌位于胸廓与骨盆之间，参与腹壁的组成，按其部位可分为前外侧群和后群。

1.前外侧群 前外侧群形成腹腔的前外侧壁，包括腹外斜肌、腹内斜肌、腹横肌和腹直肌等（图3-59，表3-6）。

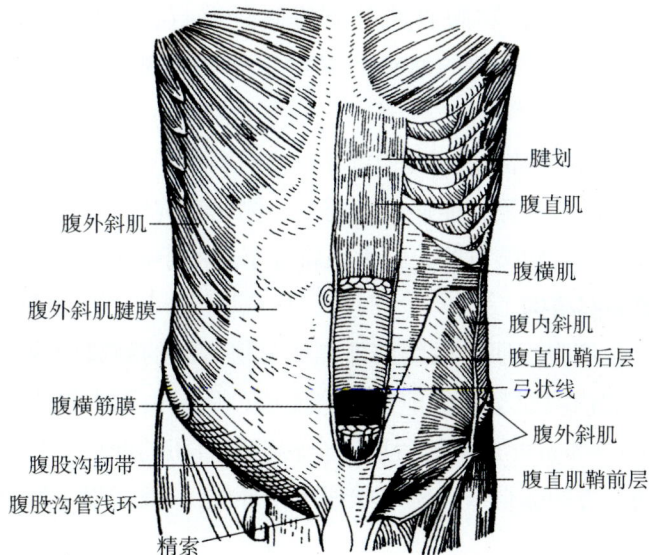

图 3-59 腹肌

表 3-6 腹肌的名称、起止点和作用

肌群	肌名	起点	止点	主要作用
前外侧群	腹外斜肌	下 8 个肋骨的外面	下部止于髂嵴，上中部止于白线	增加腹压，使脊柱前屈、侧屈、旋转
	腹内斜肌	胸腰筋膜、髂嵴和腹股沟韧带的外侧半	大部分止于白线，下部止于耻骨梳的内侧端	
	腹横肌	下 6 个肋软骨内面、胸腰筋膜、髂嵴和腹股沟韧带外侧 1/3	白线	
	腹直肌	耻骨联合和耻骨嵴	剑突和第 5~7 肋软骨	增加腹压，使脊柱前屈
后群	腰方肌	髂嵴后部	第 12 肋和第 1~4 腰椎横突	下降和固定第 12 肋，并使脊柱侧屈

（1）腹直肌　位于腹前壁正中线的两侧，呈长带状，上宽下窄，居腹直肌鞘内。起自耻骨联合和耻骨嵴，肌束向上止于剑突和第 5~7 肋软骨的前面。肌的全长被 3~4 条横行的腱划分成几个肌腹，腱划与腹直肌鞘的前层紧密结合。

（2）腹外斜肌　为宽阔扁肌，位于腹前外侧壁的浅层，以 8 个肌齿起自下 8 个肋骨的外面，肌束由后上斜向前下方。后部肌束向下止于髂嵴前部，其余肌束向内移行于腱膜，经腹直肌的前面，参与构成腹直肌鞘的前层，至腹正中线终于白线。腹外斜肌腱膜的下缘卷曲增厚连于髂前上棘与耻骨结节之间，称为腹股沟韧带。在耻骨结节外上方，腱膜形成一个三角形的裂孔，称腹股沟管浅环（皮下环）。

（3）腹内斜肌　位于腹外斜肌深面，起自胸腰筋膜、髂嵴和腹股沟韧带的外侧 1/2。后部肌束向上止于下位 3 肋，大部分肌束向前上方移行为腱膜，在腹直肌外侧缘分为前、后两层包裹腹直肌，参与构成腹直肌鞘的前层及后层，并止于白线。腹内斜肌下部肌束形成游离弓状下缘，越过精索的前面和上方，延续为腱膜，与腹横肌的腱膜会合形成腹股沟镰或称联合腱，止于耻骨梳的内侧端及耻骨结节附近。腹内斜肌与腹横肌最下部发出一些细散的肌束，包绕精索和睾丸，称提睾肌，收缩时可上提睾丸。

（4）腹横肌　位于腹内斜肌深面，起自下 6 肋内面、胸腰筋膜、髂嵴和腹股沟韧带外侧 1/3，肌束横行向前方，在腹直肌外侧缘附近移行为腱膜，参与构成腹直肌鞘的后层，止于白线。腹横肌最下部的肌束和腱膜下缘的内侧分别参与构成提睾肌和腹股沟镰。

腹前外侧群肌的作用：保护腹腔脏器，维持腹内压；与膈同时收缩，可增加腹内压，以助排便、分娩、呕吐和咳嗽等；能使脊柱前屈、侧屈和旋转，还可降肋助呼气。

2.后群　后群有腰大肌和腰方肌，腰大肌将在下肢肌中叙述。

3.腹前外侧壁的局部结构

（1）腹直肌鞘　包绕腹直肌，由腹前外侧壁三块阔肌的腱膜构成。鞘分前后两层，前层由腹外斜肌腱膜与腹内斜肌腱膜的前层愈合而成；后层由腹内斜肌腱膜的后层与腹横肌腱膜构成。在脐以下 4~5cm 处，鞘的后层完全转至腹直肌的前层。自此以下后层缺如，其上缘游离，形成凸向上方的弧形线，称弓状线（半环线），此线以下腹直肌后面与腹横筋膜相贴（图 3-59）。

（2）白线　位于腹前壁正中线上，左右腹直肌鞘之间，由两侧的腹直肌鞘纤维彼此交织而成，上方起自剑突，下方止于耻骨联合。白线坚韧而少血管，脐以上较宽，脐一下变窄成线状。

（3）腹股沟管　为男性精索或女性子宫圆韧带所通过的一条肌和腱之间的裂隙，位于腹前外侧壁的下部（图3-60）。在腹股沟韧带内侧半的上方，由外上斜向内下，长4~5cm，管的内口称腹股沟管深（腹）环，在腹股韧带中点上方约1.5cm处，为腹横筋膜向外突出形成的卵圆形孔。管的外口即腹股沟管浅（皮下）环。腹股沟管有四个壁，前壁是腹外斜肌腱膜和腹内斜肌；后壁是腹横筋膜和腹股沟镰；上壁为腹内斜肌和腹横肌的弓状下缘；下壁为腹股沟韧带。

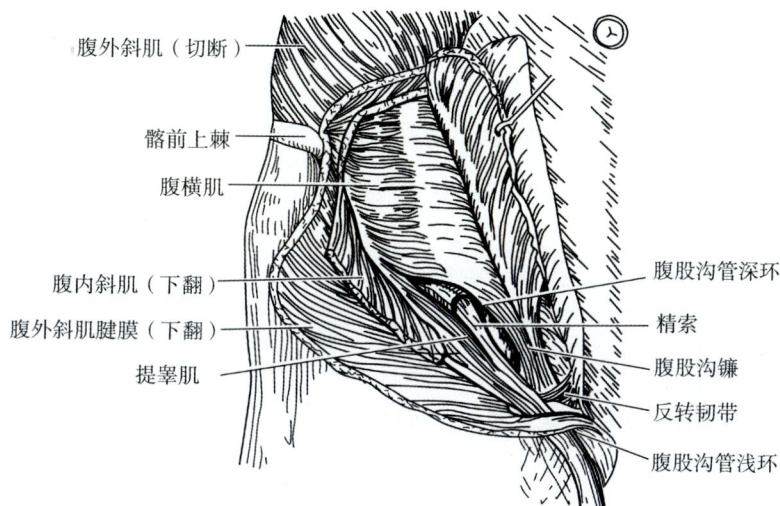

图 3-60　腹股沟管及浅环口与深环口

（4）腹股沟三角　又称海氏三角，位于腹前壁下部，是由腹直肌外侧缘、腹股沟韧带和腹壁下动脉围成的三角区。

知识链接

腹 外 疝

腹股沟管是腹壁下部的薄弱区。在病理情况下，如腹膜形成的鞘突未闭合，或腹壁肌肉薄弱，在腹内压突然增高时，可致腹腔内容物由此区突出而形成疝。若腹腔内容物（最常见于小肠）经腹股沟管深环进入腹股沟管，再经皮下环突出，下降入阴囊，则形成腹股沟斜疝。若经腹股沟三角突出到腹部皮下，则形成腹股沟直疝。

（五）会阴肌

会阴肌是指封闭小骨盆下口的肌，主要有会阴深横肌、尿道括约肌、肛提肌和尾骨肌等。由会阴深横肌和尿道括约肌以及覆盖于它们上、下面的筋膜共同构成尿生殖膈，呈三角形，封闭小骨盆下口的前下部，男性尿道及女性尿道和阴道穿过尿生殖膈。由肛提肌、尾骨肌以及覆盖于它们上、下面的筋膜共同构成盆膈，封闭小骨盆下口的大部分，中央有直肠穿过。尿生殖膈和盆膈对承托盆腔脏器有重要作用（表3-7）。

表 3-7 会阴肌的名称、起止点和作用

肌名	起点	止点	主要作用
肛提肌	耻骨后面、坐骨棘和肛提肌腱弓	会阴中心腱、直肠壁、尾骨尖和肛尾韧带	承托盆腔脏器，并对肛管和阴道有括约作用
会阴深横肌	一侧坐骨支	一部分止于另一侧坐骨支，一部分止于会阴中心腱	加强会阴中心腱的稳固性
尿道括约肌	环绕于尿道和阴道周围		紧缩尿道和阴道

五、四肢肌

（一）上肢肌

上肢肌按所在位置分为肩肌、臂肌、前臂肌和手肌。

1.肩肌 肩肌配布于肩关节周围，能运动肩关节，又能增强关节的稳固性。包括三角肌、冈上肌、冈下肌、小圆肌、大圆肌、肩胛下肌（图3-61，表3-8）。

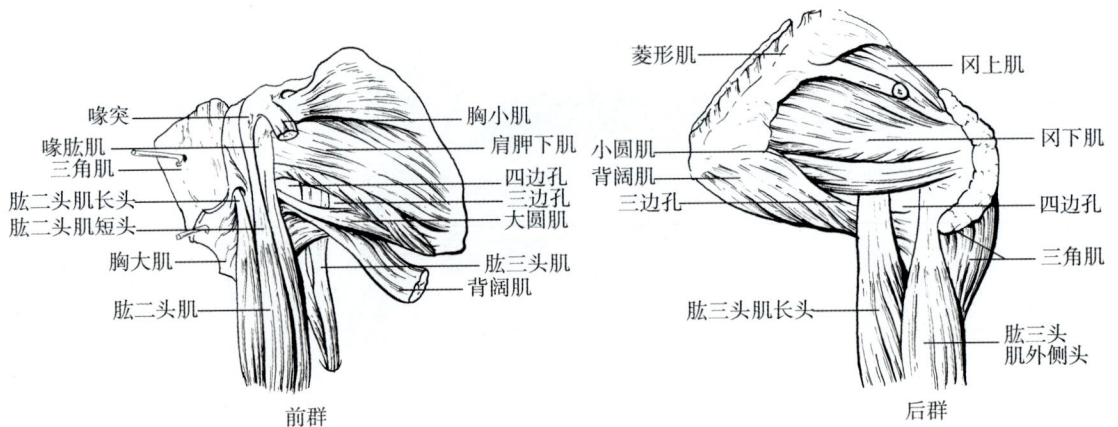

图 3-61 肩肌

表 3-8 肩肌的名称、起止点和作用

肌群	名称	起点	止点	主要作用
浅层	三角肌	锁骨外 1/3，肩峰和肩胛冈	肱骨三角肌粗隆	使外展肩关节，前屈和旋内（前部肌束），后伸和旋外（后部肌束）
深层	冈上肌	肩胛骨冈上窝	肱骨大结节上部	使肩关节外展
	冈下肌	肩胛骨冈下窝	肱骨大结节中部	使肩关节旋外
	小圆肌	肩胛骨外侧缘背面	肱骨大结节下部	
	大圆肌	肩胛骨下角背面	肱骨小结节嵴	使肩关节后伸、内收及旋内
	肩胛下肌	肩胛下窝	肱骨小结节	使肩关节内收及旋内

三角肌位于肩部外上方，呈三角形。起自锁骨的外侧段、肩峰和肩胛冈，肌束从前、后、外包裹肩关节，逐渐向外下方集中，止于肱骨三角肌粗隆。肱骨上端由于三角肌的覆盖，使肩部呈圆隆形。作用：外展肩关节，前部肌束可以使肩关节屈和旋内，后部肌束能使肩关节伸和旋外。三角肌是临床上常选的肌内注射部位之一。

2.臂肌 位于肱骨周围，臂肌分为前、后两群，前群为屈肌，后群为伸肌（图3-62，表3-9）。前群包括浅层的肱二头肌和深层的肱肌和喙肱肌。后群主要为肱三头肌。

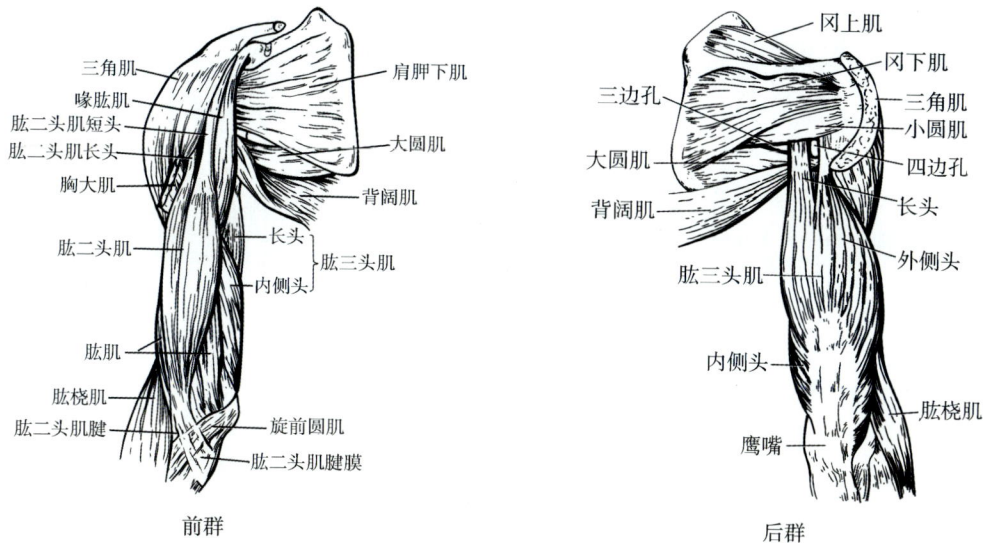

图 3-62　臂肌

表 3-9　臂肌的名称、起止点和作用

肌群	名称	起点	止点	主要作用
前群	肱二头肌	长头：肩胛骨盂上结节 短头：肩胛骨喙突	桡骨粗隆	屈肘关节、前臂旋后
	喙肱肌	肩胛骨喙突	肱骨中部内侧	肩关节屈、内收
	肱肌	肱骨下半前面	尺骨粗隆	屈肘关节
后群	肱三头肌	长头：肩胛骨盂下结节 内侧头：桡神经沟内下方的骨面 外侧头：桡神经沟外上方的骨面	尺骨鹰嘴	伸肘关节、助肩关节伸及内收

　　肱二头肌呈梭形，起端有二个头，长头起自肩胛骨盂上结节，通过肩关节囊，经结节间沟下降；短头在内侧，起自肩胛骨喙突。两头在臂的中下部合并成一个肌腹，向下移行为肌腱，止于桡骨粗隆。作用：屈肘关节；当前臂处于旋前位时，能使其旋后。

　　肱三头肌位于臂后面，起端有3个头，长头起自肩胛骨的盂下结节，外侧头与内侧头分别起自肱骨后面桡神经沟的外上方和内下方的骨面，3头合成肌腹向下移行为一个扁腱，止于尺骨鹰嘴。作用：伸肘关节，长头还可使肩关节后伸和内收。

　　3. 前臂肌　前臂肌位于尺、桡骨的周围，共有19块，分为前、后两群。前群主要是屈肌，后群主要是伸肌。各肌的作用大致与其名称一致。

　　（1）前群　前群位于前臂的前面和内侧，共9块，分浅、深两层（图3-63，表3-10）。浅层6块，自桡侧向尺侧依次为肱桡肌、旋前圆肌、桡侧腕屈肌、掌长肌、指浅屈肌、尺侧腕屈肌。除肱桡肌起自肱骨外上髁，止于桡骨茎突外，其余都起自肱骨内上髁以及前臂深筋膜，以长腱下行，分别止于腕骨、掌骨和指骨。深层3块，即桡侧的拇长屈肌，尺侧的指深屈肌和旋前方肌。前二肌起自桡、尺骨上端的前面和前臂骨间膜，肌腱经腕关节前面进入手掌，其中拇长屈肌止于拇指，指深屈肌移行为4条肌腱止于第2～5指的远节指骨；旋前方肌贴在桡、尺骨远端的前面，起自尺骨，止于桡骨。

　　前臂肌前群的主要作用：旋前圆肌和旋前方肌使前臂旋前，肱桡肌屈肘关节和腕关节，其余各肌分别有屈腕、屈掌和屈指的作用。

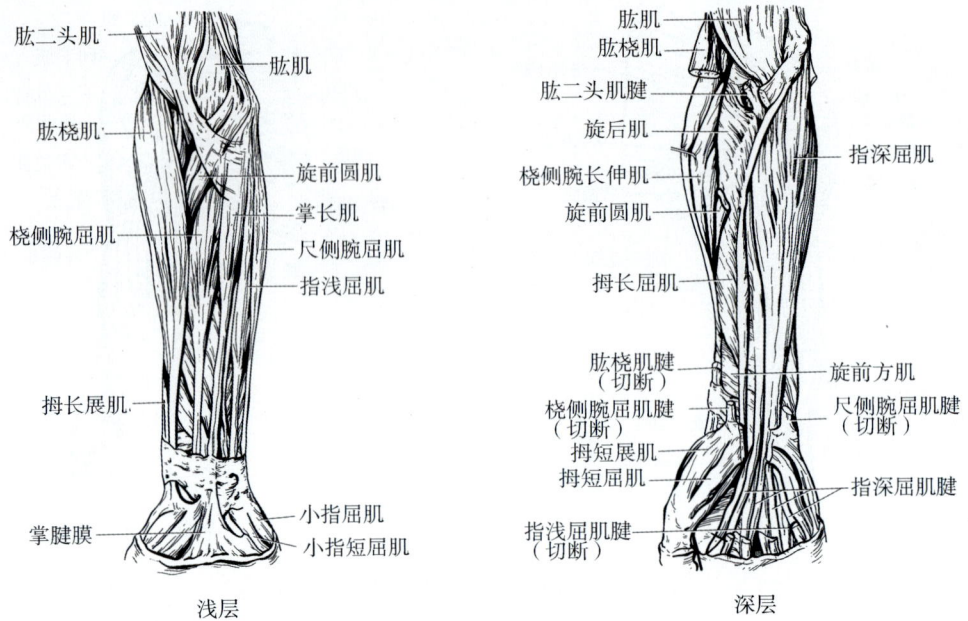

浅层   深层

图 3-63　前臂前群肌

表 3-10　前臂肌的名称、起止点和作用

肌群		名称	起点	止点	主要作用
前群	浅层	肱桡肌	肱骨外上髁的上方	桡骨茎突	屈肘关节
		旋前圆肌	各肌主要以屈肌总腱起自肱骨内上髁的前面，还有肌束起于前臂深筋膜、尺骨或者桡骨	桡骨中部外侧	前臂旋前，屈肘关节
		桡侧腕屈肌		第 2 掌骨底掌侧	屈肘关节和桡腕关节，还可使桡腕关节外展
		掌长肌		掌腱膜	屈腕关节和紧张掌腱膜
		尺侧腕屈肌		豌豆骨	可使桡腕关节屈和内收
		指浅屈肌		2~5 指骨中节两侧	屈 2~5 近侧指骨间关节、掌指关节和桡腕关节
	深层	指长屈肌	桡骨和前臂骨间膜的掌面	拇指远节指骨底掌侧	屈拇指指骨间关节、掌指关节和桡腕关节
		指深屈肌	尺骨和前臂骨间膜的掌面	远节指骨底掌侧	屈 2~5 指的远侧和近侧指骨间关节、掌指关节和桡腕关节
		旋前方肌	尺骨远端前面	桡骨远端前面	使前臂旋前
后群	浅层	桡侧腕长伸肌	以一个伸肌总腱起自肱骨外上髁	第 2 掌骨底背侧	使桡腕关节伸和外展，伸肘关节
		桡侧腕短伸肌		第 3 掌骨底背侧	
		指伸肌		止于 2~5 指骨中节和远节指骨底背面	伸桡腕关节和指骨间关节，协助伸肘关节
		小指伸肌		指背腱膜	伸小指
		尺侧腕伸肌		第 5 掌骨底背侧	使桡腕关节伸和内收
	深层	旋后肌	肱骨外上髁和尺骨外侧缘的上部	桡骨前面的上部	前臂旋后
		拇长展肌	尺、桡骨及前臂骨间膜的背面	第 1 掌骨体的外侧	使拇指和桡腕关节外展
		拇短伸肌		拇指近节指骨底背侧	伸拇指
		拇长伸肌		拇指远节指骨底背侧	伸拇指
		示指伸肌		示指的指背腱膜	伸示指

（2）后群　位于前臂的后面，共10块，分为浅、深两层（图3-64，表3-10）。浅层5块，自桡侧向尺侧依次为桡侧腕长伸肌、桡侧腕短伸肌、指伸肌、小指伸肌、尺侧腕伸肌。它们以一个共同的腱即伸肌总腱起自肱骨外上髁以及邻近的深筋膜，伸腕的3块肌止于掌骨，指伸肌肌腹向下移行为4条肌腱，分别止于第2～5指的中节和远节指骨背面，小指伸肌腱止于小指中节和远节指骨背面。深层5块，从外上向内下依次为旋后肌、拇长展肌、拇短伸肌、拇长伸肌、示指伸肌。这5块肌除旋后肌起自肱骨外上髁止于桡骨前面外，其余4块均起自尺、桡骨背面，分别止于拇指和示指。

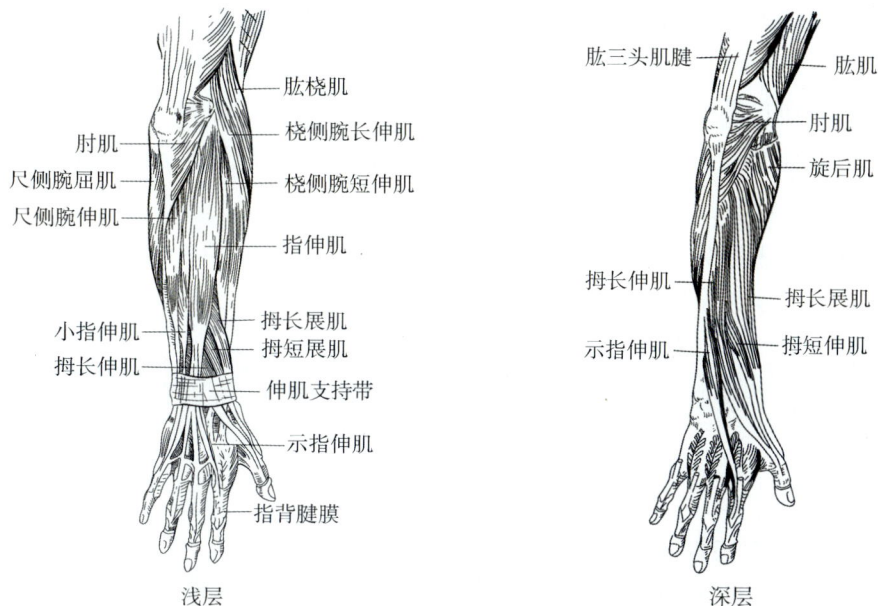

图 3-64　前臂后群肌

前臂肌后群主要作用为伸肘关节、腕关节、指间关节，还可使前臂旋后。

4.手肌　手肌短小，主要集中在手的掌侧面，可分为外侧群、内侧群和中间群（图3-65）。

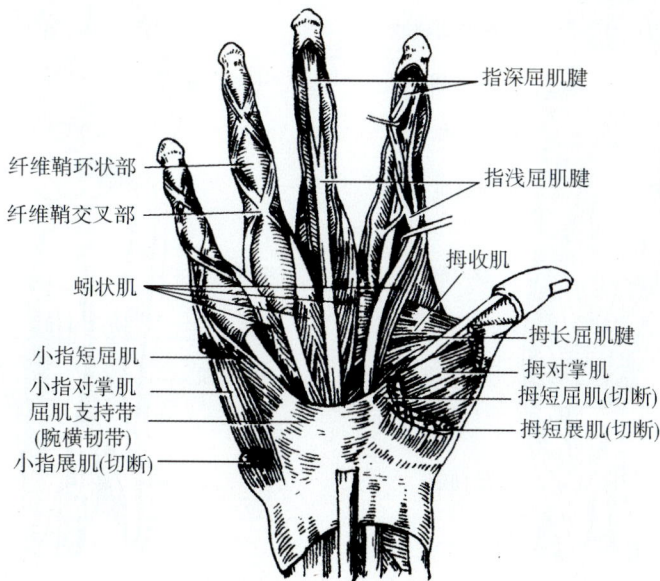

图 3-65　手部肌

（1）外侧群 较为发达，在手掌拇指侧形成一隆起，称鱼际，共有4块。浅层外侧是拇短展肌，内侧是拇短屈肌；深层内侧是拇收肌，外侧是拇对掌肌。外侧群肌的主要作用是使拇指做外展、屈、内收和对掌运动。

（2）内侧群 在手掌小指侧，形成一隆起称小鱼际，有3块。浅层内侧是小指展肌，外侧是小指短屈肌；深层是小指对掌肌。内侧群肌可使小指做外展、屈和对掌运动。

（3）中间群 位于掌心和掌骨之间，包括4块蚓状肌和7块骨间肌。主要作用是屈掌指关节、伸指间关节，并可使第2、4、5等手指作内收和外展运动。

5.上肢的局部结构

（1）腋窝 位于臂上部内侧和胸外侧壁之间的锥形腔隙，有顶、底和前、后、内侧及外侧4个壁。前壁为胸大、小肌；后壁为肩胛下肌、大圆肌、背阔肌和肩胛骨；内侧壁为上部胸壁和前锯肌；外侧壁为喙肱肌、肱二头肌和肱骨上部。顶即上口，由锁骨、肩胛骨的上缘和第1肋围成的三角形间隙，向上与颈部相通。底由腋筋膜和皮肤构成。腋窝内有腋动脉、腋静脉、臂丛、淋巴结和脂肪等。

（2）肘窝 位于肘关节前面的三角形凹陷。外侧界为肱桡肌，内侧界为旋前圆肌，上界为肱骨内、外上髁之间的连线。窝内主要结构从外向内有肱二头肌腱、肱动脉及其分支、正中神经等。

（3）腕管 位于腕掌侧，由屈肌支持带和腕骨沟围成。管内有屈指肌腱和正中神经通过。

（二）下肢肌

下肢肌按部位分为髋肌、大腿肌、小腿肌和足肌。

1.髋肌 主要起自骨盆的内面和外面，跨过髋关节，止于股骨上部，按其所在的部位和作用，可分为前、后两群（图3-66、图3-67，表3-11）。

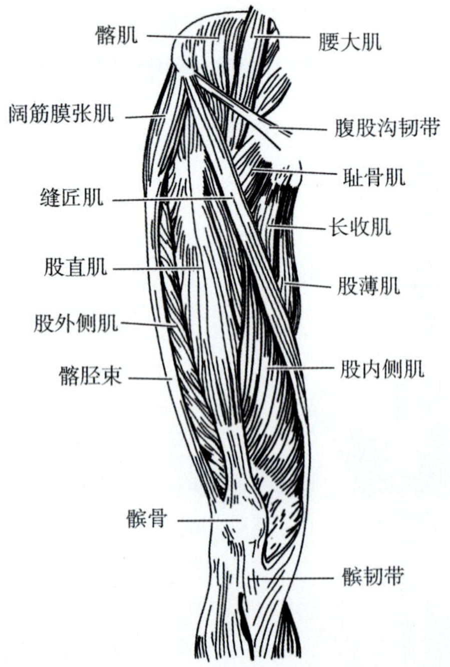

图3-66 髋肌和大腿前群肌

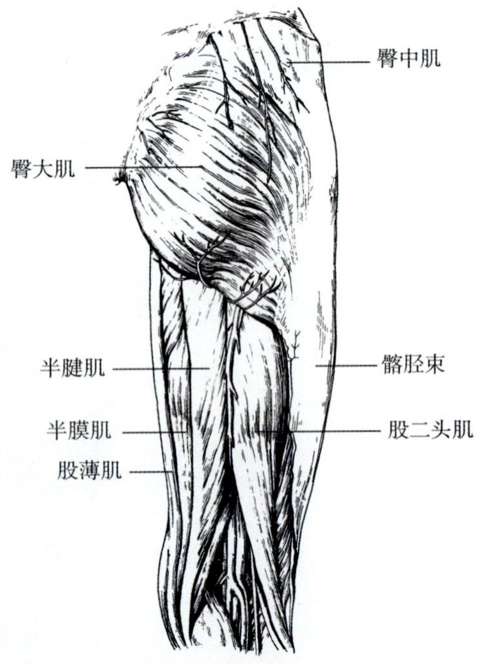

图3-67 臀肌和大腿后群肌

表 3-11 髋肌的名称、起止点和作用

肌群		名称	起点	止点	主要作用
前群		髂腰肌 髂肌	髂窝	股骨小转子	髋关节前屈和旋外，下肢固定时，使躯干和骨盆前屈
		髂腰肌 腰大肌	腰椎体侧面和横突		
		阔筋膜张肌	髂前上棘	经髂胫束至胫骨外侧髁	紧张阔筋膜并屈髋关节
后群	浅层	臀大肌	髂骨翼外面和骶骨背面	臀肌粗隆及髂胫束	髋关节伸及旋外
	中层	臀中肌	髂骨翼外面	股骨大转子	髋关节外展，内旋（前部肌束）和旋外（后部肌束）
		梨状肌	骶骨前面骶前孔外侧		髋关节外展，旋外
		闭孔内肌	闭孔膜内面及其周围骨面	股骨转子窝	髋关节旋外
		股方肌	坐骨结节	转子间嵴	
	深层	臀小肌	髂骨翼外面	股骨大转子	髋关节外展，内旋（前部肌束）和旋外（后部肌束）
		闭孔外肌	闭孔膜外面及其周围骨面	股骨转子窝	髋关节旋外

（1）前群 包括髂腰肌和阔筋膜张肌。髂腰肌由腰大肌和髂肌组成，主要作用是使髋关节前屈和旋外；阔筋膜张肌位于大腿上部前外侧，主要作用是紧张阔筋膜并屈髋关节。

（2）后群 又称臀肌，主要有：①臀大肌：位于臀部浅层，呈四边形，大而肥厚，与皮下组织共同形成特有的臀部隆起。起自髂骨翼外面和骶骨背面，肌束斜向外下，止于股骨的臀肌粗隆，收缩时可伸髋关节和旋外。臀大肌外上部是临床上肌内注射的常选部位之一；②臀中肌和臀小肌：臀中肌前上部位于皮下，后下部位于臀大肌的深面，臀小肌位于臀中肌深面。两肌均起自髂骨翼外面，止于股骨大转子，两肌同时收缩可外展髋关节；③梨状肌：位于臀小肌下方，起自骶骨前面，向外经坐骨大孔出盆腔，止于股骨大转子，收缩时可使髋关节外展和旋外。坐骨大孔被梨状肌分隔成梨状肌上孔和梨状肌下孔，孔内有血管、神经通过。

2.大腿肌 位于股骨周围，可分为前群、后群和内侧群（图3-66～图3-68，表3-12）。

（1）前群 位于大腿前面，主要有缝匠肌和股四头肌。缝匠肌是人体最长的肌，呈扁带状，起自髂前上棘，经大腿的前面，斜向内下方，止于胫骨上端的内侧面。收缩时可屈髋关节和膝关节，并使半屈位的膝关节旋内。股四头肌是全身体积最大的肌，有4个头，即股直肌、股内侧肌、股外侧肌和股中间肌。除股直肌起自髂前下棘外，其余3头均起自股骨。4个头向下形成一扁腱，包绕髌骨的前面和两侧，向下续为髌韧带，止于胫骨粗隆。收缩时伸膝关节，股直肌还可屈髋关节。

（2）内侧群 位于大腿的内侧，包括耻骨肌、长收肌、短收肌、大收肌和股薄肌。内侧群肌的作用主要是使髋关节内收和旋外。

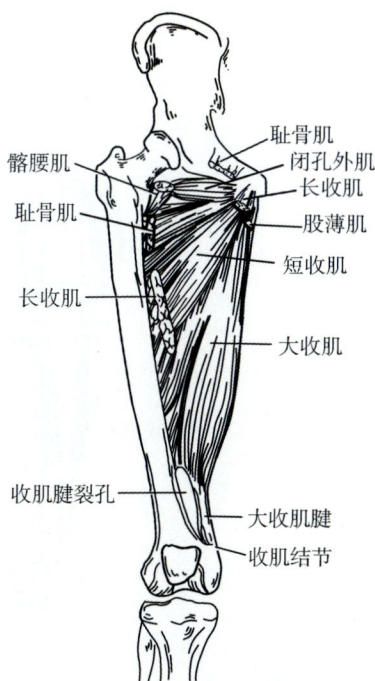

髂腰肌
耻骨肌
长收肌
耻骨肌
闭孔外肌
长收肌
股薄肌
短收肌
大收肌
收肌腱裂孔
大收肌腱
收肌结节

图 3-68 大腿内侧群肌

（3）后群 位于大腿后面，包括股二头肌、半腱肌和半膜肌。大腿后群肌的作用是屈膝关节和伸髋关节。

表3-12 大腿肌的名称、起止点和作用

肌群	名称	起点	止点	主要作用
前群	缝匠肌	髂前上棘	胫骨上端内侧面	屈髋关节，屈膝关节，使已屈的膝关节旋内
	股四头肌	髂前下棘，股骨粗线内外侧唇，股骨体的前面	经髌韧带止于胫骨粗隆	屈髋关节，伸膝关节
内侧群 浅层	耻骨肌	耻骨支、坐骨支前面	股骨粗线	髋关节内收，旋外
	长收肌		股骨粗线	
	股薄肌		胫骨上端内侧面	
内侧群 深层	短收肌		股骨粗线	
	大收肌	耻骨支、坐骨支、坐骨结节	股骨粗线和收肌结节	
后群	股二头肌	长头：坐骨结节 短头：股骨粗线	腓骨头	伸髋关节，屈膝关节并微旋外
	半腱肌	坐骨结节	胫骨上端内侧面	伸髋关节，屈膝关节并微旋内
	半膜肌		胫骨内侧髁后面	

3.小腿肌 位于胫、腓骨周围，分为前群、后群和外侧群（图3-69、图3-70，表3-13）。

（1）前群 位于小腿前外侧，从内侧向外侧依次为胫骨前肌、踇长伸肌、趾长伸肌。收缩时可使踝关节伸（足背屈），胫骨前肌还可使足内翻，踇长伸肌还可伸踇趾，趾长伸肌还能伸第2~5趾。

（2）外侧群 位于小腿外侧，包括腓骨长肌和腓骨短肌，两肌的肌腱经外踝后方至足底。收缩时可使足外翻和屈踝关节（足跖屈）。

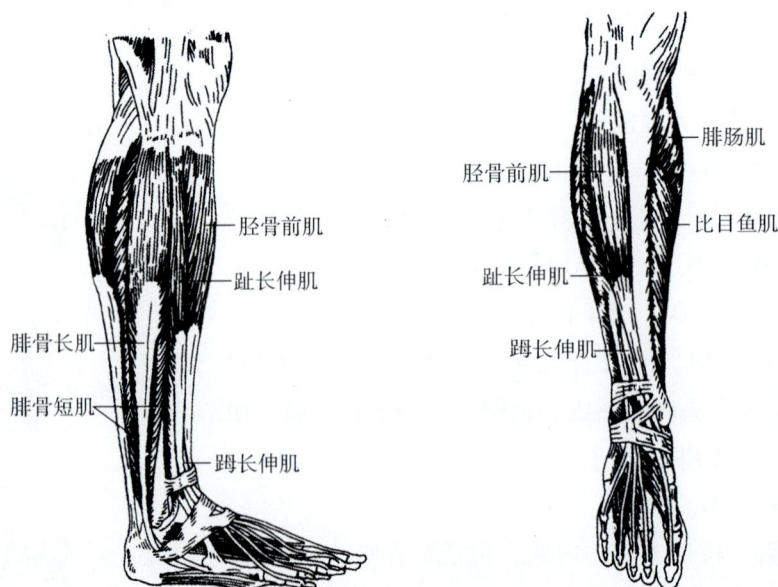

图3-69 小腿前、外侧肌群

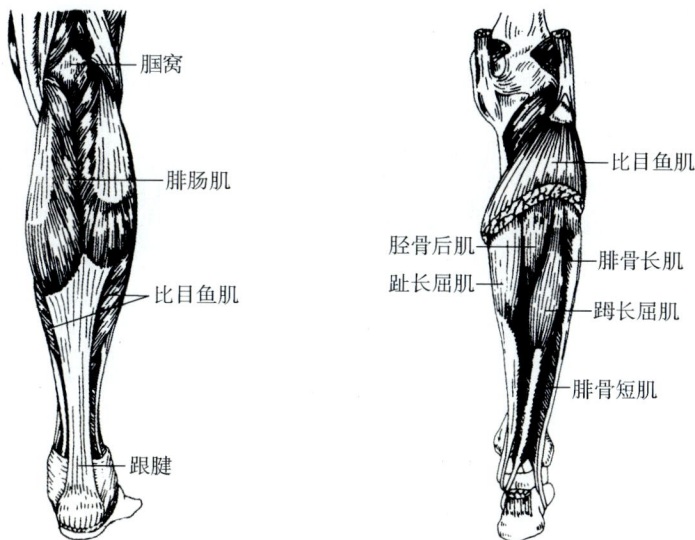

图 3-70 小腿后群肌

（3）后群 位于小腿后面，分为浅、深两层。浅层有小腿三头肌，它由浅面的腓肠肌和深面的比目鱼肌构成。腓肠肌以内、外侧两个头分别起自股骨内、外侧髁的后面，比目鱼肌起自胫、腓骨上端的后面。两肌在小腿中部结合，向下移行为粗大的跟腱，止于跟骨结节。作用：屈踝关节，腓肠肌还可屈膝关节；在站立时，能固定踝关节和膝关节，以防止身体向前倾斜；深层从内侧向外侧依次为趾长屈肌、胫骨后肌和蹲长屈肌。它们都起于胫、腓骨后面和骨间膜，向下移行为肌腱，经内踝后方转至足底。收缩时可屈踝关节，趾长屈肌和蹲长屈肌还可屈第 2～5 趾和蹲趾，胫骨后肌还可使足内翻。

表 3-13　小腿肌的名称、起止点和作用

肌群		名称	起点	止点	主要作用
前群		胫骨前肌	胫腓骨前面的上端和骨间膜	内侧楔骨和第 1 跖骨底	使足背屈和内翻
		蹲长伸肌		蹲趾远节趾骨	使足背屈
		趾长伸肌		第 2~5 趾骨	
外侧群		腓骨长肌	腓骨外侧	内侧楔骨和第 1 跖骨底	使足外翻，跖屈维持足横弓
		腓骨短肌		第 5 跖骨	
后群	浅层	腓肠肌	股骨内外侧髁后面	会合成跟腱止于跟骨结节	屈膝，足跖屈站立时固定膝踝关节，防止身体前倾
		比目鱼肌	胫骨比目鱼肌线和腓骨后面		
	深层	趾长屈肌	胫腓骨后面及骨间膜	2~5 趾远节趾骨底	跖屈和屈 2~5 趾
		蹲长屈肌		蹲趾的远节趾骨底	跖屈和屈蹲趾
		胫骨后肌		足舟骨，内、中、外侧楔骨	跖屈和内翻

4. 足肌 足肌可分为足背肌和足底肌。足背肌较薄弱，为伸蹲趾的蹲短伸肌和伸第 2～4 趾的趾短伸肌。足底肌的配布情况和作用与手肌相似，足底肌也分为内侧群、外侧群和中间群，但没有与拇指和小指相当的对掌肌（图 3-71）。

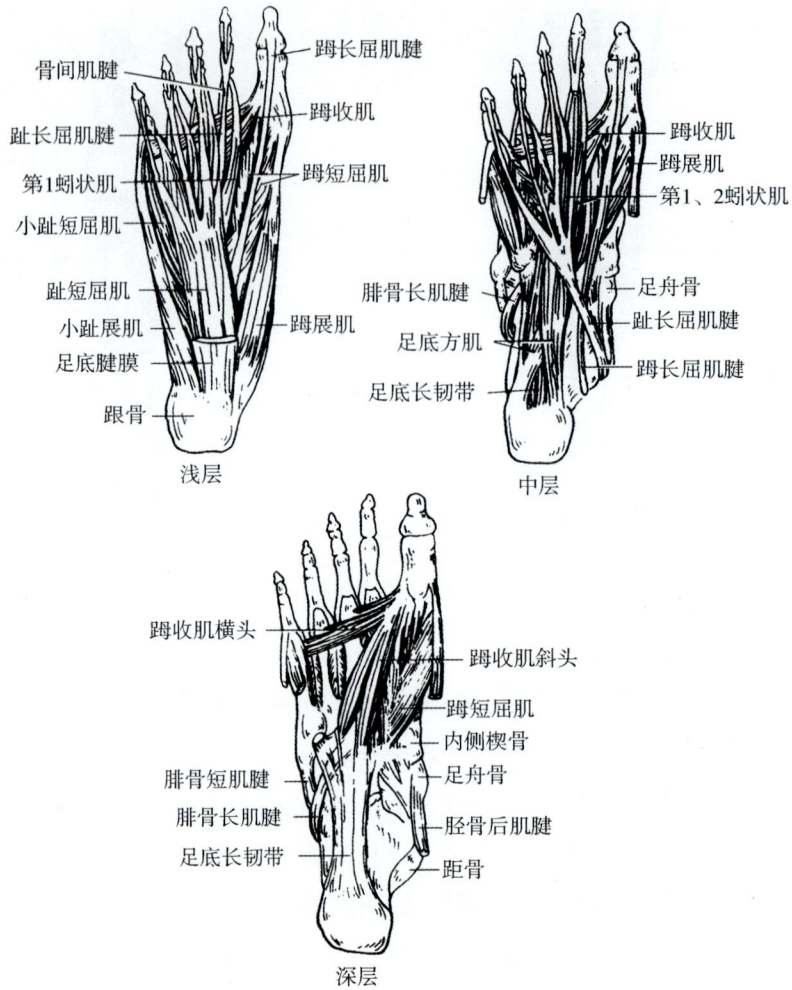

图 3-71　足肌

5.下肢的局部结构

（1）股三角　位于大腿前面的上部，上界为腹股沟韧带，内侧界为长收肌内侧缘，外侧界为缝匠肌的内侧缘。股三角内有股神经、股血管和淋巴结等。

（2）收肌管　位于大腿中部，缝匠肌的深面，前壁为大收肌腱板，后壁为长收肌大收肌，外侧壁为股内侧肌。管的上口为股三角尖，下口为收肌腱裂孔，通向腘窝。管内有股血管、隐神经通过。

（3）腘窝　位于膝关节的后方，呈菱形。窝的上外侧界为股二头肌，上内侧界为半腱肌和半膜肌，下外侧界和下内侧界分别为腓肠肌的外侧头和内侧头。窝内有腘血管、胫神经、腓总神经、脂肪和淋巴结等。

知识链接

常用的肌性标志

1.咬肌　咬紧牙时，在下颌角的前上方与颧弓下方之间可摸到坚硬的条状隆起。其前缘与下颌体交界处可触及面动脉搏动。

2. 胸锁乳突肌　当头转向一侧时，可明显看到从前下方斜向后上方呈长条状的隆起。

3. 竖脊肌　脊柱两侧的纵形肌性隆起。其外侧缘与 12 肋构成的夹角称肾区，是肾门在腹后壁的体表投影。

4. 胸大肌　胸前壁较膨隆的肌性隆起，其下缘构成腋前壁。

5. 腹直肌　腹前正中线两侧的纵形隆起，肌肉发达者可见脐以上有 3 条横沟，即为腹直肌的腱划。

6. 三角肌　在肩部形成圆隆的外形，其止点在臂外侧中部呈现一小凹。三角肌上、中 1/3 处的中区处是肌内注射的常选部位。

7. 肱二头肌　当屈肘握拳旋后时，在臂前面可见到明显膨隆的肌腹。在肘窝中央可摸到此肌的肌腱。此肌肌腱内侧，肘关节稍上方是测量血压时听诊部位。

8. 肱桡肌　当握拳用力屈肘时，在肘部可见到肱桡肌的膨隆肌腹。

9. 桡侧腕屈肌肌腱　位于掌长肌肌腱的外侧，在腕关节的上方，桡侧腕屈肌肌腱的外侧可触及桡动脉搏动，是中医诊脉的部位，也可用于计数心率。

10. 臀大肌　在臀部形成圆隆外形，其外上方是最常选的肌内注射部位。

11. 股四头肌　在大腿屈和内收时，可见股直肌在缝匠肌和阔筋膜张肌所组成的夹角内。股内侧肌和股外侧肌在大腿前面的下部。

12. 股二头肌　在腘窝的外上界，可摸到它的肌腱止于腓骨头。

13. 小腿三头肌　在小腿后面，可见到该肌明显膨隆的肌腹及跟腱。

本章小结

运动系统由骨、骨连结和骨骼肌组成。骨共有 206 块，按部位分为颅骨、躯干骨和四肢骨；按骨的外形分为长骨、短骨、扁骨和不规则骨。骨主要由骨质、骨膜和骨髓等构成。骨与骨之间的连结装置称骨连结，借膜性结缔组织相连的骨连结称为关节，关节面、关节囊和关节腔是关节的基本结构。躯干骨包括椎骨、胸骨和肋，它们借骨连结构成脊柱和胸廓。颅骨分脑颅骨和面颅骨，颅连结唯一的关节是下颌关节。上肢骨有肩胛骨、锁骨、肱骨、尺骨、桡骨和手骨。它们借胸锁关节、肩关节、肘关节和手关节等连结起来。下肢骨有髋骨、股骨、髌骨、胫骨、腓骨和足骨。它们借髋骨的连结、髋关节、膝关节和足关节连结起来。骨盆由骶骨、尾骨和左、右髋骨连结而成，女性的骨盆腔是胎儿分娩的产道。

骨骼肌按外形可分为长肌、短肌、扁肌和轮匝肌；按肌的位置分为头肌、颈肌、躯干肌和四肢肌。肌主要由肌腹和肌腱构成；肌的辅助结构有筋膜、滑膜囊和腱鞘。肌形成的局部结构较重要的有白线、腹直肌鞘、腹股沟韧带、腹股沟管、海氏三角、腋窝和股三角等。

一、选择题

【A1/A2 型题】

1.关于椎骨的叙述，正确的说法是
　　A.颈椎棘突分叉　　　　　　　B.颈椎均有肋凹　　　　　　　C.第12胸椎无肋凹
　　D.第6颈椎棘突长　　　　　　E.腰椎关节突关节面几乎呈矢状位

2.两相邻椎骨的上、下切迹围成
　　A.椎孔　　　　　　　　　　　B.椎管　　　　　　　　　　　C.横突孔
　　D.椎间孔　　　　　　　　　　E.棘孔

3.胸骨角两侧平对
　　A.第5肋　　　　　　　　　　B.第4肋　　　　　　　　　　C.第3肋
　　D.第2肋　　　　　　　　　　E.第1肋

4.成对的脑颅骨是
　　A.额骨　　　　　　　　　　　B.顶骨　　　　　　　　　　　C.枕骨
　　D.蝶骨　　　　　　　　　　　E.筛骨

5.人体最大最复杂的关节是
　　A.肘关节　　　　　　　　　　B.膝关节　　　　　　　　　　C.肩关节
　　D.踝关节　　　　　　　　　　E.髋关节

6.伸肘关节的肌是
　　A.肱二头肌　　　　　　　　　B.肱三头肌　　　　　　　　　C.肱肌
　　D.三角肌　　　　　　　　　　E.喙肱肌

7.膈的食管裂孔约平对
　　A.第8胸椎　　　　　　　　　B.第9胸椎　　　　　　　　　C.第10胸椎
　　D.第11胸椎　　　　　　　　　E.第12胸椎

8.常选作肌内注射部位的肌是
　　A.肱肌　　　　　　　　　　　B.股四头肌　　　　　　　　　C.臀大肌
　　D.肱三头肌　　　　　　　　　E.肱二头肌

9.屈髋并屈膝的肌是
　　A.股直肌　　　　　　　　　　B.股二头肌　　　　　　　　　C.缝匠肌
　　D.半腱肌　　　　　　　　　　E.半膜肌

10.翼状肩体征是由于哪块肌麻痹所致
　　A.三角肌　　　　　　　　　　B.前锯肌　　　　　　　　　　C.斜方肌
　　D.肩胛下肌　　　　　　　　　E.背阔肌

11.在体表不能摸到的结构是
　　A.肩峰　　　　　　　　　　　B.尺骨冠突　　　　　　　　　C.桡骨茎突
　　D.肱骨内上髁　　　　　　　　E.肩胛骨下角

12.有关椎间盘错误的是

A.外周为纤维环　　　　　　　B.内部为髓核　　　　　　C.属于间接连接

D.腰段椎间盘最厚　　　　　　E.损伤时髓核可突出

13.有关肘关节错误的描述是

A.肱骨下端与尺、桡骨上端构成的复关节

B.肘关节囊前、后壁薄而松弛　　　　　　　C.两侧壁厚而紧张

D.常见桡、尺两骨向前脱位　　　　　　　　E.可做屈、伸运动

14.不参与构成翼点的骨是

A.蝶骨　　　　　　　　　　　B.顶骨　　　　　　　　　C.颞骨

D.额骨　　　　　　　　　　　E.上颌骨

15.颅中窝没有的结构是

A.圆孔　　　　　　　　　　　B.卵圆孔　　　　　　　　C.棘孔

D.筛孔　　　　　　　　　　　E.枕骨大孔

16.不参与脊柱连结的韧带是

A.前纵韧带　　　　　　　　　B.后纵韧带　　　　　　　C.髌韧带

D.棘上韧带　　　　　　　　　E.棘间韧带

17.关节的辅助结构不包括

A.囊内韧带　　　　　　　　　B.关节囊　　　　　　　　C.关节盘

D.关节唇　　　　　　　　　　E.半月板

18.臀肌不包括

A.臀大肌　　　　　　　　　　B.臀中肌　　　　　　　　C.臀小肌

D.梨状肌　　　　　　　　　　E.髂腰肌

19.下列何者不是咀嚼肌

A.翼内肌　　　　　　　　　　B.颊肌　　　　　　　　　C.翼外肌

D.咬肌　　　　　　　　　　　E.颞肌

20.不能屈肘关节的肌是

A.肱肌　　　　　　　　　　　B.肱二头肌　　　　　　　C.肱桡肌

D.肱三头肌　　　　　　　　　E.旋前圆肌

二、思考题

1.试述关节的基本结构及运动形式。

2.在上、下肢能摸到的骨性标志有哪些？体格检查时用何种方法计数肋骨和椎骨？

3.女性患者，27岁，因严重贫血，需抽取骨髓检查其造血功能，请问在什么地方穿刺为好，并说出理由。

4.临床上可在脊柱后面进行椎管穿刺，试想穿刺的方向及由浅入深依次需经过哪些结构才能到达椎管？

5.试述运动肩关节的肌。

6.试述运动髋关节的肌。

7.简述膈的形态、分部、裂孔及通过的结构。

（黄国志　吴龙祥）

第四章　消 化 系 统

第一节　概　述

一、消化系统的组成

消化系统由消化管和消化腺两大部分组成（图4-1）。消化管是指从口腔到肛门的管道，包括口腔、咽、食管、胃、小肠（十二指肠、空肠、回肠）和大肠（盲肠、阑尾、结肠、直肠和肛管）。临床上通常把从口腔到十二指肠的这部分管道称为上消化道，空肠以下的部分称为下消化道。消化腺可分泌消化液，按体积的大小和位置的不同，可分为大消化腺和小消化腺两种。大消化腺位于消化管壁外，成为一个独立的器官，所分泌的消化液经导管排入消化管腔内，如肝、胰和大唾液腺。小消化腺分布于消化管壁内，位于黏膜层或黏膜下层，如颊腺、食管腺、胃腺和肠腺等。

消化系统的主要功能是摄取食物，对食物进行物理和化学性消化，吸收营养物质，将食物残渣形成粪便排出体外。

扫码"学一学"

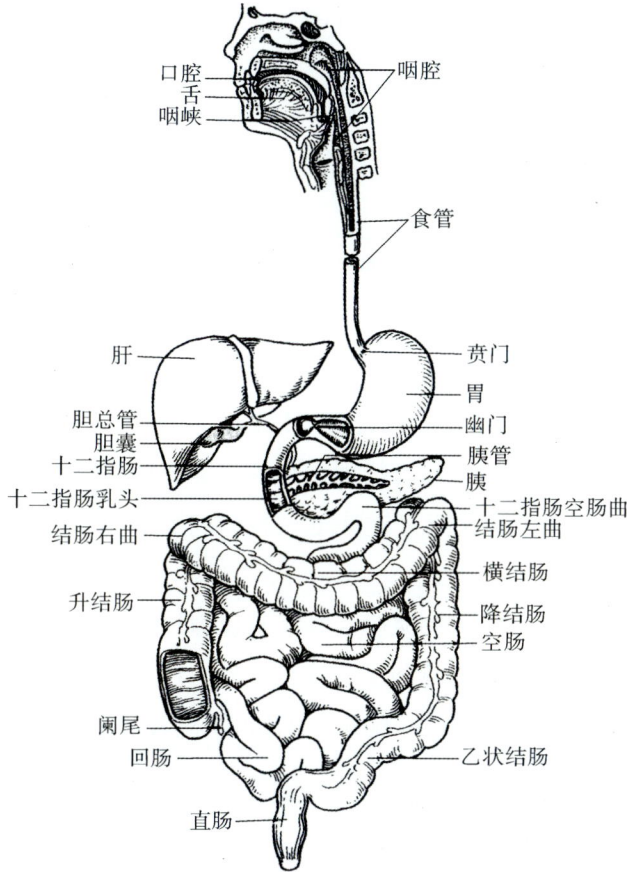

图 4-1　消化系统模式图

二、消化管壁的结构

除口腔和咽外，消化管壁可分为四层，由内向外依次为黏膜、黏膜下层、肌层和外膜（图4-2）。

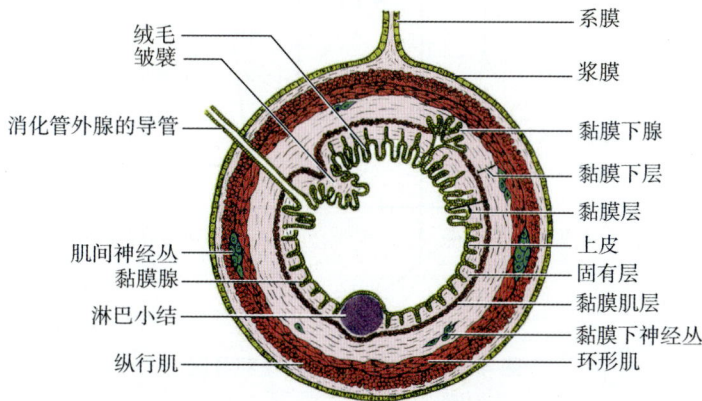

图 4-2　消化管一般结构模式图

（一）黏膜

黏膜是消化管壁的最内层，由黏膜上皮、固有层和黏膜肌层组成。

1.上皮　构成黏膜的表层。分布在口腔、咽、食管和肛管下部的上皮为复层扁平上皮，以保护功能为主；分布在胃、小肠和大肠的上皮为单层柱状上皮，以消化、吸收功能为主。

2.固有层　由结缔组织构成，固有层内含丰富的毛细血管和毛细淋巴管、腺体和淋巴组织。

3.黏膜肌层　为薄层的平滑肌，其收缩和舒张可改变黏膜的形态，促进腺体分泌物排出和血液、淋巴的运行，有利于食物的消化和吸收。

（二）黏膜下层

黏膜下层为疏松的结缔组织，内含较大的血管、淋巴管、神经丛。在食管、胃和小肠等部位黏膜和黏膜下层共同向管腔面突起，形成皱襞，扩大了黏膜的表面积。

（三）肌层

肌层在口腔、咽、食管上段和肛管的为骨骼肌，其余各段为平滑肌。肌层一般分为内、外两层，内层呈环行排列，外层呈纵行排列。在某些部位环行肌增厚形成括约肌。肌层的收缩和舒张运动，可使食物与消化液充分混合，并将食物不断推进。

（四）外膜

外膜为最外一层，分为纤维膜和浆膜。纤维膜仅由较薄的结缔组织构成，主要分布于食管、直肠和十二指肠后壁。浆膜除薄层结缔组织外，还有间皮覆盖，主要分布于胃、小肠和大肠的大部分。浆膜表面光滑，可减少器官之间的摩擦，有利于器官的活动。

三、胸部标志线和腹部分区

为了描述内脏器官的位置及其体表投影，通常在胸部和腹部表面确定一些标志线和划分一些区域（图4-3）。

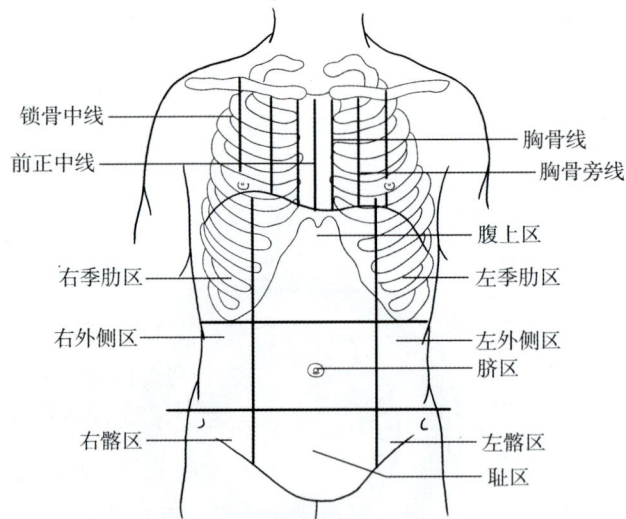

图4-3　胸腹标志线和腹部分区

（一）胸部标志线

1.前正中线　沿身体前面正中所做的垂直线。

2.胸骨线　沿胸骨外侧缘最宽处所做的垂直线。

3.锁骨中线　通过锁骨中点所做的垂直线。

4.胸骨旁线　经胸骨线与锁骨中线之间中点所做的垂直线。

5.**腋前线** 沿腋前襞所做的垂直线。

6.**腋后线** 沿腋后襞所做的垂直线。

7.**腋中线** 沿腋前线、腋后线之间中点所做的垂直线。

8.**肩胛线** 通过肩胛骨下角所做的垂直线。

9.**后正中线** 沿身体后面正中所做的垂直线。

（二）腹部分区

为便于描述腹腔器官的位置，通常用2条横线和2条纵线将腹部分为9个区域。上横线是通过两侧肋弓最低点的连线；下横线是通过两侧髂结节的连线，2条纵线为通过两侧腹股沟韧带中点所做的垂直线。2条横线和2条纵线形成"井"字形交叉，将腹部分成9个区，即左季肋区、腹上区、右季肋区、左腹外侧区（左腰区）、脐区、右腹外侧区（右腰区）、左腹股沟区（左髂区）、腹下区（耻区）和右腹股沟区（右髂区）。

临床上常用的是通过脐做一水平线和垂直线，将腹部分为左上腹、右上腹、左下腹和右下腹4个区。

第二节 消化管

案例导入

患者，男性，39岁。主诉上腹部疼痛2个月，饭后加重，时而反酸，因饮酒后出现腹部剧痛半小时入院。查体：体温38℃，脉搏100次／分，血压150/95mmHg；腹部弥漫性压痛、反跳痛。行剖腹探查术，术中见胃小弯幽门部一溃疡穿孔，腹腔内见胃内容物，遂行胃大部切除手术。

请问：

1.消化管分为哪几部分？

2.胃的形态结构如何？胃壁的组成有哪些？

3.进行剖腹探查时，如何区别小肠和大肠？

扫码"学一学"

一、口腔

口腔为消化管的起始部，其前壁为上、下唇，两侧壁为颊，上壁为腭，下壁为口腔底（图4-4、图4-5）。口腔向前经口裂与外界相通，向后经咽峡通咽。口腔借上、下牙弓及牙龈分为前外侧部的口腔前庭和后内侧部的固有口腔。当上、下牙列咬合时，口腔前庭可经第三磨牙后方的间隙与固有口腔连通。

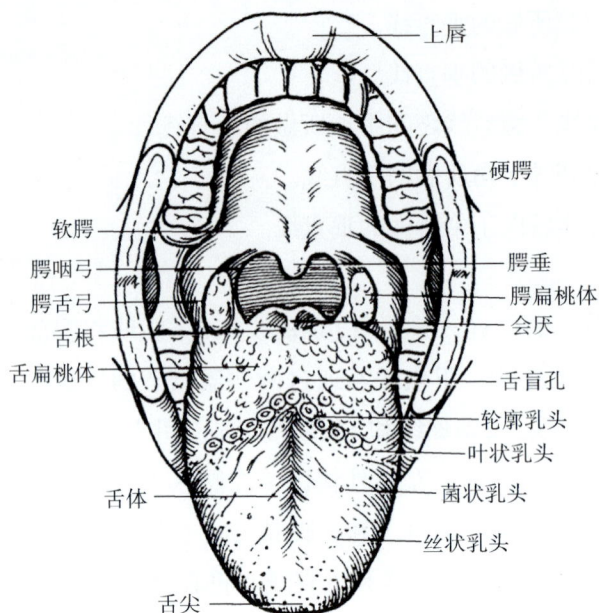

图 4-4　口腔与舌

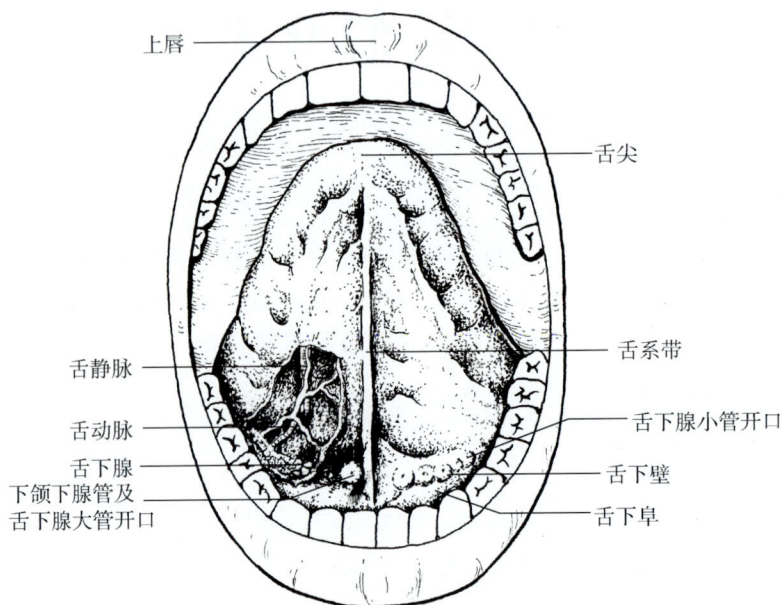

图 4-5　口腔底及舌下面

（一）唇

唇分上、下唇，由皮肤、口轮匝肌和黏膜组成。皮肤与黏膜的移行部称为唇红，呈红色，含有丰富的毛细血管，当缺氧时则呈绛紫色，临床称为发绀。上、下唇之间的裂隙称口裂。口裂两侧，上、下唇结合处为口角。上唇外面正中的纵行浅沟称人中，为人类所特有，昏迷患者急救可在此处进行指压或针刺。上唇外面两侧与颊部交界处的弧形浅沟称鼻唇沟。

（二）颊

颊是口腔的两侧壁，由黏膜、颊肌、皮下组织和皮肤构成。在上颌第二磨牙牙冠相对的颊黏膜上有腮腺管的开口。

（三）腭

腭是口腔的上壁，分隔口腔与鼻腔（图4-4）。分为前2/3的硬腭和后1/3的软腭。硬腭以骨腭为基础表面覆以黏膜构成，黏膜与骨膜紧密相贴。软腭主要由肌、肌腱和黏膜构成。软腭的后缘游离，中部有一垂向下方的突起，称为腭垂（悬雍垂）。腭垂两侧向外下方各有两对弓状的黏膜皱襞，前方的一对为腭舌弓，延续于舌根的外侧，后方的一对为腭咽弓，向下延至咽侧壁。两弓之间的间隙，称扁桃体窝，容纳腭扁桃体。腭垂、软腭后缘、两侧的腭舌弓及舌根共同围成咽峡，是口腔和咽的分界。

（四）舌

舌位于口腔底，是表面覆盖黏膜的肌性器官。舌具有协助咀嚼和吞咽食物、感受味觉及辅助发音等功能。

1.舌的形态 舌分上、下两面，上面为舌背，其后部有一向前开放的倒"V"字形的界沟将舌分为前2/3舌体和后1/3舌根，舌体的前端为舌尖。舌下面的黏膜在舌正中线处有一连于口腔底的黏膜皱襞，称舌系带（图4-5）。在舌系带根部的两侧各有一小的黏膜隆起，称舌下阜，其顶端有下颌下腺管和舌下腺大管的开口。舌下阜向后外侧延续形成的带状黏膜皱襞，称舌下襞，其深面藏有舌下腺。

2.舌黏膜 舌面上覆盖着黏膜，黏膜表面有许多密集的小突起，称为舌乳头，根据其形态可分为四种：①丝状乳头，体积最小，数量最多，呈白色，遍布于舌背，具有一般感觉功能；②菌状乳头，多见于舌尖和舌侧缘，略大于丝状乳头，数量较少，呈红色，多散布于丝状乳头之间；③叶状乳头，位于舌侧缘的后部，腭舌弓的前方，人类不发达；④轮廓乳头，体积最大，有7~11个，分布于界沟前方，中央隆起，周围有环状沟。菌状乳头、叶状乳头和轮廓乳头中有味蕾。味蕾为味觉感受器，可感受酸、甜、苦、咸等味觉刺激。

在舌根背部的黏膜内，有许多由淋巴组织构成的大小不等的突起，称为舌扁桃体。

3.舌肌 为骨骼肌，分为舌内肌和舌外肌。舌内肌的起、止点均在舌内，其肌束分纵行、横行和垂直三种，收缩时可改变舌的形态。舌外肌起于舌周围各骨，止于舌内，收缩时可改变舌的位置。舌外肌每侧有4块，其中较为重要的是颏舌肌。颏舌肌起自下颌体后面的颏棘，肌纤维呈扇形向后上方止于舌。两侧颏舌肌同时收缩，拉舌向前下方，即伸舌；一侧收缩可使舌尖伸向对侧。如一侧颏舌肌瘫痪，伸舌时，舌尖偏向瘫痪侧。

（五）牙

牙是人体最坚硬的器官，嵌于上、下颌骨的牙槽内，分别排列成上牙弓和下牙弓，具有对食物进行咀嚼和辅助发音的作用。

1.牙的种类和排列 人的一生有两组牙发生，即乳牙和恒牙。根据牙的形状和功能，牙可分为切牙、尖牙和磨牙三种。恒牙又有前磨牙和磨牙之分。乳牙一般在出生后6个月开始萌出，到3岁左右出齐，共20个，上、下颌各10个（图4-6）。6岁左右，乳牙开始脱落，逐渐更换成恒牙。恒牙在12~14岁左右出齐，但第3磨牙萌出时间最晚，有的要迟至17~25岁甚至更晚，故称迟牙或智牙。约30%的人迟牙终生不萌，因此，正常恒牙数为28~32个（图4-7）。

临床上为记录牙的位置，常以被检查者的方位为准，以"十"记号划分成4个区，来表示左、右侧及上、下颌牙的排列方式，并用罗马数字Ⅰ~Ⅴ表示乳牙，用阿拉伯数字1~8表示恒牙。

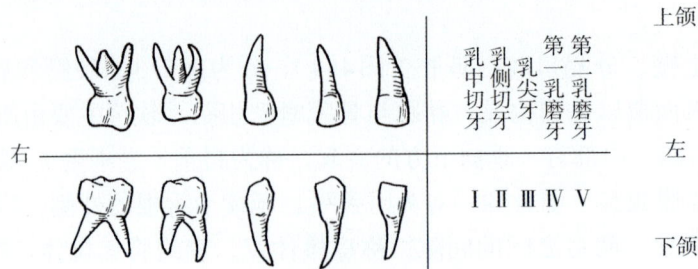

图 4-6　乳牙的名称及符号

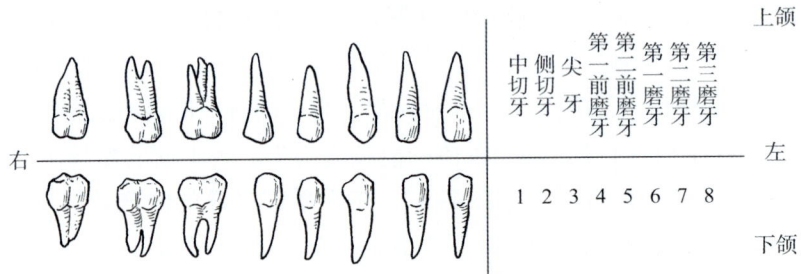

图 4-7　恒牙的名称及符号

2. 牙的形态　牙的大小及形状虽有不同，但基本结构大致相同，牙可分为牙冠、牙颈和牙根三部分（图4-8）。牙冠是暴露于牙龈以外的部分。牙根是嵌入牙槽内的部分。切牙、尖牙和前磨牙只有1个牙根，下颌磨牙有2个牙根，上颌磨牙有3个牙根。牙颈是牙冠与牙根之间的部分，外有牙龈所包绕。牙冠内部的腔隙，称牙冠腔。牙根内的细管称牙根管，开口于牙根尖端的牙根尖孔。牙的血管和神经通过牙根尖孔和牙根管进入牙冠腔。牙根管与牙冠腔并称牙腔或髓腔，容纳牙髓。

3. 牙的构造　牙由牙质、釉质、牙骨质和牙髓组成。牙质构成牙的大部分，呈淡黄色，硬度仅次于釉质。釉质覆盖在牙冠牙质的外面，为人体内最坚硬的组织。牙骨质包于牙根及牙颈的牙质外面。牙髓位于牙腔内，由结缔组织、神经和血管等共同组成。牙髓内含有丰富的感觉神经末梢，故牙髓炎时，疼痛剧烈。

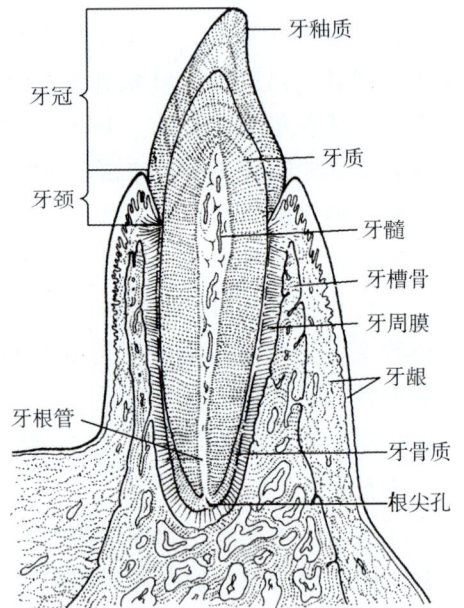

图 4-8　下颌切牙（矢状切面）

4. 牙周组织　牙周组织包括牙槽骨、牙周膜和牙龈三部分。牙槽骨即构成牙槽的骨质。牙周膜是介于牙槽骨与牙根之间的致密结缔组织膜，具有固定牙根和缓解咀嚼所产生压力的作用。牙龈是口腔黏膜的一部分，紧贴于牙颈周围及邻近的牙槽骨上，呈淡红色，血管丰富，因直接与骨膜紧密相连，故牙龈不能移动。牙周组织对牙具有固定、支持和保护作用。

牙齿小知识

恒牙受伤后将不再会萌生新牙,因此,在运动中发生牙齿折断或脱落,不仅会造成极大的痛苦,还将严重影响容貌美观和咀嚼功能。据统计,95%牙齿损伤发生于21岁以前,且运动时不使用护齿器发生牙齿损伤的概率比使用护齿器时高60倍。因此,专家建议,不仅拳击运动员比赛时需配戴护齿器,目前年轻人喜爱的山地车、滚轴溜冰、跆拳道、柔道、武术、攀岩以及各种球类、田径运动等均应使用运动护齿器,以保护运动者牙齿不受损伤。

(六)唾液腺

唾液腺又称口腔腺,位于口腔的周围,分泌唾液可湿润口腔黏膜、清洁口腔、帮助消化等。唾液腺分大、小两类。小唾液腺位于口腔各部黏膜或黏膜下层内,属黏液腺,如唇腺、舌腺、颊腺和腭腺等。大唾液腺有3对,即腮腺、下颌下腺和舌下腺(图4-9)。

1.**腮腺** 最大的一对,略呈锥体形,底面朝外,尖向内侧突向咽旁。其浅部略呈三角形,向上到达颧弓,向下至下颌角,向前至咬肌后,向后至乳突前缘和胸锁乳突肌前缘的上部。其深部位于下颌支与胸锁乳突肌之间的下颌后窝内。从腮腺前缘发出腮腺管,于颧弓下方一横指处越过咬肌表面,至咬肌前缘处弯向内侧,斜穿颊肌,开口于平对上颌第2磨牙牙冠的颊黏膜上。

2.**下颌下腺** 呈卵圆形,位于下颌体下缘及二腹肌前、后腹所围成的下颌下三角内。其导管自腺体内侧面发出,沿口腔底黏膜深面向前,开口于舌下阜。

3.**舌下腺** 是大唾液腺中最小的一对,呈杏核状。位于口腔底舌下襞的深面。其导管有大、小两种,大管有一条,与下颌下腺管汇合共同开口于舌下阜,小管有5～15条,短而细,直接开口于舌下襞黏膜表面。

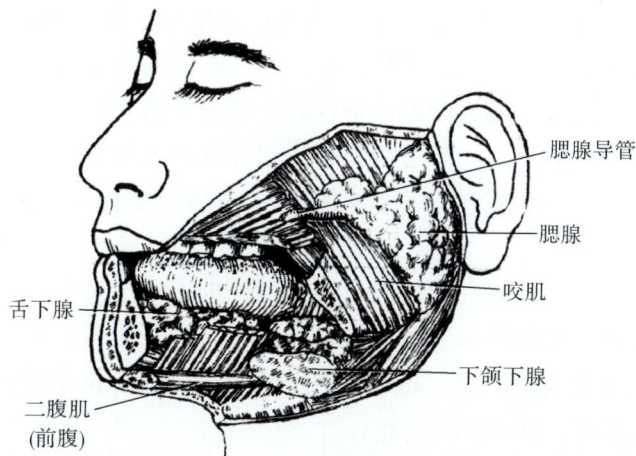

图4-9 唾液腺

二、咽

咽是一个上宽下窄、前后略扁的漏斗形肌性管道。咽的前壁不完整,自上而下分别通入鼻腔、口腔和喉腔;后壁平坦;两侧壁与颈部大血管和甲状腺侧叶等相邻。咽位于第1～

6颈椎前方，上端起于颅底，下端在第6颈椎下缘续于食管。以腭帆游离缘和会厌上缘平面为界，将咽分为鼻咽、口咽和喉咽三部分。咽是消化道与呼吸道的共同通道（图4-10）。

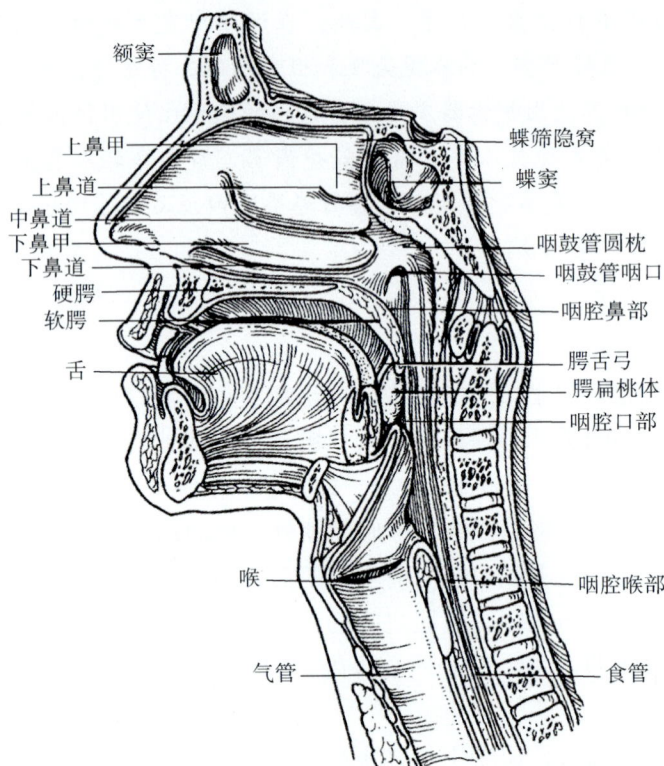

图4-10　头颈部正中矢状切面

（一）鼻咽

鼻咽位于鼻腔后方，向上到达颅底，向下至腭帆游离缘平面续口咽部，向前经鼻后孔与鼻腔相通。鼻咽部上壁后部的黏膜内有丰富的淋巴组织，称为咽扁桃体，其两侧壁上，下鼻甲后方约1cm处有咽鼓管咽口，鼻咽腔经此通过咽鼓管与中耳的鼓室相通。咽鼓管咽口平时是关闭的，当用力张口或吞咽时，空气就会通过咽鼓管进入鼓室，以使鼓膜两侧的气压平衡。咽鼓管咽口的前、上、后方的弧形隆起称咽鼓管圆枕，是寻找咽鼓管咽口的标志。其后上方与咽后壁之间的纵行深窝称咽隐窝，是鼻咽癌的好发部位。

（二）口咽

口咽位于口腔的后方，向前经咽峡与口腔相通，向上续于鼻咽，向下与喉咽相通。口咽的前壁，有一呈矢状位的黏膜皱襞称舌会厌正中襞，连于舌根后部正中与会厌之间。舌会厌正中襞两侧的深窝称为会厌谷。口咽侧壁上的腭扁桃体，位于腭舌弓与腭咽弓之间的扁桃体窝内，是淋巴器官，具有防御功能。

咽扁桃体、腭扁桃体、舌扁桃体及其周围黏膜内的淋巴组织等共同构成咽淋巴环，是消化道和呼吸道上端的防御性结构，具有重要的防御功能。

（三）喉咽

喉咽位于会厌上缘和环状软骨下缘平面之间，喉腔的后方，向后下与食管相接，向前经喉口与喉腔相通。在喉口的两侧各有一深窝称梨状隐窝，为异物易滞留的部位（图4-11）。

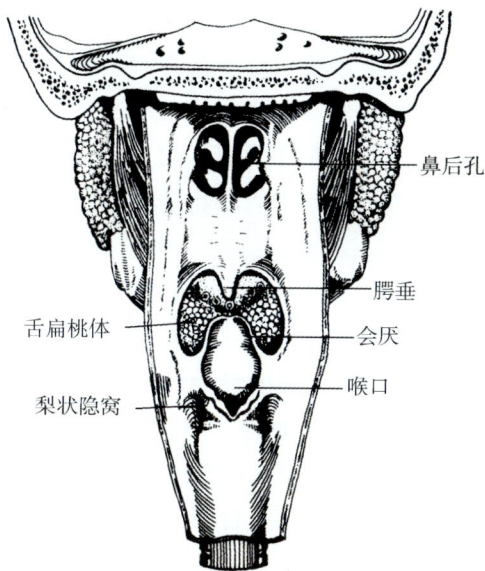

图 4-11 咽腔（切开咽后壁）

三、食管

（一）食管的形态和位置

食管为一前后略扁的肌性管道，长约25cm，上端在第6颈椎体下缘平面与咽相续，向下行于气管后方，经过胸廓上口进入胸腔，穿过膈的食管裂孔入腹腔，下端约平第11胸椎体高度与胃的贲门连接。食管按行程可分为颈部、胸部和腹部三部分。颈部较短，长约5cm，平对第6颈椎体下缘至胸骨颈静脉切迹平面之间；胸部最长，有18~20cm，位于胸骨颈静脉切迹平面至膈食管裂孔之间；腹部最短，仅1~2cm，自食管裂孔至贲门的部分（图4-12）。

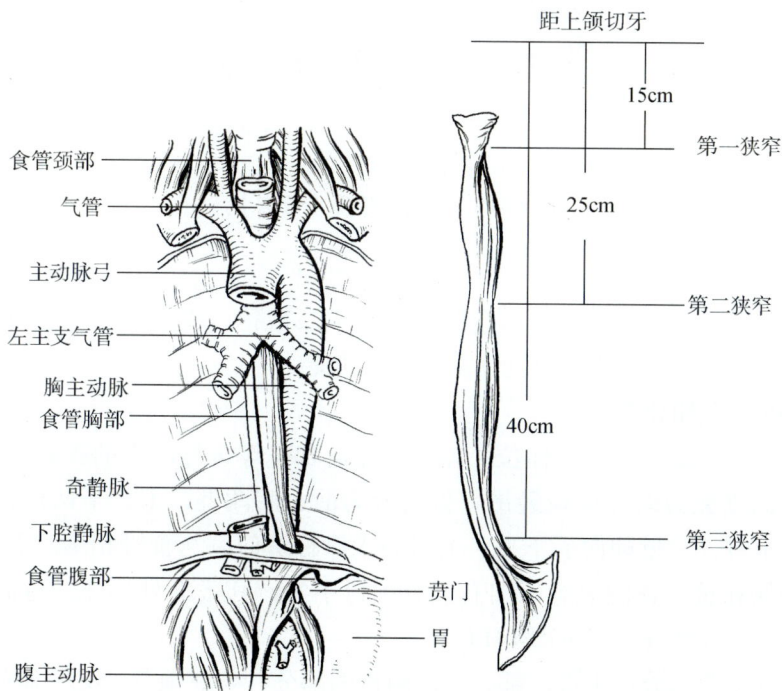

图 4-12 食管的位置及狭窄

（二）食管的狭窄

食管全长有三处生理性狭窄。第一狭窄位于食管起始处，相当于第6颈椎体下缘水平，距上颌中切牙约15cm；第二狭窄位于食管与左主支气管交叉处，相当于第4～5胸椎体之间水平，距上颌中切牙约25cm；第三狭窄位于食管穿过膈的食管裂孔处，相当于第10胸椎水平，距上颌中切牙约40cm。这些狭窄处是食管异物易滞留和肿瘤的好发部位。

（三）食管壁的微细结构

食管壁一般分为四层，由内向外依次为黏膜、黏膜下层、肌层和外膜（图4-13）。

1. **黏膜** 为食管壁的最内层，湿润而光滑。上皮为复层扁平上皮，具有保护功能。固有层为结缔组织组成，内含血管、神经、淋巴管等。黏膜肌层主要由纵行的平滑肌构成。

2. **黏膜下层** 为疏松结缔组织，内含血管、淋巴管和食管腺。食管腺分泌的黏液经导管排入食管腔，具有润滑食管内表面的作用，使食团易于下行。

3. **肌层** 食管的肌层分内环、外纵两层。食管上1/3段的肌层为骨骼肌，中1/3段为骨骼肌和平滑肌混合，下1/3段为平滑肌。

4. **外膜** 为纤维膜，由疏松结缔组织构成。

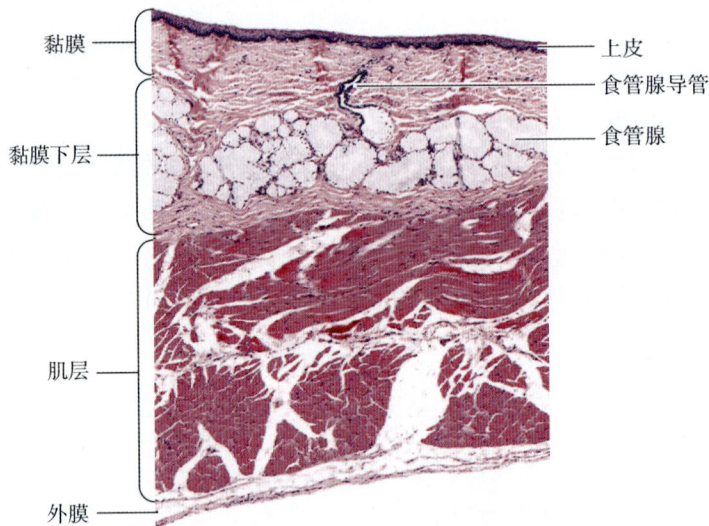

图4-13　食管光镜像（低倍）

四、胃

胃是消化管最膨大的部分，上接食管，下续十二指肠。成人胃的容量约1500ml。胃具有容纳食物、分泌胃液、初步消化食物及内分泌功能。

（一）胃的形态和分部

胃的形态可受年龄、性别、体位、体型和充盈状态等多种因素的影响。胃在完全空虚时略呈管状，高度充盈时可呈球囊形。胃可分为前、后两壁，上、下两口，大、小两弯。胃前壁朝向前上方，后壁朝向后下方；上口为入口称贲门，与食管相续，下口为出口称幽门，与十二指肠相接；胃的上缘凹向右上方称胃小弯，其最低处形成一弯曲，称角切迹；胃的下缘凸向左下方称胃大弯（图4-14）。

通常将胃分为四部分：①贲门部，贲门附近的部分，与其他部分无明显分界；②胃底，贲门平面以上向左上膨出的部分；③胃体，胃底与角切迹之间的部分，是胃的主体部分；④幽门部，是角切迹与幽门之间的部分，临床上常把幽门部称为胃窦。幽门部的大弯侧有一不明显的浅沟称中间沟，此沟将幽门部分为左侧幽门窦和右侧的幽门管两部分。胃小弯和幽门部是胃溃疡和胃癌的好发部位。

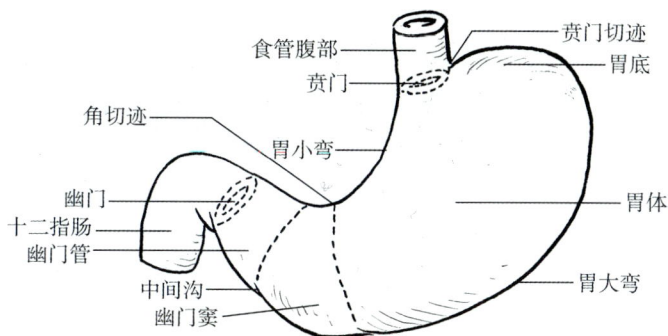

图 4-14　胃的形态和分部

（二）胃的位置和毗邻

胃的位置因体位、体型和充盈程度不同而有较大的变化。胃在中等程度充盈时，大部分位于左季肋区，小部分位于腹上区。胃前壁右侧与肝左叶相邻；左侧与膈相邻，并被左肋弓掩盖；中间部位于剑突下方，直接贴于腹前壁，此为临床胃触诊的部位。胃的后壁与胰、横结肠、左肾上部和左肾上腺相邻；胃底与膈和脾相邻。贲门位于第11胸椎体左侧，幽门约在第1腰椎体右侧。

（三）胃壁的微细结构

胃壁的结构，由内向外依次分为黏膜、黏膜下层、肌层和外膜（图4-15）。

1.黏膜　较厚，呈淡红色。黏膜表面有许多不规则的小孔，称胃小凹。胃小凹的底有胃腺的开口。胃空虚时，黏膜形成许多皱襞，充盈时皱襞变低或展平。

（1）上皮　为单层柱状上皮，其细胞能分泌黏液，保护胃黏膜。

（2）固有层　由疏松结缔组织构成，内含大量管状的胃腺。胃腺依部位不同分为贲门腺、幽门腺和胃底腺（图4-16）。

1）贲门腺和幽门腺　分别位于贲门部和幽门部，主要分泌黏液和溶菌酶等。

2）胃底腺　位于胃底和胃体，是分泌胃液的主要腺体。胃底腺主要由壁细胞、主细胞

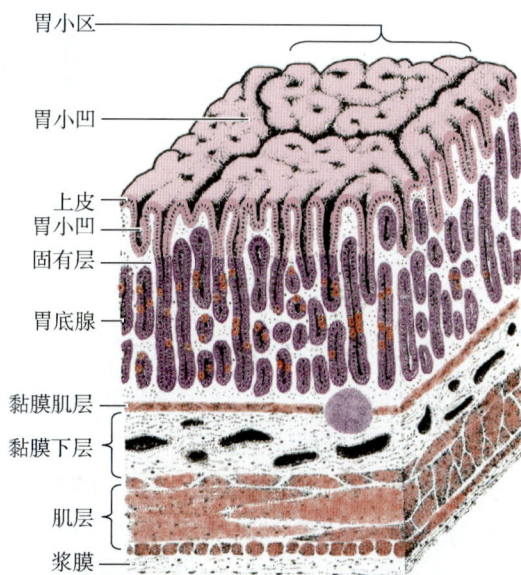

图 4-15　胃底和胃体立体结构模式图

和颈黏液细胞构成。①主细胞：又称胃酶细胞，数量最多，主要位于腺的中、下部。细胞呈柱状，核圆形，位于细胞基底部，细胞质嗜碱性。主细胞可分泌胃蛋白酶原，经胃液中的盐酸作用后转化为有活性的胃蛋白酶。②壁细胞：又称泌酸细胞，主要位于腺的上、中部。细胞体积较大，呈圆形或锥体形，细胞核呈圆形，位于中央，细胞质嗜酸性。壁细胞可分泌盐酸。盐酸具有杀菌作用，还能激活胃蛋白酶原，使其转化为胃蛋白酶，对蛋白质

进行初步分解。壁细胞还可分泌内因子，内因子是一种糖蛋白，内因子能促进回肠对维生素B_{12}的吸收，以供红细胞生成的需要。③颈黏液细胞：数量少，位于腺的上部。细胞呈柱状，核扁圆形，位于基底部。颈黏液细胞分泌黏液。

（3）黏膜肌层　由内环行和外纵行两层平滑肌组成。

2.黏膜下层　由疏松结缔组织构成，含有较大的血管、神经丛和淋巴管。

3.肌层　由内斜行、中环行、外纵行三层平滑肌构成，较厚。环形肌在幽门处增厚形成幽门括约肌，它能控制胃内容物进入十二指肠的速度，也可防止小肠内容物逆流至胃。

4.外膜　胃壁的外膜属于浆膜。

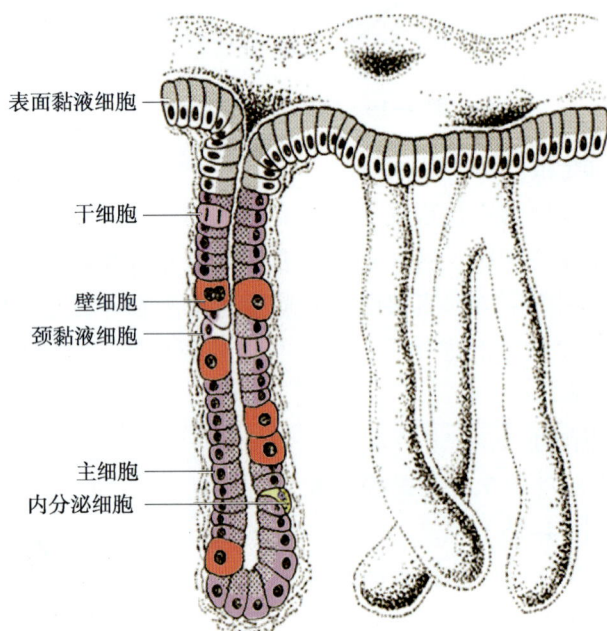

图4-16　胃上皮和胃底腺立体结构模式图

五、小肠

小肠是消化管中最长的一段，长5～7m。上端起于幽门，下端接盲肠，可分为十二指肠、空肠和回肠三部分，是消化和吸收的重要器官，还有某些内分泌功能。

（一）十二指肠

十二指肠介于胃与空肠之间，上接幽门，下续空肠，长约25cm，呈"C"形包绕胰头。可分为上部、降部、水平部和升部（图4-17）。

1.上部　是十二指肠中活动度最大的一部分，长约5cm。上接幽门，水平向右后方，行至肝门下方胆囊颈的后下方急转向下，移行为降部，转折处称为十二指肠上曲。上部与幽门相连接约2.5cm的一段肠管，其肠壁较薄，管径较大，黏膜面光滑平坦无环状襞，临床上称为十二指肠球，是十二指肠溃疡及穿孔的好发部位。

2.降部　起自十二指肠上曲，长7～8cm，沿第1～3腰椎体和胰头的右侧下行，至第3腰椎体的右侧弯向左行，移行为水平部，转折处称为十二指肠下曲。降部中份后内侧壁上有一纵行的黏膜襞，称为十二指肠纵襞，其下端的乳头状隆起，称为十二指肠大乳头，有胆总管和胰腺管的共同开口。

3.水平部　又称为下部，长约10cm，起自十二指肠下曲，在第3腰椎体平面向左行，横过下腔静脉至腹主动脉前方移行于升部。肠系膜上动脉、静脉紧贴此部的前面下行。

4.升部　起自水平部末端，长2~3cm，斜向左上方，行至第2腰椎体左侧转向前下移行为空肠。十二指肠与空肠转折处形成的弯曲称十二指肠空肠曲。其上后壁被一束由肌纤维和结缔组织构成的十二指肠悬肌固定于右膈脚上。十二指肠悬肌和包绕于其下段表面的腹膜皱襞共同构成十二指肠悬韧带，又称Treitz韧带，是手术中确定空肠起始的重要标志。

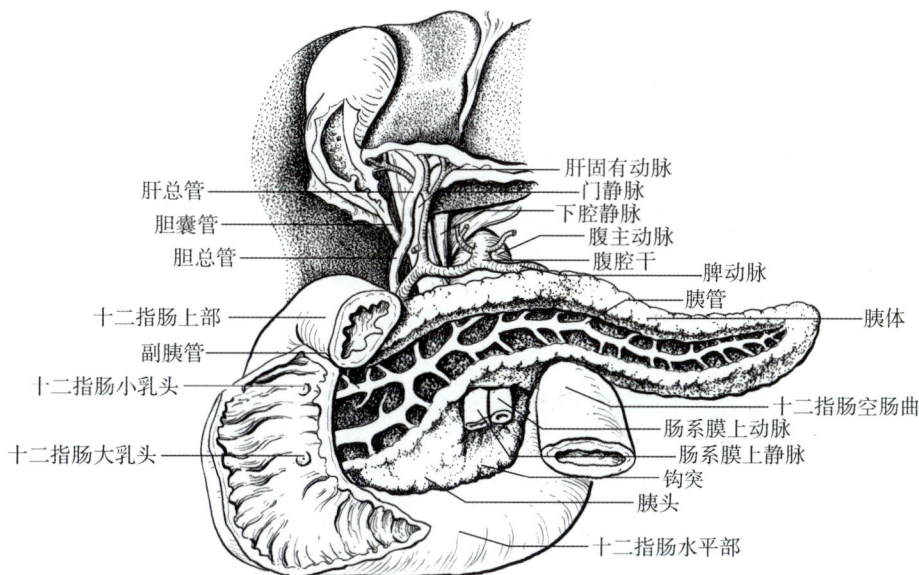

图 4-17　十二指肠和胰　（前面观）

（二）空肠和回肠

空肠上端起于十二指肠空肠曲，回肠下端接续盲肠，空肠和回肠迂回盘曲在腹腔中、下部，周围有结肠环绕。空肠和回肠都由小肠系膜连于腹后壁，其活动度较大。

空肠和回肠无明显界限，空肠位于腹腔的左上部，约占空、回肠全长的近侧2/5，管径较大，管壁较厚，血管较多，在活体呈淡红色，黏膜皱襞密而高，含有孤立淋巴滤泡；回肠位于腹腔右下部，部分位于盆腔内，约占空、回肠全长的远侧3/5，管径较小，管壁较薄，血管不如空肠丰富，颜色较淡，黏膜皱襞疏而低，含有集合淋巴滤泡（图4-18）。

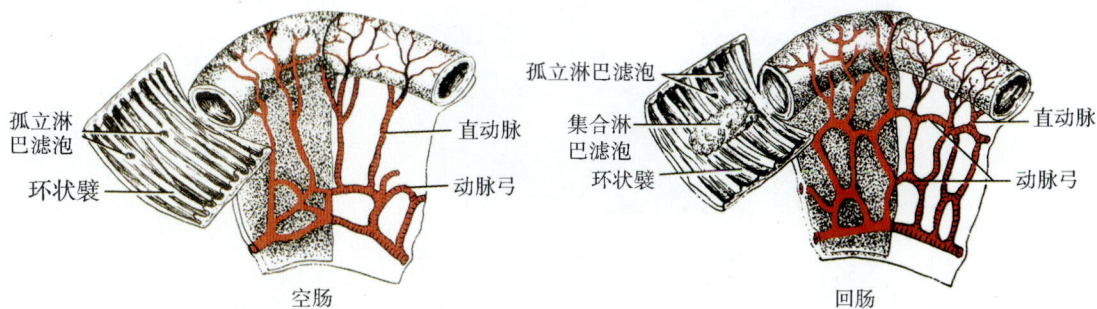

图 4-18　空肠和回肠

（三）小肠壁的微细结构

小肠壁分为黏膜、黏膜下层、肌层和外膜四层（图4-19）。

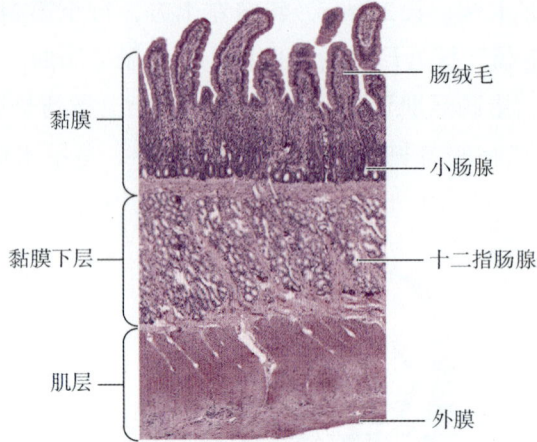

图 4-19　十二指肠光镜图（低倍）

1.黏膜　上皮为单层柱状上皮，固有层内含丰富的血管和淋巴管及大量的小肠腺和淋巴组织。小肠的黏膜在管腔内形成许多环形皱襞和肠绒毛。

（1）环形皱襞　是黏膜和黏膜下层共同向肠腔内隆起形成。空肠环形皱襞密而高，回肠环形皱襞疏而低。

（2）肠绒毛　是黏膜的上皮和固有层向肠腔内形成的指状突起（图4-20）。肠绒毛的上皮主要由柱状细胞和杯形细胞构成，柱状细胞游离面有密集而排列整齐的微绒毛。固有层形成绒毛的中轴，其中央有1~2条纵行的毛细淋巴管，称中央乳糜管。中央乳糜管周围有丰富的毛细血管和散在的平滑肌纤维，平滑肌纤维的收缩和舒张，有利于血液和淋巴的运行及物质的吸收。

小肠的环形皱襞、绒毛和微绒毛等结构，扩大了小肠黏膜的吸收面积。有利于小肠对营养物质的吸收。

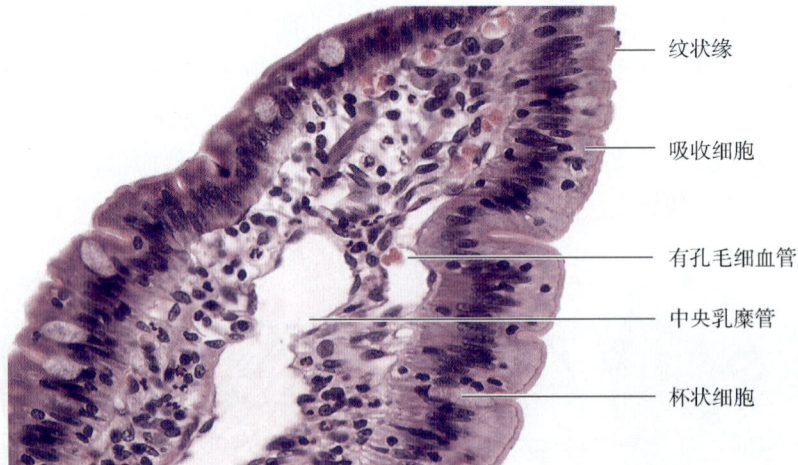

图 4-20　小肠绒毛光镜图（高倍）

（3）小肠腺　是黏膜上皮下陷至固有层而形成的管状腺，腺管开口于相邻绒毛根部之间。小肠腺主要由柱状细胞、杯形细胞和潘氏细胞构成。其中柱状细胞最多，分泌多种消化酶；杯形细胞分泌黏液，对黏膜起润滑和保护作用；潘氏细胞呈锥体形，分布在小肠腺的底部，分泌溶菌酶，对肠道微生物有杀灭作用。

（4）淋巴组织　小肠固有层内散布有许多淋巴组织，是小肠壁重要的防御结构。在十二指肠和空肠中含有散在的淋巴组织，称孤立淋巴滤泡。回肠中的淋巴组织常聚集成群，称集合淋巴滤泡。

2.黏膜下层　由疏松结缔组织构成，内有较大的血管、淋巴管和神经丛。

3.肌层　由内环行和外纵行两层平滑肌组成。

4.外膜　十二指肠后壁为纤维膜，其余各段小肠为浆膜。

六、大肠

大肠是消化管的末段，长约1.5m，分为盲肠、阑尾、结肠、直肠和肛管五部分。大肠的主要功能是吸收水分、维生素和无机盐，并将食物残渣形成粪便，排出体外。

大肠管径较粗，壁较薄，盲肠和结肠具有3种特征性结构。①结肠带：由肠壁的纵行肌增厚形成，有3条。结肠带沿大肠纵轴平行排列，汇集于阑尾根部。②结肠袋：肠管向外膨出的囊状突起，是因结肠带短于肠管所致。③肠脂垂：是沿结肠带两侧分布的大小不等的脂肪突起（图4-21）。以上3种形态特征是鉴别大肠和小肠的标志。

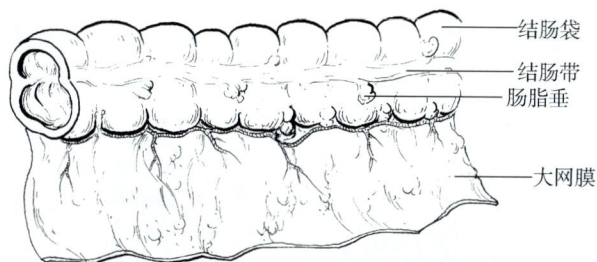

图4-21　结肠的特征性结构（横结肠）

（一）盲肠

盲肠是大肠的起始部，左续接回肠，上续升结肠，下端为盲端，位于右髂窝内（图4-22）。回肠末端突入盲肠的开口，称为回盲口，此处肠壁环形肌增厚，并覆以黏膜形成上、下两片半月形皱襞，称为回盲瓣，可控制小肠内容物流入盲肠的速度，还可防止盲肠内容物逆流回小肠。在回盲瓣下方约2cm处，有阑尾的开口。

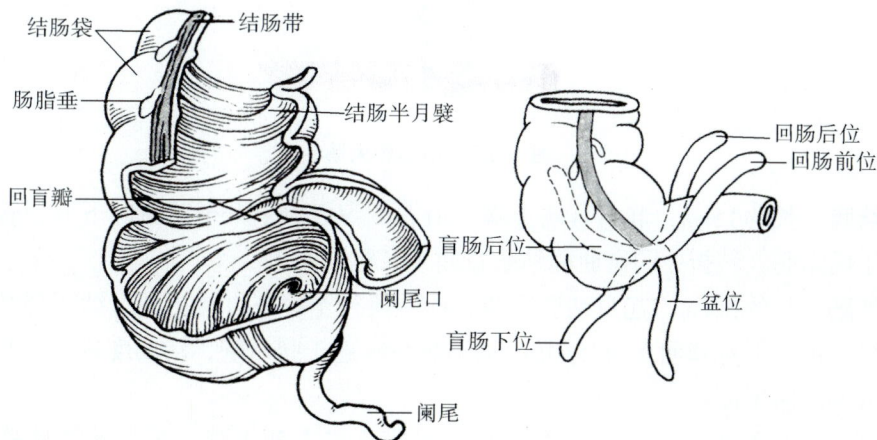

图4-22　盲肠和阑尾

（二）阑尾

阑尾为蚓状盲管，位于右髂窝内，长6～8cm。阑尾根部连于盲肠后内壁，末端游离，位置变化较大，可有盆位、盲肠下位、盲肠后位和回肠前、后位等（图4-22）。

阑尾根部的体表投影，通常在脐与右髂前上棘连线的中、外1/3交点处，称为麦氏（McBurney）点。急性阑尾炎时，此处常有明显压痛。

知识拓展

急性阑尾炎

急性阑尾炎是外科常见急腹症，转移性右下腹痛及阑尾区压痛、反跳痛为其常见临床表现，但是急性阑尾炎的病情变化多端。其临床表现为持续伴阵发性加剧的右下腹痛、恶心、呕吐，多数患者白细胞和中性粒细胞计数增高。右下腹阑尾区（麦氏点）压痛，则是该病重要体征。急性阑尾炎一般分四种类型：急性单纯性阑尾炎、急性化脓性阑尾炎、坏疽及穿孔性阑尾炎、阑尾周围脓肿。原则上急性阑尾炎，除黏膜水肿型可以保守后痊愈外，都应采用阑尾切除手术治疗。

（三）结肠

结肠介于盲肠与直肠之间，呈"M"形，包绕在空、回肠的周围，分为升结肠、横结肠、降结肠和乙状结肠四部分（图4-23）。

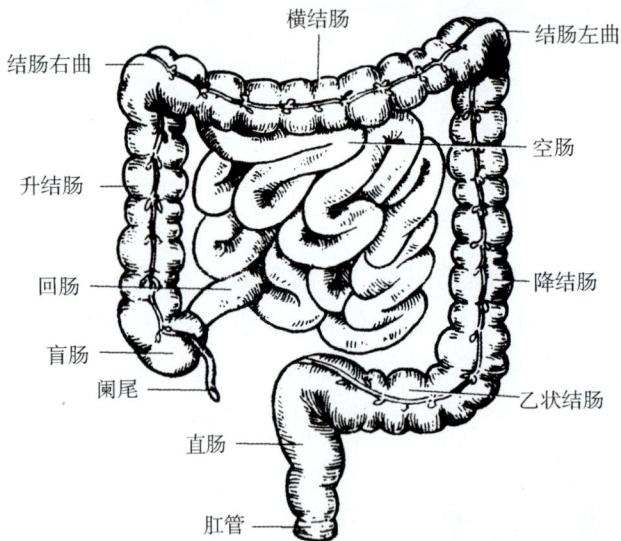

图4-23 小肠和大肠

1.**升结肠** 长约15cm，起自盲肠上端，沿右侧腹后壁上升至肝右叶下方，转折向左前下方移行于横结肠，转折处的弯曲称结肠右曲（又称肝曲）。

2.**横结肠** 长约50cm，起自结肠右曲，向左横行至脾下方转折向下续于降结肠，转折处称为结肠左曲（又称脾曲）。横结肠由横结肠系膜连于腹后壁，活动度较大，其中间部可下垂至脐或低于脐平面。

3.**降结肠** 长约25cm，起自结肠左曲，沿腹后壁左侧下降，至左髂嵴处移行于乙状结肠。

4.乙状结肠 长约40cm，于左髂嵴处起自降结肠，沿左髂窝转入盆腔内，全长呈"乙"字形弯曲，至第3骶椎平面续于直肠。乙状结肠由乙状结肠系膜连于盆腔左后壁，活动度较大。乙状结肠是憩室和肿瘤等的好发部位。

（四）直肠

直肠位于盆腔内，全长10～14cm（图4-24、图4-25）。于第3骶椎前方接乙状结肠，沿骶、尾骨前面下行，穿过盆膈移行于肛管。直肠在矢状面上形成两个弯曲：骶曲是直肠上段沿着骶、尾骨前面下降，形成一个凸向后方的弯曲；会阴曲是直肠末段绕过尾骨尖，转向后下方，形成一个凸向前方的弯曲。直肠在冠状面上形成三个凸向侧方的弯曲，但位置不恒定，上、下两个凸向右侧，中间较大的一个凸向左侧。临床上进行直肠镜、乙状结肠镜检查时，应注意这些弯曲部位，以免损伤直肠壁。

直肠下段肠腔膨大，称为直肠壶腹。直肠壶腹内面的黏膜及环行肌形成2～3个半月形的直肠横襞。中间的直肠横襞最大，位置恒定，通常位于直肠前右侧壁，距肛门约7cm，可作为乙状结肠镜检查的定位标志。

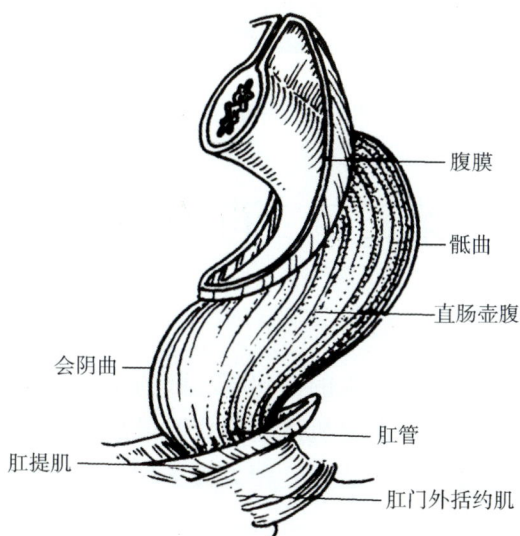

图 4-24 直肠的位置和弯曲

（五）肛管

肛管为消化管的最末段，长3～4cm，上端接直肠，下端终于肛门（图4-25）。肛管内有6～10条纵行的黏膜皱襞，称为肛柱。各肛柱下端借半月形黏膜皱襞相连，此襞称为肛瓣。肛瓣与其相邻的两个肛柱下端之间围成开口向上的隐窝，称为肛窦，肛窦易积存粪屑，感染可引起肛窦炎。各肛柱的下端与肛瓣边缘连成的锯齿状环行线，称为齿状线（肛皮线）。齿状线以上肛管内面为黏膜，以下为皮肤。齿状线上、下的部分在动脉来源、静脉回流、淋巴引流，以及神经分布等方面各不相同。在齿状线下方有一宽约1cm的环状区域，表面光滑呈浅蓝色，称肛梳（痔环）。肛梳下缘有一环行浅沟，称白线，是肛门内、外括约肌的交界处。肛门是肛管的下口，为一前后纵行的裂孔。

肛管的黏膜下和皮下有丰富的静脉丛，在病理情况下，静脉丛淤血曲张向管腔突起，称为痔。发生在齿状线以上的痔为内痔，齿状线以下的为外痔，跨于齿状线上、下的为混合痔。

肛管周围有肛门内、外括约肌环绕。肛门内括约肌由直肠壁的环形平滑肌增厚形成，有协助排便的作用；肛门外括约肌为骨骼肌，受意识支配，围绕于肛门内括约肌外下方，有较强的控制排便的作用，若手术损伤将导致大便失禁。

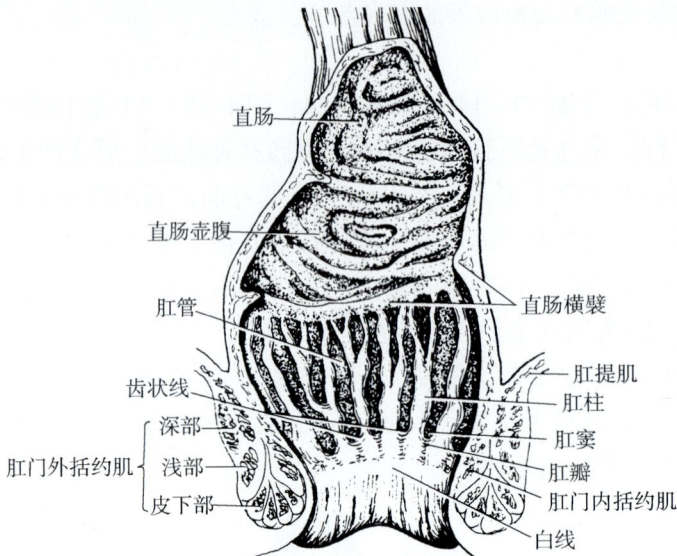

图 4-25　直肠和肛管的内面观

第三节　消化腺

一、肝

肝是人体内最大的腺体，也是最大的消化腺。肝的血液供应极为丰富，呈红褐色，质软而脆，受外力冲击易破裂出血。肝是机体新陈代谢最活跃的器官，除分泌胆汁促进脂肪的消化吸收外，还具有参与蛋白质、脂类、糖类等多种物质的合成、分解与转化，同时具有解毒、防御以及胚胎时期造血等功能。

（一）肝的形态

肝呈不规则的楔形，分上、下两面和前、后、左、右四缘（图4-26、图4-27）。肝的上面膨隆与膈相邻，称膈面，借矢状位的镰状韧带将肝分为左、右两叶。肝的下面凹凸不平，与腹腔器官相邻，称脏面。脏面的中部有近似"H"形的沟，分别为左、右纵沟和横沟。左纵沟前部有肝圆韧带，为胚胎时期脐静脉闭锁后的遗迹，后部有静脉韧带，为胚胎时期静脉导管闭锁后的遗迹。右纵沟前部为胆囊窝，容纳胆囊，后部为腔静脉沟，有下腔静脉通过。横沟即肝门，有肝左、右管，肝固有动脉左、右支，肝门静脉左、右支以及神经和淋巴管等出入。出入肝门的结构被结缔组织包绕，构成肝蒂。肝脏面借"H"形沟分为四叶：右纵沟右侧的右叶，左纵沟左侧的左叶，横沟前方的方叶，横沟后方的尾状叶。肝的前缘和左缘较薄锐，后缘和右缘较钝圆。

（二）肝的位置和体表投影

肝大部分位于右季肋区和腹上区，小部分位于左季肋区。肝的前面大部分被胸廓所掩盖，仅在腹上区左、右肋弓间的部分直接与腹前壁相贴。

肝的上界与膈穹隆一致，在右锁骨中线平第5肋，在前正中线平剑胸结合处，在左锁骨中线平第5肋间隙。肝的下界，右侧大致与右肋弓一致，在腹上区可达剑突下约3cm，左

侧被左肋弓掩盖。7岁以下儿童，肝下界可低于肋弓下缘1～2cm。肝的位置可随膈的运动而上、下移动，在平静呼吸时，肝可上、下移动2～3cm。

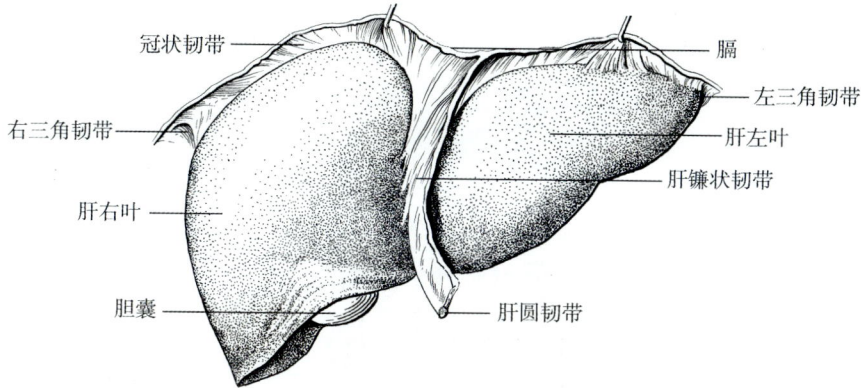

图4-26 肝的上面（膈面）

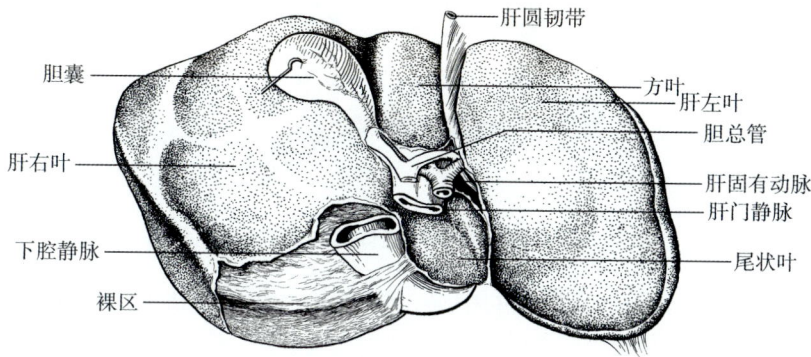

图4-27 肝的下面（脏面）

（三）肝的微细结构

肝的表面大部分覆盖着浆膜，浆膜的深面是一层富含弹性纤维的致密结缔组织。在肝门处，结缔组织随出入肝门的结构进入肝实质，并将肝的实质分隔成许多肝小叶。相邻的几个肝小叶之间有门管区（图4-28）。

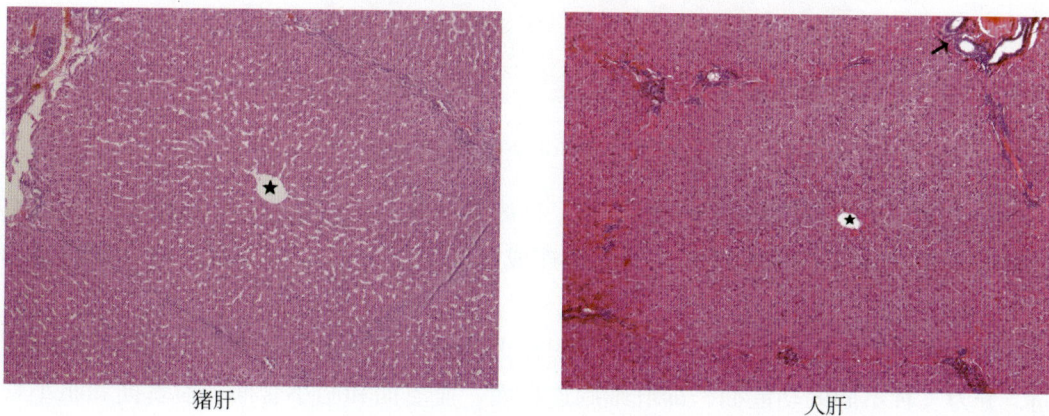

猪肝 　　　　　　　　人肝

图4-28 肝组织光镜像（低倍）

★中央静脉；→肝门管区

1.肝小叶 是肝的基本结构和功能单位，呈多面棱柱状，长约2mm，宽约1mm，主要由肝细胞构成（图4-29）。每个肝小叶中央有一条纵行的中央静脉。肝细胞以中央静脉为中心，呈放射状排列形成肝板。肝板之间的不规则腔隙，称肝血窦。肝板内相邻肝细胞之间有胆小管。肝细胞与肝血窦内皮细胞之间的狭窄间隙，称窦周隙。

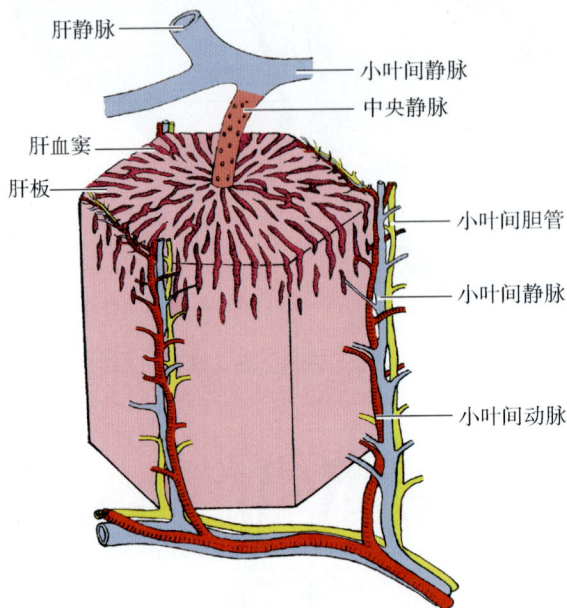

图4-29　肝小叶立体结构模式图

（1）中央静脉　位于肝小叶长轴的中央，管壁由内皮细胞和少量结缔组织构成，有肝血窦的开口（图4-30）。

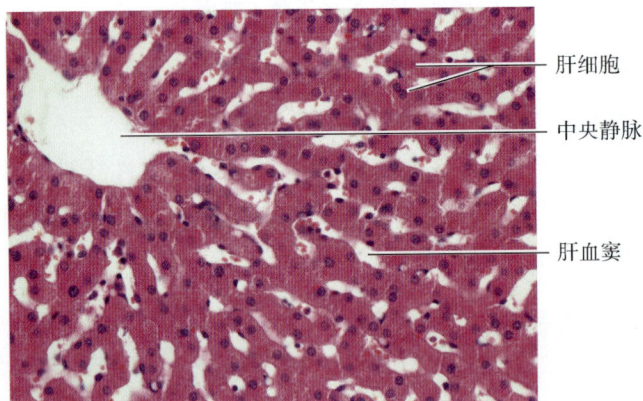

图4-30　肝小叶光镜像（高倍）

（2）肝板　肝细胞以中央静脉为中心，呈放射状排列成板状结构，称肝板，在组织切片上呈索条状，称肝索。相邻肝板彼此相连成网。肝板之间有肝血窦走行（图4-31、图4-32）。

　　肝细胞构成了肝实质的主要成分，体积较大，呈多面体形。肝细胞因周围接触的结构不同，分为三种不同的功能面，即肝细胞连接面、血窦面和胆小管面。血窦面和胆小管面有发达的微绒毛，可扩大肝细胞的表面积。相邻肝细胞的连接面有紧密连接、桥粒和缝隙连接等结构。肝细胞的细胞质呈嗜酸性，内有大小不等的嗜碱性颗粒状物质，细胞核大而圆，居中，部分肝细胞有双核。电镜下，肝细胞的细胞质内有丰富的细胞器和内含物，如线粒体、内质网、溶酶体、高尔基复合体、糖原颗粒及脂滴和色素等。

（3）肝血窦 位于相邻肝板之间，相互吻合形成网状的管道，是扩大了的形状不规则的毛细血管（图4-31）。肝血窦的壁由一层扁平内皮细胞构成，内皮细胞有孔、细胞外面无基膜。因此，肝血窦的壁通透性较大，有利于肝细胞与血液之间进行物质交换。肝血窦内散在有多突起的肝巨噬细胞，又称库普弗细胞，胞体较大，形态不规则。肝巨噬细胞有较强的吞噬能力，可吞噬病毒、细菌、异物及衰老的红细胞等。

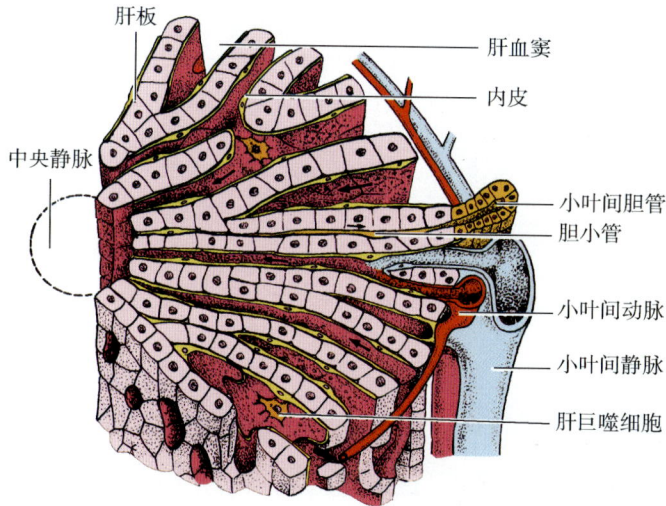

图4-31 肝板、肝血窦和胆小管模式图

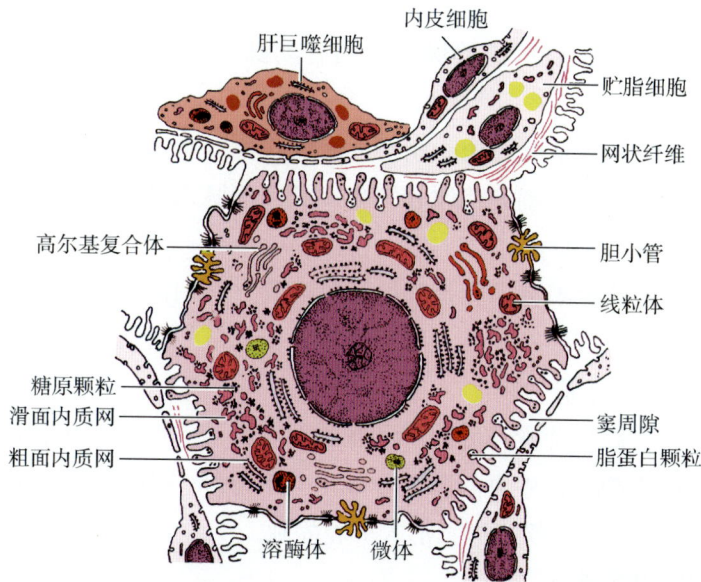

图4-32 肝细胞、肝血窦、窦周隙和胆小管关系模式图

（4）窦周隙 又称Diss隙，是肝血窦内皮细胞与肝细胞之间的狭窄间隙。电镜下，窦周隙内充满从肝血窦内渗出的血浆，肝细胞表面的微绒毛浸于窦周隙的血浆中。窦周隙是肝细胞与血液之间进行物质交换的重要场所（图4-32）。窦周隙内还有一种贮脂细胞，有贮存维生素A和产生网状纤维的功能。

（5）胆小管 是相邻肝细胞质膜局部凹陷形成的微细管道，在肝板内穿行并吻合成网

（图4-32）。胆小管呈放射状走向肝小叶的周边，出肝小叶后汇合成小叶间胆管。肝细胞分泌的胆汁直接进入胆小管。若肝的病变导致肝细胞损伤时，胆小管的正常结构被破坏，胆汁经窦周隙、肝血窦流入血液，形成黄疸。

2.**门管区** 相邻肝小叶之间有较多的结缔组织，内有小叶间动脉、小叶间静脉和小叶间胆管通过，此区域称门管区（图4-33）。小叶间动脉是肝固有动脉的分支，管径小，管壁厚；小叶间静脉是肝门静脉的分支，腔大而不规则，管壁薄；小叶间胆管是由胆小管汇集而成，管径较小，管壁由单层立方上皮构成。

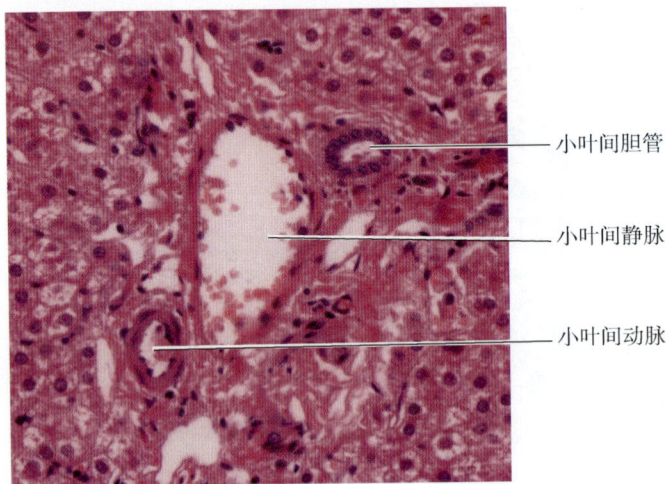

图4-33 肝门管区光镜像（高倍）

（四）肝的血液循环

肝的血液供应丰富，接受肝门静脉和肝固有动脉双重血液供应，最后汇合成肝静脉出肝。

1.**肝门静脉** 肝门静脉是肝的功能血管，主要收集胃肠静脉和脾静脉的血液，将肠道吸收的营养物质输入肝内供肝细胞代谢和转化。肝门静脉入肝后反复分支，在小叶间形成小叶间静脉，把血液输入肝血窦。

2.**肝固有动脉** 肝动脉固有动脉是肝的营养血管，其内的血液含有丰富的氧和营养物质，供肝细胞代谢需要。肝固有动脉入肝后，其分支与肝门静脉的分支伴行，在小叶间形成小叶间动脉，把血液输入肝血窦。

肝血窦内含有来自肝门静脉和肝固有动脉的混合血液。肝血窦内的血液与肝细胞进行物质交换后，汇入中央静脉，中央静脉汇合成小叶下静脉，小叶下静脉经多次汇合，最后汇合成三条肝静脉，在肝的后缘出肝，汇入下腔静脉。

（五）胆囊和输胆管道

1.**胆囊** 位于肝下面的胆囊窝内，上面借结缔组织与肝相连，下面被覆腹膜，容量40~60ml，有贮存和浓缩胆汁的功能。胆囊略呈长梨形，可分为胆囊底、胆囊体、胆囊颈和胆囊管四部分。胆囊底为突向前下方的盲端，露于肝前缘并与腹前壁相贴，其体表投影位于右锁骨中线与右肋弓下缘相交处。当胆囊发生病变时，此处常有明显压痛。中间部分为胆囊体，后端狭细为胆囊颈，胆囊颈弯向左下移行于胆囊管。胆囊内面衬有黏膜，胆囊颈和胆囊管的黏膜呈螺旋状突入腔内，形成螺旋襞，有控制胆汁进出的作用，胆囊结石常由于螺旋襞的阻碍而易嵌顿于此处。

胆囊管、肝总管和肝脏面围成的三角形区域，称为胆囊三角（Calot三角），其内有胆囊动脉通过，该三角是胆囊手术中寻找胆囊动脉的标志。

2.输胆管道 输胆管道是指将肝细胞分泌的胆汁输送到十二指肠的管道，分为肝内和肝外两部分（图4-34）。肝内胆道包括胆小管和小叶间胆管；肝外胆道包括肝左管、肝右管、肝总管、胆囊管、胆囊和胆总管等。

胆小管汇合成小叶间胆管，小叶间胆管逐级汇合成肝左管和肝右管，肝左、右管出肝门后汇合成肝总管。肝总管下行与胆囊管汇合成胆总管。胆总管在肝十二指肠韧带内下行，经十二指肠上部后方，到达胰头与十二指肠降部之间与胰管汇合，形成膨大的肝胰壶腹（Vater壶腹），开口于十二指肠大乳头。在肝胰壶腹周围有环形的平滑肌，称为肝胰壶腹括约肌（Oddi括约肌），具有控胆汁和胰液排出的作用。肝胰壶腹括约肌平时保持收缩状态，由肝细胞分泌的胆汁，经肝左、右管，肝总管，胆囊管进入胆囊内贮存并浓缩；进食后，尤其进高脂肪食物，在神经体液因素的调节下，胆囊收缩，肝胰壶腹括约肌舒张，使胆囊内的胆汁经胆囊管、胆总管、肝胰壶腹、十二指肠大乳头，排入到十二指肠腔内。

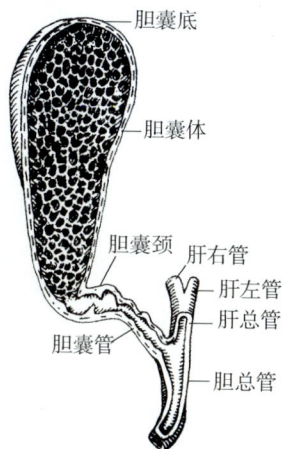

图4-34 输胆管道模式图

胆汁排出的途径如下：

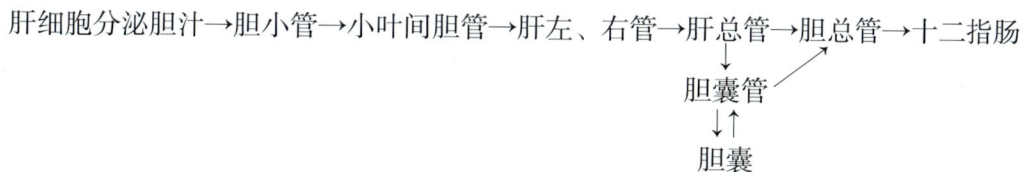

肝细胞分泌胆汁→胆小管→小叶间胆管→肝左、右管→肝总管→胆总管→十二指肠
　　　　　　　　　　　　　　　　　　　　　　　　　胆囊管↑
　　　　　　　　　　　　　　　　　　　　　　　　　↓↑
　　　　　　　　　　　　　　　　　　　　　　　　　胆囊

二、胰

（一）胰的位置和形态

胰是人体的第二大消化腺。胰位于胃的后方，横贴于腹后壁，平对第1~2腰椎体，属于腹膜外位器官，前面被胃、横结肠和大网膜遮盖，后面有下腔静脉、胆总管、肝门静脉和腹主动脉等结构。胰呈三棱形，质柔软，色灰红，可分为胰头、胰颈、胰体、胰尾四部分，各部分之间无明显界限。胰头为右端膨大部分，在第2腰椎体右前方，被十二指肠包绕，在胰头下部有突向左后上方的钩突；胰颈是胰头与胰体之间的狭窄部，其后方有肠系膜上静脉通过；胰体位于胰头与胰尾之间，呈棱柱状，占胰的大部分；胰尾为伸向左上方较细的部分，可抵及脾门。胰管位于胰实质内，自胰尾起始，沿胰长轴右行至胰头，胰管沿途收集许多支管，末端与胆总管汇合成肝胰壶腹，共同开口于十二指肠大乳头。有时在胰头上部胰管上方常有副胰管，开口于十二指肠小乳头。

（二）胰的微细结构

胰表面被覆薄层结缔组织被膜，胰实质由外分泌部和内分泌部组成（图4-35）。外分泌部分泌胰液，对食物消化起重要作用。内分泌部分泌激素，主要参与调节糖的代谢。

1.外分泌部 占胰的大部分，由腺泡和导管组成。腺泡由浆液性腺细胞构成，腺细胞呈锥体形，核圆形，位于细胞基底部；导管起于腺泡腔，逐级汇合成小叶内导管、小叶间导管和胰管。胰的腺细胞可分泌胰液，内含蛋白酶、脂肪酶和淀粉酶等多种消化酶，能分解消化蛋白质、脂肪和糖类。

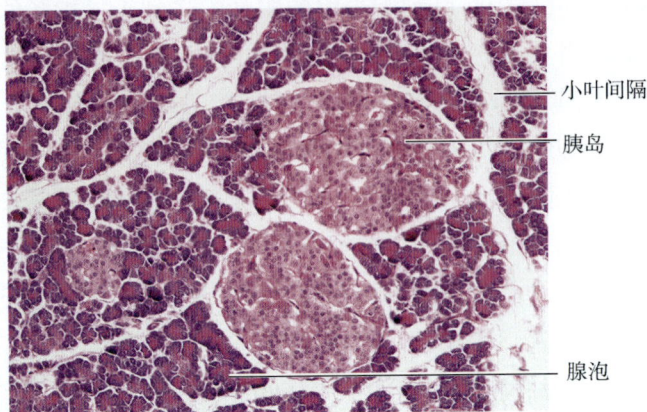

图 4-35　胰腺光镜像（低倍）

2.内分泌部　又称胰岛，是散在于胰外分泌部腺泡之间大小不等的细胞团，胰尾部较多，胰岛主要有A、B、D三种内分泌细胞。①A细胞：约占胰岛细胞总数的20%，多分布于胰岛的周边，细胞体积较大，呈多边形。A细胞分泌高血糖素，可促进肝细胞内的糖原分解为葡萄糖，抑制糖原合成，使血糖浓度升高。②B细胞：约占胰岛细胞总数的70%，多位于胰岛的中央，细胞体积较小，B细胞分泌胰岛素，可促进细胞、组织对葡萄糖的摄取和利用，促进肝细胞合成糖原，使血糖浓度降低。③D细胞：约占胰岛细胞总数的5%，数量较少，散在分布于A、B细胞之间。D细胞可分泌生长抑素，对A、B细胞的分泌起调节作用。

第四节　腹　膜

一、概述

腹膜是由间皮和结缔组织构成的一层浆膜，呈半透明，薄而光滑。衬于腹、盆壁内表面的腹膜，称壁腹膜；覆盖在腹、盆腔脏器表面的腹膜，称脏腹膜。壁腹膜与脏腹膜相互延续移行，共同围成不规则的潜在性腔隙，称为腹膜腔（图4-36）。男性的腹膜腔是封闭的，女性的腹膜腔可经输卵管、子宫、阴道与外界相通。腹膜腔内有少量浆液。

腹膜具有分泌、吸收、保护、支持、防御和修复等功能。正常情况下腹膜能分泌少量的浆液，可润滑腹膜，减少器官之间的摩擦。病理情况下，腹膜渗出增加，产生大量积液，形成腹水；腹膜有广阔的表面，具有较强的吸收能力，可吸收腹膜腔内的液体和空气等。不同部位腹膜的吸收能力有差别，上腹部腹膜的吸收能力较强，而盆腔腹膜的吸收力较弱，故腹膜炎或腹部手术后的患者多采取半卧位，使炎性渗出液流向下腹部，以减缓腹膜对有害物质的吸收；腹膜形成的韧带、系膜等结构对脏器有固定和支持作用。

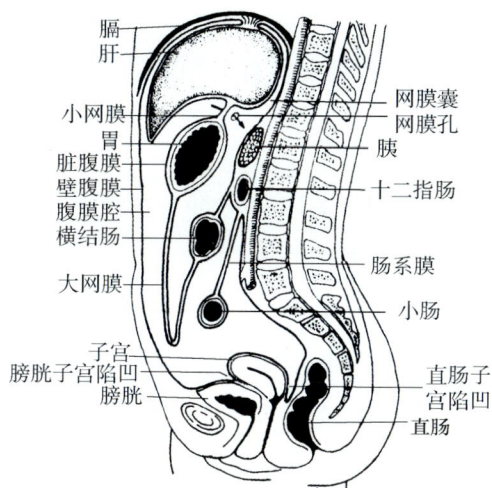

图 4-36 腹膜腔正中矢状切面

腹膜透析

腹膜透析是利用人体自身的腹膜作为透析膜的一种透析方式。通过灌入腹腔的透析液与腹膜另一侧的毛细血管内的血浆成分进行溶质和水分的交换，清除体内潴留的代谢产物和过多的水分，同时通过透析液补充机体所必需的物质。将配制好的透析液经导管灌入患者的腹膜腔，这样，在腹膜两侧存在溶质的浓度梯度差，高浓度一侧的溶质向低浓度一侧移动（扩散作用）；水分则从低渗一侧向高渗一侧移动（渗透作用）。通过腹腔透析液不断地更换，清除体内代谢产物、毒性物质及纠正水、电解质平衡紊乱，达到肾脏替代或支持治疗的目的。

二、腹膜与腹盆腔脏器的关系

根据腹膜覆盖器官的范围不同，可将腹、盆腔器官分为三类，即腹膜内位器官、腹膜间位器官和腹膜外位器官（图4-37）。

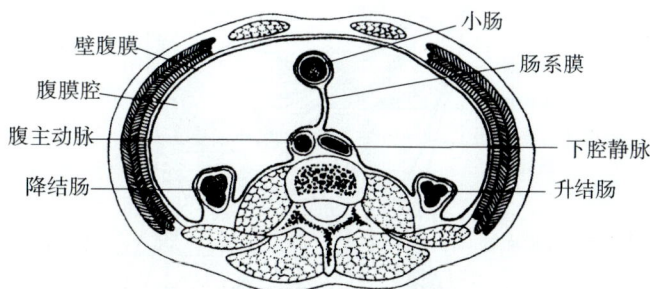

图 4-37 腹膜与脏器的关系

（一）腹膜内位器官

器官的表面几乎都被腹膜覆盖，如胃、空肠、盲肠、阑尾、横结肠、乙状结肠、脾、卵巢、输卵管等，这类器官的活动性较大。

（二）腹膜间位器官

器官的表面大部分或三面被腹膜覆盖，如升结肠、降结肠、直肠上段、肝、胆囊和子宫等，这类器官的活动性较小。

（三）腹膜外位器官

器官仅有一面被腹膜覆盖，如十二指肠的降部和水平部、胰、肾、肾上腺和输尿管等，这类器官的位置固定，几乎不能活动。

三、腹膜形成的结构

腹膜在器官与腹、盆壁之间以及器官之间相互移行，形成韧带、系膜、网膜、陷凹和皱襞等腹膜结构（图4-38）。这些结构不仅对器官起着固定和连接的作用，也是血管和神经等出入器官的途径。

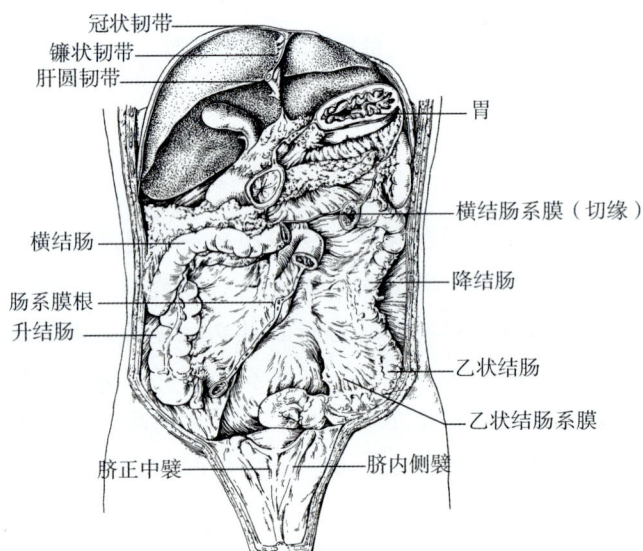

图 4-38　腹膜形成的结构

（一）网膜

网膜是连于胃小弯和胃大弯的腹膜皱襞，内有血管、神经、淋巴管和结缔组织等，包括小网膜和大网膜（图4-39）。

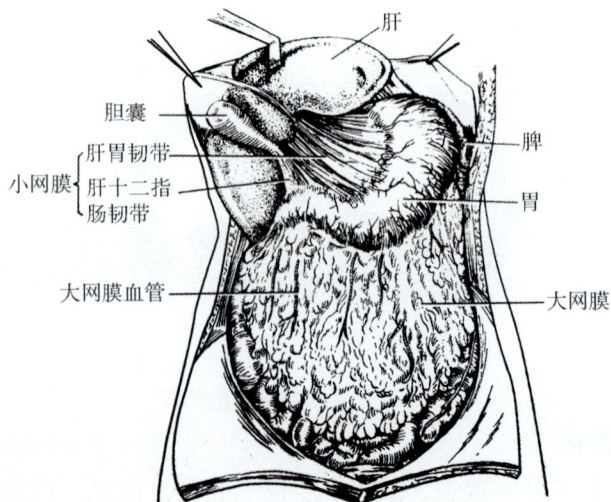

图 4-39　网膜

1. **小网膜** 是连于肝门与胃小弯、十二指肠上部之间的双层腹膜结构。其中连于肝门与胃小弯之间的部分，称为肝胃韧带，内有胃左、右动静脉，胃上淋巴结和分布于胃的神经等；连于肝门与十二指肠上部之间的部分，称为肝十二指肠韧带，内有胆总管、肝固有动脉和肝门静脉通过。小网膜的右缘游离，其后方为网膜孔，经此孔可进入网膜囊。

2. **大网膜** 是连于胃大弯与横结肠之间的腹膜结构。呈围裙状悬垂于横结肠和小肠的前方。大网膜由四层腹膜构成，前两层是由胃前、后壁的腹膜自胃大弯和十二指肠上部下垂而成，降至脐平面稍下方，返折向上形成大网膜后两层，并向后上包被横结肠移行为横结肠系膜。成人的大网膜前两层和后两层常愈合在一起。大网膜内含有脂肪、血管、淋巴管和巨噬细胞等，有重要的防御功能。当腹膜腔内有炎症时，大网膜的游离部可向病灶处移动，并将病灶包裹，以限制炎症蔓延扩散。故腹部手术时，可根据大网膜移动的位置探查病变部位。小儿的大网膜较短，当下腹部炎症或阑尾炎穿孔时，病灶不易被大网膜包裹，常造成弥漫性腹膜炎。

3. **网膜囊** 是位于小网膜和胃后方与腹后壁腹膜之间的扁窄间隙，又称为小腹膜腔。其前壁为小网膜、胃后壁腹膜和大网膜的前两层；后壁为大网膜后两层、横结肠及其系膜以及覆盖在胰、左肾、左肾上腺等处的腹膜；上壁为肝尾状叶及膈下面的腹膜；下壁为大网膜的返折处；右侧借网膜孔与腹膜腔的其他部分相通。网膜囊位置较深，胃后壁穿孔时，胃内容物常积聚在囊内，给早期诊断带来一定的困难。

（二）系膜

系膜是脏、壁腹膜相互延续移行形成的将肠管连于腹后壁的双层腹膜结构。其内含有进出肠管的血管、神经、淋巴管、淋巴结等。主要的系膜有肠系膜、阑尾系膜、横结肠系膜和乙状结肠系膜等（图4-38）。

1. **肠系膜** 是将空、回肠连于腹后壁的双层腹膜结构，呈扇形，多皱褶。其附着于腹后壁的部分称肠系膜根。肠系膜根起自第2腰椎体的左侧，斜向右下止于右骶髂关节前方，长约15cm。由于肠系膜较长，因而空、回肠的活动性较大，易发生肠扭转或肠套叠等。

2. **阑尾系膜** 是阑尾与回肠末端之间的三角形双层腹膜结构。其游离缘内有阑尾的血管走行，故切除阑尾时，应从阑尾系膜游离缘进行血管结扎。

3. **横结肠系膜** 是将横结肠连于腹后壁的双层腹膜结构。其根部起自结肠右曲，向左跨过右肾中部、十二指肠降部、胰头等器官前方至结肠左曲。

4. **乙状结肠系膜** 是将乙状结肠系连于左下腹的双层腹膜结构。其根部附着于左髂窝和骨盆的左后壁。该系膜比较长，乙状结肠活动度较大，易发生肠扭转。系膜内有乙状结肠血管、直肠上血管、淋巴管、淋巴结和神经丛等。

（三）韧带

韧带是连于腹、盆壁与器官之间或连接相邻器官之间的腹膜结构，对器官起固定、支持和悬吊作用。

1. **肝的韧带** 肝的下面有肝胃韧带和肝十二指肠韧带，肝的上面有镰状韧带、冠状韧带和左、右三角韧带等。①镰状韧带：位于膈下面与肝上面之间的双层腹膜结构，呈矢状位。其下缘增厚、游离，含有肝圆韧带。②冠状韧带：呈冠状位，由膈下面的腹膜返折至肝上面所形成的双层腹膜结构。两层间无腹膜被覆的肝表面，称为肝裸区。在冠状韧带的左、右端，前、后两层黏合增厚形成左、右三角韧带。

2. **脾的韧带** ①胃脾韧带：是连于胃底和脾门之间的双层腹膜结构，向下与大网膜左侧部相延续。韧带内有胃短血管、胃网膜左血管等。②脾肾韧带：是连于脾门至左肾前面的双层腹膜结构，其内有胰尾、脾血管等。③膈脾韧带：为脾肾韧带的上部，由脾上端连至膈下的腹膜结构。

（四）腹膜皱襞、隐窝和陷凹

腹膜皱襞是腹、盆腔壁与器官之间或器官与器官之间的腹膜形成的隆起，其深部常有血管走行。隐窝是皱襞与皱襞之间或皱襞与腹、盆腔壁之间形成的腹膜凹陷，常见的隐窝有：十二指肠上隐窝、十二指肠下隐窝、盲肠后隐窝、乙状结肠间隐窝和肝肾隐窝等。肝肾隐窝位于肝右叶与右肾之间，其左界为网膜孔和十二指肠降部，右界为右结肠旁沟。仰卧位时，肝肾隐窝是腹膜腔的最低部位，腹膜腔内的液体易积存于此。

腹膜陷凹是较大的腹膜隐窝，主要位于盆腔内，为腹膜在盆腔器官之间移行返折形成（图4-36）。男性在直肠与膀胱之间有直肠膀胱陷凹，凹底距肛门约7.5cm。女性在膀胱与子宫之间有膀胱子宫陷凹，在直肠与子宫之间有直肠子宫陷凹，后者又称Douglas腔，较深，凹底距肛门约3.5cm，与阴道后穹隆之间仅隔以阴道后壁和腹膜。站立或坐位时，男性的直肠膀胱陷凹和女性的直肠子宫陷凹是腹膜腔的最低部位，故腹膜腔内的积液多聚积于此，临床上可进行直肠穿刺和阴道后穹穿刺抽取液体或引流，以诊治疾病。

本章小结

消化系统由消化管和消化腺组成。临床上常把口腔到十二脂肠称为上消化道，空肠以下的部分称为下消化道。其管壁由内向外分为黏膜、黏膜下层、肌层和外膜。口腔是消化管的起始部。咽分为鼻咽、口咽和喉咽。食管全长有三处狭窄。胃大部分位于左季肋区，小部分位于腹上区，可分为贲门部、胃底、胃体和幽门部四部分。小肠分为十二指肠、空肠、回肠，十二指肠大乳头是胆总管和胰管的共同开口处。大肠分为盲肠、阑尾、结肠、直肠和肛管，其中盲肠和结肠具有结肠袋、结肠带和肠脂垂三种特征结构；阑尾位于右髂窝，其根部的体表投影在脐与右髂前上棘连线的中、外1/3交点处；直肠在矢状面上有骶曲和会阴曲两个弯曲；肛管为消化管的末端，终于肛门。

消化腺主要是肝和胰。肝大部分位于右季肋区和腹上区，小部分位于左季肋区。肝分上、下两面和前、后两缘。横沟称肝门，是肝的血管、神经、淋巴管、肝管等出入肝的部位。肝小叶是肝的基本结构和功能单位。肝细胞可分泌胆汁；胆囊位于肝脏胆囊窝内，分为底、体、颈、管四部分，有贮存和浓缩胆汁的作用；胆道分肝内和肝外两部分，将肝脏分泌的胆汁输送到十二指肠。胰位于胃的后方，分头、颈、体、尾四部分。胰由外分泌部和内分泌部组成。外分泌部分泌胰液，对食物进行消化；内分泌部即胰岛，主要分泌胰岛素和胰高血糖素。

腹膜是一层薄而光滑的浆膜，分壁腹膜和脏腹膜两部分，壁腹膜与脏腹膜相互延续移行，围成潜在性腔隙称腹膜腔。根据腹膜覆盖器官的范围不同，将腹、盆腔器官分为腹膜内位器官、腹膜间位器官和腹膜外位器官三类。腹膜形成韧带、系膜、网膜、陷凹和皱襞等结构。

习题

扫码"练一练"

一、选择题

【A1/A2 型题】

1.关于腭的描述正确的是

　　A.构成口腔上壁，分隔口腔与咽

　　B.前 1/3 为硬腭，后 2/3 为软腭

　　C.硬腭由骨腭覆以黏膜而成

　　D.软腭后份斜向后下称腭垂

　　E.以上都不对

2.牙的形态包括

　　A.牙冠、牙颈、牙根　　　　　　B.釉质、牙骨质、牙质

　　C.牙腔、牙髓、牙槽　　　　　　D.牙槽骨、牙周膜、牙龈

　　E.牙根、牙质、牙腔

3.下颌下腺管和舌下腺大管共同开口于

　　A.舌系带　　　　　　　　B.舌下阜　　　　　　　　C.舌下襞

　　D.伞襞　　　　　　　　　E.以上均不是

4.关于腮腺的描述正确的是

　　A.位于颞窝　　　　　　　　B.腮腺管在颧弓上一横指处前行

　　C.腮腺管开口于舌下阜　　　D.呈不规则的三角形

　　E.以上都不是

5.胃的分部是

　　A.贲门部、胃体部、幽门窦、幽门管

　　B.贲门部、幽门、胃小弯、胃大弯

　　C.贲门部、胃底、胃体、幽门部

　　D.贲门、胃底、胃穹、胃窦

　　E.以上都不对

6.小肠包括

　　A.空肠、回肠、盲肠　　　　　　B.十二指肠、空肠、回肠

　　C.盲肠、结肠、直肠　　　　　　D.空肠、回肠、阑尾

　　E.以上都不对

7.十二指肠溃疡的好发部位在

　　A.十二指肠大乳头　　　B.十二指肠小乳头　　　C.十二指肠降部

　　D.十二指肠球　　　　　E.十二指肠升部

8.大肠包括

　　A.结肠、直肠、阑尾

　　B.升结肠、横结肠、降结肠、乙状结肠

　　C.盲肠、阑尾、结肠、直肠、肛管

D.回肠、盲肠、结肠

E.以上都不对

9.阑尾根部的体表投影点（麦氏点）是

A.脐与左髂前上棘连线中、外1/3交点

B.脐与右髂前上棘连线中、内1/3交点

C.脐与左髂前上棘连线中、内1/3交点

D.脐与右髂前上棘连线中、外1/3交点

E.左、右髂前上棘连线的中点

10.关于胰的描述，正确的是

A.位于肝的后方　　　　　　　B.属于腹膜内位器官

C.在第1~2胸椎水平　　　　　D.左侧膨大为胰头

E.胰尾伸向脾门

11.关于胸部标志线的描述，不正确的是

A.前正中线是通过人体前面正中所做的垂线

B.胸骨线是通过胸骨外侧缘最宽处所做的垂线

C.锁骨中线是通过锁骨中点所做的垂线

D.腋中线是通过腋前后线之间中点的垂线

E.肩胛线是通过肩胛骨上角所做的垂线

12.有关舌形态的说法，错误的是

A.舌分上、下两面

B.舌背前1/3称舌体、后2/3称舌根

C.舌下阜是下颌下腺管和舌下腺大管的开口

D.舌下腺小管开口于舌下襞

E.舌系带过短可致语言不清

13.无味蕾的舌乳头是

A.叶状乳头　　　　　　B.丝状乳头　　　　　　C.菌状乳头

D.轮廓乳头　　　　　　E.叶状乳头和菌状乳头

14.咽的说法中错误的是

A.经喉口和喉腔相通　　　B.经咽峡与口腔相通　　　C.向下接气管

D.向下接食管　　　　　　E.经鼻后孔与鼻腔相通

15.关于食管的说法哪一项是错误的

A.上端在第6颈椎体的下缘与咽相续

B.下端穿膈的食管裂孔

C.全长分颈部、胸部和腹部

D.在颈部位于气管的前方

E.在胸部位于气管与胸椎体之间

16.上消化道不包括

A.口腔　　　　　　B.十二指肠　　　　　　C.空肠

D.胃　　　　　　　E.食管

17.关于肝脏，下列哪项叙述是错误的

A.其上面与膈肌相贴，故肝脓肿可穿破膈肌进入胸腔

B.第一肝门位于肝脏脏面的横沟处

C.第一肝门处有肝管与肝动、静脉通过

D.脏面的左纵沟前部有肝圆韧带

E.脏面的右纵沟前部有胆囊窝

18.不经肝门出入的结构是

A.肝门静脉　　　　　　B.肝固有动脉　　　　　　C.肝管

D.胆总管　　　　　　　E.肝的淋巴管

19.消化管壁的四层结构不包括

A.外膜　　　　　　　　B.黏膜下层　　　　　　　C.肌层

D.黏膜上层　　　　　　E.黏膜

20.关于腹膜腔的叙述，错误的是

A.由脏、壁腹膜相互移行而成

B.腹膜腔内有少量的浆液

C.腹膜腔内有腹腔器官

D.男性的腹膜腔不与外界相通

E.女性的腹膜腔与外界相通

二、思考题

1.牙按形态和功能可分哪几类？举例说明如何用牙式来标示恒牙和乳牙？

2.咽的位置和分部如何？各部分有哪些重要结构？

3.试述胃的位置和分部。

4.肝的位置和分叶如何？

5.肝分泌的胆汁如何排入十二指肠？

（张俊玲）

第五章　呼吸系统

呼吸系统由呼吸道和肺两部分组成。呼吸道包括鼻、咽、喉、气管和各级支气管。临床上通常把鼻、咽、喉称为上呼吸道，把气管和各级支气管称为下呼吸道。肺由肺实质和肺间质组成，肺实质由肺内各级支气管和肺泡构成；肺间质由肺内的结缔组织、血管、淋巴管和神经等构成。呼吸道是气体的通道，肺是完成气体交换的器官。呼吸系统的主要功能是进行气体交换，即吸入氧气、排出二氧化碳。另外，还有嗅觉、发音、内分泌以及协助静脉血回流入心等功能（图5-1）。

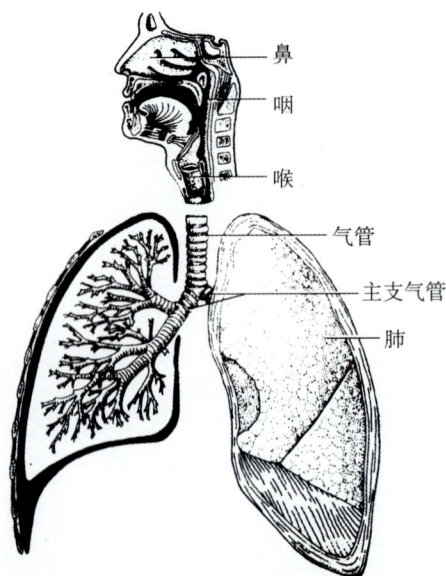

图5-1　呼吸系统概观

案例导入

患者，男性，25岁。主诉昨日上午起突发寒战、高热，伴头痛、乏力、全身酸痛、食欲不振。今晨起又出现咳嗽、气喘和右下胸痛，并咯出少量带血丝的痰液。前天曾在田间劳动时穿衣较少，后因天气突变下大雨而被雨淋。

查体：体温39.8℃、脉搏112次/分、呼吸38次/分，血压120/70mmHg。急性病容，面色潮红，呼吸急促，鼻翼扇动，唇微发绀，右下胸呼吸运动减弱。触诊语颤增强，叩诊呈浊音，可听到支气管呼吸音及细湿啰音，语音传导增强，心律齐，腹平软，肝、脾未触及。临床诊断：急性肺炎。

请问：

1.呼吸系统由哪些器官组成？主要功能是什么？

2.用解剖学知识分析该患者为什么会出现呼吸困难？

第一节　呼吸道

一、鼻

鼻是呼吸道的起始部，既是气体通道，又是嗅觉器官，还兼有辅助发音的功能。鼻可分为外鼻、鼻腔和鼻旁窦三部分。

（一）外鼻

外鼻位于面部中央，呈三棱锥体形，以鼻骨和鼻软骨为支架，外被皮肤构成。上端在两眶之间狭窄的部分称鼻根，向下延伸为鼻背，下端游离为鼻尖。鼻尖两侧扩大呈半圆形隆起为鼻翼，当呼吸困难时，鼻翼可出现煽动，在小儿更为明显。鼻翼下方的孔为鼻孔，是气体进出呼吸道的门户。鼻尖和鼻翼处皮肤较厚，富含皮脂腺和汗腺，是酒渣鼻和痤疮的好发部位。

（二）鼻腔

鼻腔以骨和软骨为支架，内衬黏膜和皮肤，被鼻中隔分为左、右两腔。鼻中隔由骨性鼻中隔（包括筛骨垂直板和犁骨）和软骨，表面被覆黏膜构成。鼻腔向前经鼻孔与外界相通，向后经鼻后孔通咽，以鼻阈为界可分为前下部的鼻前庭和后上部的固有鼻腔两部分（图5-2）。

扫码"学一学"

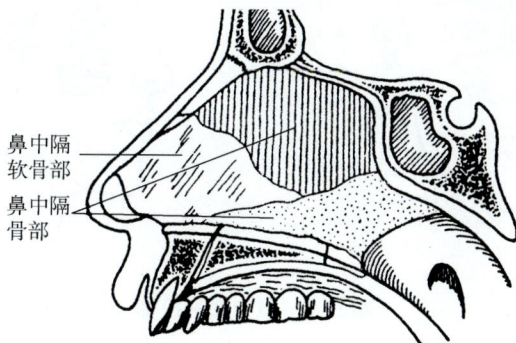

图5-2　鼻中隔

1.鼻前庭　位于鼻腔的前下部，相当于鼻翼所遮盖部分。内面衬以皮肤，长有鼻毛，可滤过灰尘和净化吸入的空气。鼻前庭是疖肿的好发部位，由于缺乏皮下组织，故发生疖肿时，疼痛较为剧烈。

2.固有鼻腔　位于鼻腔的后上部，是鼻腔的主要部分，由骨性鼻腔和软骨性鼻腔衬以黏膜而成。其外侧壁自上而下有上、中、下三个鼻甲，各鼻甲的下方，分别为上、中、下三个鼻道（图5-3）。在上鼻甲的后上方与蝶骨体之间有一凹陷称蝶筛隐窝。在上、中鼻道及蝶筛隐窝有鼻旁窦的开口，下鼻道的前部有鼻泪管的开口。

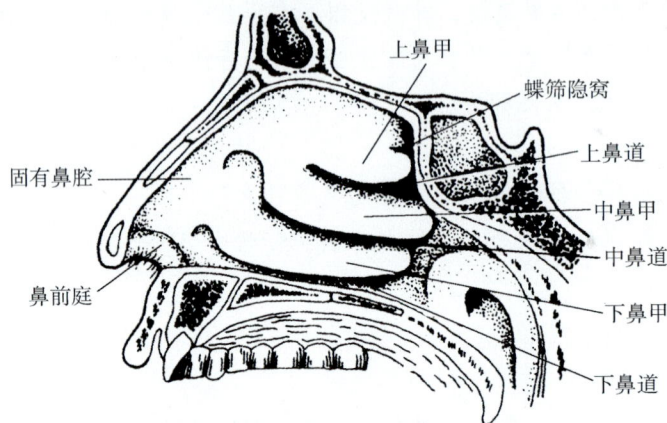

图5-3　鼻腔外侧壁

固有鼻腔的黏膜依其结构和功能不同，分为嗅区和呼吸区两部分。嗅区位于上鼻甲及其相对应的鼻中隔以上的黏膜，活体上呈淡黄色，黏膜内含有嗅细胞，有感受嗅觉刺激的功能。呼吸区是指嗅区以外的黏膜，活体上呈粉红色，内含丰富的血管和混合腺，表层为假复层纤毛柱状上皮，对吸入的空气有加温、加湿和净化作用。鼻中隔前下部黏膜较薄，血管丰富而表浅，是鼻出血（鼻衄）的常见部位，临床上称为易出血区或Little区。

（三）鼻旁窦

鼻旁窦又称副鼻窦，是鼻腔周围颅骨内一些开口于鼻腔的含气空腔，内衬黏膜，可调节吸入空气的温度、湿度，并对发音起共鸣作用。鼻旁窦包括额窦、筛窦、蝶窦和上颌窦，共四对（图5-4、图5-5）。

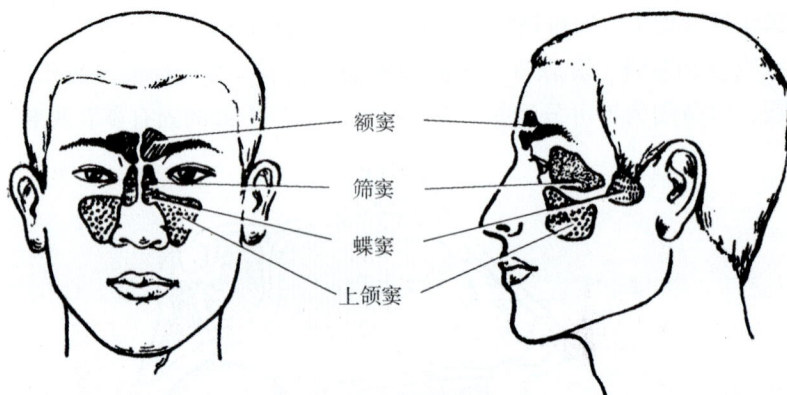

图5-4　鼻旁窦的投影

1.额窦　位于额骨内，两侧眉弓深面，开口于中鼻道。

2.**筛窦** 位于筛骨迷路内，由大小不一、排列不规则的含气小房组成，分为前、中、后三群。前、中群开口于中鼻道，后群开口于上鼻道。

3.**蝶窦** 位于蝶骨体内，垂体窝下方，开口于蝶筛隐窝。

4.**上颌窦** 位于上颌骨体内，是鼻旁窦中最大的一对，开口于中鼻道。

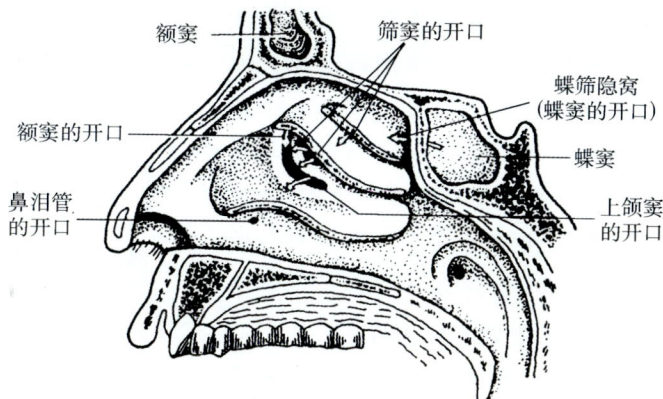

图 5-5 鼻旁窦的开口

鼻旁窦的黏膜与鼻腔黏膜相延续，故鼻腔黏膜的炎症可蔓延至鼻旁窦，引起鼻旁窦炎。上颌窦是鼻旁窦中最大的一对，其开口位置位于其内侧壁最高处，窦口高于窦底，窦腔内的分泌物不易排出，所以上颌窦炎较为常见。

> **知识链接**
>
> **上颌窦的临床应用解剖**
>
> 上颌窦由前、后、内、上、下壁围成。上壁（顶壁）即眶下壁，骨质较薄，故上颌窦炎症或肿瘤可经此壁侵入眶腔。下壁（底壁）即上颌骨的牙槽突，牙根与窦底仅隔薄层骨质或仅隔黏膜，故牙根感染常波及窦内。前壁即上颌骨体前面的尖牙窝，向内略凹陷，此处骨质亦较薄，是上颌窦手术的常选入路。后壁较厚，与翼腭窝相邻。内侧壁即鼻腔的外侧壁，相当于中鼻道和下鼻道的大部分，在下鼻甲附着处的下方，骨质较薄，是窦内积脓行上颌窦穿刺的进针部位。

二、咽

咽是消化管与呼吸道共有的器官，详见消化系统。

三、喉

喉既是呼吸道，又是发音器官。

（一）喉的位置

喉位于颈前部正中，成人的喉相当于第4～6颈椎的高度，女性略高于男性，小孩略高于成人。喉的上部借韧带和肌与舌骨相连，下与气管相续，前方被皮肤、筋膜和舌骨下肌群所覆盖，后与喉咽紧密相邻，两侧有颈部的大血管、神经及甲状腺侧叶。由于喉与舌骨和咽紧密连结，故当吞咽时，喉可上、下移动。

（二）喉的构造

喉是中空性器官，由软骨、韧带、喉肌和喉黏膜构成。

1.喉软骨 是喉的支架，包括不成对的甲状软骨、环状软骨、会厌软骨和成对的杓状软骨（图5-6）。

（1）甲状软骨 位于舌骨的下方，环状软骨的上方，是喉软骨中最大的一块，构成喉的前外侧壁。甲状软骨由左、右两侧近似方形的软骨板在前方愈着而成，愈着处构成前角。前角上端向前突出称喉结，成年男性尤为明显。在甲状软骨板的后部，向上、下各伸出一对突起，分别称上角和下角。上角借韧带与舌骨大角相连，下角与环状软骨构成关节。

（2）环状软骨 位于甲状软骨的下方，下与气管相连。形似指环，前部低而窄称环状软骨弓，可在活体上触及，平对第6颈椎，是重要的体表标志；后部高而宽称环状软骨板。环状软骨是呼吸道中唯一完整的环形软骨，对维持呼吸道通畅有重要作用。

（3）会厌软骨 形似树叶，上端宽阔而游离，下端细尖而附着在甲状软骨前角的后面，外覆黏膜形成会厌。当吞咽时，喉上提，会厌盖住喉口，可防止食物进入喉腔。

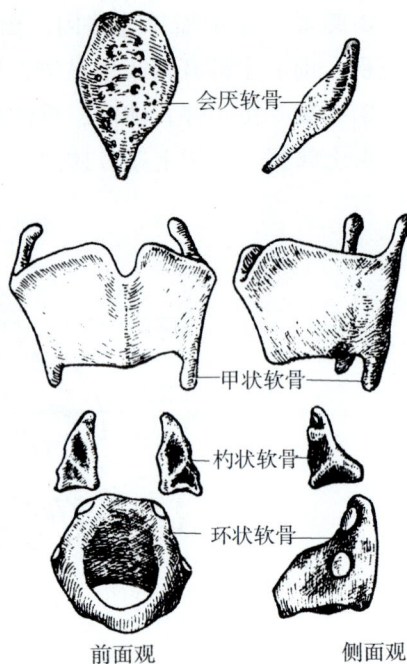

图 5-6　分离的喉软骨

（4）杓状软骨 位于环状软骨板的上方，左、右各一。近似三棱锥形，尖朝上，底向下与环状软骨板上缘两侧的杓关节面构成关节。杓状软骨底有两个突起，向前伸出的突起称声带突，有声韧带附着；向外侧伸出的突起称肌突，有喉肌附着。

2.喉的连结 喉的连结主要是喉软骨之间以及喉软骨与舌骨之间的连结（图5-7）。

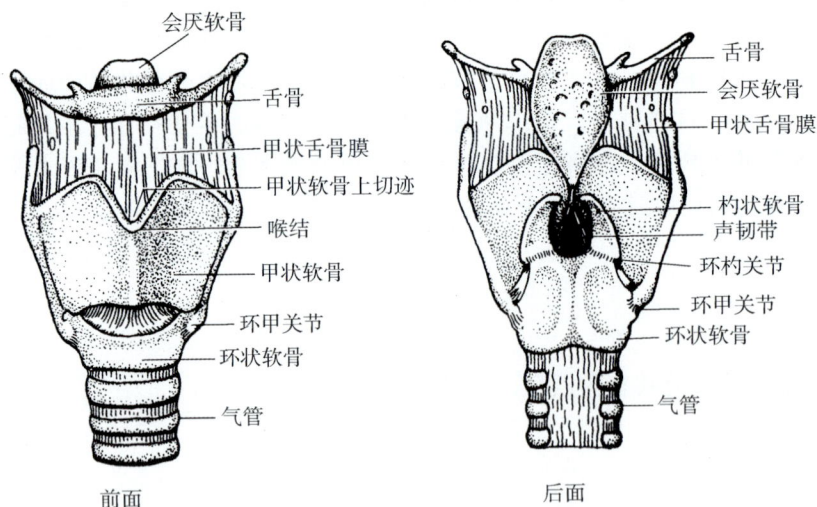

图 5-7　喉的软骨及其连结

（1）环甲关节 由甲状软骨下角与环状软骨两侧的关节面构成。可使甲状软骨在冠状轴上作前倾和复位运动，使声带紧张或松弛。

（2）环杓关节 由杓状软骨底和环状软骨板上缘两侧的关节面构成。可使杓状软骨在垂直轴上做旋转运动，使声门裂开大或缩小。

（3）弹性圆锥 为弹性纤维组成的膜状结构，自甲状软骨前角的后面，向下、向后附着于环状软骨上缘和杓状软骨声带突。此膜上端游离，紧张于甲状软骨前角与杓状软骨声带突之间，称声韧带，是构成声带的基础。弹性圆锥前部较厚，附着于甲状软骨下缘与环状软骨弓上缘之间称环甲正中韧带。当急性喉阻塞来不及进行气管切开术时，可在此处进行穿刺或切开，建立暂时性的呼吸通道，抢救患者生命。

（4）甲状舌骨膜 是连于甲状软骨上缘与舌骨之间的结缔组织膜。

3.喉肌 为数块短小的骨骼肌，附着于喉软骨的内面和外面。按其功能可分为两群，一群作用于环甲关节，使声带紧张或松弛，以调节音调的高低；另一群作用于环杓关节，使声门裂开大或缩小，以调节音量的大小（图5-8）。

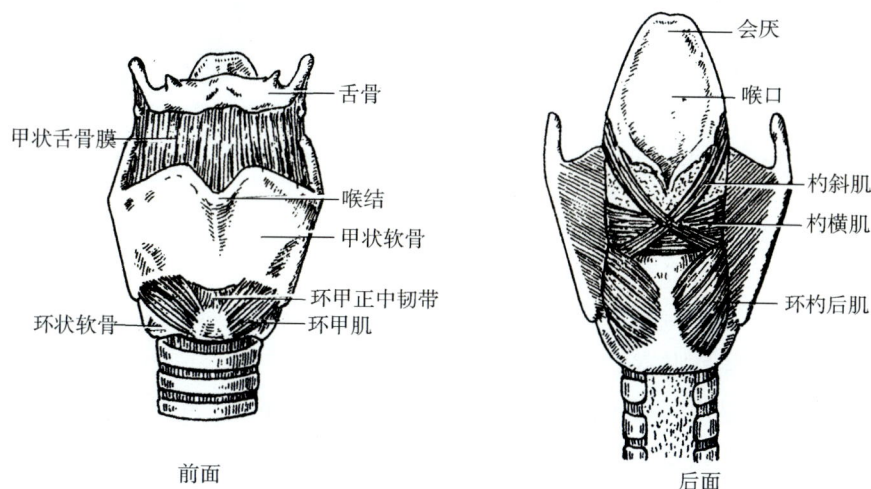

图 5-8 喉肌

4.喉腔 喉腔是由喉软骨围成的腔隙，内衬黏膜，向上经喉口与喉咽相通，向下与气管腔相续。喉腔的上口称喉口，朝向后上方。在喉腔中部的侧壁上有两对呈前后方向的黏膜皱襞，上方的一对称前庭襞，活体呈粉红色，两侧前庭襞之间的裂隙称前庭裂。下方的一对称声襞，活体呈苍白色，比前庭襞更为突出，两侧声襞之间的裂隙称声门裂，是喉腔最狭窄的部位。声襞及其内面的声韧带和声带肌共同构成声带。肺内呼出的气流通过声门裂时振动声带而发音（图5-9 ~ 图5-11）。

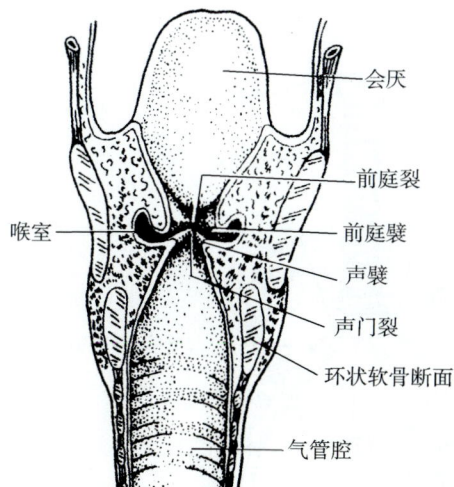

图 5-9 喉腔（冠状切面）

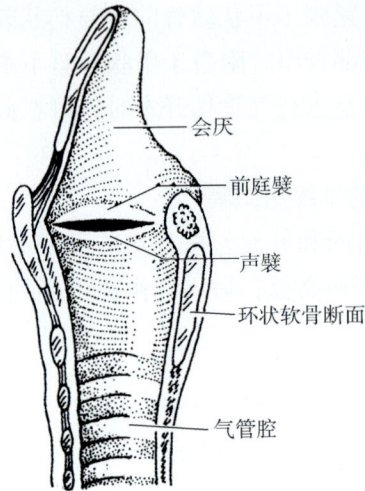

图 5-10　喉腔（矢状切面）

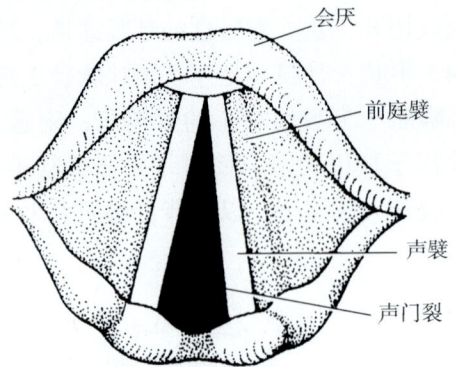

图 5-11　喉腔（上面观）

喉腔以前庭裂和声门裂为界分为三部分：

（1）喉前庭　是从喉口至前庭裂平面之间的部分。

（2）喉中间腔　是前庭裂和声门裂两平面之间的部分，是喉腔中最短小的部分，喉中间腔向两侧突出的间隙称喉室。

（3）声门下腔　是声门裂平面至环状软骨下缘之间的部分，此区黏膜下组织比较疏松，炎症时易发生水肿，尤其婴幼儿因喉腔较小，水肿时易引起喉阻塞，造成呼吸困难。

四、气管和主支气管

气管与主支气管是连接喉与肺之间的管道。

（一）气管

气管位于食管的前方，上端在第6颈椎下缘平面连于环状软骨，经颈部正中下行进入胸腔，至胸骨角平面分为左、右主支气管，分叉处称气管杈。在气管杈内面有一向上凸的半月状纵嵴称气管隆嵴，常偏向左侧，是气管镜检查的定位标志。

气管多由14～17个"C"形的气管软骨环以及连接各环之间的平滑肌和结缔组织构成。气管软骨为透明软骨，其缺口向后，由平滑肌和结缔组织构成的膜壁所封闭（图5-12）。

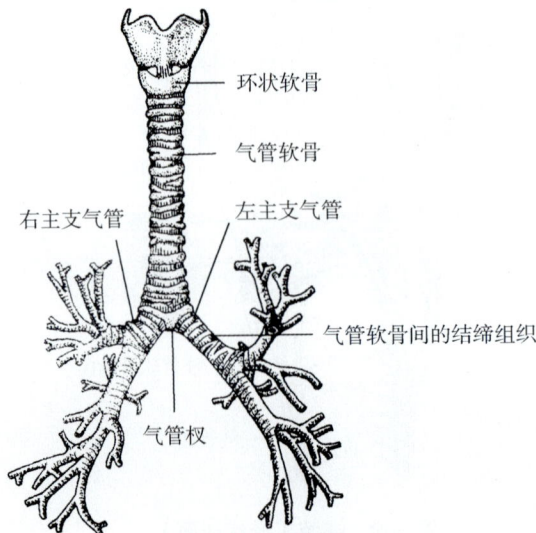

图 5-12　气管和主支气管

根据气管的行程与位置，可分为颈、胸两部。颈部较短而浅，沿颈前正中线下行，可在体表触及，在第2~4气管软骨环的前面有甲状腺峡部横过，两侧邻有甲状腺侧叶和颈部大血管。胸部较长，位于胸腔内。临床上作气管切开时，常选取在第3~5气管软骨环处施行。

（二）支气管

支气管是指由气管分出的各级分支。主支气管是由气管分出的第一级分支，包括左、右主支气管。

左主支气管细而长，长4~5cm，走行较水平，经左肺门入肺。

右主支气管粗而短，长2~3cm，走行较垂直，经右肺门入肺。

根据左、右主支气管的形态特点，以及气管隆嵴稍偏向左侧，且右肺通气量较大等因素，因此临床上气管内异物多坠入右主支气管。

（三）气管与主支气管的微细结构

气管与主支气管的管壁结构相同，由内向外可分为黏膜、黏膜下层和外膜，各层间无截然分界（图5-13）。

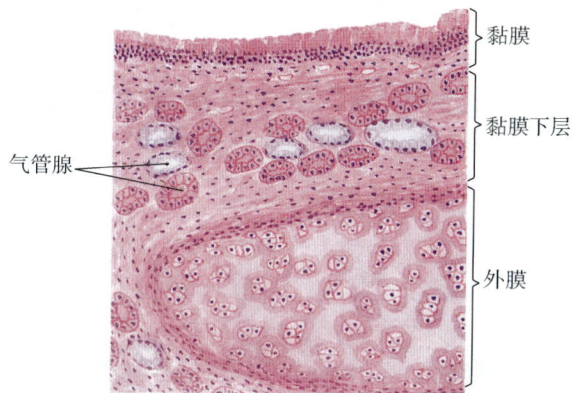

图 5-13　气管的微细结构

1.**黏膜**　由上皮和固有层构成。上皮为假复层纤毛柱状上皮，杯状细胞较多。固有层为富含弹性纤维的结缔组织构成，内有小血管、腺导管和淋巴组织等结构。

2.**黏膜下层**　由疏松结缔组织构成，内有血管、淋巴管、神经和气管腺。气管腺与黏膜上皮中的杯状细胞分泌的黏液可润滑黏膜表面，有利于黏膜上皮的纤毛正常摆动。

3.**外膜**　较厚，主要由"C"形的透明软骨环和疏松结缔组织构成，软骨环能保持气管、主支气管管道开放，保证气流通畅。气管软骨环之间有弹性纤维相连接，缺口处由结缔组织封闭，内含平滑肌束。

第二节　肺

一、肺的位置和形态

肺位于胸腔内，纵隔的两侧，左、右各一。肺质软而轻，似海绵状，富有弹性，表面有脏胸膜包被，光滑润泽。婴幼儿的肺呈淡红色，随着年龄的增长，由于不断吸入空气中的灰尘沉积于肺，肺的颜色逐渐变成灰色或深灰色。

扫码"学一学"

　　肺略呈圆锥形，具有一尖（肺尖）、一底（肺底）、两面（外侧面和内侧面）和三缘（前缘、后缘和下缘）。由于心脏位置偏左以及膈的右侧份较高，故左肺狭而长，右肺宽而短（图5-14）。

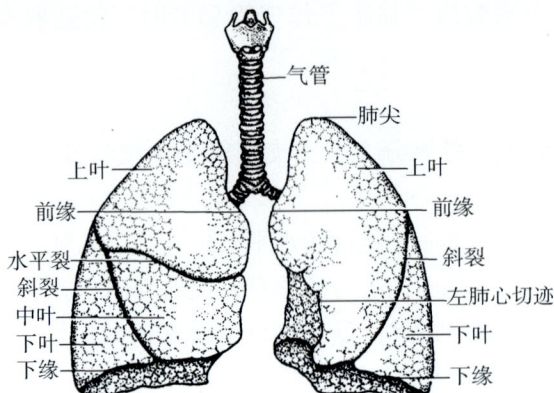

图5-14　气管、主支气管和肺

　　肺尖钝圆，经胸廓上口向上伸入颈根部，高出锁骨内侧1/3段上方2～3cm。肺底与膈相邻，向上方凹陷，又称膈面。肺的外侧面隆凸，邻贴胸壁内面的肋和肋间隙，称为肋面；内侧面与纵隔相邻，称为纵隔面。纵隔面中部凹陷处称肺门，是主支气管、肺血管、淋巴管和神经等结构进出的部位。这些进出肺门的结构被结缔组织包绕在一起，构成肺根。肺的前缘薄而锐，左肺前缘下部有一弧形凹陷，称心切迹；后缘钝圆，贴于脊柱两侧；下缘较薄锐，伸向胸壁与膈的间隙内（图5-15）。

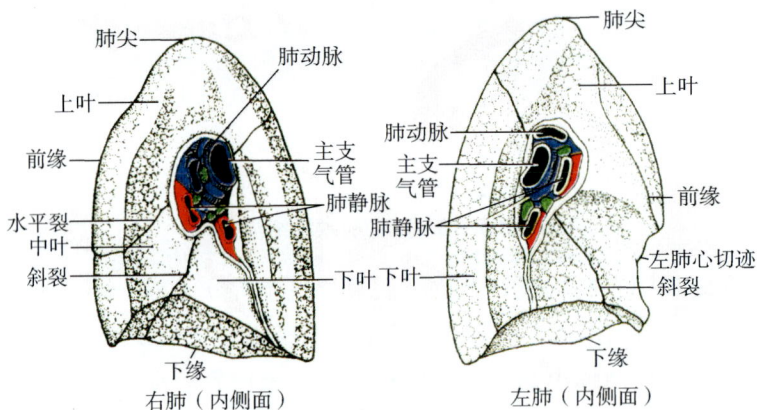

图5-15　左肺、右肺内侧面

　　每侧肺都有深入肺内的裂隙，肺借此分成肺叶。左肺被一由后上斜向前下的斜裂分成上、下两叶；右肺除斜裂外，还有一近似水平走向的水平裂，因此右肺被斜裂和水平裂分为上、中、下三叶。

知识拓展

出生前后肺的解剖学特点

　　出生前的胎儿在母体内，肺未经过呼吸，入水则下沉，颜色呈红色。出生后的婴幼儿肺经过呼吸，内含空气，其比重小于水，入水能浮于水面，颜色呈淡红色，随着年龄的增长，因不断吸入尘埃，肺的颜色由暗红色逐渐变为灰黑色。

二、肺段支气管和支气管肺段

左、右主支气管在肺门处分出肺叶支气管，左主支气管分为上、下两支，右主支气管分出上、中、下三支，分别进入相应的肺叶。肺叶支气管在各肺叶内再发出的分支，即为肺段支气管。肺段支气管继续在肺内反复分支。

每一肺段支气管及其分支和它所属的肺组织，构成一个支气管肺段，简称肺段。肺段呈圆锥形，尖朝向肺门，底朝向肺的表面。左、右肺通常分为10个肺段，有时因左肺出现共干肺段支气管，因此左肺也可分为8个肺段。临床上常以肺段为单位进行定位诊断及肺切除术（图5-16）。

三、肺的微细结构

肺的表面被有一层浆膜，即脏胸膜。肺组织可分为肺实质和肺间质两部分。

（一）肺实质

主支气管在肺内的反复分支呈树枝状，称为支气管树。肺实质包括肺内支气管树及终末的肺泡。主支气管经肺门进入肺后，依次分支为肺叶支气管、肺段支气管、小支气管、细支气管（管径小于1mm）、终末细支气管（管径小于0.5mm）、呼吸性细支气管、肺泡管、肺泡囊和肺泡。其中，从肺叶支气管到终末细支气管，只能传送气体，不能进行气体交换，构成肺的导气部；呼吸性细支气管以下各段壁上连有肺泡，能进行气体交换，构成肺的呼吸部（图5-17）。

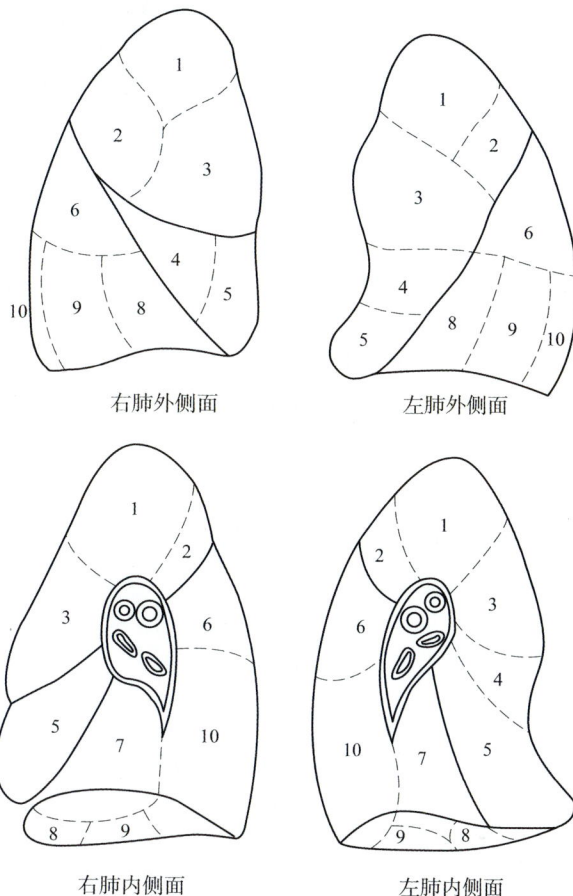

图 5-16 肺段模式图

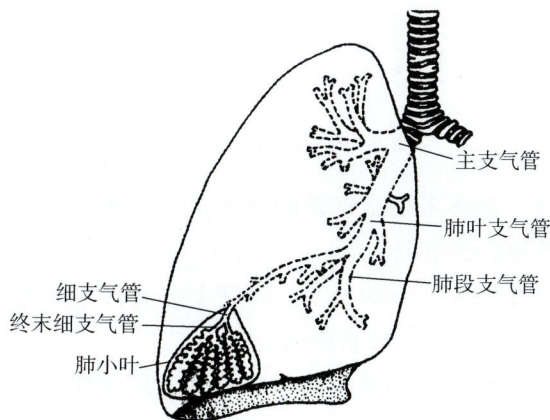

图 5-17 肺内结构模式图

每条细支气管连同它的各级分支和肺泡构成一个肺小叶（图5-18）。每叶肺有50~80个肺小叶。

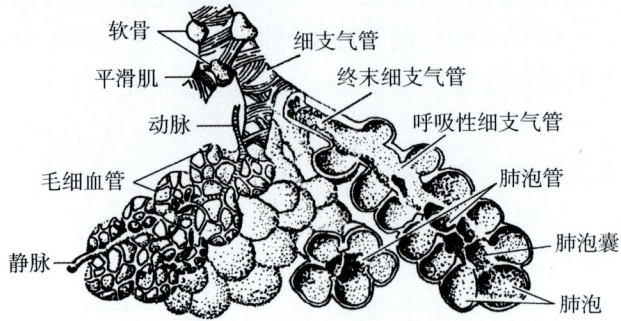

图 5-18　肺小叶示意图

1.肺导气部　是肺内传送气体的管道，管壁组织结构与支气管基本相似，随着分支，管径由大变小，管壁由厚变薄，管壁组织结构也发生相应的变化，主要是：①上皮由假复层纤毛柱状上皮逐渐移行为单层纤毛柱状上皮或单层柱状上皮；②杯状细胞、腺体和软骨片逐渐减少，最后消失；③平滑肌逐渐增多，最后形成完整的环形肌层。

2.肺呼吸部　是进行气体交换的场所，包括呼吸性细支气管、肺泡管、肺泡囊和肺泡（图5-19）。

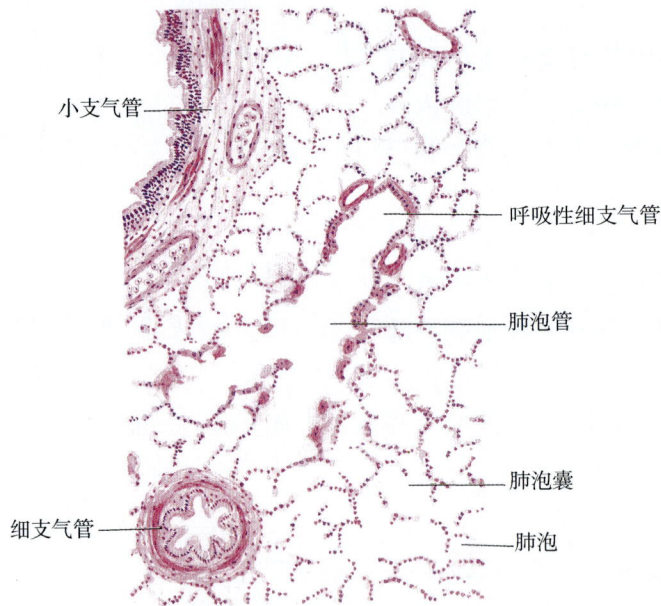

图 5-19　肺的微细结构

（1）呼吸性细支气管　是终末细支气管的分支，管壁连有少量肺泡，上皮为单层立方上皮，外面有少量平滑肌和结缔组织。

（2）肺泡管　是呼吸性细支气管的分支，管壁上连有大量肺泡，因而管壁自身结构很少，只存在于相邻肺泡开口处，呈结节状膨大。

（3）肺泡囊　是肺泡管的分支，肺泡囊的管壁上全都是肺泡，相邻肺泡开口处没有平滑肌，故无结节状膨大。

（4）肺泡　是肺支气管树的终末部分，呈囊泡状，直径约0.2mm，开口于肺泡囊、肺泡管或呼吸性细支气管，是气体交换的场所，成人每侧肺有3亿~4亿个肺泡。

肺泡壁主要由肺泡上皮和基膜构成。肺泡上皮为单层上皮，由Ⅰ型肺泡细胞和Ⅱ型肺泡细胞组成（图5-20）。

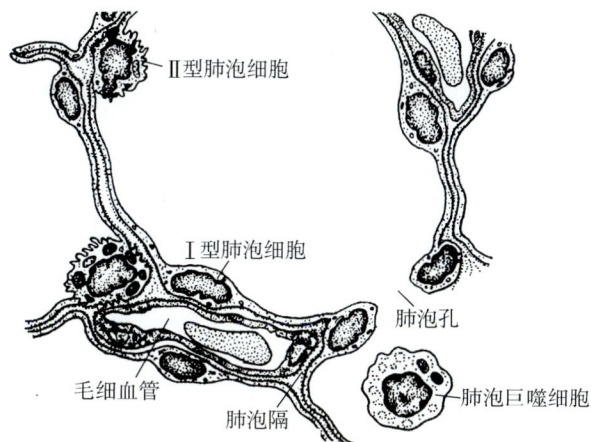

图 5-20 肺泡与肺泡隔

1）Ⅰ型肺泡细胞 细胞呈扁平形，数量少，约占肺泡细胞的25%，但覆盖了肺泡表面积的95%，是进行气体交换的部位。Ⅰ型肺泡细胞无增殖能力，损伤后由Ⅱ型肺泡细胞增殖分化补充。

2）Ⅱ型肺泡细胞 细胞呈圆形或立方形，数量多，约占肺泡细胞的75%，但覆盖面积仅为肺泡表面积的5%左右。Ⅱ型肺泡细胞能分泌肺泡表面活性物质，主要成分是磷脂、蛋白质和糖胺多糖等，在肺泡上皮腔面形成一层薄膜。

肺泡表面活性物质的主要功能是降低肺泡表面张力，稳定肺泡直径的大小。吸气时肺泡扩张，表面活性物质密度降低，表面张力增大，导致肺泡回缩力增大，可防止肺泡过度膨胀；呼气时肺泡缩小，表面活性物质密度增加，表面张力降低，阻止肺泡过度塌陷。某些早产儿的Ⅱ型肺泡细胞发育不良，不能产生表面活性物质，出生后肺泡不能扩张，出现呼吸困难，甚至死亡。

3）肺泡孔 是相邻肺泡之间的小孔，肺泡孔的数目随年龄增长而增加。空气可借肺泡孔互相流通，在肺部感染时，肺泡孔也是炎症蔓延的通道。

（二）肺间质

肺间质由肺内的结缔组织、血管、淋巴管和神经等构成。

1.肺泡隔 是相邻肺泡之间的薄层结缔组织，其内含有丰富的毛细血管网、大量的弹性纤维和散在的成纤维细胞、肺巨噬细胞及肥大细胞等（图5-20）。

肺泡隔内毛细血管网与肺泡上皮紧密相贴，有利于毛细血管内的血液与肺泡内的气体之间进行交换。弹性纤维使肺泡具有弹性，有利于肺泡在呼气时的回缩。肺巨噬细胞来源于血液中的单核细胞，能吞噬吸入的灰尘、异物、细菌及渗出的红细胞。吞噬大量灰尘颗粒后的肺泡巨噬细胞称尘细胞。在左心力衰竭出现肺淤血时，大量渗出的红细胞被肺巨噬细胞吞噬，血红蛋白被分解为含铁血色黄颗粒，称该细胞为心衰细胞。

2.气-血屏障 又称呼吸膜，是肺泡腔内氧气与肺泡隔毛细血管内血液携带的二氧化碳进行气体交换所通过的结构，由肺泡腔内表面的液体层、Ⅰ型肺泡细胞与基膜、薄层结缔组织、毛细血管基膜与内皮构成。正常的呼吸膜厚0.2~0.5 μm，当肺纤维化或肺水肿时，呼吸膜增厚，影响气体交换，导致机体缺氧。

四、肺的体表投影

肺尖高出锁骨内侧1/3段2～3cm，相当于第7颈椎棘突的高度。左、右肺的前缘，自肺尖开始，斜向内下，经胸锁关节后方至第2胸肋关节的水平，左、右靠近，并垂直下降。右侧到达第6胸肋关节处，移行为右肺下缘；左肺下降至第4胸肋关节处，因有左肺心切迹而转向左下作弧形弯曲至第6肋软骨中点（距前正中线约4cm）处，移行为左肺下缘（图5-21）。

两肺下缘体表投影基本相同，均沿第6肋软骨下缘行向外下方，在锁骨中线处与第6肋相交，在腋中线处与第8肋相交，在肩胛线处与第10肋相交，在后正中线处平第10胸椎棘突（图5-21、图5-22）。

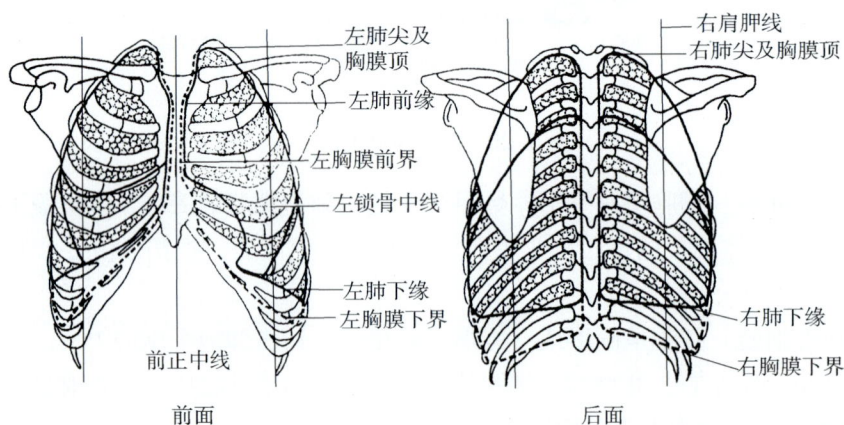

图5-21　肺和胸膜的体表投影（前面和后面）

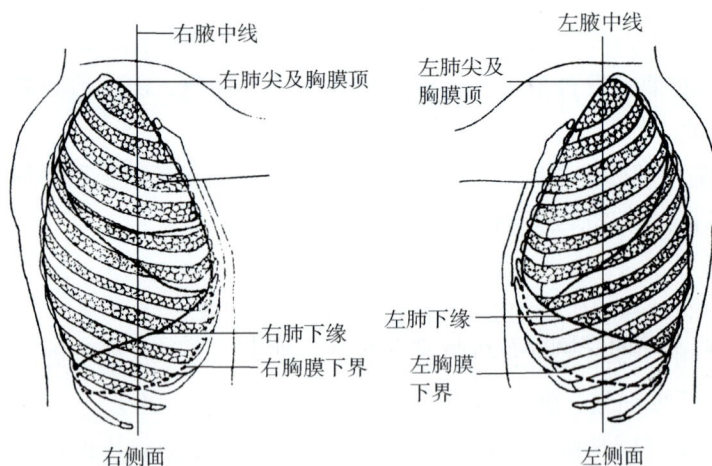

图5-22　肺和胸膜的体表投影（右侧面和左侧面）

五、肺的血管

肺的血管有两套，一套是由肺循环中肺动脉和肺静脉组成的功能性血管，是进行气体交换的血管；另一套是由体循环中支气管动脉和支气管静脉组成的营养性血管。

（一）肺动脉和肺静脉

肺动脉经肺门入肺后，其分支与支气管树伴行到肺泡隔内形成毛细血管网，通过呼吸膜进行气体交换后，毛细血管汇集成小静脉，小静脉逐渐汇集，最后汇集成肺静脉经肺门出肺。

（二）支气管动脉和支气管静脉

支气管动脉经肺门入肺后，其分支与支气管伴行，沿途分支形成毛细血管网，营养各级支气管、肺泡和胸膜。毛细血管内的血液一部分汇入肺静脉，另一部分汇合成支气管静脉，与支气管伴行经肺门出肺。

第三节　胸膜与纵隔

一、胸膜与胸膜腔

（一）胸膜

胸膜是一层薄而光滑的浆膜，分为互相移行的脏胸膜和壁胸膜两部分。脏胸膜覆盖在肺表面，并深入肺叶间裂内。壁胸膜衬贴于胸壁内面、膈上面和纵隔两侧，按部位不同分为四部分：①胸膜顶，突出胸廓上口，覆盖肺尖；②肋胸膜，贴于胸壁内表面；③膈胸膜，贴于膈的上面；④纵隔胸膜，贴在纵隔的两侧（图5-23）。

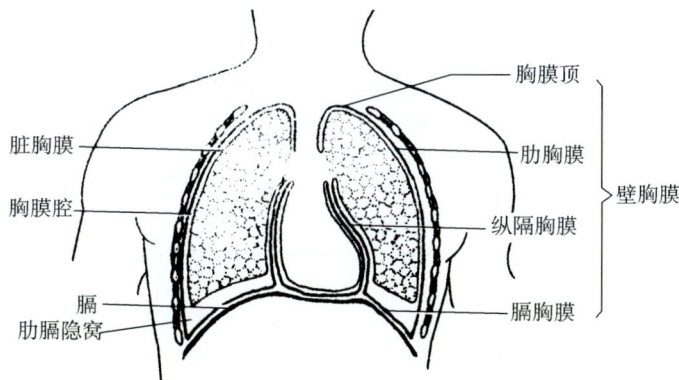

图 5-23　胸膜和胸膜腔示意图

（二）胸膜腔

胸膜腔是由脏、壁两层胸膜在肺根处互相移行而形成密闭的潜在性腔隙。左、右各一，互不相通，腔内呈负压，含有少量浆液，在呼吸运动时可减少两层胸膜间的摩擦。

（三）胸膜隐窝

胸膜隐窝是各部壁胸膜相互移行转折处，胸膜腔内形成的较大间隙。其中最大最重要的是肋膈隐窝。

肋膈隐窝又称肋膈窦，是肋胸膜和膈胸膜相互移行转折处形成的一个半环形间隙，在深吸气时肺下缘也不能充满其间（图5-23）。肋膈隐窝是胸膜腔的最低部位，当胸膜发生炎症时，渗出液首先积聚于此处，是临床上进行胸膜腔穿刺抽液的常选部位。

知识链接

胸膜腔穿刺术

胸膜腔穿刺术，简称胸穿，是指对胸膜腔积液（或气胸）的患者，为了诊断和治疗疾病的需要而通过胸膜腔穿刺抽取积液或气体的一种技术。穿刺时患者取坐位面向背椅，两前臂置于椅背上，前额伏于前臂上；不能起床患者可取半坐位，患者前臂上举抱于枕部。穿刺点应选在胸部叩诊实音最明显部位进行，胸液较多时一般常取肩胛线或腋后线第7~8肋间；有时也选腋中线第6~7肋间或腋前线第5肋间。穿刺时应沿着肋间隙的下位肋的上缘进针，以免伤及肋间神经和血管。

二、壁胸膜的体表投影

两侧胸膜顶和胸膜前界的体表投影分别与肺尖和肺前缘的体表投影基本一致。两侧胸膜前界的下段在胸骨体下部与左侧第4、5肋软骨后方形成一个无胸膜区，称心包区，其间显露心及心包。临床上常在胸骨左缘第4肋间隙（左剑肋角）进行心内注射或心包穿刺，不会伤及肺和胸膜（图5-21）。

胸膜下界是肋胸膜与膈胸膜的返折线，两侧大致相同。右侧起于第6胸肋关节处，左侧起于第6肋软骨后方，两侧均斜向外下方，在锁骨中线处与第8肋相交，在腋中线处与第10肋相交，在肩胛线处与第11肋相交，在后正中线处平第12胸椎棘突高度（图5-21、图5-22，表5-1）。

表 5-1 肺和胸膜下界的体表投影

	锁骨中线	腋中线	肩胛线	后正中线
肺下界	第6肋	第8肋	第10肋	平第10胸椎棘突
胸膜下界	第8肋	第10肋	第11肋	平第12胸椎棘突

三、纵隔

（一）纵隔的概念和境界

纵隔是两侧纵隔胸膜之间所有器官、结构和组织的总称。

纵隔的上界是胸廓上口，下界为膈，前界是胸骨，后界为脊柱胸段，两侧界为纵隔胸膜。

（二）纵隔的分部

纵隔通常以胸骨角与第4胸椎下缘平面为界，将其分为上纵隔和下纵隔。下纵隔又以心包前、后壁为界，分为前纵隔、中纵隔和后纵隔（图5-24）。

（三）纵隔的内容

上纵隔内主要有胸腺、头臂静脉、上腔静脉、主动脉弓及三大分支、气管、食管、胸导

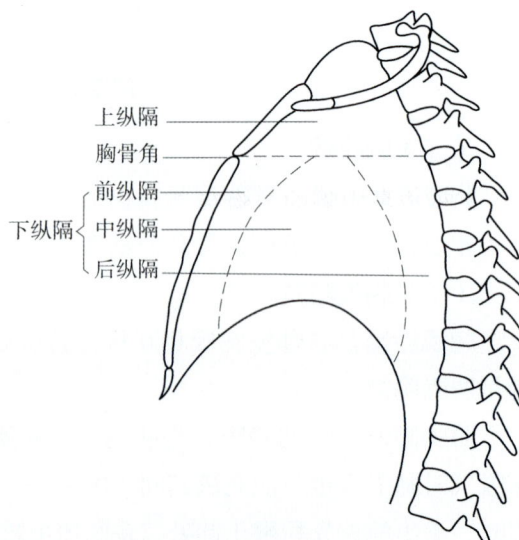

图 5-24 纵隔分部示意图

管、迷走神经、膈神经和淋巴结等。

前纵隔位于胸骨体与心包之间，内有结缔组织和淋巴结。

中纵隔位于前、后纵隔之间，主要有心包、心和出入心的大血管根部、膈神经等。

后纵隔位于心包后壁与脊柱之间，主要有主支气管、食管、胸主动脉、奇静脉、半奇静脉、副半奇静脉、迷走神经、胸交感干和淋巴结等。

本章小结

呼吸系统由呼吸道和肺组成，主要功能是进行气体交换。呼吸道包括鼻、咽、喉、气管和各级支气管，临床上通常把鼻、咽、喉称为上呼吸道，把气管和各级支气管称为下呼吸道。鼻包括外鼻、鼻腔和鼻旁窦3部分。喉位于颈前部中份，以喉软骨为基础，借关节、韧带、喉肌、黏膜所组成。气管上起于环状软骨下缘，下至胸骨角平面分为左、右主支气管。右主支气管较左主支气管粗、短，走行垂直。气管和支气管管壁由内向外分为黏膜、黏膜下层和外膜。肺位于胸腔内，左、右各一，呈半个圆锥形，包括肺尖、肺底、两面、三缘；左肺被斜裂分为上、下两叶，右肺被斜裂和水平裂分为上、中、下三叶。肺组织由肺实质和肺间质构成，肺实质包括肺内支气管树及终末的肺泡，分为导气部和呼吸部；肺间质由肺内的结缔组织、血管、淋巴管和神经等构成。胸膜可分为脏胸膜和壁胸膜。脏壁两层胸膜间密闭、呈负压的潜在性腔隙称胸膜腔。纵隔是两侧纵隔胸膜之间所有器官、结构和组织的总称。

习题

一、选择题

【A1/A2型题】

1.上呼吸道是指
　A.口、鼻和咽　　　　　　　B.鼻、咽和喉　　　　　　　C.鼻、咽、喉和气管
　D.鼻、咽和食管　　　　　　E.口、鼻和喉

2.构成鼻中隔的结构有
　A.鼻中隔软骨、鼻骨和犁骨
　B.鼻中隔软骨和筛板
　C.鼻骨、筛骨的垂直板和犁骨
　D.筛骨垂直板和犁骨
　E.鼻中隔软骨、筛骨垂直板和犁骨

3.上鼻甲及鼻中隔上部的黏膜称为
　A.嗅区　　　　　　　　　　B.味觉区　　　　　　　　　C.易出血区
　D.呼吸区　　　　　　　　　E.触觉区

4.开口于上鼻道的鼻旁窦是

扫码"练一练"

A.筛窦前、中群   B.筛窦后群   C.上颌窦

D.额窦   E.蝶窦

5.喉腔最狭窄部位在

A.喉中间腔   B.喉口   C.喉前庭

D.声门裂   E.前庭裂

6.幼儿喉腔易发生水肿的部位是

A.喉中间腔   B.喉前庭   C.声门下腔

D.喉室   E.喉口

7.气管

A.上端在第4颈椎高度接喉

B.气管权位于第6胸椎体平面

C.分为颈、胸、腹三段，以胸段较长

D.壁可分黏膜、黏膜下层、外膜三层

E.临床上气管又称下呼吸道

8.气管切开的常选部位

A.第1~3气管软骨处   B.第2~4气管软骨处

C.第3~5气管软骨处   D.第4~6气管软骨处

E.第5~7气管软骨处

9.下列哪项是左肺的特点

A.只有水平裂   B.只有斜裂

C.既有水平裂也有斜裂   D.既无水平裂也无斜裂

E.前缘平直

10.覆盖在肺表面的薄膜是

A.浆膜   B.黏膜   C.滑膜

D.纤维膜   E.胸膜顶

11.右肺下缘的体表投影，在肩胛线处与

A.第6肋相交   B.第7肋相交   C.第8肋相交

D.第9肋相交   E.第10肋相交

12.肺的微细结构分为两大部分，即

A.导气部和呼吸部   B.皮质和髓质   C.实质和间质

D.肺大叶和肺小叶   E.被膜和皮质

13.鼻旁窦不包括

A.上颌窦   B.额窦   C.筛窦

D.乳突窦   E.蝶窦

14.下列哪项不属于喉软骨

A.甲状软骨   B.环状软骨   C.杓状软骨

D.会厌软骨   E.肋软骨

15.关于气管，错误的说法是

A.颈部较短，胸部较长   B.气管权的位置平胸骨角高度

C.颈段的前方有甲状腺峡   D.后方有食管

E.软骨环呈"O"形，从而保证气管始终处于开放状态

16.关于右主支气管错误的说法是

    A.长2~3cm   B.走行方向较垂直

    C.气管异物易经此入右肺   D.较为细长

    E.经右肺门入右肺

17.关于右肺下列说法中，何者错误

    A.有斜裂及水平裂   B.分为上、中、下三叶   C.比左肺短

    D.气管内异物多入右肺   E.上述都不对

18.下列哪一种结构不具有气体交换的功能

    A.终末细支气管   B.呼吸性细支气管   C.肺泡管

    D.肺泡囊   E.肺泡

19.关于胸膜腔，叙述错误的是

    A.腔内呈负压   B.腔内有少量浆液

    C.左、右胸膜腔不相通   D.胸膜腔也叫胸腔

    E.是位于脏胸膜和壁胸膜之间的潜在性腔隙

20.纵隔境界的描述中，错误的是

    A.上界为胸廓上口   B.下界为膈   C.前界为胸骨柄

    D.后界为脊柱胸段   E.两侧界为纵隔胸膜

二、思考题

1.鼻旁窦有哪几对？各开口于何处？

2.气管腔内的异物大多数坠入哪侧主支气管内？为什么？

3.简述肺的位置和形态。

4.分析气体由外界进入肺泡壁毛细血管所经过的结构。

5.何谓纵隔？其分部如何？

（杨兴文）

第六章 泌尿系统

学习目标

1.**掌握** 泌尿系统的组成及功能；肾的形态、位置及结构；肾门的概念及出入肾门的主要结构；肾的被膜；肾区的概念及临床意义；滤过膜的概念及组成；输尿管的行程、分段及狭窄；膀胱的形态、位置及膀胱三角；女性尿道的特点。

2.**熟悉** 肾的毗邻；肾单位的概念及组成；肾小管各段的结构特点及功能；球旁复合体的组成及功能；膀胱壁的构造。

3.**了解** 肾段动脉与肾段；肾的血液循环特点；髓襻、致密斑的概念及其功能。

4.会观察辨认泌尿系统各部分的主要形态结构及其微细结构。

5.具有关心患者、尊重患者的意识及良好的职业素质、人际沟通能力和团结协作精神。

泌尿系统由肾、输尿管、膀胱和尿道组成（图6-1）。其主要功能是排出机体新陈代谢中产生的废物和多余的水，保持机体内环境的平衡和稳定。肾是形成尿液的器官，尿液经输尿管输送到膀胱暂时贮存，当尿液达到一定量后，再经尿道排出体外。

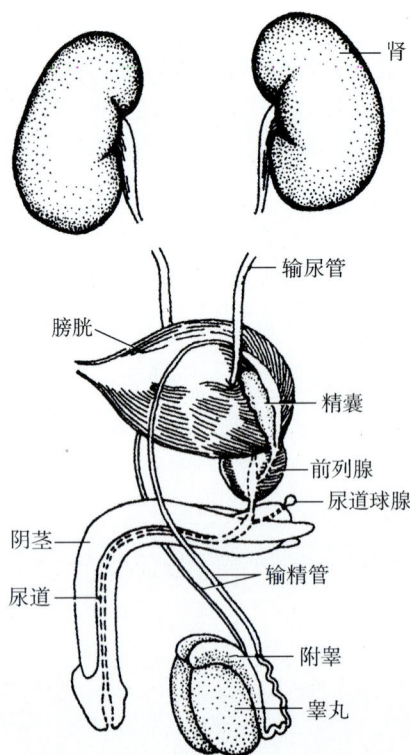

图6-1 男性泌尿系统、生殖系统概观

第一节　肾

案例导入

患者，女性，25岁。产后第3天出现寒战、发热39.6℃，伴腰痛与下腹痛，肋脊角有叩击痛，耻骨上有压痛。尿常规中红细胞5～10个/HP，白细胞10～25个/HP，白细胞管型1～3个/HP，尿蛋白＋，血白细胞12.4×10^9/L。临床诊断：产后并发急性肾盂肾炎。

请问：

1. 泌尿系统由哪些器官组成？细菌到达肾盂的途径是什么？

2. 请用解剖学知识解释女性为什么更容易患急性肾盂肾炎？

扫码"学一学"

一、肾的形态和位置

肾是实质性器官，左、右各一，形似蚕豆，呈红褐色，质地柔软，表面光滑。肾可分为内、外侧两缘，前、后两面和上、下两端。肾的上端较宽而薄，下端较窄而厚；肾的前面较凸朝向前外侧，后面较平坦紧贴腹后壁；肾的外侧缘隆凸，内侧缘中部凹陷，称肾门，是肾盂、血管、淋巴管和神经等结构出入的部位。这些出入肾门的结构，被结缔组织包裹称肾蒂。肾门向肾实质内凹陷形成的腔隙称肾窦。其内有肾动脉、肾静脉、淋巴管、肾小盏、肾大盏、肾盂和脂肪组织等结构。

肾位于腹后壁的上部，脊柱的两侧，为腹膜外位器官（图6-2）。两肾上端相距较近，下端相距较远。右肾比左肾略低半个椎体。左肾上端平第11胸椎下缘，下端平2腰椎下缘。右肾上端平第12胸椎，下端达第3腰椎。左侧第12肋斜过左肾后面的中部，右侧第12肋斜过右肾后面的上部。肾门约平对第1腰椎体平面，距正中线约5cm。临床上常将竖脊肌外侧缘与第12肋之间的部位，称为肾区，当肾有病变时，触压或叩击该区，常有疼痛。

图6-2　肾和输尿管的位置

左肾前上部与胃底后面相邻，中部与胰尾和脾血管相邻，下部邻接空肠和结肠左曲。右肾前上部与肝相邻，下部与结肠右曲相邻，内侧邻接十二指肠降部。两肾上端邻接肾上腺。两肾后面的上1/3与膈相邻，下部自内向外与腰大肌、腰方肌及腹横肌相邻。

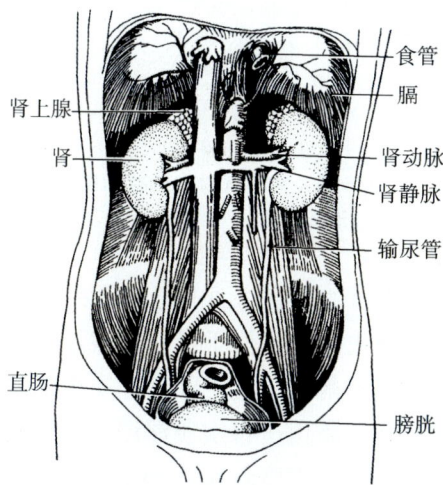

二、肾的被膜

肾的表面包有三层被膜，由内向外依次为纤维囊、脂肪囊和肾筋膜（图6-3、图6-4）。

（一）纤维囊

纤维囊贴在肾表面，薄而坚韧，由致密结缔组织和少量弹力纤维构成。在肾破裂或肾部分切除时，必须缝合此囊，以防肾下垂和肾实质撕裂。

（二）脂肪囊

脂肪囊位于纤维囊的外面，为肾周围的囊状脂肪层，包裹肾和肾上腺。临床上做肾囊封闭，就是将药液注入脂肪囊内。

（三）肾筋膜

肾筋膜位于脂肪囊的外面，由致密结缔组织构成，包绕于肾和肾上腺的周围。肾筋膜可分为前、后两层，在肾上腺上方和肾的外侧，前、后层互相融合；在肾的下方，两层互相分离，其间有输尿管通过；在肾的内侧，两侧肾筋膜前层互相移行。后层与腰大肌和腰方肌的筋膜相融合。肾筋膜向深面发出许多结缔组织小束，穿过脂肪囊与肾纤维囊紧密相连，对肾起固定作用。

肾的正常位置主要依靠肾筋膜、肾脂肪囊、肾血管维持，肾的邻近器官、腹膜和腹内压等，对肾也有一定的固定作用。当肾的固定装置不健全时，肾可向下移位，造成肾下垂或游走肾。

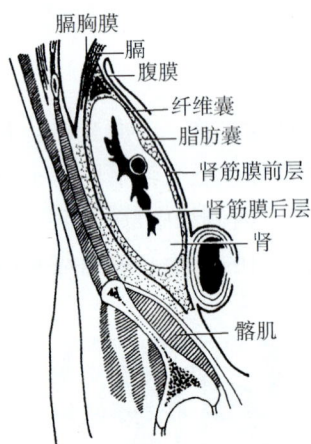

图6-3　肾的被膜（矢状切面）

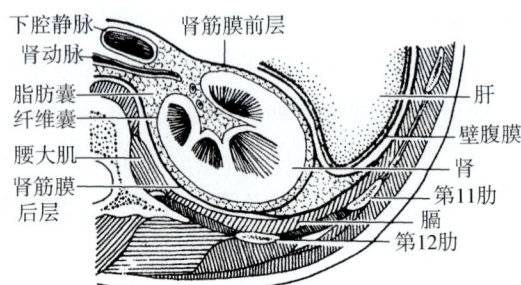

图6-4　肾的被膜（横切面）

三、肾的构造

在肾的冠状切面上，将肾实质分为皮质和髓质两部分（图6-5）。

肾皮质主要位于肾实质浅层，富含血管，新鲜时呈红褐色。皮质伸入髓质内的部分，称为肾柱。肾髓质位于肾实质深层，血管较少，新鲜时呈淡红色，主要由10~20个肾锥体构成。肾锥体呈锥体形，其底朝向皮质，尖端钝圆呈乳头状，朝向肾门，称为肾乳头。肾乳头上有许多乳头孔，为乳头管向肾小盏的开口。肾生成的尿液经乳头孔流入肾小盏内。

在肾窦内有肾小盏，为漏斗形的膜状小管，围绕肾乳头。每侧肾有7~8个肾小盏，相邻2~3个肾小盏合成一个肾大盏。每侧肾有2~3个肾大盏，肾大盏汇合成扁漏斗状的肾盂。肾盂出肾门后逐渐缩窄变细，移行为输尿管。

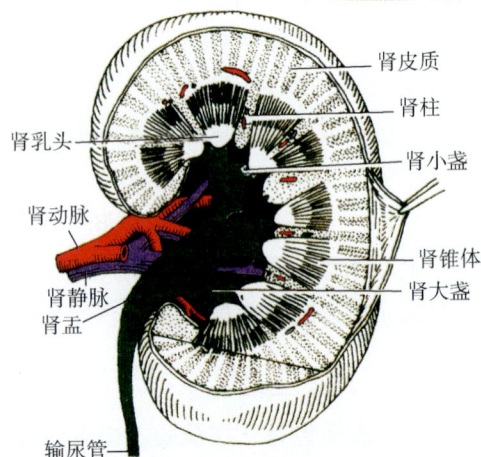

图6-5　肾的剖面结构

四、肾的微细结构

肾实质由大量肾单位和集合管构成，肾内的少量结缔组织、血管、淋巴管和神经等构成肾间质。肾单位由肾小体和肾小管构成，是尿液形成的结构和功能单位。肾小管与集合管相接，它们合称泌尿小管（图6-6）。

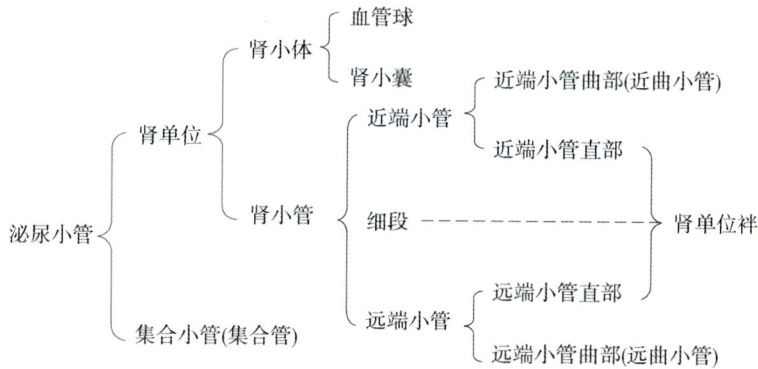

图 6-6　泌尿小管的组成

（一）肾单位

肾单位是肾的结构和功能单位，由肾小体和与其相连的肾小管两部分构成。每个肾约有150万个肾单位，肾单位与集合管共同行使泌尿功能（图6-7）。

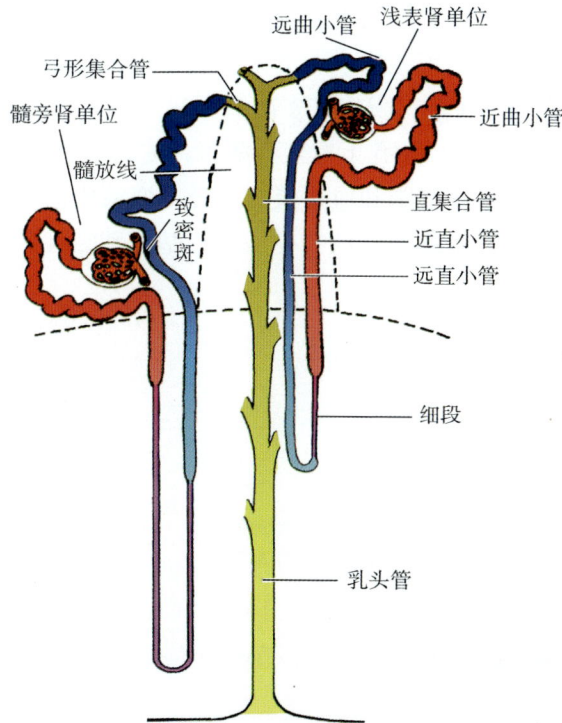

图 6-7　肾单位和集合管模式图

1. 肾小体　位于肾皮质内，呈球形，一端与肾小管相连，由血管球和肾小囊组成（图6-8）。

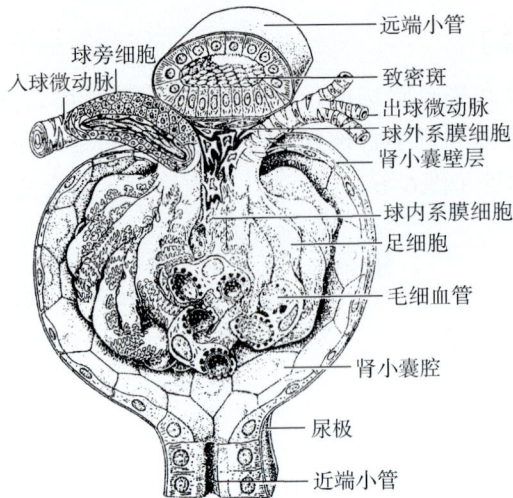

图 6-8　肾小体的结构模式图

（1）血管球　又称肾小球，是位于入球微动脉与出球微动脉之间的盘曲成球状的毛细血管。血管球的毛细血管壁极薄，由一层有孔的内皮细胞及其外面的基膜构成，入球微动脉较粗短，出球微动脉较细长，所以血管球的毛细血管内形成较高的压力，有利于原尿的生成。

（2）肾小囊　为肾小管的起端扩大并凹陷而成的双层盲囊，两层囊壁之间的腔隙称肾小囊腔。肾小囊外层称壁层，由单层扁平上皮构成；内层称脏层，紧贴血管球的毛细血管基膜的外面，由单层有突起的足细胞构成。电镜下可见足细胞的胞体较大，从胞体伸出几个较大的初级突起，每个初级突起又发出许多次级突起。相邻足细胞的次级突起互相交错，突起之间有微小的裂隙，称裂孔。裂孔上覆盖有薄膜，称裂孔膜（图6-9）。

当血液流经肾小球时，除血细胞和血浆蛋白质外，血液中的其他小分子物质均可滤入肾小囊腔形成原尿，必须经过毛细血管的有孔内皮、基膜和裂孔膜，这三层结构组成滤过膜，又称为滤过屏障（图6-10）。

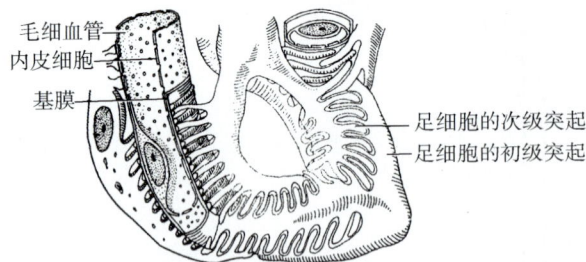

图 6-9　足细胞与毛细血管超微结构模式图

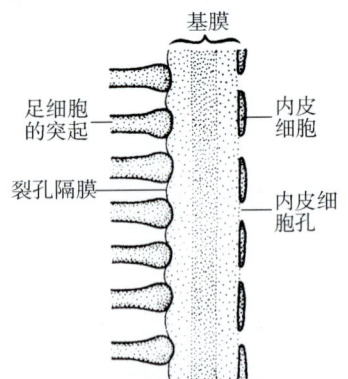

图 6-10　滤过膜模式图

2. 肾小管　是与肾小囊壁层相连续的一条细长而弯曲的管道，由单层上皮构成，从近端至远端依次分为近端小管、细段和远端小管三部分（图6-7）。

（1）近端小管　由单层立方上皮构成，分为近端小管曲部和近端小管直部。近端小管曲部盘曲于肾小体附近，粗而长。近端小管壁的上皮细胞呈立方形或锥体形，细胞界限不清，其游离面有微绒毛。近端小管是重吸收原尿中水、营养物质和部分无机盐的重要场所。

（2）细段　近端小管直部管径骤然变细移行为细段。由单层扁平上皮构成，有利于水和离子的通过。

（3）远端小管　由单层立方上皮构成，无刷状缘。依次分为远端小管直部和远端小管曲部两部分，其末端与集合管相连。远端小管是离子交换的重要部位，上皮细胞可重吸收水、Na^+和排出K^+、H^+、NH_3等，对维持体液的酸碱平衡起重要作用。

髓袢为近端小管直部、细段和远端小管直部共同构成的"U"形结构。髓袢能减缓原尿在肾小管中的流速，有利于吸收原尿中的水分和无机盐。

（二）集合小管

集合小管由远曲小管汇合而成。它自皮质行向髓质，最后移行为乳头管开口于乳头孔。集合小管由单层立方上皮构成，至乳头管成为单层柱状上皮，主要功能是重吸收水和交换离子，使原尿进一步浓缩。

肾小体形成的原尿，经过肾小管和集合小管后，绝大部分的水、营养物质和无机盐等被重吸收入血液，部分离子也在此进行交换，肾小管的上皮细胞还分泌和排出机体的部分代谢产物，原尿经进一步浓缩，最后形成终尿。终尿经乳头管排入肾小盏，其量为每天1~2L，占原尿的1%。因此，肾在生成尿液的过程中不仅排出了机体的代谢废物，而且对维持机体的水盐平衡和内环境的稳定起着重要的调节作用。

> **知识拓展**
>
> **尿液检查**
>
> 尿液是肾的产物，尿液的变化除反映肾功能和泌尿道的状况外，机体其他系统的功能改变也可在尿液检查时获得。因此，尿液检查被列为三大常规的检查内容。尿常规检查的基本内容包括尿外观、尿物理学、尿化学和尿沉渣四项。

（三）球旁复合体

球旁复合体位于肾小体的血管极处，大致呈三角形，由球旁细胞、致密斑和球外系膜细胞组成（图6-11）。

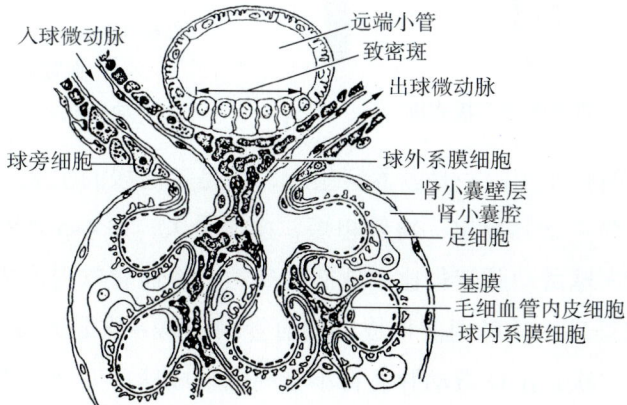

图6-11　球旁复合体模式图

1.球旁细胞　是入球微动脉接近肾小体血管极处，其管壁的平滑肌细胞特化而成的上皮样细胞。球旁细胞呈立方形或多边形，细胞核大而圆，细胞质呈弱嗜碱性，含有分泌颗粒。球旁细胞可分泌肾素，肾素能引起小动脉收缩，使血压升高。

2.致密斑　是远端小管曲部接近肾小体血管极处一侧的管壁上皮细胞增高变窄形成的一个椭圆形隆起。每个致密斑由排列紧密的20～30个柱状细胞构成。致密斑是一种离子感受器，有调节球旁细胞分泌肾素的作用。

3.球外系膜细胞　位于入球微动脉、出球微动脉和致密斑围成的三角形区域内。球旁细胞在球旁复合体的功能活动中起到信息传递的作用。

五、肾的血液循环

肾动脉直接由腹主动脉发出，肾动脉经肾门入肾后分为数支叶间动脉，叶间动脉在肾柱内上行至皮质和髓质交界处，分支为弓形动脉。弓形动脉分出若干小叶间动脉，走向皮质，小叶间动脉沿途分出许多入球微动脉进入肾小体，形成血管球。血管球汇合成出球微动脉离开肾小体后，分支形成球后毛细血管网，分布在肾小管周围。球后毛细血管网依次汇合成小叶间静脉、弓形静脉、叶间静脉，最后形成肾静脉出肾（图6-12、图6-13）。

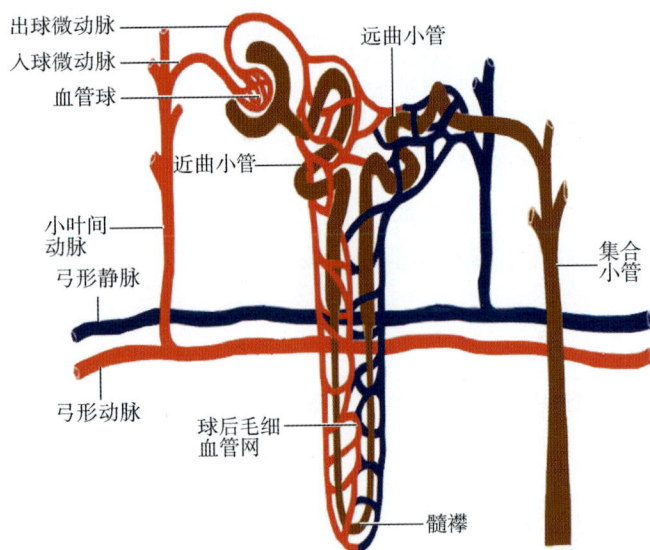

图6-12　肾血液循环模式图

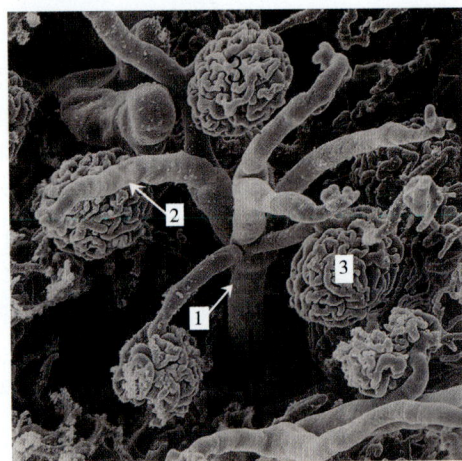

图6-13　小叶间动脉、入球微动脉和血管球扫描电镜图

1 小叶间动脉；2 入球微动脉；3 血管球

肾的血液循环有两种作用，一是营养肾组织，二是参与尿的生成。肾的血液循环特点是：①肾动脉直接由腹主动脉发出，血管粗短，血流量大，每4~5分钟人体内血液全部经肾而被滤过一遍；②入球微动脉管径比出球微动脉粗，使血管球内形成较高的压力，有利于滤过；③肾的血液循环中动脉两次形成毛细血管网，第一次是入球微动脉形成血管球，有利于过滤作用，第二次是出球微动脉在肾小管周围形成球后毛细血管网，有利于肾小管上皮细胞重吸收功能。

第二节　输尿管

一、输尿管的行程和分段

输尿管起自肾盂，终于膀胱，是一对细长的管道，成人管径平均为0.5~0.7cm，全长20~30cm。位于腹膜后，沿腰大肌的前面下行，于小骨盆上口处跨越髂总动脉分叉处的前方入盆腔至膀胱底的外上角，斜穿膀胱壁，开口于膀胱底。输尿管按行程可分为腹段、盆段和壁内段（图6-14）。腹段为输尿管起始部至小骨盆上口处。左输尿管越过左髂总动脉末端前方，右输尿管越过右髂外动脉起始部前方，进入盆腔移行为盆段；盆段为小骨盆上口至膀胱底处，男性输尿管在膀胱底与输精管后外方交叉，女性输尿管在子宫颈外侧约2cm处，从子宫动脉后下方绕过；壁内段是输尿管斜穿膀胱壁的部分，止于膀胱腔内面的输尿管口。当膀胱充盈时，膀胱内压升高，压迫壁内段，使管腔闭合，可阻止尿液由膀胱反流入输尿管。

二、输尿管的狭窄

输尿管全程有三处生理性狭窄：第一处狭窄位于输尿管的起始处，即肾盂与输尿管移行处；第二处狭窄位于小骨盆的上口处，即输尿管越过髂血管处；第三处狭窄为输尿管穿膀胱壁处。这些狭窄是输尿管结石容易滞留的部位。

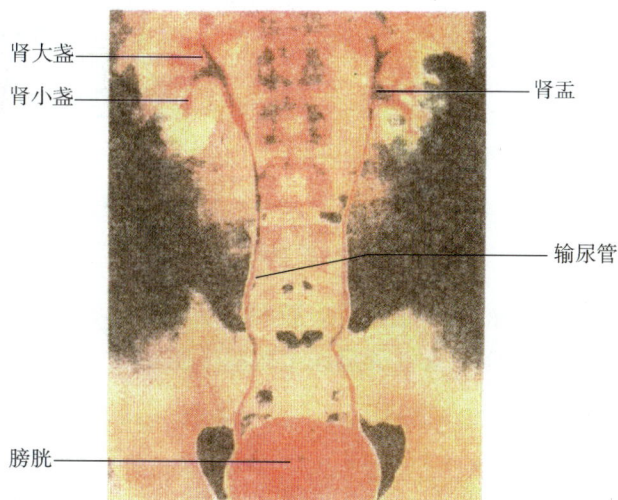

图6-14　输尿管（造影）

第三节　膀　胱

膀胱是一个肌性囊状的储尿器官，有较大的伸缩性，其形态、位置及壁的厚度可随尿液的充盈程度而发生变化。成人膀胱的容量为350~500ml，最大可达800ml，新生儿膀胱容量约为成人的1/10，女性膀胱容积略小于男性。

扫码"学一学"

扫码"学一学"

一、膀胱的形态

膀胱空虚时呈三棱锥体形，可分为尖、体、底和颈四部分（图6-15）。膀胱尖细小，朝向前上方；膀胱底略呈三角形，朝向后下方；膀胱尖与膀胱底之间的大部分为膀胱体；膀胱的最下部称膀胱颈，膀胱颈的下端有尿道内口，与尿道相接。膀胱充盈时呈卵圆形。

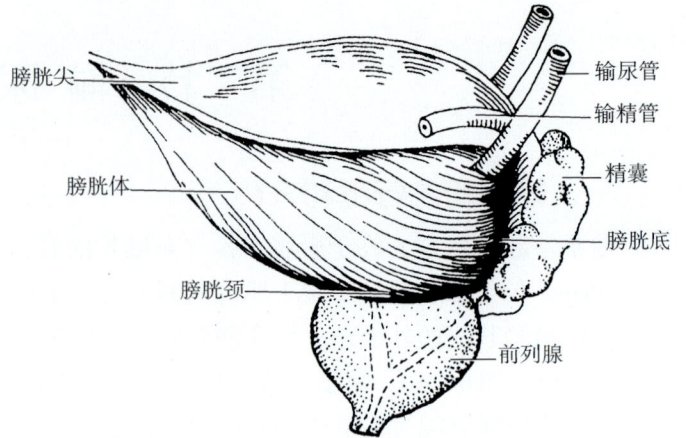

图 6-15　膀胱侧面观

二、膀胱的位置

膀胱空虚时位于盆腔前部，耻骨联合后方。膀胱空虚时，全部位于盆腔内，膀胱尖一般不超过耻骨联合上缘；膀胱充盈时，膀胱尖高出耻骨联合上缘，此时由腹前壁返折到膀胱上面的腹膜也随之上移，膀胱前下壁则直接与腹前壁相贴（图6-16）。因此，膀胱充盈时，在耻骨联合上方进行膀胱穿刺或手术，可不伤及腹膜。

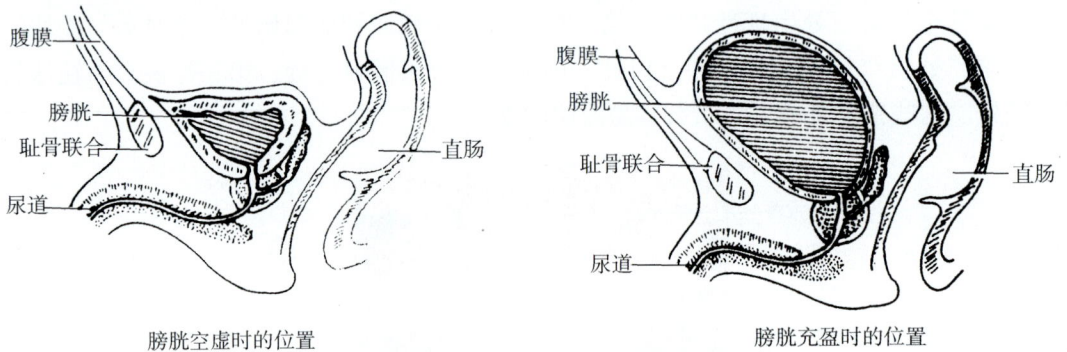

膀胱空虚时的位置　　　　膀胱充盈时的位置

图 6-16　膀胱的位置

膀胱底的后方，在男性与精囊、输精管壶腹和直肠相邻；在女性则与子宫和阴道相邻。膀胱颈下方，在男性邻接前列腺，女性邻接尿生殖膈（图6-17、图6-18）。

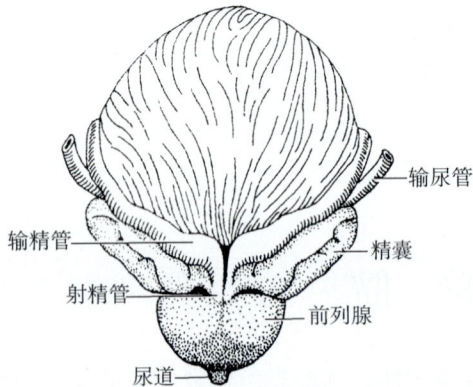

图 6-17　男性膀胱后面的毗邻

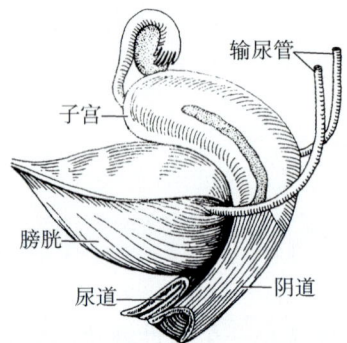

图 6-18　女性膀胱后面的毗邻

膀胱穿刺术

　　膀胱穿刺术是用穿刺针刺入膀胱，以解除尿道梗阻所致的尿潴留或经穿刺抽出膀胱内尿液进行检验和细菌培养的技术。膀胱为腹膜间位器官，膀胱的上面、两侧和后面均有腹膜覆盖，而前面并无腹膜。当膀胱充盈上升时，腹前壁的腹膜也随膀胱的上升而向上推移，故膀胱壁与腹前壁相贴，此时，在耻骨联合上方经腹前壁进行膀胱穿刺，穿刺针可不经过腹膜腔而直接进入膀胱，以避免腹膜腔污染。

三、膀胱壁的结构

　　膀胱壁分为三层，由内向外依次为黏膜、肌层和外膜（图6-19、图6-20）。黏膜由上皮和固有层组成，黏膜的上皮为变移上皮。膀胱空虚时，黏膜形成许多皱襞，充盈时皱襞则消失。在膀胱底内面，位于两侧输尿管口和尿道内口之间的三角形区域，无论膀胱处于充盈或空虚，黏膜均光滑无皱襞，称为膀胱三角。膀胱三角是肿瘤、结核和炎症的好发部位。两输尿管口之间的横行皱襞，称为输尿管间襞。呈苍白色，是膀胱镜检查时寻找输尿管口的标志。膀胱肌层为平滑肌，亦称膀胱逼尿肌，在尿道内口周围环形平滑肌增厚形成膀胱括约肌。膀胱上面的外膜为浆膜，其他部分为纤维膜。

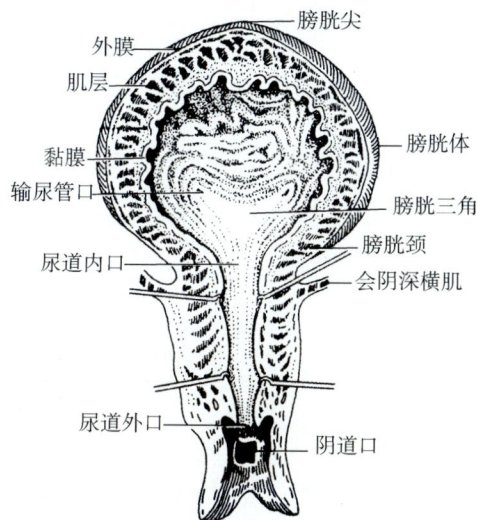

图 6-19　女性膀胱和尿道的冠状切面

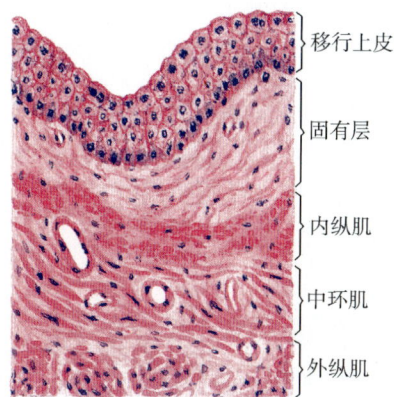

图 6-20　膀胱微细结构

第四节　尿　道

　　尿道是膀胱通往体外的排尿管道，尿道起于膀胱的尿道内口，终于尿道外口。男、女性尿道的结构和功能差异很大，女性尿道仅有排尿功能，男性尿道除了排尿，还有排精的功能。

　　女性尿道较男性尿道宽、短而直，易于扩张，长3～5cm。女性尿道起于膀胱的尿道内口，经阴道前方行向前下，穿尿生殖膈，终于阴道前庭前方的尿道外口。女性尿道穿尿生殖膈处，周围有尿道括约肌环绕，有控制排尿和紧缩阴道的作用。女性尿道前方为耻骨联合，后方紧贴阴道前壁。

扫码"学一学"

本章小结

　　泌尿系统由肾、输尿管、膀胱和尿道组成，主要功能是形成并排出尿液。肾是成对的实质性器官，位于腹膜后脊柱两侧。肾表面由内向外依次包有纤维囊、脂肪囊和肾筋膜3层被膜。肾实质分浅层的皮质和深层的髓质，主要由肾单位和集合小管构成。肾单位是肾的结构和功能单位，由肾小体和肾小管组成。肾小管和集合小管组成泌尿小管，对原尿成分进行重吸收以及分泌等而形成终尿。肾小体血管极处有球旁细胞、致密斑等肾小球旁器。输尿管是一对输送尿液的肌性管道，位于腹膜后方，全长有3处狭窄。膀胱是储存尿液的肌性器官，空虚时呈三棱锥体形，分为尖、体、底和颈，位于盆腔前部，耻骨联合的后方。膀胱三角为双侧输尿管口与尿道内口之间的区域，是肿瘤、结核和炎症的好发部位。男性尿道有排尿和排精的双重功能；女性尿道仅有排尿功能，短、宽、直，易引起逆行性尿路感染。

习 | 题

扫码"练一练"

一、选择题

【A1/A2 型题】

1.呈扁漏斗状，出肾门后渐变细而移行为输尿管的是

  A.肾窦　　　　　　　　　B.肾盂　　　　　　　　　C.肾小盏

  D.肾大盏　　　　　　　　E.肾乳头

2.肾皮质伸入肾髓质内的部分是

  A.肾门　　　　　　　　　B.肾窦　　　　　　　　　C.肾柱

  D.肾锥体　　　　　　　　E.肾乳头

3.膀胱最下部称

  A.膀胱底　　　　　　　　B.膀胱尖　　　　　　　　C.膀胱颈

  D.膀胱体　　　　　　　　E.膀胱顶

4.关于膀胱的说法，正确的是

  A.是一储尿器官

  B.膀胱底处有尿道内口

  C.充盈时全部位于盆腔内

  D.成人膀胱容积为100～300ml

  E.男性膀胱低于女性膀胱

5.肾小体血管球的血管是

  A.血窦　　　　　　　　　B.有孔毛细血管　　　　　C.连续毛细血管

  D.毛细血管后微静脉　　　E.以上都不是

6.分泌肾素的细胞是

  A.球旁细胞　　　　　　　B.足细胞　　　　　　　　C.致密斑

D.血管球内皮细胞　　　　　　E.球外系膜细

7.能形成髓质渗透压梯度的是

    A.近端小管直部　　　　　B.近曲小管　　　　　C.细段

    D.远端小管直部　　　　　E.远曲小管

8.肾单位的组成是

    A.肾小体、肾小囊和肾小管

    B.肾小体和肾小管

    C.肾小体、肾小管和集合小管系

    D.肾小体和近端小管

    E.肾小体、近端小管和远端小管

9.下列属于泌尿器官的是

    A.肾　　　　　　　　　　B.输尿管　　　　　C.膀胱

    D.尿道　　　　　　　　　E.腺体

10.下述管道的管壁由单层扁平上皮构成的是

    A.近端小管　　　　　　　B.细段　　　　　　C.远端小管

    D.集合管　　　　　　　　E.输尿管

11.下列何段管壁细胞游离面有微绒毛形成的刷状缘

    A.近端小管　　　　　　　B.细段　　　　　　C.远端小管

    D.集合管　　　　　　　　E.输尿管

12.下列何段管道的管壁细胞重吸收功能最强

    A.近端小管　　　　　　　B.细段　　　　　　C.远端小管

    D.集合管　　　　　　　　E.输尿管

13.一个成年人的肾脏一昼夜可以形成的原尿量为

    A.8L　　　　　　　　　　B.80L　　　　　　C.180L

    D.360L　　　　　　　　　E.250L

14.有关肾的叙述，错误的是

    A.是腹膜外位器官

    B.左肾低于右肾半个椎体

    C.成人肾门约平第一腰椎体

    D.第12肋斜过左肾后面中部

    E.肾静脉注入下腔静脉

15.关于输尿管的叙述错误的是

    A.为细长的肌性管道

    B.沿腰大肌前面下行

    C.在小骨盆入口处跨过髂总动脉分叉处

    D.下端开口于膀胱体

    E.在子宫颈外侧约2cm处有子宫动脉从其前方通过

16.下列何项不属于肾单位

    A.肾小体　　　　　　　　B.集合小管　　　　C.近端小管

    D.细段　　　　　　　　　E.远端小管

17.下列何项不属于出入肾门的结构

    A.肾动脉   B.肾静脉   C.肾盂

    D.输尿管   E.淋巴管

18.下列何项不属于肾小管的结构

    A.近曲小管   B.近直小管   C.细段

    D.远端小管   E.集合小管

19.下列何项不属于排尿管道

    A.肾盂和肾盏   B.输尿管   C.集合小管

    D.膀胱   E.尿道

20.下列何项不属于肾血液循环的特点

    A.肾动脉由腹主动脉发出

    B.入球微动脉较出球微动脉粗

    C.形成两次毛细血管网

    D.直小血管襻与髓襻伴行

    E.出球微动脉的血液直接流入弓形静脉

二、思考题

1.肾冠状切面上肉眼可见到哪些结构?

2.输尿管的狭窄位于何处?有何临床意义?

3.简述肾的被膜和特点。

4.试述球旁复合体的组成、形态结构和功能。

5.试述肾血液循环的特点及其与功能的关系。

（杨国仲）

第七章　生殖系统

学习目标

    1.掌握　男、女性生殖系统的组成和功能；睾丸的形态、结构；附睾的形态和位置；输精管的分部及各部的位置；精索的组成和位置；前列腺的位置、形态；男性尿道的分部，各部形态特点；卵巢的形态、位置、输卵管的位置、分部和各部的形态特点；子宫的形态、位置及子宫的固定装置；阴道的位置及形态；阴道后穹与直肠子宫陷凹的关系。

    2.熟悉　精囊腺、尿道球腺的位置，射精管的合成及其开口部位；精索的概念；卵泡的发育；子宫内膜的周期性变化及其与卵巢的关系；会阴的概念、分部；女性乳房的结构。

    3.了解　输精管、输卵管结扎的部位；前列腺的分叶；阴囊的构成，阴茎的分部、构成及皮肤特点；卵巢年龄变化，前庭大腺的位置及女性外生殖器的组成。

    4.会观察辨认男女性主要生殖器官的形态结构。

    5.具有正确的性观念和性意识，能够初步宣传计划生育和优生优育知识。

    生殖系统是与种族延续和人体第二性征形成及维持相关的一个系统。男女有明显差异，但均包括暴露于体表的外生殖器和埋藏于体内的内生殖器两部分。内生殖器由产生生殖细胞和分泌性激素的生殖腺、输送生殖细胞的生殖管道和生殖管道周围的附属腺体三部分组成；外生殖器为性交接器官（图7-1）。

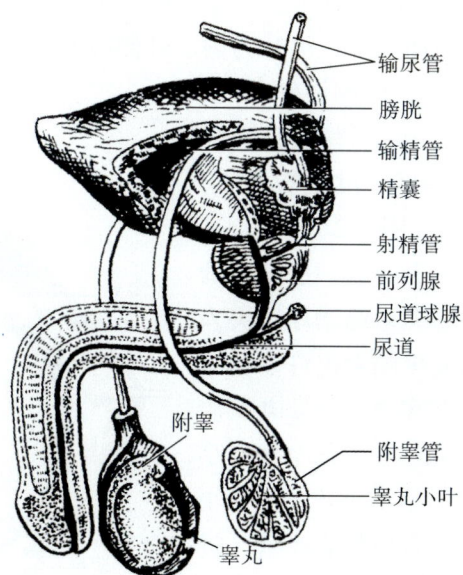

图7-1　男性生殖系统

第一节　男性生殖系统

案例导入

　　患者，男性，75岁，于4年前无明显诱因出现进行性排尿困难，有尿线细，尿等待，排尿滴沥不尽感，夜尿次数2~3次，无排尿不能，无发热，无腰痛，无血尿，到当地县医院就诊，诊断为"前列腺增生"，服用"前列欣"等药物，效果不佳，症状进行性加重。1个月前出现尿频尿急，尿线较前变细，夜尿次数4~5次，无血尿，无腰痛。2小时前出现排尿不出，下腹胀痛到医院就诊。查体：下腹部耻骨上稍隆起，轻压痛，未触及包块，耻骨上可叩击圆形浊音界。门诊以"前列腺增生"、"急性尿潴留"收住入院。

请问：

1.前列腺的位置、形态及结构如何？

2.前列腺增生为何会出现进行性排尿困难？

3.急性尿潴留该如何处理？

　　男性生殖系统由内生殖器和外生殖器组成。内生殖器包括生殖腺（睾丸）、输精管道（附睾、输精管、射精管、男性尿道）和附属腺（前列腺、精囊腺、尿道球腺）。睾丸是男性的生殖腺，能产生生殖细胞（精子）和分泌性激素。由睾丸产生的精子，先贮存在附睾内，射精时经输精管、射精管和尿道排出体外。精囊、前列腺和尿道球腺的分泌物参与精液的组成，并供给精子营养，并有利于精子的活动；外生殖器包括阴囊和阴茎。

一、内生殖器

（一）睾丸

　　1.睾丸的位置和形态　睾丸是男性的生殖腺，为成对的实质性器官，位于阴囊内，左、右各一。睾丸呈扁椭圆形，表面光滑，可分为内、外侧两面，前、后两缘和上下两端。内侧面较平坦，与阴囊中隔相邻，外侧面较凸隆，与阴囊的壁相邻；前缘游离，后缘有系膜连附睾，又叫系膜缘，有血管、神经、淋巴管出入。上端有附睾头附着，下端游离（图7-2）。

　　2.睾丸的微细结构　睾丸表面有一层坚厚的纤维膜，称为白膜。白膜在睾丸后缘增厚，突入睾丸内形成睾丸纵隔，从睾丸纵隔发出许多结缔组织小隔，呈放射状伸入睾丸实质，将睾丸实质分成100~250个锥体形的睾丸小叶。每个睾丸小叶内含有2~4条细长而弯曲的生精小管。生精小管逐渐向睾丸纵隔处集中并汇合成精直小管，进入睾丸纵隔后相互吻合成睾丸网，从睾丸网发出12~15条睾丸输出小管，出睾丸后缘的上部进入

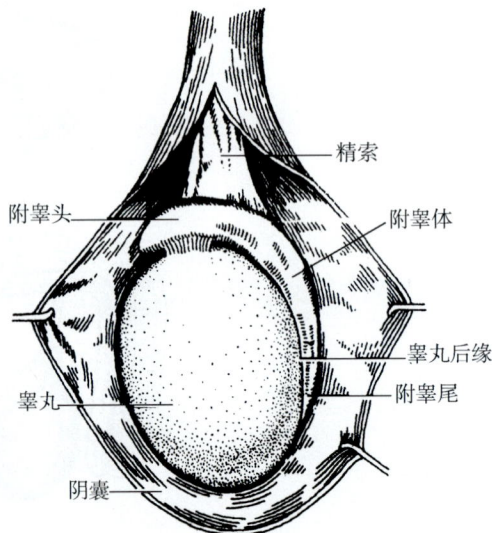

图7-2　睾丸及附睾

精索
附睾头
附睾体
睾丸后缘
附睾尾
睾丸
阴囊

附睾。生精小管之间的结缔组织，称睾丸间质（图7-3）。

（1）生精小管　是产生精子的部位，其管壁上皮由生精细胞和支持细胞构成（图7-4）。

1）生精细胞　是一系列不同发育阶段生殖细胞的总称，包括精原细胞、初级精母细胞、次级精母细胞、精子细胞和精子。

精原细胞较小，紧贴生精小管壁的基膜，核圆而染色较深。从青春期开始，在垂体促性腺激素的作用下，精原细胞不断分裂增殖，其中部分精原细胞经历精原细胞、初级精母细胞、次级精母细胞的发育阶段，发育成为精子细胞。精子细胞体积较小，靠近管腔面。精子细胞经过复杂的形态变化发育成精子。一个初级精母细胞经过两次成熟分裂，生成四个精子，其染色体数目减少一半，分别为22，X或22，Y。

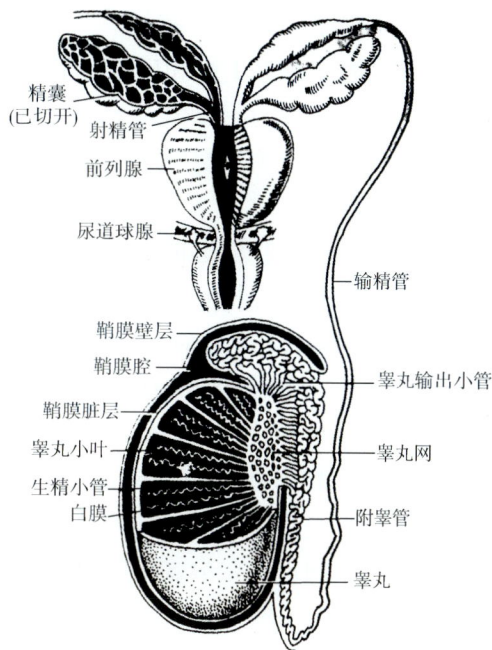

图7-3　睾丸和附睾的结构及排精途径

精子形似蝌蚪，分为头部和尾部。精子的头部主要由细胞核浓缩而成，头的前2/3有顶体覆盖，顶体内有多种水解酶。受精时，精子释放顶体内的酶，分解卵细胞的表面结构，使精子进入卵内。精子的尾部细长，能摆动，使精子产生运动（图7-5）。

2）支持细胞　细胞较大，呈不规则圆锥状，具有支持、保护和营养生精细胞的作用。

（2）睾丸间质　是生精小管之间的疏松结缔组织，内含丰富的毛细血管、毛细淋巴管及间质细胞。间质细胞体积较大，呈圆形或多边形，核圆位于中央，胞质嗜酸性。间质细胞可合成和分泌雄激素。雄激素具有促进精子发生、男性生殖器官发育及激发和维持第二性征和性功能的作用。

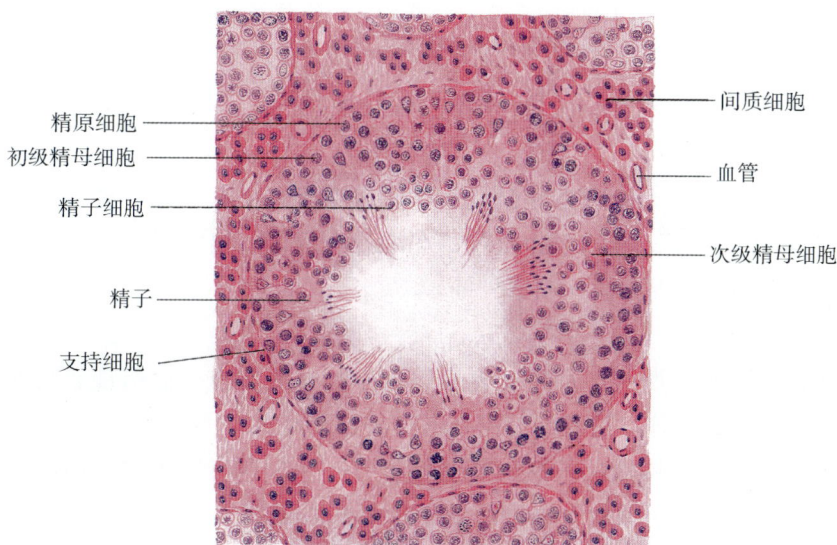

图7-4　睾丸的微细结构

图7-5　精子的形态

（二）附睾

附睾附着于睾丸上端和后缘，呈新月形，可分为头、体、尾三部分（图7-3）。上端膨大为附睾头，中部为附睾体，下端较细为附睾尾，附睾尾向后弯曲移行为输精管。附睾头由睾丸输出小管弯曲盘绕而成，各输出小管相互汇合成形成一条附睾管，附睾管迂回盘曲构成附睾体和尾。

附睾具有储存和输送精子的功能，其分泌的附睾液有营养精子，并促进精子进一步成熟。附睾为男性生殖器结核的好发部位。

（三）输精管和射精管

1.输精管 是附睾管的直接延续，长约50cm，管壁厚腔小，活体触摸呈圆索状。输精管按其行程全长可分为四部分：①睾丸部，起自附睾尾，沿睾丸后缘附睾内侧上行，至睾丸上端移行为精索部；②精索部，睾丸上端至腹股沟管皮下环之间，为输精管结扎部位；③腹股沟管部，位于腹股沟管的精索内；④盆部，最长，位于盆腔内，由腹股沟管深环出腹股沟管，弯向内下，沿盆侧壁向后下，经输尿管末端前方至膀胱底的后面，在此处膨大形成输精管壶腹（图7-6）。

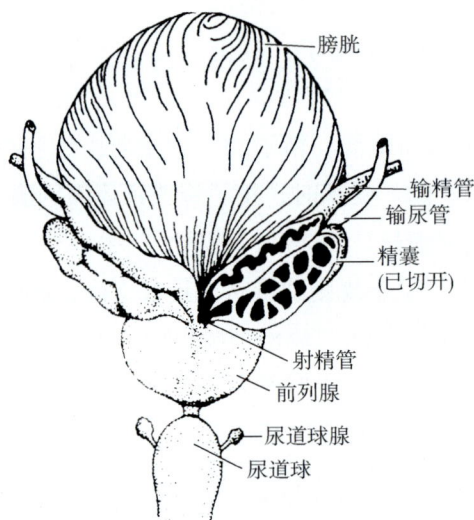

图 7-6　膀胱、前列腺、精囊和尿道球腺（后面）

2.射精管 是输精管末端变细与精囊腺的排泄管汇合而成的管道，长约2cm，穿前列腺实质，开口于尿道的前列腺部。

精索是由腹股沟管腹环至睾丸上端的圆索状结构，内含输精管、睾丸动脉、蔓状静脉丛、输精管动脉、输精管静脉、神经、淋巴管和腹膜鞘突的残余部等。精索外面包有三层被膜，从内向外依次为精索内筋膜、提睾肌和精索外筋膜。

（三）附属腺体

1.精囊腺 又称精囊，是一对长椭圆形的囊状器官，位于膀胱底后方，输精管壶腹外侧，其排泄管与输精管末端合成射精管。精囊的分泌物参与精液的组成。

2.前列腺 是由腺组织和肌组织构成的不成对实质性器官，外面包有筋膜鞘，称前列腺囊，囊与前列腺之间有静脉丛，前列腺的分泌物是精液的主要成分。

（1）形态　呈前后稍扁的栗子形，可分为底、体、尖三部分。列腺底为上端宽大的部分，邻膀胱颈；前列腺尖为下端尖细的部分，向下接尿生殖膈；前列腺体为底与尖之间的部分，后面正中有一纵行浅沟称前列腺沟，直肠指检可触及此沟。前列腺一般分为5个叶，即前叶、中叶、后叶和两侧叶，尿道前列腺部从前列腺中叶穿过（图7-7）。

（2）位置　前列腺位于膀胱与尿生殖膈之间。底与膀胱颈、精囊腺和输精管壶腹相邻，前方为耻骨联合，后方为直肠壶腹。直肠指诊时可触及前列腺后面，向上还可触及输精管壶腹和精囊腺。

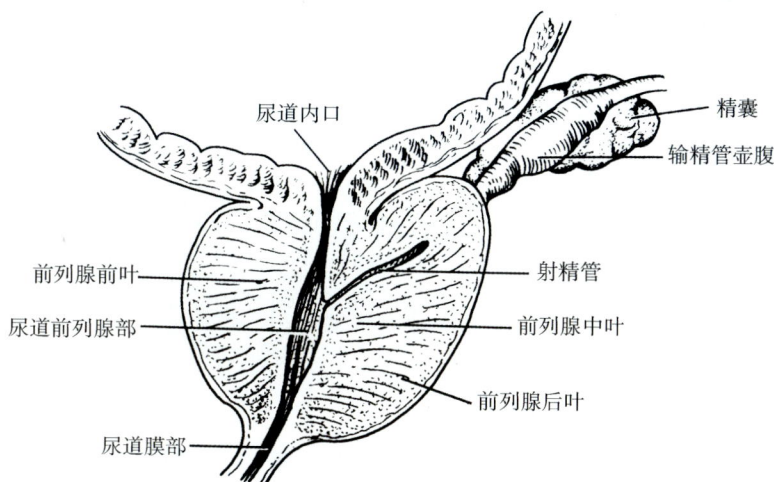

图7-7　前列腺分叶

3.尿道球腺　是一对豌豆大小的球形器官，位于会阴深横肌内，排泄管开口于尿道球部。尿道球腺的分泌物参与精液的组成。

二、外生殖器

（一）阴囊

阴囊是位于阴茎根部后下方的囊状结构，阴囊壁由皮肤和肉膜构成（图7-2）。阴囊的皮肤薄而柔软，色素沉着明显，含有大量的弹性纤维，使皮肤富有伸展性。肉膜是阴囊的浅筋膜，含有平滑肌。平滑肌可随外界温度变化呈反射性收缩与舒张，以调节阴囊内的温度，有利于精子的生存和发育。由阴囊肉膜形成的阴囊中隔将阴囊分为左、右两部，分别容纳睾丸、附睾和精索下部。

（二）阴茎

阴茎可分为头、体、根三部分。阴茎后端为阴茎根部，藏于阴囊及会阴部皮肤的深面，固定于耻骨下支和坐骨支。阴茎中部为阴茎体，呈圆柱形，悬垂于耻骨联合的前下方。阴茎前端膨大为阴茎头，头的尖端处有矢状位的尿道外口，头后稍细的部分为阴茎颈（图7-8）。

阴茎主要由两条阴茎海绵体和一个条尿道海绵体构成，外面包以筋膜和皮肤（图7-9）。阴茎海绵体为两端尖细的圆柱体，左、右各一，位于阴茎的背侧。尿道海绵体位于阴茎海绵体腹侧，尿道贯穿其全长，前端膨大为阴茎头，中部成圆柱形，后端膨大称尿道球。

阴茎的皮肤薄而柔软，富于伸展性，皮下无脂肪组织。阴

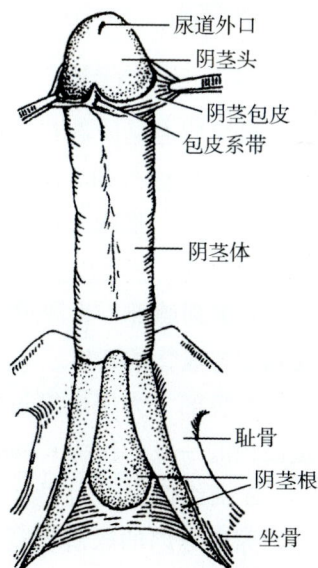

图7-8　阴茎的外形

茎的皮肤在阴茎颈处反折游离向前，形成包绕阴茎头的双层皮肤皱襞，称阴茎包皮。在阴茎头腹侧，连于尿道外口下端与包皮之间的皮肤皱襞，称为包皮系带。

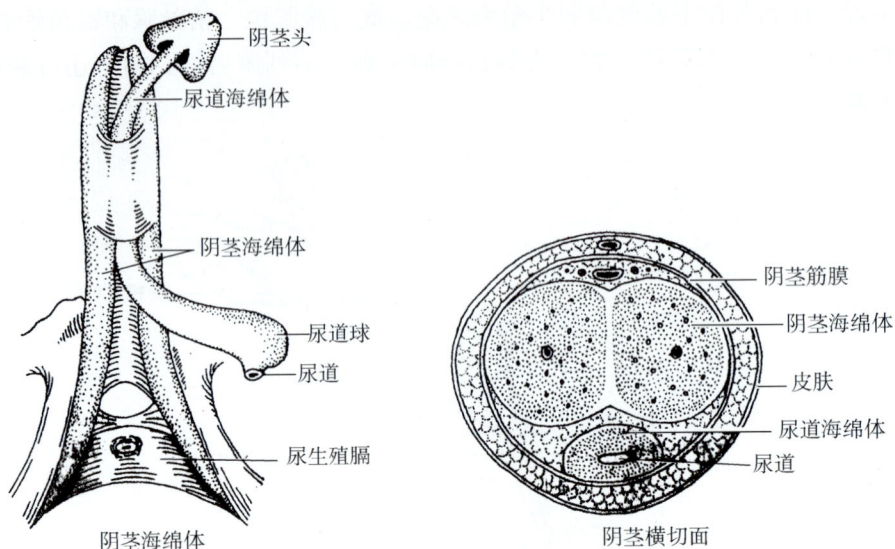

图 7-9　阴茎的构造

知识链接

包皮过长与包茎

包皮，指阴茎皮肤覆盖在阴茎头处褶成双层的皮肤。在婴幼儿期包皮较长，包绕阴茎使阴茎头及尿道外口不能显露，为生理性包茎。随着年龄的增长，阴茎和包皮逐渐发育，青春期时，包皮向后退缩，至成人期阴茎头露出。若成年以后，阴茎头仍被包皮包绕，但能上翻露出阴茎头者，称包皮过长；若包皮口过小，不能上翻露出阴茎头者，称包茎。包皮过长和包茎易导致包皮腔内积存污垢，易诱发炎症，可能是阴茎癌的诱因。因此，应行包皮环切术。包皮环切术时需注意保护包皮系带，以免影响阴茎的正常勃起。

三、男性尿道

男性尿道是尿液和精液排出体外所经过的管道。男性尿道起自膀胱的尿道内口，止于阴茎头的尿道外口，成人男性尿道长 16 ~ 22cm。按其走形可分为前列腺部、膜部和海绵体部三部分，临床上把尿道海绵体部称为前尿道，把尿道膜部和尿道前列腺部称为后尿道（图 7-10）。

1.前列腺部　为尿道穿过前列腺的部分，长约2.5cm，管腔最宽，在后壁上有射精管和前列腺排泄管的开口。

2.膜部　为尿道穿过尿生殖膈的部分，周围有尿道膜部括约肌环绕，管腔最为狭窄，是最短的一段，长约1.2cm。

3.海绵体部　为尿道穿过尿道海绵体的部分，是最长的一段，长约15cm。

尿道球内的尿道较宽，称尿道球部，尿道球腺导管开口于此。在阴茎头处的尿道扩大成尿道舟状窝。

男性尿道全长有三个狭窄、三个扩大和两个弯曲（图7-11）。三个狭窄即尿道内口、尿

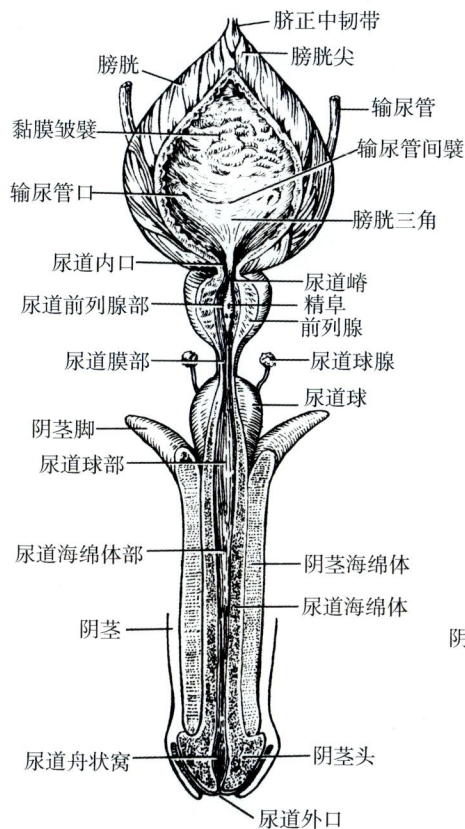

图 7-10 男性尿道

道膜部和尿道外口，其中尿道外口为最狭窄的部位；三个扩大即尿道前列腺部、尿道球部和尿道舟状窝；两个弯曲：一个弯曲为耻骨下弯在耻骨联合的下方，凹向上，包括前列腺部、膜部和海绵体部的起始段，此弯曲恒定无变化。另一个弯曲为耻骨前弯在耻骨联合前下方，凹向下，在阴茎根与体之间。如将阴茎向上提起，此弯曲即可变直，导尿和向尿道内插入器械时采取此位置。

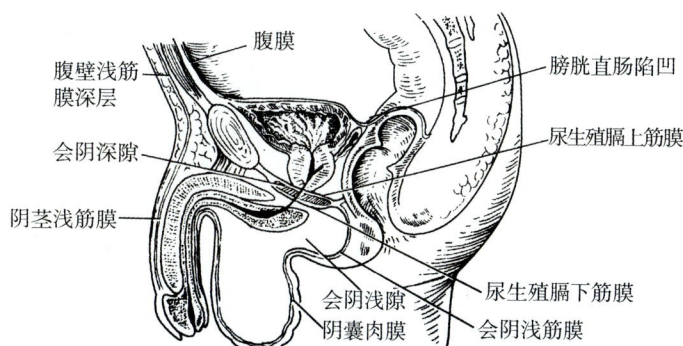

图 7-11 男性盆腔正中矢状切面

第二节 女性生殖系统

案例导入

患者，刘女士，23 岁，已婚，因"停经 50 天，阴道少量出血伴下腹坠痛 4 天，加重 1 天"于 2017 年 10 月 20 日来院就诊。患者平素月经规律，末次月经 2017 年 9 月 1 日，已停经 50 天。停经以来有轻微恶心、呕吐等早孕反应。4 天前无明显诱因下出现下腹轻微坠痛，不伴肛门坠胀感；伴内裤上少量暗红色血迹，休息后感好转。昨日凌晨熟睡中突觉下腹坠痛加重，阴道出血较前增多，暗红色，无血块，遂急诊来院求治。实验室检查：尿 hCG：（＋）；血 hCG：2050U/L。阴道 B 超：子宫前位，大小约 70cm×56cm×48cm，子宫内膜厚 8mm，左附件区可见约 30cm×25cm×20cm 混合回声，盆腔少量积液。门诊以"异位妊娠－左输卵管妊娠"收住入院。

请问：

1.输卵管的位置、形态如何？

2.子宫的位置、形态如何？

3.何为月经？如何产生？正常月经周期为多少天？

扫码"学一学"

女性生殖系统由内生殖器和外生殖器组成。内生殖器包括生殖腺（卵巢）、输送管道（输卵管、子宫、阴道）以及附属腺（前庭大腺）；女性外生殖器合称女阴（图7-12）。

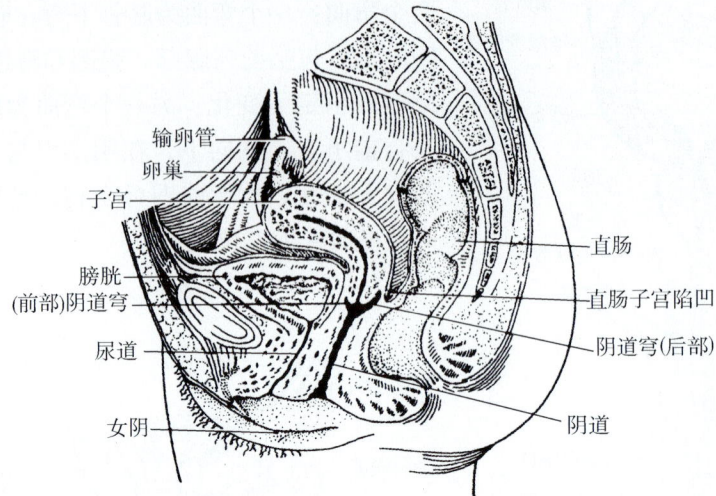

图 7-12　女性骨盆正中矢状切面

一、内生殖器

（一）卵巢

1. 卵巢的位置和形态　卵巢为成对的实质性器官，位于骨盆腔侧壁、髂内外血管之间的卵巢窝内。卵巢呈扁卵圆形，灰红色，可分为内、外两侧面，前、后两缘和上、下两端（图7-13）。内侧面朝向盆腔，与小肠相邻；外侧面平坦贴盆壁；前缘有系膜连阔韧带，称系膜缘，中部有血管、神经等出入，称卵巢门；后缘游离，称独立缘；上端与输卵管末端相接，称输卵管端；下端称子宫端，由卵巢固有韧带连于子宫角。

卵巢借韧带保持其在盆腔的位置。卵巢悬韧带是由腹膜形成的皱襞，起自盆壁，止于卵巢上端，内含卵巢血管、淋巴、神经等，又称骨盆漏斗韧带，是手术寻找卵巢血管的标志；卵巢固有韧带是由结缔组织和平滑肌构成，起自卵巢下端，止于输卵管与子宫交界处的下方，表面盖以腹膜，形成一腹膜皱襞。

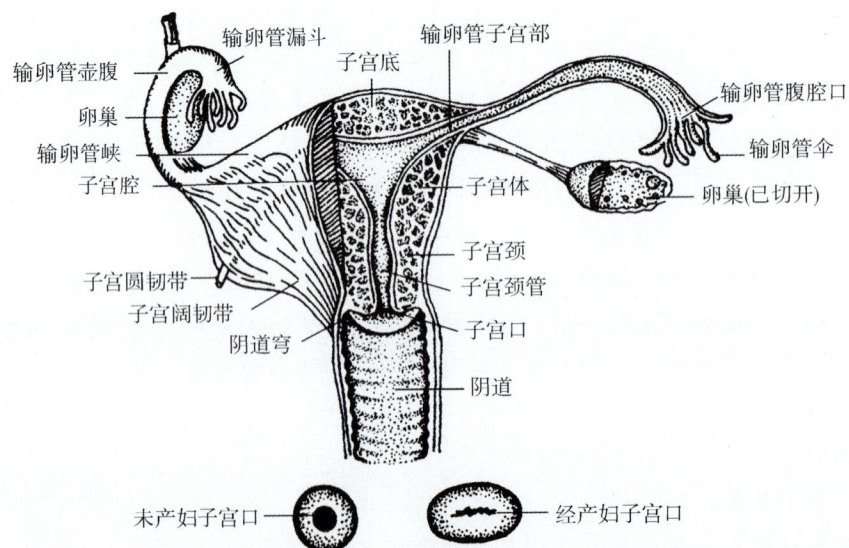

图 7-13　女性内生殖器（前面观）

卵巢的大小、形状因年龄而异。幼女的卵巢小、表面光滑，性成熟期卵巢最大。此后，由于多次排卵，卵巢表面形成瘢痕，显得凹凸不平。35～40岁卵巢开始缩小，50岁左右随月经停止而萎缩。

2.卵巢的微细结构　卵巢表面衬有单层扁平或立方上皮，上皮的深面为一层致密结缔组织的白膜。卵巢实质分外周皮质和中央髓质两部分。皮质内含不同发育阶段的卵泡；髓质为疏松结缔组织、血管、淋巴管和神经等结构（图7-14）。

（1）卵泡的发育和成熟　卵泡的发育是一个连续变化的过程，一般分为原始卵泡、初级卵泡、次级卵泡和成熟卵泡四个阶段。初级卵泡、次级卵泡合称生长卵泡。青春期时两侧卵巢的原始卵泡约有4万个，青春期后在垂体分泌的促性腺激素的作用下卵泡开始发育，在一个月经周期内一般只有一个卵泡发育成熟并排卵。女子一生可排卵400～500个，其余卵泡均在发育的不同阶段退化为闭锁卵泡。

1）原始卵泡　位于皮质浅层，体积小，数量多。原始卵泡的中央为一个较大的初级卵母细胞，周围为一层小而扁平的卵泡细胞。初级卵母细胞是由胚胎期卵原细胞分裂分化而成，并长期停于第一次减数分裂前期，直至排卵前；卵泡细胞较小，扁平形，排成单层，卵泡细胞与结缔组织间有基膜，有支持和营养卵母细胞的作用。

2）初级卵泡　卵泡细胞不断分裂增殖，由扁平变为立方或柱状，由单层变为多层，并在卵泡细胞之间逐渐出现一些小腔隙。卵泡中的初级卵母细胞增大，在其周围出现一层均质、折光性强的嗜酸性糖蛋白膜，称透明带。紧贴透明带的一层柱状卵泡细胞呈放射状排列，形成放射冠。卵泡周围的结缔组织也逐渐增多，发育成富含细胞和血管的卵泡膜。

3）次级卵泡　卵泡体积进一步增大，当卵泡细胞增至6～12层时，卵泡细胞间出现一些不规则的腔隙，并逐渐融合成一个半月形的腔，称卵泡腔。卵泡腔内充满卵泡液。卵泡液由卵泡细胞分泌及血浆渗入形成。随着卵泡液的增多，卵泡腔逐渐扩大，初级卵母细胞及周围的卵泡细胞被挤到卵泡一侧，形成一个突入卵泡腔内的丘状隆起，称卵丘。卵丘形成后，卵泡细胞分为两部分，分布在卵泡腔周围数层卵泡细胞构成卵泡壁，称颗粒层，卵泡细胞改称颗粒细胞；卵泡膜分化为内、外两层，内层含丰富的毛细血管和基质细胞分化而来的膜细胞，膜细胞能分泌雌激素；外层纤维多，细胞和血管少，主要由结缔组织构成。

4）成熟卵泡　卵泡体积进一步增大，直径可达2cm以上，并向卵巢表面突出。由于卵泡液激增，卵泡腔变大，卵泡壁变薄。在排卵前36～48小时，初级卵母细胞完成第一次减数分裂，形成一个次级卵母细胞和一个很小的第一极体，次级卵母细胞随即进入第二次减数分裂，并停止在分裂中期。

（2）排卵　排卵是成熟卵泡破裂，次级卵母细胞连同周围的透明带、放射冠以及卵泡液共同排入腹膜腔的过程。女性自青春期开始排卵，每个月经周期一般只排一个卵，通常左、右两侧卵巢交替排卵。正常排卵多发生在下次月经来潮前14天左右。若排出的卵24小时内未受精，次级卵母细胞便退化并被吸收。

（3）黄体形成与退化　排卵后，残留的卵泡壁塌陷，卵泡膜和血管也随之陷入，在垂体分泌的黄体生成素的作用下，逐渐发育成一个体积较大而又富含毛细血管的具有内分泌功能的细胞团，新鲜时呈黄色，称黄体。黄体有两种细胞，即颗粒黄体细胞和膜黄体细胞。颗粒黄体细胞由卵泡壁的颗粒细胞分化而来，胞体较大，胞质着色较浅，数量多，颗粒黄体细胞分泌孕激素；膜黄体细胞由卵泡膜内层的膜细胞分化而来，胞体较小，胞质着色较深，数量少，膜黄体细胞在颗粒黄体细胞的协同下产生雌激素。

黄体维持时间的长短，取决于排出的卵细胞是否受精。若排出的卵未受精，黄体仅维持14天左右就开始退化，这种黄体称为月经黄体。若排出的卵已受精，在胎盘分泌的绒毛膜促性腺激素的作用下，黄体则继续发育增大，可维持6个月左右，这种黄体称为妊娠黄体。黄体退化后，被增生的结缔组织取代，形成白体。

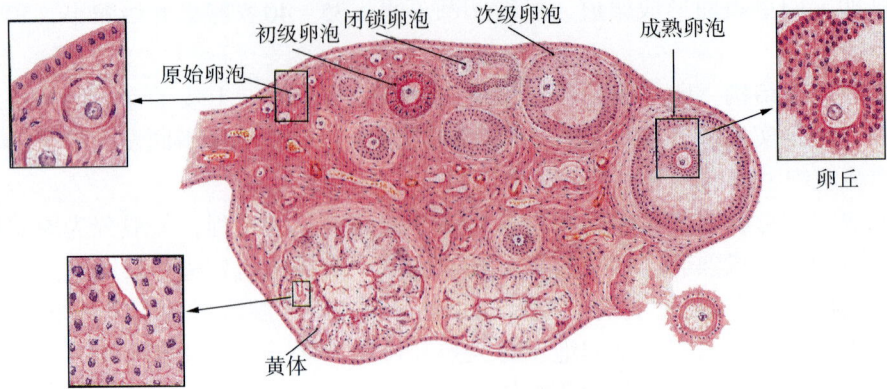

图7-14　卵巢的微细结构

（二）输卵管

输卵管位于子宫阔韧带上缘内的一对细长而弯曲的肌性管道，可输送卵细胞，长10～12cm。输卵管连于子宫底的两侧，内侧端开口于子宫腔，为输卵管的子宫口。外侧端游离，开口于腹膜腔，为输卵管的腹腔口。输卵管由内侧向外侧可分为四部分：①输卵管子宫部，为穿过子宫壁的一段，直径约1mm，管腔最为狭窄，以输卵管子宫口通子宫腔；②输卵管峡，紧靠子宫壁外面的一段，短而狭窄，壁较厚，血管分布较少，水平向外移行为壶腹部，输卵管结扎术常在此处进行；③输卵管壶腹，较粗而长，壁薄，管腔大而弯曲，血液供应丰富，占输卵管全长的2/3，是受精的部位；④输卵管漏斗，为外侧端的膨大部分，呈漏斗状，向后下弯曲覆盖卵巢。漏斗末端中央有输卵管腹腔口，开口于腹膜腔。在输卵管腹腔口周围，有许多细长的突起称输卵管伞，是手术寻找输卵管的标志（图7-13）。

（三）子宫

子宫是壁厚、腔小的肌性器官，是产生月经和胎儿生长发育的场所。

1.子宫的形态　成年未孕子宫呈前后稍扁倒置的梨形，长7～8cm，宽4cm，厚2～3cm。可分底、体、颈三部分（图7-15）：①子宫底，是两侧输卵管子宫口平面以上圆凸的部分；②子宫颈，是子宫下端缩细呈圆柱状的部分，子宫颈分为伸入阴道内的子宫颈阴道部和在阴道以上的子宫颈阴道上部；③子宫体，是子宫底与子宫颈之间的部分。子宫颈阴道上部与子宫体相接的部位较狭细，长约1cm，称子宫峡。在妊娠期，子宫峡可逐渐伸展延长，形成子宫下段。

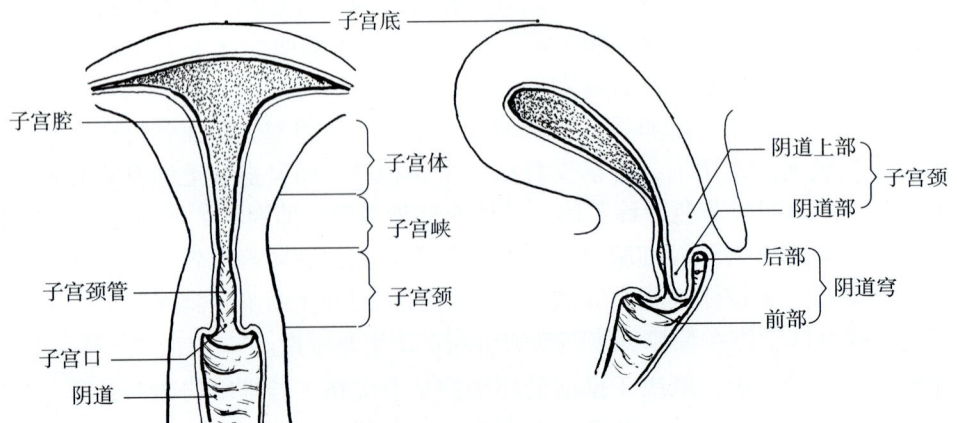

图7-15　子宫的分部

子宫的内腔较狭窄，可分为上、下两部。上部由子宫底与子宫体围成，称子宫腔。子宫腔呈前后略扁的三角形，底向上，两端通输卵管，向下通子宫颈管；子宫颈内的内腔称子宫颈管，呈梭形，上口通子宫腔，下口通阴道，称子宫口。

2.子宫的位置　子宫位于盆腔中央，膀胱与直肠之间，下端接阴道，两侧有卵巢和输卵管，子宫底在骨盆上口平面以下，子宫颈下端在坐骨棘平面以上。成年女性的子宫呈前倾前屈位。前倾是指子宫向前倾斜，子宫的长轴与阴道的长轴形成向前开放的钝角；前屈是指子宫体和子宫颈之间弯曲而形成的钝角。

3.子宫的固定装置　子宫的正常位置主要靠盆底肌、阴道的承托和韧带的牵引固定，固定子宫位置的韧带主要有以下四对（图7-16）。

（1）子宫阔韧带　呈冠状位，位于子宫两侧，由子宫前后面的腹膜自子宫侧缘向两侧延伸至骨盆侧壁和盆底而成。其上缘游离，包裹输卵管。子宫阔韧带可限制子宫向两侧移动。

（2）子宫圆韧带　由结缔组织和平滑肌构成，呈圆索状。起自子宫与输卵管交界处下方，在子宫阔韧带两层之间行向前外方，穿过腹股沟管，止于阴阜和大阴唇的皮下。子宫圆韧带是维持子宫前倾位的主要结构。

（3）子宫主韧带　由结缔组织和平滑肌构成，位于子宫阔韧带的下部，起自子宫颈两侧，止于骨盆侧壁。子宫主韧带可固定子宫颈，防止子宫向下脱垂。

（4）骶子宫韧带　由结缔组织和平滑肌构成，起自子宫颈后外侧，向后绕过直肠的两侧，止于骶前筋膜。骶子宫韧带向后上牵引子宫颈，维持子宫前倾前屈位。

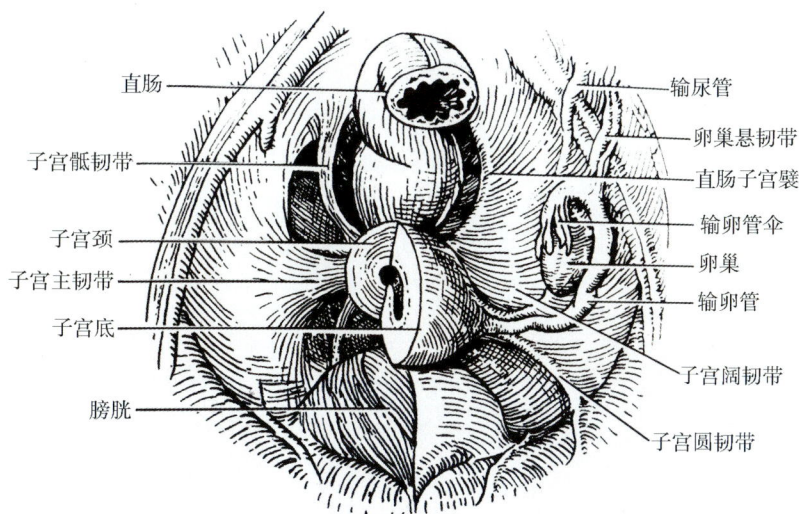

图 7-16　子宫的固定装置

4.子宫壁的微细结构　子宫壁由内向外可分内膜、肌层和外膜三层（图7-17）。

（1）内膜　即子宫黏膜，由单层柱状上皮和固有层构成。单层柱状上皮内有两种细胞，即分泌细胞和纤毛细胞；固有层较厚，由增殖能力较强的结缔组织构成，内含子宫腺、丰富血管及大量低分化的基质细胞。子宫腺为上皮向固有层凹陷而形成单管状腺；固有层内的小动脉弯曲呈螺旋状走行，称为螺旋动脉。

从青春期开始，在卵巢分泌的激素作用下，子宫内膜浅层（约占2/3）发生周期性脱落，此层称功能层。子宫内膜的深层（约占1/3）不随月经周期发生周期性的脱落，具有增生和修复子宫内膜的作用，称基底层。

（2）肌层　很厚，由成片或成束平滑肌组成，束间有结缔组织。肌层自外向内可分为浆膜下层、中间层和黏膜下层三层。三层肌纵横交织，中间层最厚，内含许多血管。

（3）外膜　在子宫底和子宫体为浆膜，其余部分为纤维膜。

5.子宫内膜的周期性变化　青春期起，在卵巢分泌的雌、孕激素的影响下，子宫内膜功能层发生周期性的变化，即每28天左右发生一次内膜剥脱、出血与增生修复，称月经周期。每个月经周期中，子宫内膜的结构变化一般分为月经期、增生期、分泌期（图7-18、图7-19）。

（1）月经期　为月经周期的第1～4天。由于排出的卵未受精，卵巢内的黄体退化，雌、孕激素含量急剧下降，引起子宫内膜功能层的螺旋动脉持续收缩，导致功能层缺血坏死。脱落的子宫内膜功能层与血液一起经阴道排出，即为月经。在月经期末，基底层残留的子宫腺细胞迅速分裂增生，修复内膜上皮，随即进入增生期。

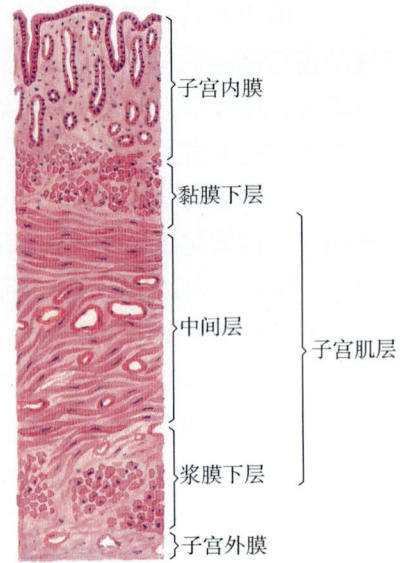

图 7-17　子宫壁的微细结构

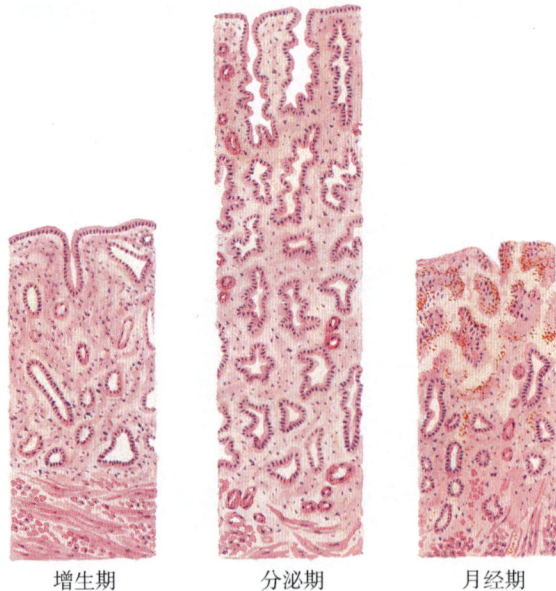

图 7-18　子宫内膜的周期性变化

（2）增生期　此期卵巢处于卵泡期，为月经周期的第5～14天。此期的卵巢皮质内有一批卵泡在生长。在卵泡分泌的雌激素作用下，基底层增生修复脱落的功能层，子宫内膜逐渐增厚，子宫腺增多、增长且弯曲，螺旋动脉也增长、弯曲。至增生期末，卵巢内的卵泡已趋于成熟、排卵。

（3）分泌期　此期卵巢处于黄体期，为月经周期的第15～28天。此时卵巢已排卵，黄体形成。在黄体分泌的雌、孕激素的作用下，子宫内膜继续增厚；子宫腺继续增长、弯曲，腺腔内充满腺细胞的分泌物；螺旋动脉增长、更加弯曲；固有层内组织液增多呈生理性水肿状态。子宫内膜的这些变化有利于胚泡的植入和发育。分泌期发生妊娠，子宫内膜在孕激素的作用下继续发育、增厚；若未妊娠，黄体退化，孕激素和雌激素水平下降，子宫内膜功能层脱落，进入月经期。

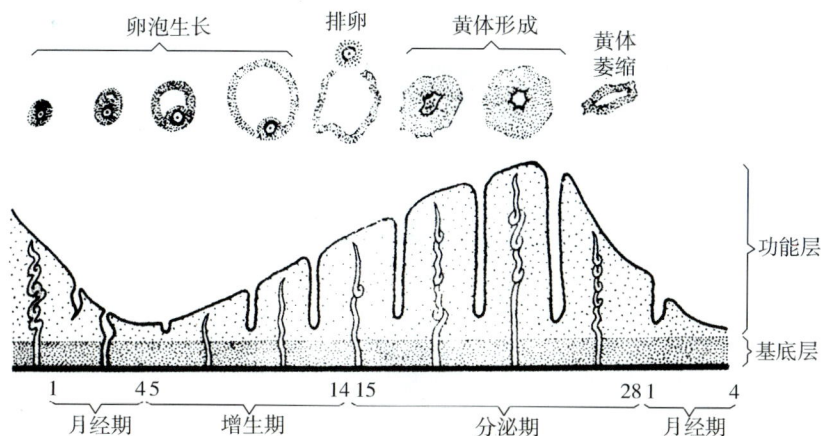

图 7-19　子宫内膜的周期性变化及其与卵巢周期性变化的关系

（四）阴道

阴道是前后略扁的肌性管道，富有伸展性，是排出月经和娩出胎儿的通道。阴道分为前、后壁，上、下两端。前壁较短，后壁较长，前、后壁常处于相贴状态；下端以阴道口开口于阴道前庭。未婚女子的阴道口周围有处女膜附着。处女膜破裂后，阴道口周围有处女膜痕。阴道上端宽阔，包绕子宫颈阴道部，两者之间形成环状间隙，称阴道穹，分为前穹、后穹和左、右两个侧穹。阴道后穹最深，与直肠子宫陷凹相邻，两者之间隔以阴道壁和腹膜。当直肠子宫陷凹有积液时，可经阴道后穹穿刺或引流，以帮助诊断和治疗。

阴道位于盆腔的中央，前邻膀胱和尿道，后邻直肠和肛管。大部分在尿生殖膈以上，下部穿尿生殖膈而位于会阴区。

（五）前庭大腺

前庭大腺位于阴道口的两侧，前庭球后端的深面，形如豌豆，导管向内开口于阴道前庭（图 7-20）。前庭大腺的分泌物有润滑阴道口的作用，如因炎症导致导管阻塞，可形成前庭大腺囊肿。

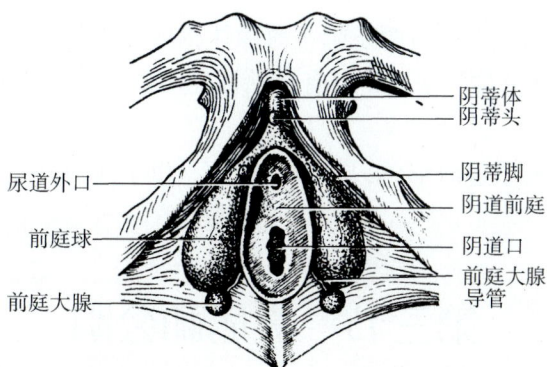

图 7-20　前庭大腺、阴蒂和前庭球

二、外生殖器

女性外生殖器又称女阴，包括阴阜、大阴唇、小阴唇、阴道前庭、阴蒂、前庭球（图7-21）。

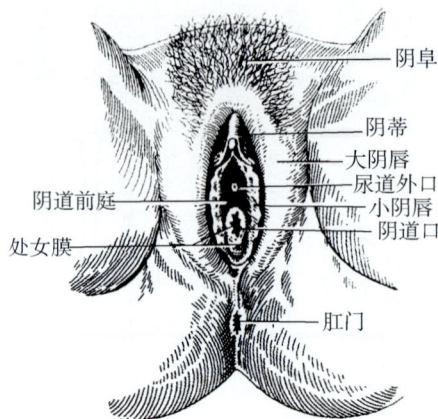

图 7-21 女性外生殖器

（一）阴阜

阴阜位于耻骨联合前面的皮肤隆起区，皮下有较多的脂肪组织，青春期后阴阜的皮肤生有阴毛。

（二）大阴唇

大阴唇位于阴阜的后下方，为一对纵行隆起的皮肤皱襞。大阴唇的前端和后端左右连合，分别称唇前连合和唇后连合。

（三）小阴唇

小阴唇位于大阴唇内侧的一对较薄的皮肤皱襞，表面光滑无毛。每侧小阴唇的前端形成前、后两个皱襞，左、右前皱襞会合构成阴蒂包皮，左、右后皱襞会合形成阴蒂系带。

（四）阴道前庭

阴道前庭是位于两侧小阴唇之间的裂隙，其前部有的尿道外口，后部有阴道口，在阴道口与小阴唇之间偏后方有前庭大腺导管的开口。

（五）阴蒂

阴蒂位于尿道外口的前方，由两条阴蒂海绵体构成，阴蒂海绵体相当于男性的阴茎海绵体。阴蒂露于表面的部分称阴蒂头，富有感觉神经末梢，感觉敏锐。

（六）前庭球

前庭球相当于男性的尿道海绵体，形似马蹄铁，位于尿道外口与阴蒂体之间的皮下和大阴唇的深面。

第三节　乳房和会阴

一、乳房

乳房是人类和哺乳动物特有的结构。人的乳房为成对器官，男性的乳房不发达，女性的乳房在青春期后开始发育生长，妊娠和哺乳期有分泌活动。

（一）乳房的位置和形态

乳房位于胸前部，胸大肌和胸肌筋膜的表面，上起自第2~3肋，下至第6~7肋，内侧至胸骨旁线，外侧可达腋中线。未产妇的乳头平第4肋间隙或第5肋。成年未哺乳的乳房呈半球形，紧张而富有弹性。乳房中央有圆形突出的乳头，其顶端有输乳管的开口。乳头周围有色素较深的皮肤环形区，称乳晕。乳晕表面有许多小的隆起，其深面有乳晕腺，乳晕腺的分泌物可润滑乳头（图7-22）。乳头和乳晕的皮肤较薄，容易损伤。

在妊娠后期和哺乳期，乳腺增生，乳房明显增大。停止哺乳后，乳腺萎缩，乳房变小。老年妇女的乳房萎缩而下垂。

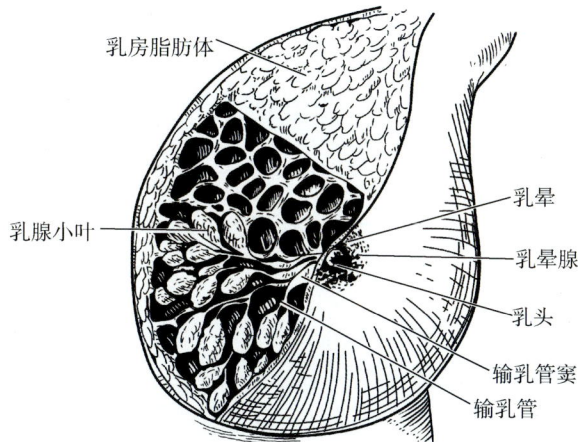

扫码"学一学"

图 7-22　成年女性乳房

（二）乳房结构

乳房由皮肤、纤维组织、脂肪组织和乳腺构成（图7-23）。乳腺被结缔组织分隔成10~20个乳腺叶，每个乳腺叶有一条排出乳汁的输乳管，开口于乳头。乳腺叶和输乳管均以乳头为中心呈放射状排列，乳房手术时，应尽量采取放射状切口，以减少对乳腺叶和输乳管的损伤。

乳房皮肤与乳腺、深部胸筋膜之间连有许多结缔组织小束，称乳房悬韧带或Cooper韧带，对乳腺起支持作用。乳腺癌患者，癌组织侵犯到乳房悬韧带时，可使其缩短，牵拉表面皮肤而产生许多小的凹陷，呈"橘皮样"改变，是乳腺癌的早期体征之一。

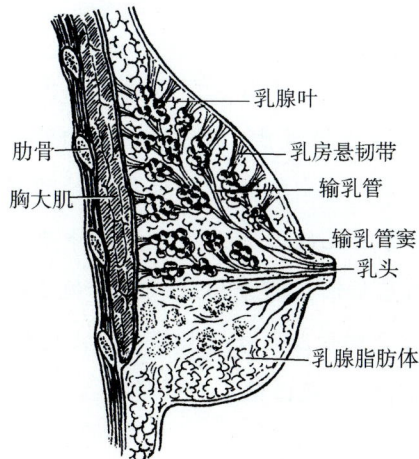

图 7-23　乳房矢状切面

二、会阴

（一）会阴的概念

会阴有广义会阴和狭义会阴之分。广义会阴是指封闭小骨盆下口的所有软组织。狭义会阴是指肛门与外生殖器之间的软组织，在女性称产科会阴，即阴道前庭后部与肛门之间的狭小区域。

（二）境界及分部

广义会阴境界与小骨盆下口境界一致，呈菱形。其前界为耻骨联合下缘，后界为尾骨尖，两侧界从从前向后依次为耻骨下支、坐骨支、坐骨结节和骶结节韧带。以两侧坐骨结节连线为界，可将会阴分为前、后两个三角形区。前部三角形区域称尿生殖区，也称尿生殖三角，男性有尿道通过，女性有尿道和阴道通过；后部三角形区域称肛区，也称肛门三角，有肛管通过。（图7-24）

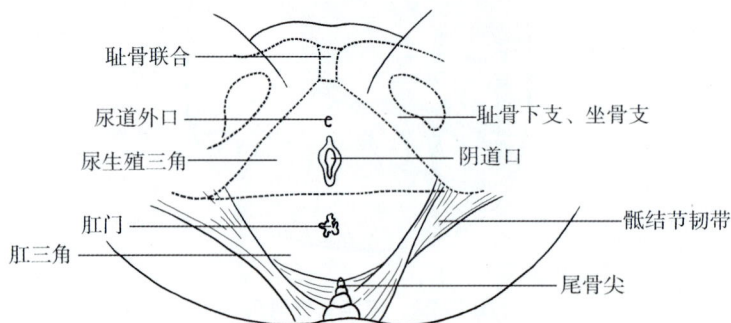

图7-24　会阴的境界及分部

本章小结

男性内生殖器包括睾丸、附睾、输精管、射精管、男性尿道、精囊腺、前列腺、尿道球腺等结构；外生殖器包括阴囊和阴茎。睾丸是男性生殖腺，能产生精子和分泌男性激素。附睾能储存精子并促进精子发育成熟。精囊腺、前列腺及尿道球腺的分泌物参与精液的组成。精液经输精管、射精管、男性尿道排出体外。

女性内生殖器包括卵巢、输卵管、子宫、阴道和前庭大腺；外生殖器即女阴。卵巢是女性生殖腺，能产生卵细胞和分泌女性激素。输卵管由内向外分为输卵管子宫部、输卵管峡、输卵管壶腹和输卵管漏斗四部分，其中输卵管壶腹是受精的部位，输卵管伞是识别输卵管的标志。子宫是产生月经、孕育胎儿的器官，位于盆腔中央，膀胱与直肠之间，呈前倾前屈位。其形态为前后略扁的倒置梨形，可分为底、体、颈三部分。固定子宫的结构主要是子宫阔韧带、子宫圆韧带、子宫主韧带及骶子宫韧带。子宫内膜的周期性变化可分为增生期、分泌期和月经期。阴道是排出月经、娩出胎儿的管道。

一、选择题

【A1/A2 型题】

1.产生精子和的雄激素的器官是
A.睾丸　　　　　　　　B.射精管　　　　　　　C.输精管
D.精囊腺　　　　　　　E.前列腺

2.输精管结扎的理想部位是
A.膀胱底后方　　　　　　B.穿过腹股沟管处
C.阴囊根部、睾丸后上方　　D.与附睾尾相连接处
E.以上都不是

3.男性直肠指检，其前壁可触及
A.精囊腺　　　　　　　　B.前列腺　　　　　　　C.尿道球腺
D.输精管壶腹　　　　　　E.射精管

4.男性尿道最狭窄的部位是
A.尿道外口　　　　　　　B.尿道膜部　　　　　　C.前列腺部
D.尿道内口　　　　　　　E.尿道海绵体部

5.输卵管结扎的理想部位是
A.输卵管子宫部　　　　　B.输卵管峡　　　　　　C.输卵管壶腹
D.输卵管漏斗　　　　　　E.输卵管伞

6.受精的部位是
A.输卵管子宫部　　　　　B.输卵管峡　　　　　　C.输卵管壶腹
D.输卵管漏斗　　　　　　E.输卵管伞

7.维持子宫前倾的韧带是
A.子宫圆韧带　　　　　　B.子宫主韧带　　　　　C.骶子宫韧带
D.子宫阔韧带　　　　　　E.卵巢固有韧带

8.子宫壁月经周期脱落形成月经的是
A.子宫内膜基底层　　　　B.子宫内膜功能层　　　C.子宫肌层
D.子宫外膜　　　　　　　E.以上都不是

9.乳房手术切口应为
A.横切口　　　　　　　　B.纵切口　　　　　　　C.弧形切口
D.放射状切口　　　　　　E.以上都不是

10.乳腺癌患者乳房皮肤出现"酒窝征"，是由于癌细胞侵犯了
A.乳腺　　　　　　　　　B.Cooper 韧带　　　　　C.皮肤
D.脂肪组织　　　　　　　E.输乳管

11.输精管和精囊腺排泄管汇合成
A.尿道　　　　　　　　　B.附睾管　　　　　　　C.射精管
D.精曲小管　　　　　　　E.前列腺

扫码"练一练"

12. 宫外孕诊断穿刺的部位是
    A. 输卵管子宫部   B. 输卵管峡   C. 输卵管壶腹
    D. 输卵管漏斗   E. 阴道后穹

13. 临床上男性后尿道是指
    A. 尿道海绵体部   B. 尿道膜部   C. 尿道前列腺部
    D. 尿道球部   E. 前列腺部和膜部

14. 卵巢位于
    A. 腹腔   B. 盆腔侧壁的髂总动脉分叉处下方
    C. 子宫前方   D. 膀胱两侧   E. 直肠前方

15. 排卵后在卵巢内形成的结构是
    A. 成熟卵泡   B. 透明带   C. 放射冠
    D. 黄体   E. 次级卵泡

16. 前列腺的位置不正确的是
    A. 膀胱颈下方   B. 尿生殖膈上方   C. 直肠前方
    D. 包裹尿道前列腺部   E. 膀胱后方

17. 以下不参与构成精索的结构是
    A. 输精管   B. 蔓状静脉丛   C. 睾丸动脉
    D. 提睾肌   E. 射精管

18. 输精管道不包括
    A. 精囊腺排泄管   B. 尿道   C. 射精管
    D. 输精管   E. 附睾

19. 以下不是排卵时排出的结构
    A. 成熟卵泡   B. 透明带   C. 放射冠
    D. 卵泡液   E. 次级卵母细胞

20. 子宫位置的描述不正确的是
    A. 膀胱后方   B. 直肠前方   C. 呈前倾前屈位
    D. 直肠与膀胱之间   E. 直肠与盆膈之间

二、思考题

1. 说出男女性生殖系统的组成。
2. 简述男性尿道的特点。
3. 简述子宫的位置和维持子宫位置的韧带名称及其作用。
4. 简述子宫内膜的周期性变化及其与卵巢的关系。
5. 简述输卵管的分部及其临床意义。
6. 简述会阴的概念及分区。

（陈海瑞）

第八章 脉管系统

脉管系统是封闭的管道系统，包括心血管系统和淋巴系统两个部分。心血管系统由心、动脉、毛细血管和静脉组成，血液在其中循环流动。淋巴系统包括淋巴管道、淋巴器官和淋巴组织，淋巴液沿淋巴管道向心流动，最后汇入静脉，故淋巴管道可视为静脉的辅助管道。

脉管系统的主要功能是运输，即将消化系统吸收的营养物质、呼吸系统吸入的氧、内分泌系统分泌的激素和生物活性物质运送到全身器官的组织和细胞，同时将组织和细胞的代谢产物及二氧化碳运送到肾、肺和皮肤等排出体外，以保证机体新陈代谢的不断进行和机体内环境的稳定等。其次，脉管系统具有内分泌功能，心肌细胞、血管内皮细胞和血管平滑肌细胞等可分泌心钠素、肾素、血管紧张素和内皮细胞生长因子等生物活性物质，参与机体的功能调节。此外，脉管系统还具有免疫防御功能，淋巴系统的淋巴器官和淋巴组织产生淋巴细胞和抗体，参与机体的免疫反应，清除外来的病原微生物。

第一节 概 述

一、心血管系统的组成

心血管系统包括心、动脉、毛细血管和静脉。

1. **心** 是推动血液在心血管系统内循环的动力器官。心是中空的肌性器官，有四个腔，即右心房、右心室、左心房和左心室。左、右心房间有房间隔分隔，左、右心室间有室间隔分隔。同侧的心房和心室之间有房室口相通。

扫码"学一学"

2.动脉 是运送血液离开心室的血管。自心室发出后，在行程中不断分支，越分越细，最后移行为毛细血管。

3.毛细血管 是连于动、静脉末梢之间的细血管，管径$6\sim8\mu m$，管壁薄，通透性大，数量多，分布广，交织成网，是血液与组织、细胞之间进行物质交换的场所。

4.静脉 是运送血液回到心房的血管。起于毛细血管，与同级动脉比较，管壁薄、管腔大、容量大。回心过程中，不断接受属支，逐渐汇合成小静脉、中静脉、大静脉，最后到达心房。

二、血液循环

血液按一定方向在心血管系统内周而复始的流动称血液循环（图8-1）。其过程是血液由心室射出，经动脉、毛细血管、静脉，最后返回心房。根据循环途径，分为肺循环（小循环）和体循环（大循环）两部分。

血液由右心室搏出，经肺动脉干及其各级分支到达肺泡毛细血管进行气体交换，再经肺静脉回至左心房，这一循环途径称肺循环又称小循环。血液由左心室搏出，经主动脉及其分支到达全身毛细血管，血液在此与周围的组织、细胞进行物质和气体交换，再通过各级静脉，最后经上、下腔静脉及心冠状窦返回右心房，这一循环途径称体循环又大循环。肺循环和体循环同时进行。肺循环路程较短，只通过肺，主要使静脉血转变成含氧量高的动脉血。体循环的路程长，流经范围广，以动脉血滋养全身各部，并将全身各部的代谢产物和二氧化碳运回心。

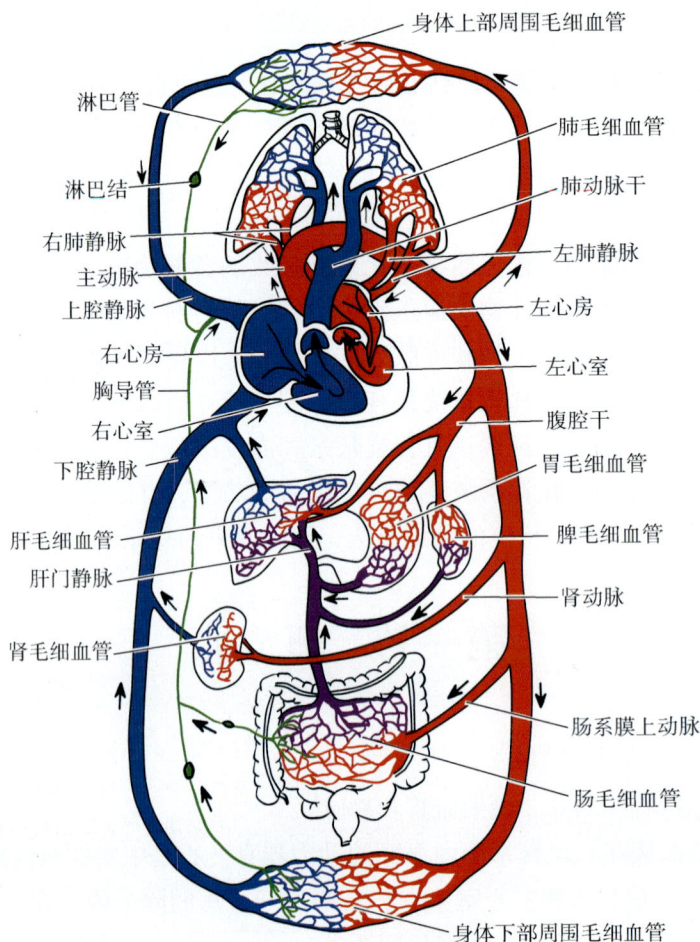

图 8-1 血液循环示意图

第二节 心

案例导入

　　患者，男性，50岁，1小时前突然感到胸骨后压榨性疼痛，有濒死感，休息和服用速效救心丸均不能缓解，伴冷汗。既往有高血压和心绞痛病史。入院后查体：呼吸和心率略快，急性痛苦病容，平卧位，各瓣膜听诊区未闻及病理性杂音，余未见异常。心电图提示ST段抬高。临床诊断：急性心肌梗死。

　　请问：
　　1. 心的位置和外形如何？
　　2. 心瓣膜有哪些？
　　3. 心的血液供应来源于哪些动脉？分别供应心的哪些部位？

扫码"学一学"

一、心的位置和外形

（一）位置

　　心位于胸腔中纵隔内，约2/3位于正中线的左侧，1/3位于正中线的右侧（图8-2）。上方连出入心的大血管；下方邻膈；两侧与胸膜腔和肺相邻；后方平对第5~8胸椎，邻近食管、迷走神经和胸主动脉等；前方大部分被肺和胸膜所覆盖，只有左肺心切迹内侧的部分与胸骨体下部左半及左侧第4~5肋软骨相邻，此区称为心包裸区，临床上进行心内注射时，为了不伤及肺和胸膜，常在左侧第4肋间隙靠近胸骨左缘处进针，将药物注射到右心室内。

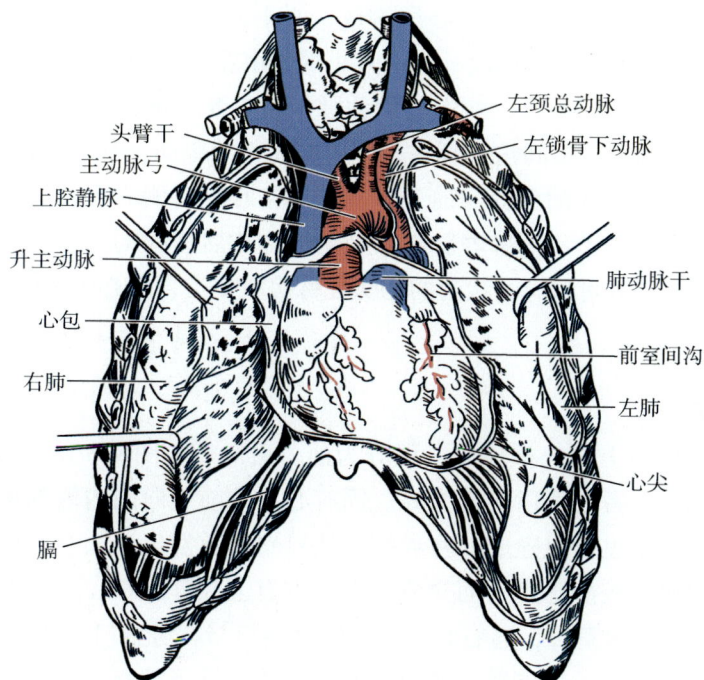

图8-2　心的位置

（二）外形

心近似于前后略扁的倒置圆锥体，其大小与本人拳头相近。心的长轴斜向左下，与身体正中线构成45°角，分为一尖、一底、两面、三缘和四条沟（图8-3、图8-4）。

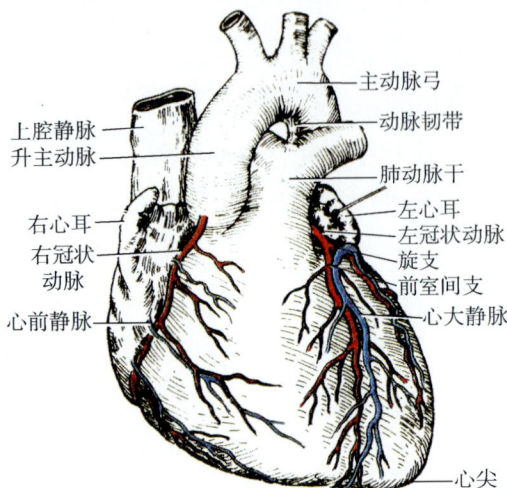

图 8-3　心的外形与血管（前面）　　　　图 8-4　心的外形与血管（后面）

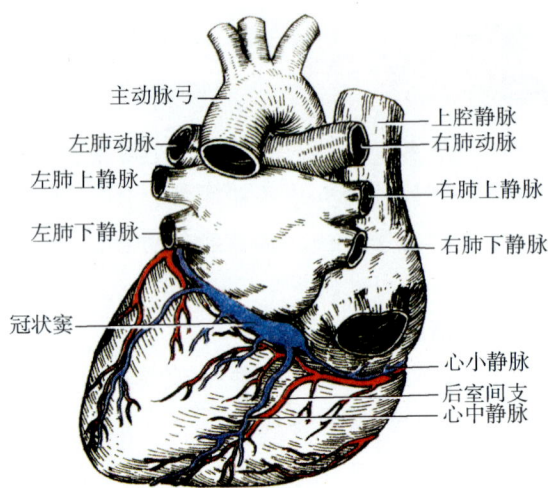

1.心尖　圆钝，由左心室构成，朝向左前下方，与左胸前壁接近，一般在左侧第5肋间隙左锁骨中线内侧1～2cm处可扪及心尖搏动。

2.心底　朝向右后上方，大部分由左心房、小部分由右心房构成。连接出入心的大血管。

3.两面　心前面，又称胸肋面，朝向前上方，大部分由右心房和右心室构成，小部分由左心耳和左心室构成。心下面，又称膈面，朝向后下，近水平位，邻膈，大部分由左心室、小部分由右心室构成。

4.三缘　心右缘垂直向下，由右心房构成；心下缘近乎水平，由右心室和心尖构成；心左缘圆钝，绝大部分由左心室构成，仅上方小部分由左心耳构成。

5.四条沟　冠状沟近似环形，前方被肺动脉干所中断，该沟将右上方的心房和左下方的心室分开。前室间沟和后室间沟分别在心室的胸肋面和膈面，从冠状沟走向心尖的右侧，它们是左、右心室在心表面的分界。前、后室间沟在心尖右侧的会合处稍凹陷，称心尖切迹。在心底，右心房与右上、下肺静脉交界处的浅沟称后房间沟，是左、右心房在心表面的分界。后房间沟、后室间沟与冠状沟的相交处称房室交点，是心表面的一个重要标志。

二、心腔的结构

（一）右心房

右心房位于心的右上部，壁较薄。可分为前、后两部（图8-5）。前部称为固有心房，后部称为腔静脉窦，二者之间以界沟为界。固有心房的前壁向前内侧的锥形突出部分称右心耳。右心房内，可见纵行肌隆起，称界嵴。从界嵴向前发出至固有心房内面的许多平行肌隆起，称为梳状肌。腔静脉窦内面光滑，其上方有上腔静脉口，下方有下腔静脉口。下腔静脉口的左前方有右房室口，通右心室。下腔静脉口与右房室口之间有一小的圆形开口，称为冠状窦口。右心房的后内侧壁主要由房间隔组成，其下部有一浅凹，称为卵圆窝，是胚胎时期卵圆孔闭合后的遗迹。

（二）右心室

右心室位于右心房的左前下方，室腔被一弓形的肌性隆起，即室上嵴分成后下方的右心室流入道和前上方的右心室流出道（图8-6）。

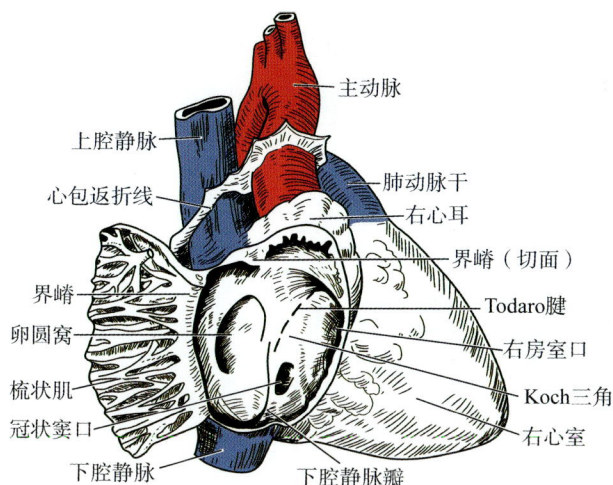

图 8-5　右心房内部结构

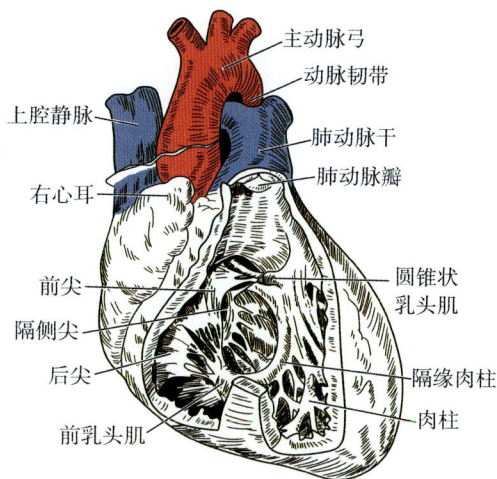

图 8-6　右心室内部结构

右心室流入道又称窦部，其内面的肌束形成纵横交错的隆起称肉柱。流入道的入口为右房室口，口周缘有三尖瓣环，其上附有3片呈三角形的瓣膜，称为三尖瓣，又称右房室瓣。从室壁突入室腔的锥状肌隆起，称乳头肌，分前、后、隔侧3群。各乳头肌的尖端借腱索连于三尖瓣上。在结构和功能上，纤维环、三尖瓣、腱索和乳头肌是一个整体，称三尖瓣复合体。当右心室收缩时，血液推顶瓣膜，使三尖瓣合拢封闭右房室口；同时，乳头肌收缩，腱索牵拉，使瓣膜不致翻向右心房，以防止血液向右心房逆流。右心室腔内还有一条从室间隔连至前乳头肌根部的圆形肌束，称为隔缘肉柱又称节制索，可限制右心室的过度扩张。

右心室流出道是流入道向左上方延伸的部分，向上逐渐变细，形似倒置的漏斗，壁光滑，称为动脉圆锥。动脉圆锥的上端为右心室通向肺动脉干的开口，称肺动脉口，口周围附有3片半月形瓣膜，称肺动脉瓣。当右心室收缩时，血流冲开肺动脉瓣流入肺动脉干；右心室舒张时瓣膜关闭肺动脉口，以阻止血液逆流入右心室。

（三）左心房

左心房位于右心房的左后方，构成心底的大部，是四个心腔中最靠后的一个腔（图8-7）。左心房分前、后两部分。前部即左心耳，突向左前方。后部为左心房窦，较大，腔面光滑，后壁两侧分别有左肺上、下静脉和右肺上、下静脉的开口；前下部借左房室口通左心室。

（四）左心室

左心室位于右心室的左后方，左室壁为右室壁厚度的3倍。室腔以二尖瓣前尖为界分为左后方的左心室流入道和右前方的流出道两部分（图8-7）。

左心室流入道，又称窦部。入口为左房室口，口周缘有致密结缔组织构成的二尖瓣环，其上附有两个呈三角形的瓣膜，称二尖瓣，又称左房室瓣。瓣膜有腱索连于前、后乳头肌。二尖瓣环、二尖瓣、腱索和乳头肌形成二尖瓣复合体。

左心室流出道又称主动脉前庭，是左心室的前内侧部分，腔面光滑无肉柱，出口为主动脉口，周缘有3个袋口向上、呈半月形的主动脉瓣，分别排列在主动脉口的左、右、后方。与每个瓣相应的主动脉壁向外膨出，瓣膜和动脉壁之间形成的空间，称为主动脉窦，可分为左、右、后3个窦。主动脉瓣的功能与肺动脉瓣的功能相似。

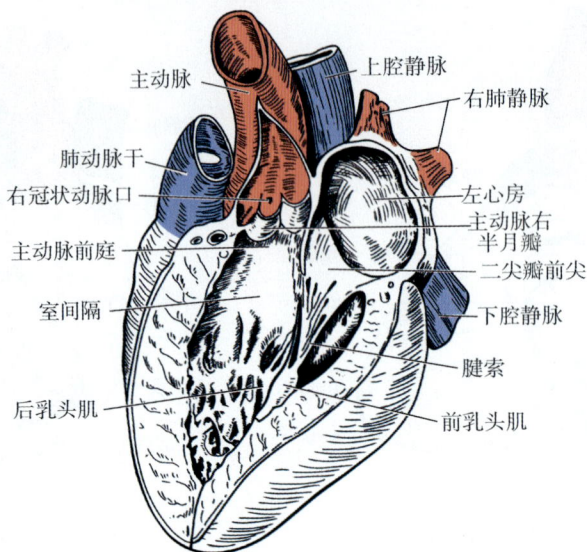

图8-7　左心房和左心室

知识拓展

胸外心按压术

　　胸外心按压术是抢救心跳骤停患者的一项基本技术，适用于因各种创伤、电击、溺水、窒息、心脏疾病、药物过敏等引起的心搏骤停。

　　胸外心按压术是通过有节奏地将心挤压于胸骨和脊柱之间，使血液从左、右心室排出，解除按压时，静脉血向心回流，以此推动血液循环。胸外心按压每做一次，心被动排空、充盈一次，如此反复，导致心射血和充血，维持有效的大、小循环。同时通过挤压刺激心脏，促进其恢复自主节律，达到复苏的目的。

　　胸外心按压时，按压的正确部位应在胸骨下半部、两乳头之间。胸外心按压频率为成人 100~120 次／分。每次按压使胸骨下陷 5 ~ 6cm（成人），随即放松，按压的力量要均匀、适度。

三、心壁的微细结构

心壁从内向外由心内膜、心肌膜和心外膜三层构成（图8-8）。

1.心内膜　是衬于心各腔内面的一层光滑的薄膜。心内膜由内皮、内皮下层和心内膜下层组成。内皮薄而光滑，与出入心的大血管的内皮相连续；内皮下层在内皮的外面，由较细密的结缔组织构成，含有较多的弹性纤维；心内膜下层在内皮下层的外面，由疏松结缔组织构成。心内膜在房室口和动脉口处向心腔折叠形成心的瓣膜。

2.心肌膜　主要由心肌纤维组成，是心壁的主要组成部分。心肌膜包括心房肌和心室肌两部分。心房肌较薄，心室肌肥厚，左心室肌最厚。心房肌和心室肌不相连续，分别附着于左、右房室口周围的纤维环上，因此心房肌和心室肌可不同时收缩。

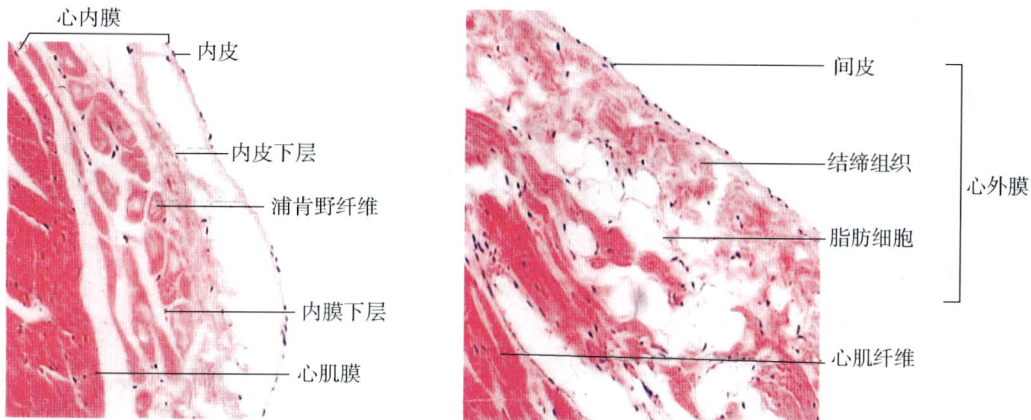

图 8-8　心壁的构造

心的纤维环由致密结缔组织构成，共有4个，分别位于肺动脉口、主动脉口和左、右房室口的周围，环上除附有心房肌和心室肌外，还附有心瓣膜（图8-9）。

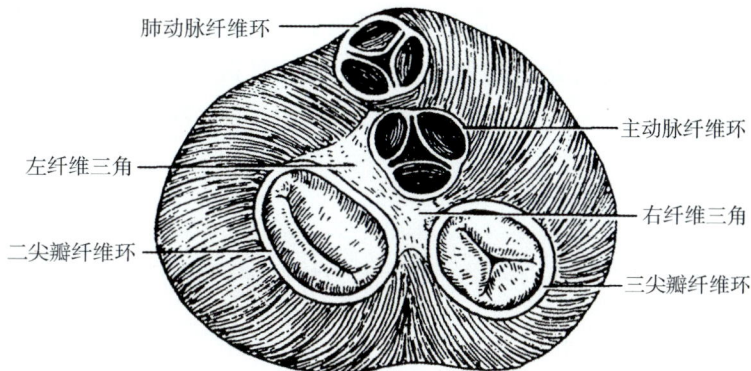

图 8-9　心的纤维环

3.心外膜　是被覆在心肌膜外面的一层光滑的浆膜，为浆膜心包的脏层。其表面为一层间皮，间皮深面为薄层结缔组织。

四、心的传导系统

心肌细胞按形态和功能可分为普通心肌细胞和特殊分化的心肌细胞两类。前者构成心房壁和心室壁的主要部分，主要功能是收缩；后者具有自律性和传导性，其主要功能是产生和传导冲动，控制心的节律性活动。心的传导系统由特殊分化的心肌细胞所构成，包括窦房结、结间束、房室结、房室束、左束支、右束支和浦肯野纤维网（图8-10）。

窦房结：是心的正常起搏点，位于上腔静脉与右心房交界处的心外膜深面，呈长椭圆形。

房室结：是重要的次级起搏点，位于冠状窦口与右房室口之间心内膜深面，呈扁椭圆形。房室结的主要功能是将窦房结传来的冲动延搁后传向心室，保证心房收缩后再开始心室的收缩。

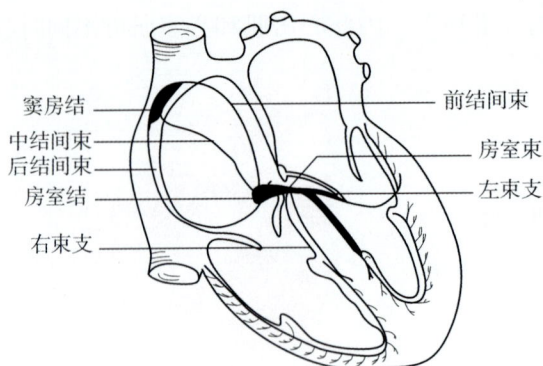

图 8-10　心传导系统模式图

结间束：关于窦房结产生的兴奋如何传导到心房肌和房室结的问题至今尚无定论，有学者认为是经窦房结和房室结之间的结间束传导的，并在生理学上证实有结间束存在，但在形态学上的证据尚不充分。

房室束：又称希氏 His 束，从房室结发出后入室间隔，在室间隔上部分为左束支和右束支。左、右束支分别沿室间隔左、右侧心内膜深面下行到左、右心室。左、右束支在左、右心室内逐渐分为许多细小的分支，最后形成浦肯野纤维网，与普通心肌细胞相连。

窦房结发出的冲动，先传给心房肌，引起心房肌兴奋和收缩，同时也传导到房室结，延搁后，再通过房室束和左、右束支传至浦肯野纤维，再到普通心室肌细胞，从而引起心室肌兴奋和收缩。

五、心的血管

心的血液供应来自左、右冠状动脉；回流的静脉血，绝大部分经冠状窦汇入右心房（图 8-3、图 8-4）。

（一）动脉

1.左冠状动脉　起于主动脉左窦，经左心耳与肺动脉干之间走向左前方，随即分为前室间支和旋支。前室间支是左冠状动脉主干的延续，沿前室间沟下行，绕过心尖切迹达后室间沟下部，与右冠状动脉的后室间支吻合。前室间支沿途分支分布于左、右心室前壁的一部分和室间隔的前上 2/3 部。旋支分出后沿冠状沟向左走行，绕过心左缘达膈面，沿途分布于左心房和左心室壁。

2.右冠状动脉　起于主动脉右窦，经右心耳与肺动脉干之间入冠状沟，向右下方走行，绕过心右缘至膈面，继续沿冠状沟向左行，沿途分布于右心房、右心室，右冠状动脉达房室交点处，分为后室间支和左室后支。后室间支沿后室间沟下行与前室间支吻合，分布于膈面的左、右心室壁和室间隔的后下 1/3 部。左室后支较小，分布于左心室膈面心壁。

（二）静脉

心的静脉血由冠状窦、心前静脉和心最小静脉 3 条途径回心，统称心静脉系统（图 8-3、图 8-4）。

1.冠状窦　位于心膈面的冠状沟内，左心房与左心室之间，借冠状窦口开口于右心房。其主要属支有：①心大静脉：在前室间沟内与前室间支伴行，注入冠状窦左端；②心中静脉：起于心尖部，与后室间支伴行，注入冠状窦右端；③心小静脉：在冠状沟内与右冠状动脉伴行，注入冠状窦右端。

2.心前静脉　有 2～3 条，起于右心室前壁，开口于右心房。

3.心最小静脉 位于心壁内的小静脉，直接开口于心房或心室腔。

冠状动脉搭桥

　　冠状动脉搭桥是取一段自身的正常血管，吻合在升主动脉和冠状动脉狭窄病变远端之间，主动脉的血液就可以通过移植血管（桥血管）顺利到达冠状动脉狭窄病变远端，恢复缺血心肌的正常供血，达到解除心绞痛、改善生活质量和防止严重并发症的目的。

六、心包

　　心包为包裹心和大血管根部的锥形囊，分内、外两层，外层是纤维心包，内层为浆膜心包（图8-2、图8-11）。

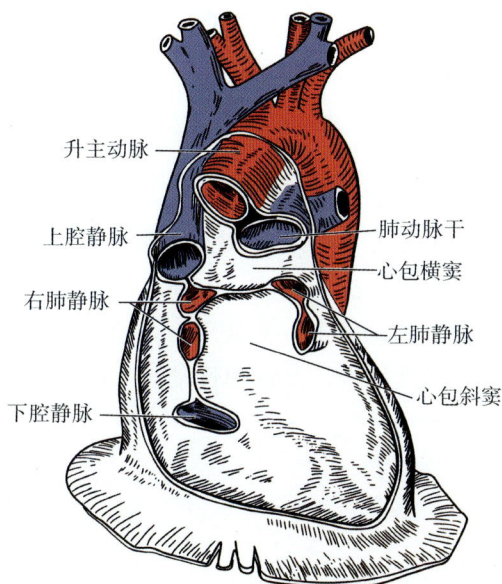

图 8-11　心包

　　1.纤维心包 是一个坚韧的结缔组织囊，向上与出入心的大血管的外膜相移行，下面与膈中心腱愈着。

　　2.浆膜心包 分壁层和脏层。壁层紧贴于纤维心包的内面，脏层覆于心肌的外面，即心外膜。两层在出入心的大血管根部相移行，围成的间隙称心包腔，腔内含少量浆液，起润滑作用，减少心搏动时的摩擦。

七、心的体表投影

　　心在胸前壁的体表投影个体差异较大，也可因体位而变化。通常采用下列4点及其连线表示：①左上点，于左侧第2肋软骨的下缘，距胸骨左缘约1.2cm处；②右上点，于右侧第3肋软骨上缘，距胸骨右缘约1cm处；③右下点，在右侧第7胸肋关节处；④左下点，于左侧第5肋间隙，左锁骨中线内侧1~2cm处。左、右上点连线为心的上界，左、右下点连线为心的下界，右上点与右下点之间微向右凸的弧形连线为心的右界，左上点与左下点之间微向左凸的弧形连线为心的左界。了解心在胸前壁的投影，对临床诊断有实用意义（图8-12）。

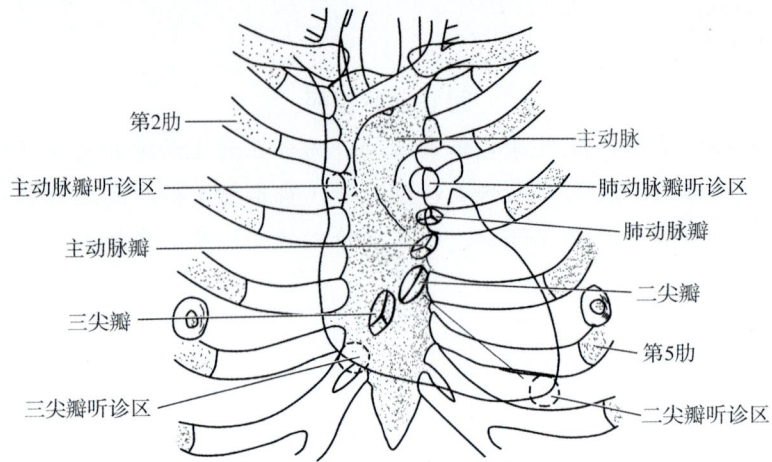

第2肋
主动脉瓣听诊区
主动脉瓣
三尖瓣
三尖瓣听诊区
主动脉
肺动脉瓣听诊区
肺动脉瓣
二尖瓣
第5肋
二尖瓣听诊区

图 8-12　心的体表投影

第三节　血　管

一、血管概述

血管分为动脉、毛细血管和静脉三大类。

1.动脉　动脉是将血液由心输送到全身各处的血管。按管径大小分为大、中、小动脉和微动脉四种，管壁结构由内向外依次为内膜、中膜、外膜，3层结构随管径不同而变化。

（1）大动脉　包括主动脉、肺动脉干、头臂干、颈总动脉、锁骨下动脉和髂总动脉等。因管壁中膜内含大量弹性膜和弹性纤维，又称弹性动脉（图8-13、图8-14）。

平滑肌纤维
弹性纤维
内膜
中膜
外膜
弹性纤维

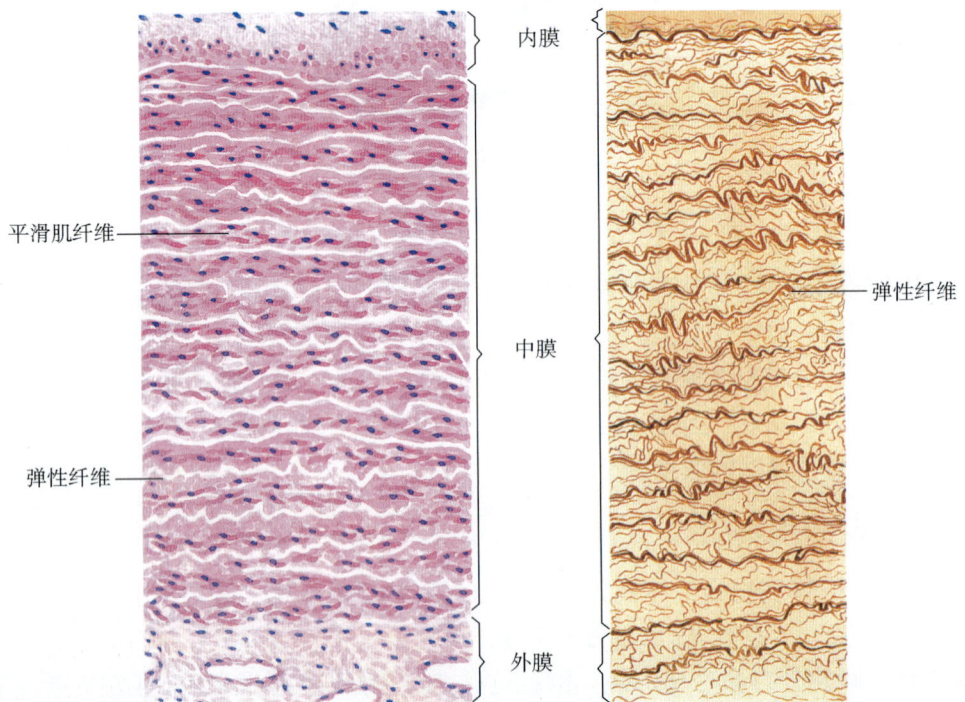

图 8-13　大动脉横断面（HE，低倍）　　图 8-14　大动脉横断面（弹性染色，低倍）

1）内膜　由内皮和内皮下层组成。内皮下层为结缔组织，内含少量平滑肌纤维。

2）中膜　较厚，由40~70层弹性膜组成，其间夹有少量平滑肌、胶原纤维和基质。弹性膜由弹性蛋白构成，在血管横断面的组织切片上呈波浪状。心室收缩时，大动脉扩张可容纳更多的血液，心室舒张时，大动脉弹性回缩，使血液持续、均匀地向前流动。

3）外膜　较薄，由疏松结缔组织构成，内有血管壁的营养血管。

（2）中动脉　除大动脉外，凡管径一般大于1mm的动脉均为中动脉，因其中膜平滑肌十分丰富，又称肌性动脉。

1）内膜　由内皮、内皮下层和内弹性膜组成。内弹性膜是由弹性蛋白构成的有孔均质薄膜，在血管横断面的组织切片上常呈波浪状，可作为内膜与中膜的分界。

2）中膜　较厚，主要由10~40层环形平滑肌组成，肌纤维间夹有弹性纤维和胶原纤维。

3）外膜　为疏松结缔组织，含营养血管和神经纤维束。多数中动脉的中膜和外膜交界处有明显的外弹性膜。

（3）小动脉　指管径在0.3~1mm的动脉，属肌性动脉，结构与中动脉相似。管壁平滑肌收缩时，管径变小，增加血流阻力，对血流量及血压的调节起重要作用，故又称外周阻力血管（图8-15）。

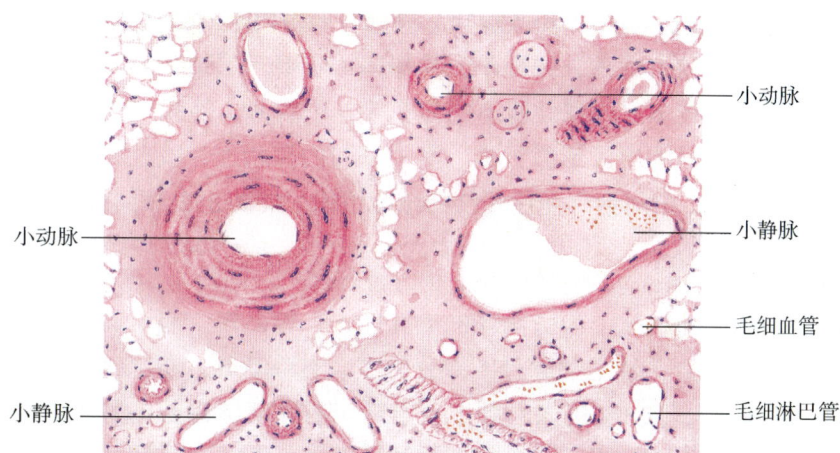

图8-15　小动脉和小静脉的组织结构

（4）微动脉　指管径在0.3mm以下的动脉。内膜无内弹性膜，中膜由1~2层平滑肌纤维组成，外膜较薄。

2.毛细血管　毛细血管管壁由内皮细胞和基膜组成（图8-16）。电镜下，依据内皮细胞及基膜结构等特点，分为连续毛细血管、有孔毛细血管和血窦。

（1）连续毛细血管　内皮细胞连续，细胞间有紧密连接，胞质内有大量吞饮小泡。基膜完整。分布于肌组织、结缔组织、中枢神经系统、胸腺和肺等处。

（2）有孔毛细血管　内皮细胞胞质部极薄且有窗孔，一般有4~6nm隔膜封闭，窗孔为物质交换的途径。基膜完整。主要分布于胃肠黏膜、一些内分泌腺和肾血管球等处。

（3）血窦　是窦状毛细血管的简称，管腔较大，直径可达40μm，形状不规则。内皮薄而有孔，细胞间无紧密连接，间隙较大。不同器官内的血窦结构有较大差别，主要分布于肝、脾、骨髓和一些内分泌腺中。

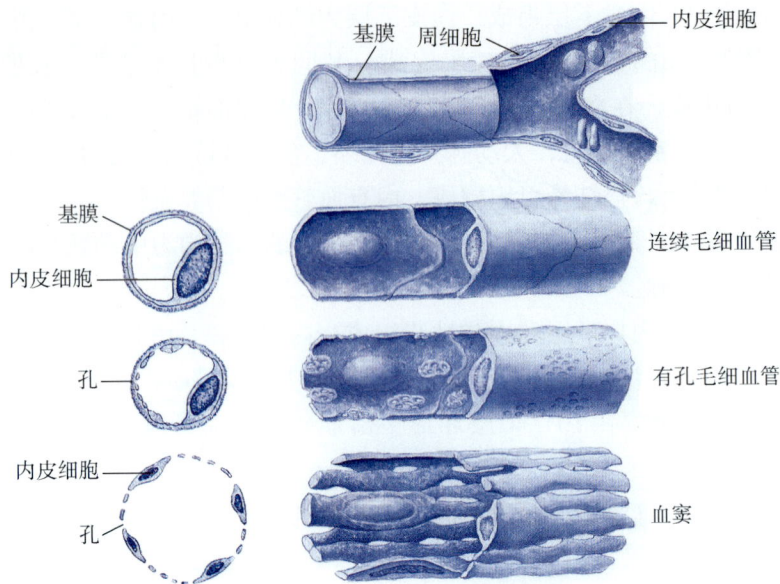

图8-16　毛细血管超微结构模式图

3.静脉　静脉是将血液输送回心的血管，由细至粗逐级汇合，根据管径不同可分为大静脉、中静脉、小静脉（图8-15）和微静脉。静脉管壁由内至外依次为内膜、中膜和外膜。与同级动脉相比，静脉腔大壁薄，弹性小，易塌陷；管壁三层结构界限不清，平滑肌和弹性组织较少，结缔组织较多。内弹性膜不明显或无，中膜薄，外膜则较厚。管径在2mm以上的静脉，腔内常有成对的半月形静脉瓣，其根部与内膜相连，彼此相对，游离缘朝向血流方向，表面覆以内皮，中间为含弹性纤维的结缔组织，能防止血液倒流。

二、肺循环的血管

1.肺循环的动脉　肺动脉干为肺循环的动脉主干，粗而短，起于右心室，越过升主动脉的前方斜行向左后上方，至主动脉弓下方分为左、右肺动脉。左肺动脉较短，横跨左主支气管的前方至左肺门，分2支进入左肺上、下叶。右肺动脉较长，向右横经升主动脉和上腔静脉的后方到达右肺门，分成3支进入右肺上、中、下叶。在肺动脉干分杈处稍左侧与主动脉弓下壁之间，有一结缔组织索相连，称动脉韧带（图8-3），是胎儿时期动脉导管闭锁的遗迹。若出生后6个月动脉导管仍不闭锁，称动脉导管未闭，是常见的先天性心脏病之一。

2.肺循环的静脉　肺循环的静脉为肺静脉。肺静脉的属支起自肺泡壁上的毛细血管网，由细小的静脉汇合成较大的静脉，每个肺叶的静脉汇合成1条肺静脉，右肺有3条，左肺有2条。出肺门后，右肺上、中两叶的肺静脉合成1条，所以进入左心房的肺静脉左、右肺各有2条，均向内行，注入左心房后部的两侧。

三、体循环的动脉

体循环的动脉是将血液从心脏左心室运送到全身各部的管道。由左心室发出的主动脉及其各级分支所组成。这些分支离开主干进入器官前的一段称为器官外动脉，入器官后的一段称为器官内动脉。

器官外动脉分布的基本规律是：①大多数动脉是左、右对称地分布于头颈、躯干和四肢，每一局部都有主要的动脉干；②动脉常与静脉、神经伴行，构成血管神经束，多居于身体的屈侧、深部或隐蔽安全的部位；③动脉从主干发出后常以最短距离到达分布的器官，只有在发生过程中移位到远处的器官，如男、女生殖腺，其营养动脉走行较远；④动脉管径的大小和分布形式与器官的功能和形态结构相适应；⑤分布于躯干的动脉分支有壁支和脏支：壁支供应体壁，成对，如肋间后动脉等；脏支供应体腔内的脏器，根据脏器对称与否，分成对和不成对两种。

器官内动脉的分布形式与器官的结构特点有关，有放射型、纵走型、横型、集中型等。分叶的器官如肾、肝、肺等，动脉自"门"进入后常为放射型分布；管状或柱状器官动脉常以纵走型、横型或放射型分布（图8-17）。

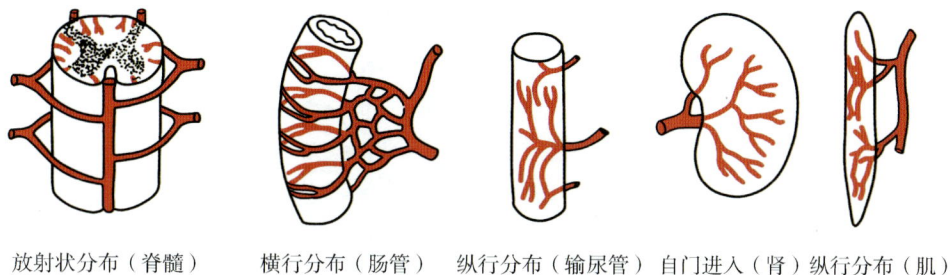

放射状分布（脊髓）　横行分布（肠管）　纵行分布（输尿管）　自门进入（肾）纵行分布（肌）

图8-17　器官内动脉分布模式图

主动脉是体循环的动脉主干。由左心室发出，先向右前上方斜行，再弓形弯向左后方，沿脊柱左侧下行逐渐转至其前方，穿膈的主动脉裂孔入腹腔，至第4腰椎体下缘处分为左、右髂总动脉。依其行程分为升主动脉、主动脉弓、胸主动脉和腹主动脉（图8-18）。

（一）升主动脉

升主动脉起自左心室，在肺动脉干与上腔静脉之间向右前上方斜行，至右侧第2胸肋关节高度移行为主动脉弓。升主动脉发出左、右冠状动脉。

（二）主动脉弓

主动脉弓续升主动脉，弓形弯向左后方，跨左肺根，至第4胸椎体下缘向下移行为胸主动脉。主动脉弓凸侧发出3条动脉干，自右向左依次为头臂干、左颈总动脉和左锁骨下动脉（图8-18）。头臂干在右胸锁关节后方分为右颈总动脉和右锁骨下动脉。主动脉弓壁的外膜下有丰富的游离神经末梢称压力感受器，可感受血压的变化。主动脉弓下方，靠近动脉韧带处有2~3个粟粒样小体，称主动脉小球，为化学感受器，可感受血液中CO_2和O_2的分压及H^+浓度的变化。

1.颈总动脉　是头颈部的动脉主干（图8-19）。左侧发自主动脉弓，右侧起于头臂干。两侧颈总动脉均经胸锁关节后方，沿食管、气管和喉的外侧上行，至甲状软骨上缘高度分为颈内动脉和颈外动脉。颈总动脉上段

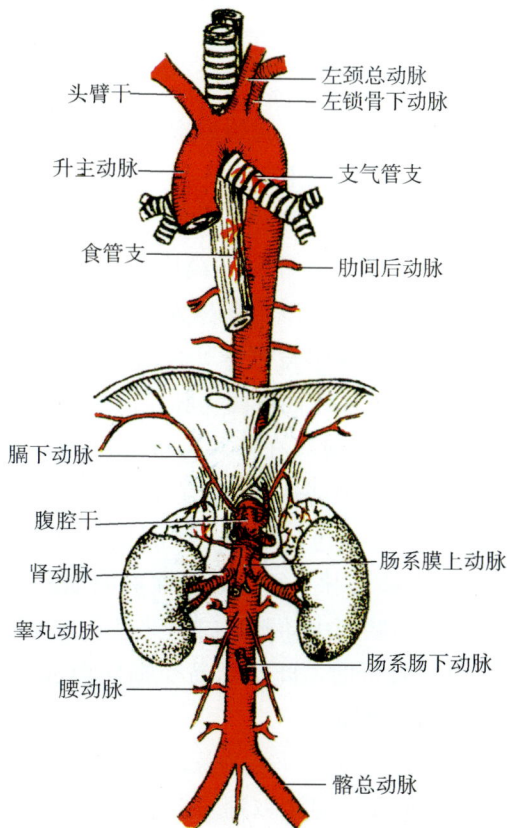

左颈总动脉
左锁骨下动脉
头臂干
升主动脉
支气管支
食管支
肋间后动脉
膈下动脉
腹腔干
肾动脉
肠系膜上动脉
睾丸动脉
肠系肠下动脉
腰动脉
髂总动脉

图8-18　主动脉分部及其分支

位置表浅，在活体上可摸到其搏动。

在颈总动脉分叉处有颈动脉窦和颈动脉小球两个重要结构。颈动脉窦是颈总动脉末端和颈内动脉起始部膨大部分，窦壁的外膜内含丰富的游离神经末梢称压力感受器，可感受血压的变化。颈动脉小球是一个扁椭圆形小体，借结缔组织连于颈总动脉分叉的后方，为化学感受器，可感受血液中CO_2和O_2的分压及H^+浓度的变化。

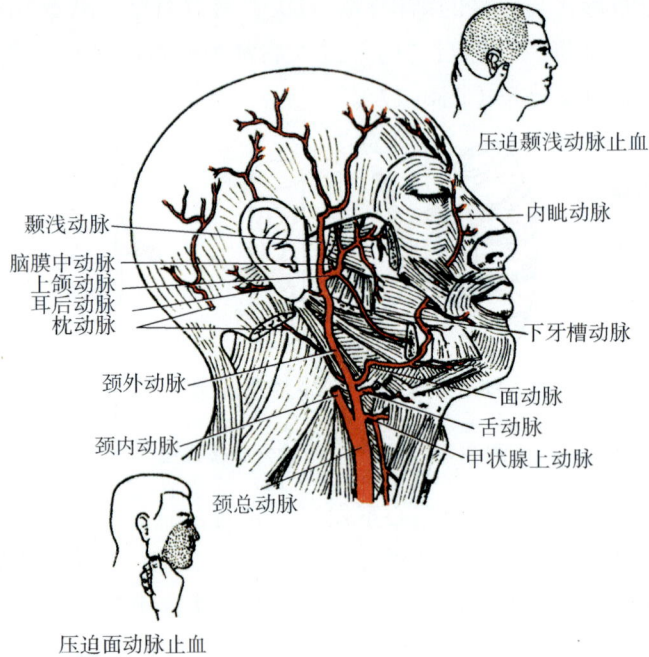

图 8-19　颈外动脉及其分支

（1）颈外动脉　起始后上行穿腮腺至下颌颈处分为颞浅动脉和上颌动脉两个终支。主要分支有：甲状腺上动脉、舌动脉、面动脉、颞浅动脉、上颌动脉、枕动脉、耳后动脉和咽升动脉等。

1）面动脉　于下颌角高度发自颈外动脉，向前经下颌下腺深面，至咬肌前缘越过下颌骨下缘到面部，经口角和鼻翼外侧到达眼的内眦，易名为内眦动脉。面动脉分支分布于下颌下腺、面部和腭扁桃体等。面动脉在下颌骨下缘与咬肌前缘交界处位置表浅，在活体可摸到其搏动。在此处将面动脉压向下颌骨，可进行面部的临时性止血（图8-19）。

2）颞浅动脉　在外耳门前方上行，越过颧弓根部到颞部皮下，分支分布于腮腺和额部、颞部、颅顶部软组织。在活体外耳门前方颧弓根部可摸到颞浅动脉的搏动，在此处压迫颞浅动脉，可进行额部、颞部和颅顶部的临时性止血（图8-19）。

3）上颌动脉　经下颌颈深面向前入颞下窝，在翼内、外肌之间向前内走行至翼腭窝。该动脉发出脑膜中动脉，向上穿棘孔入颅腔，分前、后两支，其中前支走行在翼点的内面，当翼点区骨折时，此动脉易受损伤形成硬膜外血肿。上颌动脉的分支主要营养鼻腔、腭、咀嚼肌和硬脑膜等。

（2）颈内动脉　由颈总动脉发出后，垂直上升至颅底，经颈动脉管入颅腔，分支分布于视器和脑（详见中枢神经系统）。

2. 锁骨下动脉　左侧起于主动脉弓，右侧起自头臂干。起始后经胸锁关节后方，呈弓形越过胸膜顶前面，穿斜角肌间隙后跨过第1肋，延续为腋动脉。主要分支有（图8-20）：

①椎动脉，起自前斜角肌内侧缘，向上穿第6～1颈椎横突孔，经枕骨大孔入颅腔，分支分布于脑和脊髓。②胸廓内动脉，在椎动脉起点的相对侧发出，向下入胸腔，沿第1～6肋软骨后面下降，沿途分支分布于胸前壁、心包、膈和乳房等处。其较大的终支称腹壁上动脉，穿膈进入腹直肌鞘，在腹直肌鞘深面下行，分支营养该肌和腹膜。③甲状颈干，为一短干，在椎动脉起点外侧起于锁骨下动脉上壁，主要分支有甲状腺下动脉和肩胛上动脉，前者分布于甲状腺、咽、食管、喉和气管；后者分布于冈上肌、冈下肌和肩胛骨。

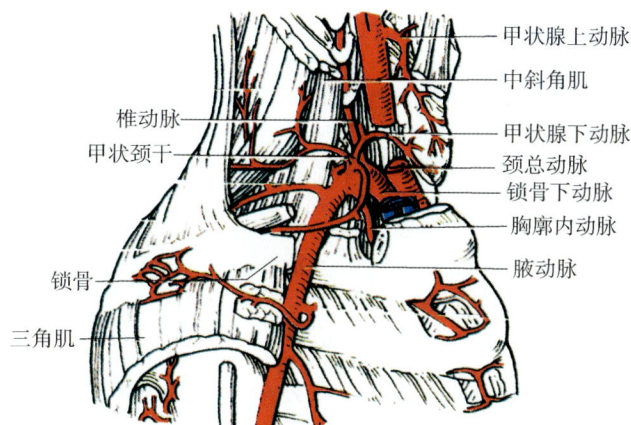

图 8-20 锁骨下动脉及其分支

3. 腋动脉 在第1肋的外侧缘续于锁骨下动脉（图8-21），经腋窝深部至背阔肌下缘移行为肱动脉。腋动脉的主要分支有胸肩峰动脉、胸外侧动脉、肩胛下动脉和旋肱后动脉。

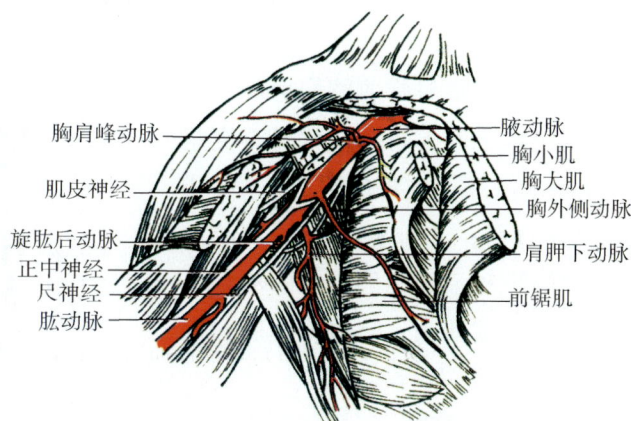

图 8-21 腋动脉及其分支

4. 肱动脉 自背阔肌下缘续于腋动脉，沿肱二头肌内侧下行至肘窝，平桡骨颈高度分为桡动脉和尺动脉（图8-22）。肱动脉沿途分支分布于上臂肌肉、肱骨和肘关节。在肘窝的内上方，肱二头肌腱的内侧，肱动脉位置表浅，可摸到其搏动，此处是测量血压时的听诊部位。当前臂或手大出血时，可在上臂的中部肱二头肌内侧沟内，将肱动脉压向肱骨以紧急止血（图8-23）。

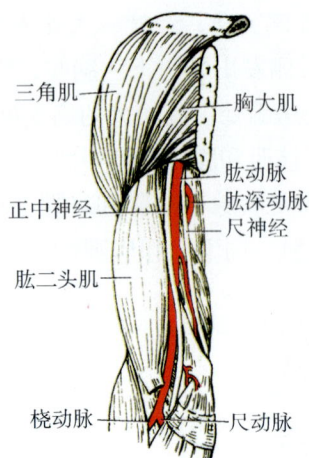

图 8-22　肱动脉及其分支

图 8-23　肱动脉的压迫止血点

知识链接

血压测量

　　血压是临床上监测患者病情变化的重要指标之一。测量血压是指测量动脉血压。普通血压测量的基本原理是将被测动脉压向骨面，阻断血流，以听诊器或仪器置于阻断点远端的动脉表面，然后逐步松开动脉恢复通血，读取被阻动脉通血后血流冲击管壁产生声音以及声音变化时仪器上的数值，分别得到收缩压和舒张压。临床上通常用距离心脏较近、坐位时容易使动脉、心脏以及血压计保持在同一平面的肱动脉进行血压测量。如果因特殊原因无法利用肱动脉进行测量时，也可选取腘动脉，腘动脉的收缩压比肱动脉的收缩压高 20 ～ 40mmHg，而舒张压则相同。

　　5. 桡动脉　发出后先经肱桡肌与旋前圆肌之间，继而在肱桡肌腱与桡侧腕屈肌腱之间下行，绕桡骨茎突至手背，穿第 1 掌骨间隙至手掌深部。主要分支有：①掌浅支，与尺动脉末端吻合成掌浅弓；②拇主要动脉，分为 3 支分布于拇指掌侧面的两侧缘和示指桡侧缘（图 8-24）。桡动脉下段位置表浅，可触及其搏动，是临床切脉和计数脉搏的常用部位。

　　6. 尺动脉　发出后在尺侧腕屈肌与指浅屈肌之间下行，经豌豆骨桡侧至手掌。主要分支有：①骨间总动脉，又分为骨间前动脉和骨间后动脉，分布于前臂肌和尺、桡骨；②掌深支，与桡动脉的末端吻合形成掌深弓（图 8-24、图 8-25）。

　　7. 掌深弓和掌浅弓

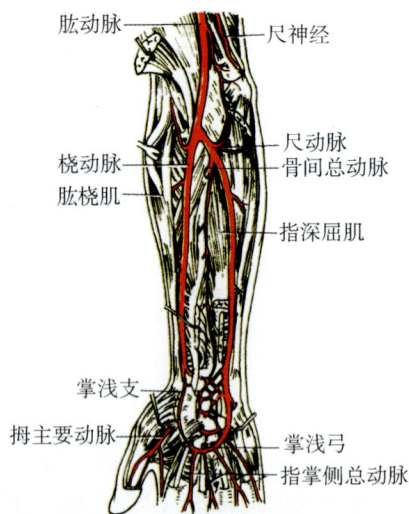

图 8-24　前臂前面的动脉

　　（1）掌浅弓　由尺动脉末端与桡动脉掌浅支吻合而成（图 8-25）。位于掌腱膜深面，弓上发出 3 条指掌侧总动脉和 1 条小指尺掌侧动脉。每条指掌侧总动脉行至掌指关节附近，再分为 2 条指掌侧固有动脉，分别分布到第 2 ～ 5 指相对缘；小指尺掌侧动脉分布于小指掌面尺侧缘。

（2）掌深弓　由桡动脉末端和尺动脉的掌深支吻合而成（图8-25）。位于指深屈肌腱深面，弓上发出3条掌心动脉，行至掌指关节附近，分别注入相应的指掌侧总动脉。在手指根部两侧血管的行经部位进行压迫，可阻止手指的出血。

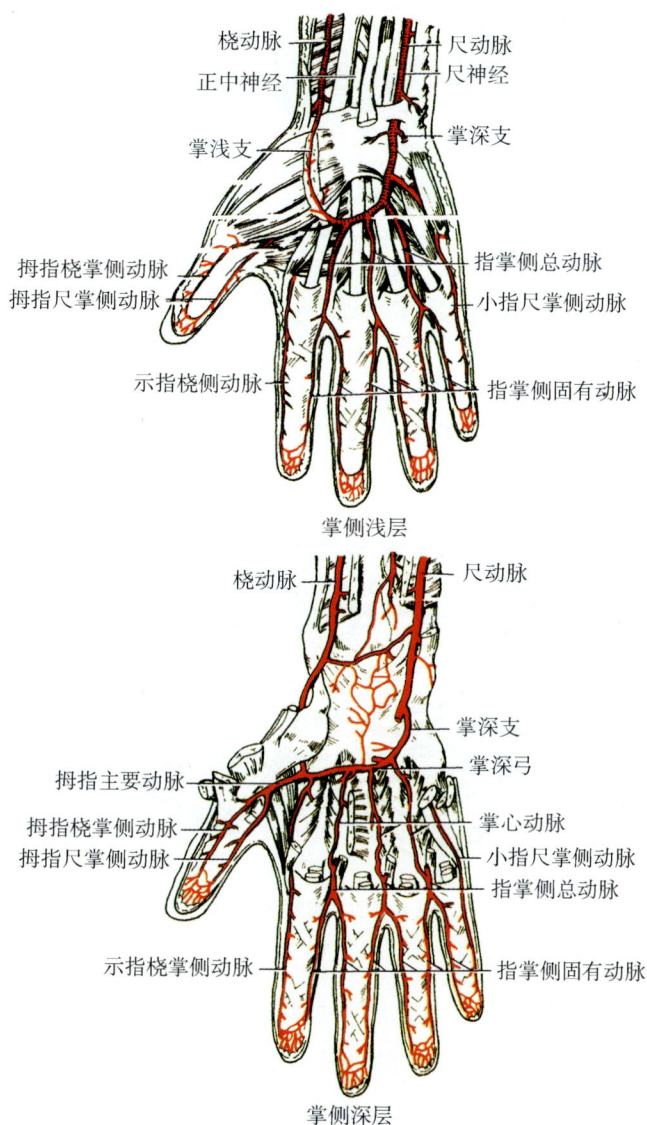

图 8-25　掌浅弓和掌深弓

（三）胸主动脉

胸主动脉是胸部的动脉主干，平第4胸椎体下缘的左侧接续主动脉弓，沿脊柱下降至第12胸椎高度穿膈的主动脉裂孔移行为腹主动脉。其分支有壁支和脏支两种（图8-26）。

1.壁支　主要有9对肋间后动脉和1对肋下动脉。它们由胸主动脉后壁发出后，在脊柱侧缘分为前、后2支，后支细小，分布于脊髓、背部的肌肉和皮肤；前支粗大，行于第3～11肋间隙和第12肋下方，分布于胸壁和腹壁上部（图8-27）。

2.脏支　较细小，有支气管动脉、食管动脉和心包动脉，分布于同名器官。

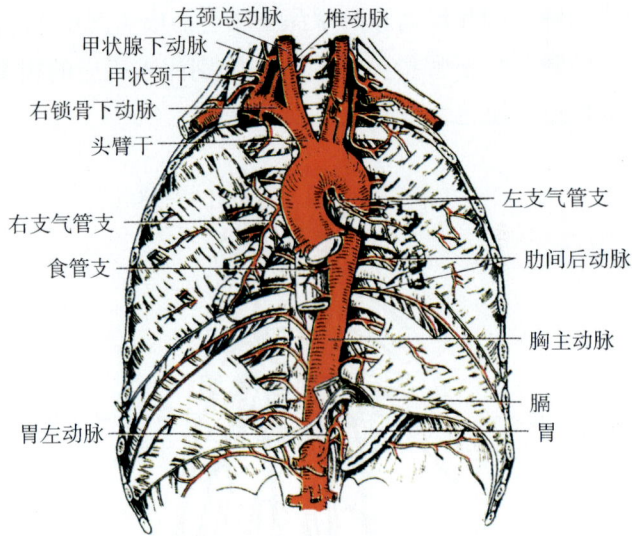

图 8-26 胸主动脉及其分支

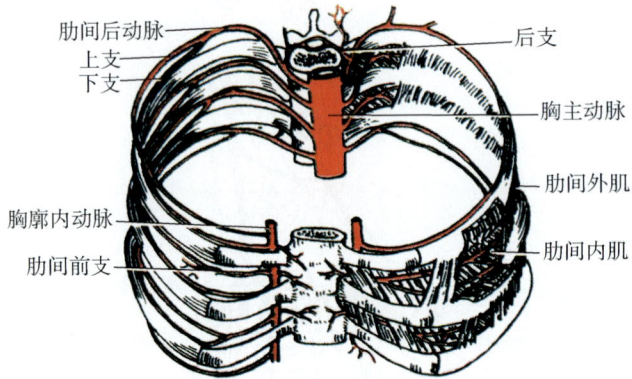

图 8-27 胸壁的动脉

（四）腹主动脉

腹主动脉是腹部的动脉主干，在膈的主动脉裂孔处续于胸主动脉，沿腰椎前方下降，至第4腰椎体下缘处分为左、右髂总动脉。其分支亦有壁支和脏支之分，但脏支远较壁支粗大（图8-28）。

1.**壁支** 包括腰动脉、膈下动脉和骶正中动脉，分布于腹盆腔后壁、膈下面、肾上腺、脊髓及其被膜等。

2.**脏支** 分成对脏支和不成对脏支两种。成对脏支有肾上腺中动脉、肾动脉、睾丸动脉（男性）或卵巢动脉（女性）；不成对脏支有腹腔干、肠系膜上动脉和肠系膜下动脉。

（1）肾上腺中动脉 约平第1腰椎平面起自腹主动脉，分布到肾上腺。

（2）肾动脉 约平第1~2腰椎椎间盘高度起于腹主动脉，向外横行至肾门入肾，入肾门前发肾上腺下动脉至肾上腺。

（3）睾丸动脉 细而长，在肾动脉起始处稍下方，由腹主动脉前壁发出，沿腰大肌前面斜向外下方走行，穿入腹股沟管，参与精索组成，分布至睾丸和附睾。在女性则为卵巢动脉，经卵巢悬韧带下行入盆腔，分布于卵巢和输卵管壶腹部。

（4）腹腔干 为一粗短的动脉干，在主动脉裂孔稍下方起自腹主动脉前壁，迅即分为胃左动脉、肝总动脉和脾动脉3大支（图8-29、图8-30）。

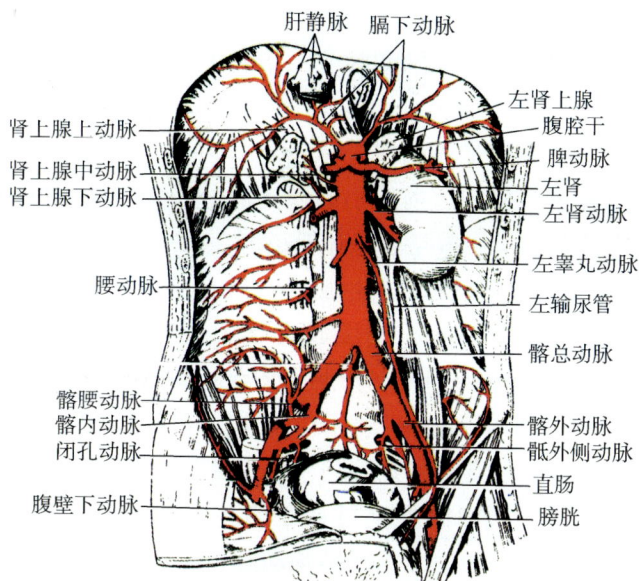

图 8-28　腹主动脉及其分支

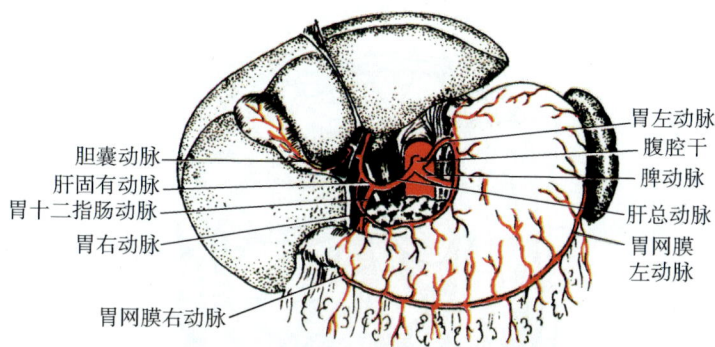

图 8-29　腹腔干及其分支（胃前面）

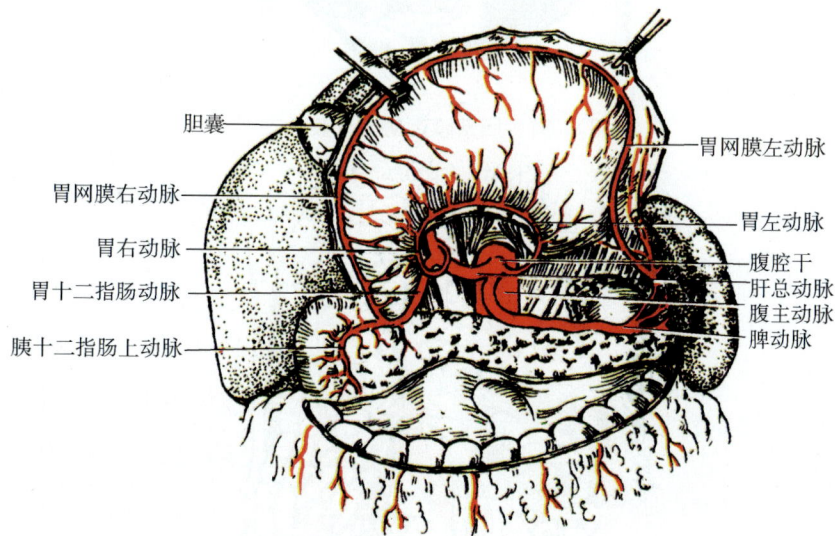

图 8-30　腹腔干及其分支（胃后面）

　　1）胃左动脉　自腹腔干发出后，先向左上方行至胃的贲门，然后沿胃小弯向右行走。分支分布于食管腹段、贲门和胃小弯附近的胃壁。

　　2）肝总动脉　沿胰头上缘行向右，至十二指肠上部的上方分为胃十二指肠动脉和肝固有动脉。

胃十二指肠动脉分出胃网膜右动脉和胰十二指肠上动脉，分别分布于大网膜、胃大弯侧胃壁、胰头和十二指肠。

肝固有动脉在肝十二指肠韧带内向右上行，至肝门下方分为左、右支，经肝门分别进入肝的左、右叶。右支在进入肝门之前发出胆囊动脉分布于胆囊。肝固有动脉在其起始处还发出胃右动脉，分支分布于十二指肠上部和胃小弯。

3）脾动脉　分出脾支、胃短动脉和胃网膜左动脉，分支分布于脾、胰和胃。

（5）肠系膜上动脉　约平第1腰椎高度起自腹主动脉前壁（图8-31）。主要分支有：①胰十二指肠下动脉，分布于胰头和十二指肠；②空肠动脉和回肠动脉，分布于空、回肠肠壁；③回结肠动脉，分布到回肠末端、盲肠、阑尾和升结肠的下部，分布到阑尾的分支称阑尾动脉；④右结肠动脉：分支营养升结肠；⑤中结肠动脉，分支于横结肠。

（6）肠系膜下动脉　约平第3腰椎高度起于腹主动脉前壁（图8-32）。主要分支有：①左结肠动脉，分支分布于降结肠；②乙状结肠动脉，分支营养乙状结肠；③直肠上动脉，经小骨盆上口进入盆腔，分布于直肠上部。

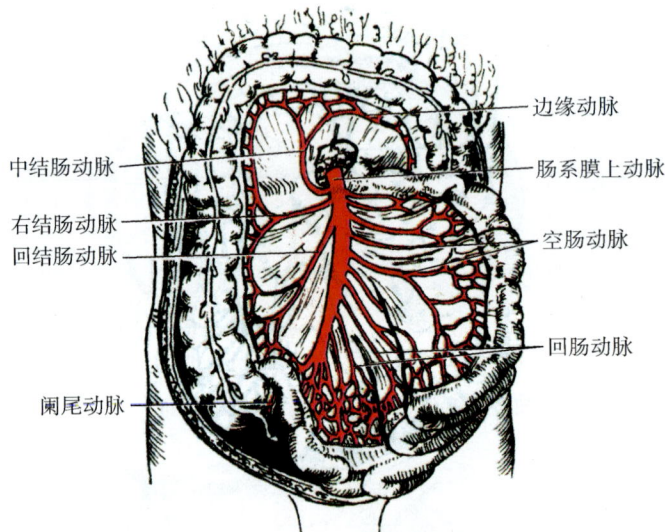

图8-31　肠系膜上动脉及其分支

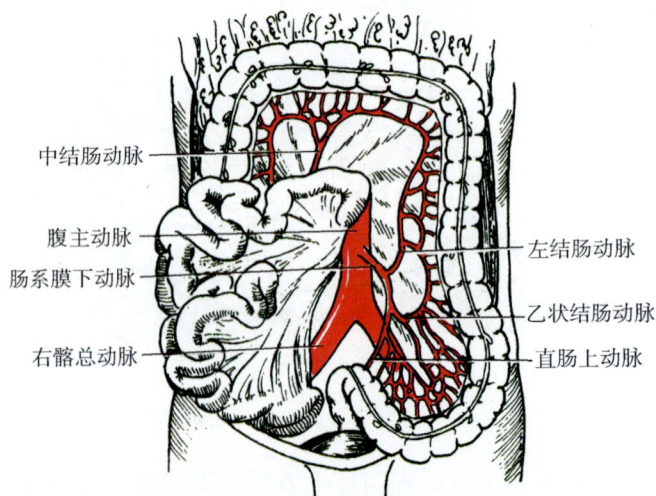

图8-32　肠系膜下动脉及其分支

（五）髂总动脉

髂总动脉左、右各一，平第4腰椎体下缘由腹主动脉发出，沿腰大肌内侧下行至骶髂关节处分为髂内动脉和髂外动脉。

1.髂内动脉　为一短干，沿盆腔侧壁下行，发出壁支和脏支（图8-33、图8-34）。

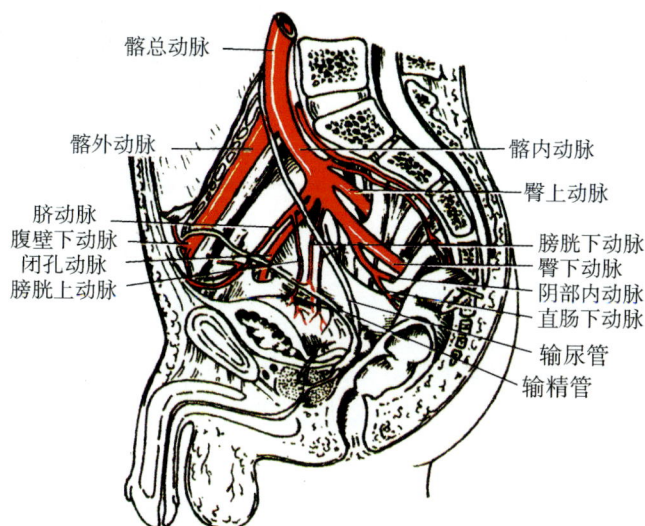

图8-33　男性盆部的动脉

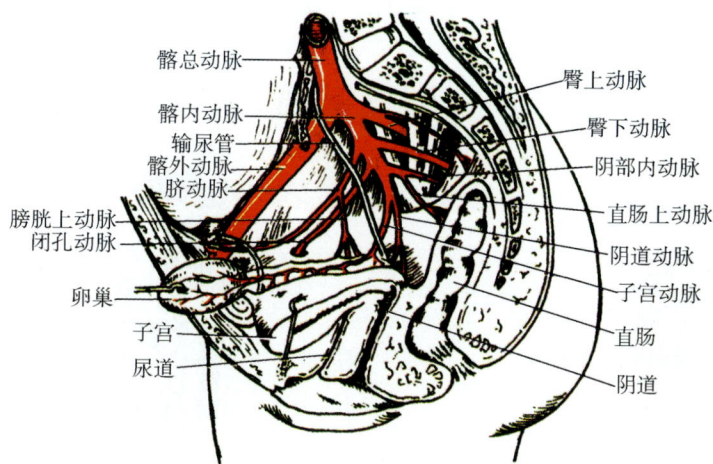

图8-34　女性盆部的动脉

（1）壁支　主要分支有：①闭孔动脉，沿骨盆侧壁行向前下，穿闭膜管至大腿内侧，分支至大腿内侧群肌和髋关节；②臀上动脉，从梨状肌上孔出盆腔，主要分布于臀中肌和臀小肌；③臀下动脉，穿梨状肌下孔出盆腔，主要分布于臀大肌。

（2）脏支　主要分支有：①脐动脉，发出膀胱上动脉，分布于膀胱；②子宫动脉，在子宫颈外侧约2cm处从输尿管的前上方跨过，沿子宫体侧缘上升至子宫底，营养子宫、输卵管和阴道（图8-35）；③阴部内动脉，穿梨状肌下孔出盆腔，继经坐骨小孔至坐骨肛门窝，其主要分支有肛动脉、会阴动脉、阴茎（蒂）动脉，分布于肛门、会阴部和外生殖器（图8-36）；④膀胱下动脉，男性分布于膀胱底、精囊和前列腺等处，女性分布于膀胱和阴道；⑤直肠下动脉，分布于直肠下部。

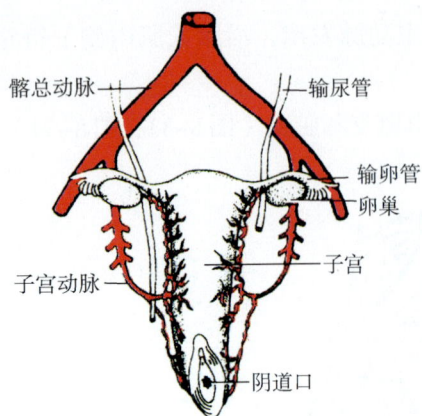

图 8-35　子宫动脉

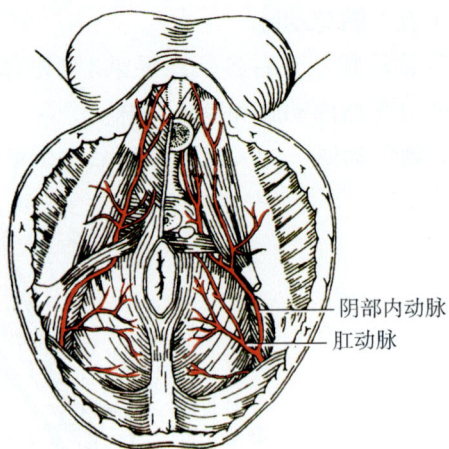

图 8-36　会阴的动脉

2. 髂外动脉　沿腰大肌内侧缘下降，经腹股沟韧带中点深面至股前部，移行为股动脉。髂外动脉在腹股沟韧带稍上方发出腹壁下动脉，进入腹直肌鞘，分布到腹直肌并与腹壁上动脉吻合。此外，发出 1 支旋髂深动脉，斜向外上，分支营养髂嵴及邻近肌。

3. 股动脉　是下肢动脉的主干，在股三角内下行，经收肌管出收肌腱裂孔至腘窝，移行为腘动脉（图 8-37）。在腹股沟韧带稍下方，股动脉位置表浅，活体上可摸到其搏动，当下肢出血时，可在该处将股动脉压向耻骨下支进行压迫止血。股动脉的主要分支为股深动脉，在腹股沟韧带下方 2 ~ 5cm 处起于股动脉，发出旋股内侧动脉至大腿内侧群肌；旋股外侧动脉至大腿前群肌；穿动脉（3 ~ 4 支）至大腿后群肌、内侧群肌和股骨。此外，由股动脉发出的腹壁浅动脉和旋髂浅动脉，分别至腹前壁下部和髂前上棘附近的皮肤及浅筋膜。

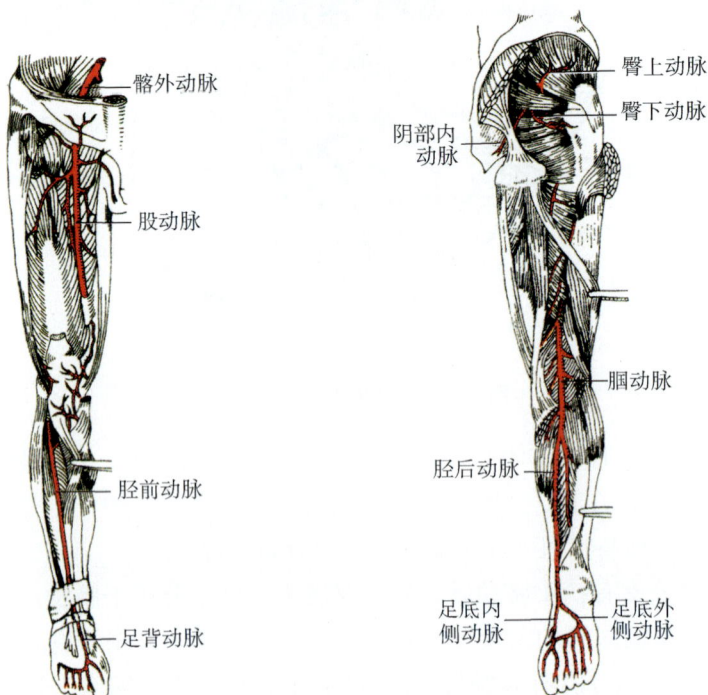

图 8-37　股动脉及其分支

4. 腘动脉　在腘窝深部下行，至腘肌下缘，分出胫前动脉和胫后动脉。腘动脉在腘窝内发出数支关节支和肌支，分布于膝关节及邻近肌，并参与膝关节网（图 8-38）。

5.胫前动脉　由腘动脉发出后，穿小腿骨间膜至小腿前面，在小腿前群肌之间下行，至踝关节前方移行为足背动脉。胫前动脉沿途发出分支至小腿前群肌，并发出分支参与膝关节网（图8-38、图8-39）。

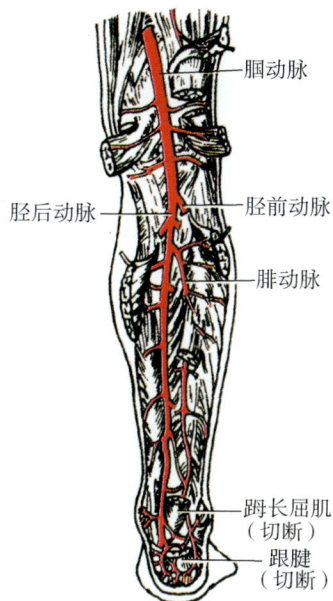

图 8-38　小腿后面的动脉

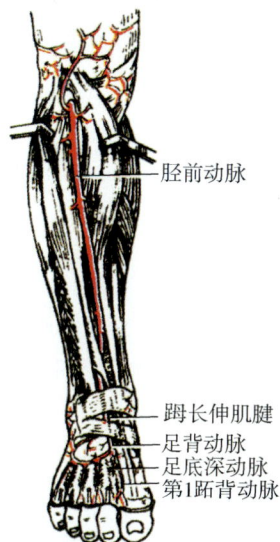

图 8-39　小腿前面的动脉

6.胫后动脉（图8-38）　自腘动脉分出后，在小腿后群肌浅、深层之间下行，经内踝后方转至足底，分为足底内侧动脉和足底外侧动脉两终支（图8-40）。足底内侧动脉分布于足底内侧；足底外侧动脉在第5跖骨底转向内侧，至第1跖骨间隙与足背动脉的足底深支吻合成足底弓。胫后动脉在小腿上部发出腓动脉，沿腓骨内侧下行，分支营养胫、腓骨及邻近诸肌。

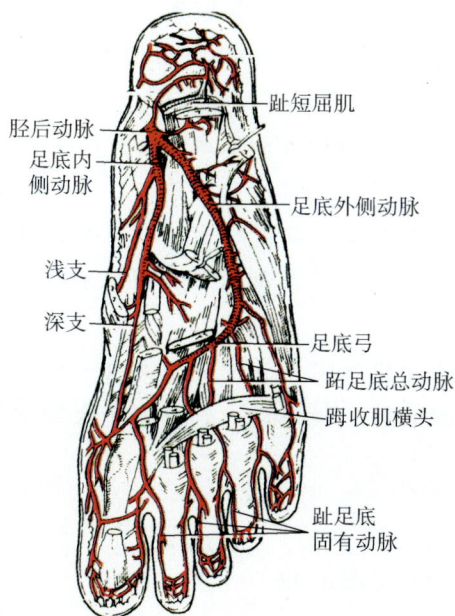

图 8-40　足底的动脉

7.足背动脉　是胫前动脉的直接延续，前行至第1跖骨间隙近侧，分为第1跖背动脉和足底深支两终支（图8-41）。沿途分支分布于足背、足趾和足底等处。足背动脉位置表浅，在踝关节前方，内、外踝连线中点，可触摸到足背动脉的搏动，足部出血时可在该处向深部压迫足背动脉进行止血。

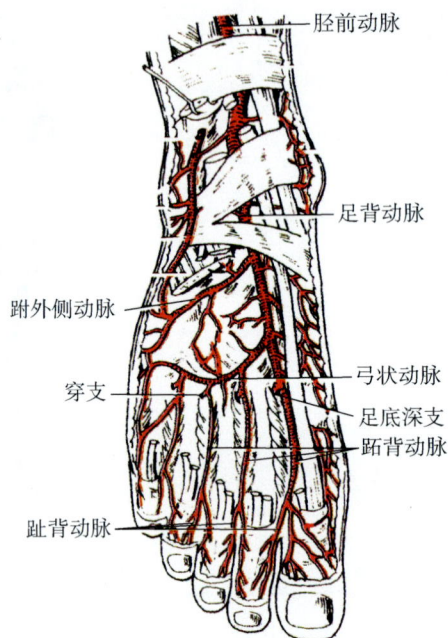

图 8-41　足背动脉及其分支

> **知识拓展**
>
> ### 动脉穿刺术
>
> 　　动脉穿刺术是通过穿刺将导管插入动脉，借助 X 线透视定位，导管可插入到各种器官的动脉，注入造影剂，使器官内动脉显影。主要用于冠状动脉造影、脑血管造影及肝肾动脉造影。也可通过动脉穿刺采血或注射药物。
>
> 　　动脉穿刺术常用的动脉是颈总动脉和股动脉。
>
> 　　颈总动脉的穿刺点选择在胸锁乳突肌前缘中点处，能摸到颈总动脉的搏动部位。穿刺针依次穿经皮肤、浅筋膜、颈阔肌、颈深筋膜浅层、颈动脉鞘、颈总动脉壁。
>
> 　　股动脉的穿刺点选择在腹股沟韧带中点下方 2 ～ 3cm 处，股动脉搏动最明显的部位。穿刺针依次穿经皮肤、浅筋膜、阔筋膜（大腿的深筋膜）、股鞘和股动脉壁。

体循环动脉的主要分支小结见图8-42。

心
↓
升主动脉—左、右冠状动脉
↓
主动脉弓
- 头臂干
  - 右颈总动脉
    - 颈外动脉
      - 甲状腺上动脉
      - 舌动脉
      - 面动脉
      - 颞浅动脉
      - 上颌动脉—脑膜中动脉
    - 颈内动脉
  - 右锁骨下动脉—腋动脉—肱动脉—
    - 桡动脉
    - 尺动脉 —掌浅弓、掌深弓
- 左颈总动脉
- 左锁骨下动脉
  - 椎动脉
  - 甲状颈干—甲状腺下动脉
  - 胸廓内动脉—腹壁上动脉
↓
胸主动脉
- 肋间后动脉、肋下动脉
- 支气管动脉
- 食管动脉
↓
腹主动脉
- 腹腔干
  - 胃左动脉
  - 肝总动脉
    - 肝固有动脉
      - 胃右动脉
      - 左支
      - 右支—胆囊动脉
    - 胃十二指肠动脉
      - 胃网膜右动脉
      - 胰十二指肠上动脉
  - 脾动脉
    - 胃短动脉
    - 胰支
    - 胃网膜左动脉
- 肠系膜上动脉
  - 空肠动脉、回肠动脉
  - 回结肠动脉—阑尾动脉
  - 右结肠动脉
  - 中结肠动脉
- 肠系膜下动脉
  - 左结肠动脉
  - 乙状结肠动脉
  - 直肠内动脉
- 左、右肾动脉
- 左、右睾丸动脉
- 腰动脉
↓
左、右髂总动脉
- 髂内动脉
  - 脐动脉
  - 膀胱下动脉
  - 直肠下动脉
  - 子宫动脉(女性)
  - 阴部内动脉—肛动脉
  - 闭孔动脉
  - 臀上动脉
  - 臀下动脉
- 髂外动脉—股动脉—腘动脉—
  - 胫前动脉—足背动脉
  - 胫后动脉
    - 足底内侧动脉
    - 足底外侧动脉
- 股深动脉

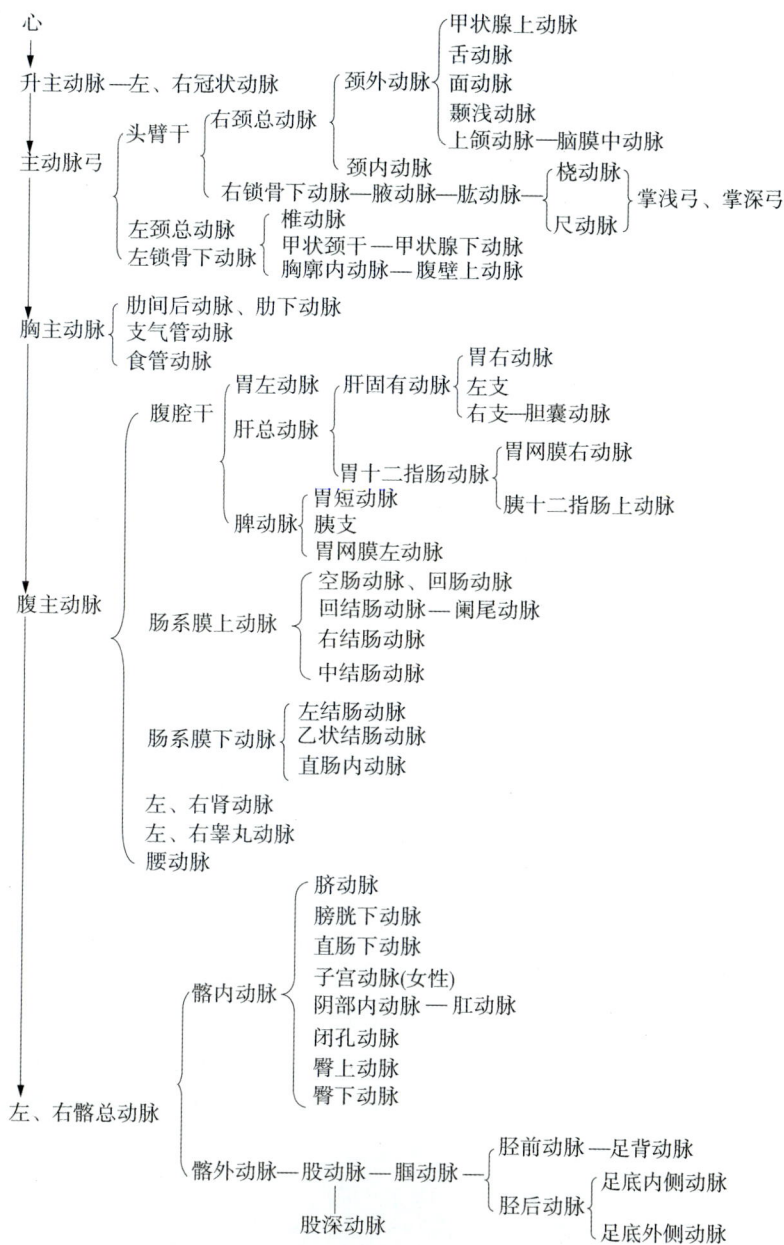

图 8-42　体循环动脉的主要分支

四、体循环的静脉

案例导入

患者，男性，54 岁，3 周前发现大便呈黑色（柏油样便），1～2 次 / 天。一天前进食辣椒和炸薯条后，觉上腹不适，伴呕吐，呕出新鲜血液约 600ml，排出柏油样便约 500ml，当即晕倒，急诊入院。检查：Hb 45g/L，T 37℃，P 120 次 / 分，BP 90/70mmHg；皮肤苍白，面部可见蜘蛛痣，腹部膨隆，有移动性浊音，腹壁静脉怒张，脾在左肋下 10cm 触及。腹部 B 超提示肝硬化及脾大。胃镜提示食管胃底静脉曲张。临床诊断：肝硬化失代偿期。

请问：

1.肝门静脉的组成及属支有哪些？

2.患者为什么会出现呕血、便血、脐周静脉怒张和脾大？

3.针对以上临床表现，该患者应该加强哪些护理工作？

体循环的静脉是将血液运送回心脏右心房的管道，起始于毛细血管，止于右心房。

体循环的静脉与动脉比较，在结构和配布上具有以下特点：①体循环的静脉分浅、深两类：浅静脉位于皮下浅筋膜内，称皮下静脉。皮下静脉数目众多，无伴行动脉，最后注入深静脉。深静脉位于深筋膜的深面或体腔内，多与同名动脉伴行，故称伴行静脉，其导血范围、行程、名称和与之伴行的动脉相同。②静脉之间的吻合比动脉丰富：浅静脉之间、深静脉之间和浅深静脉之间均有广泛的吻合。体表的浅静脉多吻合成静脉网（弓），深静脉在某些器官周围或壁内吻合成静脉丛，如食管静脉丛、直肠静脉丛等。③静脉管壁：管壁薄而弹性小，其管腔较同级动脉大，属支多，血液总容量是动脉的2倍以上，故血流缓慢，压力较低。④静脉瓣：静脉管壁的内面有成对的、向心开放的半月形小袋，称静脉瓣。其游离缘朝向心，可防止血液逆流。受重力影响较大的四肢的浅静脉内，静脉瓣较多，全身的大静脉、肝门静脉及头部的静脉等，一般无静脉瓣（图8-43）。

体循环的静脉包括上腔静脉系、下腔静脉系（含肝门静脉系）和心静脉系（见本章第二节）。

静脉瓣

图 8-43　静脉瓣

（一）上腔静脉系

由上腔静脉及其属支组成，收集头颈部、上肢和胸部（心除外）等上半身的静脉血。

上腔静脉由左、右头臂静脉在右侧第1胸肋结合处后方汇合而成，在上纵隔内沿升主动脉右侧垂直下降，平右侧第3胸肋关节下缘注入右心房。上腔静脉注入右心房之前接纳奇静脉（图8-44）。

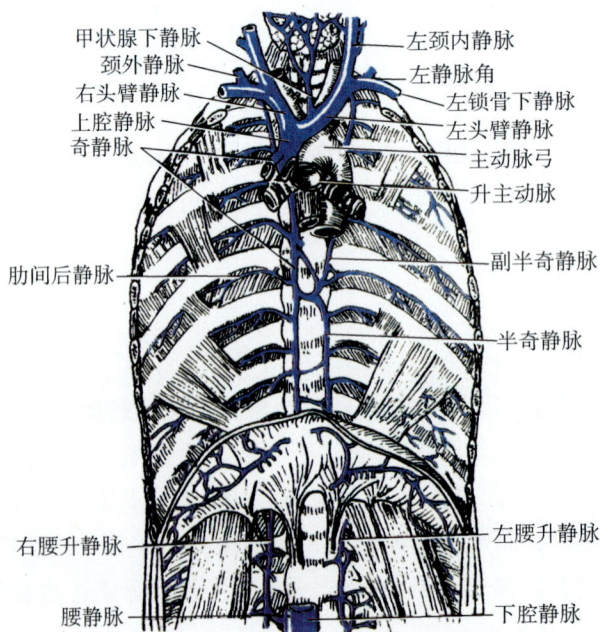

甲状腺下静脉　　左颈内静脉
颈外静脉　　左静脉角
右头臂静脉　　左锁骨下静脉
上腔静脉　　左头臂静脉
奇静脉　　主动脉弓
升主动脉
肋间后静脉　　副半奇静脉
半奇静脉
右腰升静脉　　左腰升静脉
腰静脉　　下腔静脉

图 8-44　上腔静脉及其属支

1.头颈部的静脉

（1）颈内静脉 是颈部最大的静脉干（图8-45），于颅底颈静脉孔处续于乙状窦，在颈动脉鞘内沿颈内动脉和颈总动脉外侧下行，至胸锁关节后方与锁骨下静脉汇合成头臂静脉。颈内静脉的属支按其所在部位分为颅内支和颅外支。颅内属支主要收集脑膜、脑、视器和前庭蜗器等处的静脉血（详见中枢神经系统）。颅外属支主要收集面部和颈部等处的静脉血，其主要属支如下。

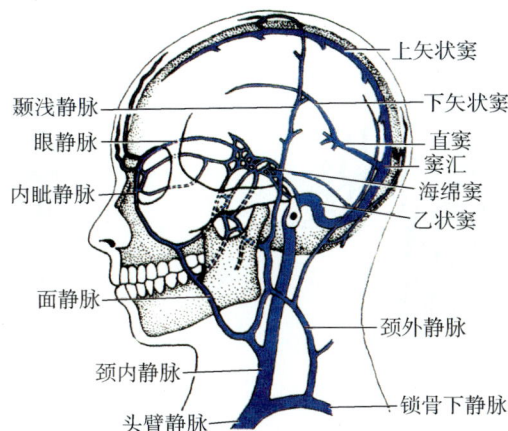

图8-45 头颈部的静脉

1）面静脉 起自内眦静脉，与面动脉伴行，平舌骨大角高度注入颈内静脉，收集面前部软组织的静脉血。面静脉通过眼上静脉和眼下静脉与颅内的海绵窦交通；并通过面深静脉与翼静脉丛交通，继而与海绵窦交通。因面静脉在口角以上一般无瓣膜，故面部，尤其是危险三角（鼻根至两侧口角间的三角区）内发生化脓感染时，若处理不当（如挤压等），可导致颅内感染。

2）下颌后静脉 由颞浅静脉和上颌静脉汇合而成，分前、后两支，前支注入面静脉，后支与耳后静脉及枕静脉合成颈外静脉。

（2）颈外静脉 是颈部最粗大的浅静脉，由下颌后静脉的后支与耳后静脉和枕静脉汇合而成，沿胸锁乳突肌表面下行，注入锁骨下静脉。

> **知识拓展**
>
> **颈静脉怒张**
>
> 颈外静脉末端有一瓣膜，但不能防止血液逆流。当静脉压升高时，血液可逆流至颈外静脉。正常人在坐位时，颈外静脉常不显露；平卧位时仅见颈外静脉的中下部稍有充盈，如颈外静脉明显充盈称为颈静脉怒张。颈静脉怒张见于静脉压升高的情况，如右心衰竭、缩窄性心包炎、心包积液、上腔静脉阻塞等。因此，通过观察颈外静脉的充盈情况可大致判断静脉压力，用于诊断疾病或观察疾病变化。

（3）锁骨下静脉 是位于颈根部的短静脉干，在第1肋外侧缘续于腋静脉，与同名动脉伴行，至胸锁关节后方与颈内静脉汇合成头臂静脉。两静脉汇合处向外的夹角称静脉角，是淋巴导管的注入部位。锁骨下静脉与附近筋膜结合紧密，位置较固定，管腔较大，可作为静脉穿刺或长期导管输液的部位。

2. 上肢的静脉　包括浅静脉、深静脉两种，这些静脉最终都汇入腋静脉。

（1）上肢的浅静脉　手的浅静脉在手背形成手背静脉网，继续向心回流途中汇成三条主要静脉，即头静脉、贵要静脉和肘正中静脉（图8-46、图8-47）。

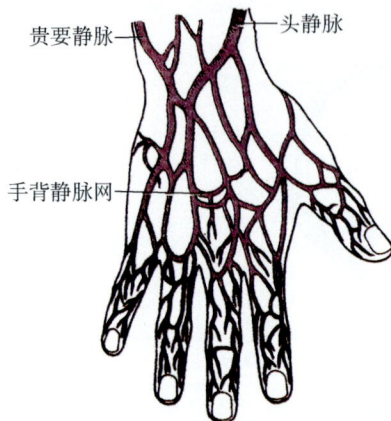

图 8-46　手背静脉网

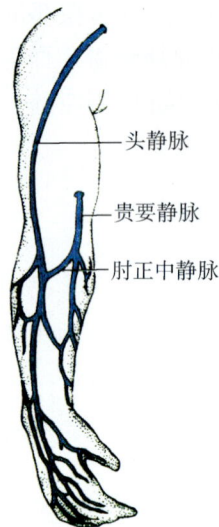

图 8-47　上肢的浅静脉

1）头静脉　起自手背静脉网的桡侧，沿前臂桡侧和上臂外侧上行，经三角肌与胸大肌间沟行至锁骨下窝，穿深筋膜注入腋静脉或锁骨下静脉。

2）贵要静脉　起自手背静脉网的尺侧，沿前臂尺侧和上臂内侧上行，到上臂的中部，穿深筋膜注入肱静脉，或伴肱静脉上行，注入腋静脉。

3）肘正中静脉　变异较多，通常在肘窝前方连接头静脉和贵要静脉。肘正中静脉常接受前臂正中静脉，前臂正中静脉起自手掌静脉丛，沿前臂前面上行，注入肘正中静脉。

临床上常用手背静脉网、前臂和肘部前面的浅静脉采血、输液和注射药物。

知识链接

上肢浅静脉穿刺

静脉输液或采血时，多选用上肢浅静脉做穿刺进针。其操作要点是在穿刺点上方约6cm处扎止血带，同时嘱患者握拳使静脉充盈。术者左手拇指绷紧静脉下方皮肤使静脉固定；右手持注射器，使针尖斜面朝上，针头与皮肤约呈20°夹角。由静脉上方或侧方以向心方向平稳刺入皮下，沿静脉走向平行刺入。如见回血，表示针已进入静脉，可再沿静脉向前推进少许，将针头放平固定，进行抽血或注射。

（2）上肢的深静脉　从手掌至腋窝的深静脉都与同名动脉伴行，而且多为两条。桡静脉和尺静脉汇合成肱静脉，两条肱静脉汇合成一条腋静脉，腋静脉位于腋动脉的前内侧，收集上肢浅、深静脉的全部血液，在第1肋骨外缘续为锁骨下静脉。

3. 胸部的静脉　主要有头臂静脉、上腔静脉、奇静脉及其属支（图8-44）。

（1）头臂静脉　又称无名静脉，由颈内静脉和锁骨下静脉在胸锁关节后方汇合而成。此外还收纳椎静脉、胸廓内静脉和甲状腺下静脉等属支。

（2）上腔静脉　由左、右头臂静脉汇合而成，向下注入右心房。在穿纤维心包之前，有奇静脉注入。

（3）奇静脉　起自右腰升静脉，在第4胸椎体高度跨过右肺根注入上腔静脉。奇静脉沿途收集右侧肋间后静脉、食管静脉、支气管静脉和半奇静脉的血液。

（4）半奇静脉　起自左腰升静脉，约在第8胸椎体高度经脊柱前方注入奇静脉。半奇静脉收集左侧下部肋间后静脉、食管静脉和副半奇静脉的血液。

（5）副半奇静脉　收集左侧上部肋间后静脉的血液，沿胸椎体左侧下行，注入半奇静脉或向右直接注入奇静脉。

（二）下腔静脉系

由下腔静脉及其属支组成，主要收集下肢、盆部和腹部的静脉血。

1.下肢的静脉　下肢的静脉也分浅、深两种，静脉瓣比上肢多，浅静脉与深静脉之间的交通丰富。

（1）下肢浅静脉　包括小隐静脉和大隐静脉及其属支（图8-48、图8-49）。

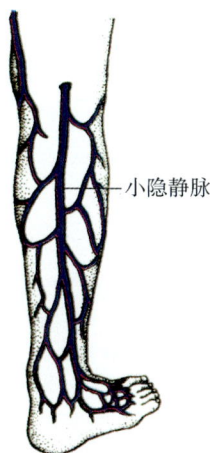

图8-48　小隐静脉　　　　　　　图8-49　大隐静脉

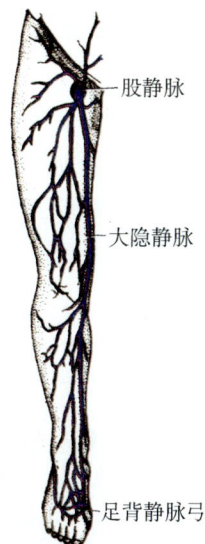

1）小隐静脉　起自足背静脉弓的外侧，经外踝后方，沿小腿后面上行，至腘窝下角处穿深筋膜注入腘静脉。

2）大隐静脉　是全身最长的浅静脉。起自足背静脉弓的内侧，经内踝前方，沿小腿内侧面、膝关节内后方、大腿内侧面上行，至耻骨结节外下方3～4cm处穿隐静脉裂孔，注入股静脉。在注入股静脉之前还接受股内侧浅静脉、股外侧浅静脉、阴部外静脉、腹壁浅静脉和旋髂浅静脉5条属支。大隐静脉在内踝前方的位置表浅而恒定，是静脉穿刺或切开插管的常用部位。

大隐静脉和小隐静脉借穿静脉与深静脉交通，当深静脉回流受阻时，深静脉血液反流入浅静脉，可导致下肢浅静脉曲张。

（2）下肢深静脉　与同名动脉伴行，收集同名动脉分布区域的静脉血。胫前静脉和胫后静脉汇合成腘静脉。腘静脉穿收肌腱裂孔移行为股静脉。股静脉伴股动脉上行，经腹股沟韧带中点稍内侧深面移行为髂外静脉。股静脉在腹股沟韧带稍下方位于股动脉的内侧，临床上常在此处作静脉穿刺插管。

知识拓展

股静脉穿刺术

　　股静脉在腹股沟韧带下方位于股动脉内侧，位置恒定而且可借股动脉搏动定位，因此当其他部位采血困难时，可进行股静脉穿刺。患者仰卧，将穿刺侧大腿外展、外旋，小腿屈曲成90°，穿刺侧臀下垫一小枕。常规消毒穿刺部位皮肤及操作者左手食指。用左手食指在腹股沟韧带中点下方，扣准股动脉搏动最明显处并固定。右手持注射器，使针头与皮肤呈直角或45°，在腹股沟韧带下方2～3cm、股动脉内侧0.5cm处穿刺，进针深度2～5cm，然后缓缓将空针上提并抽吸活塞，见抽出血液后即固定针头位置，抽取需要的血量。

　　2. 盆部的静脉

　　（1）髂外静脉　是股静脉的直接延续（图8-50），与同名动脉伴行，收集下肢及腹前壁下部的静脉血。

　　（2）髂内静脉　与髂内动脉及其分支伴行并同名，短而粗，其属支分为脏支和壁支，收集同名动脉分布区域的静脉血。脏支分布特点是在器官周围或壁内形成广泛的静脉丛，如膀胱、直肠及子宫静脉丛等。

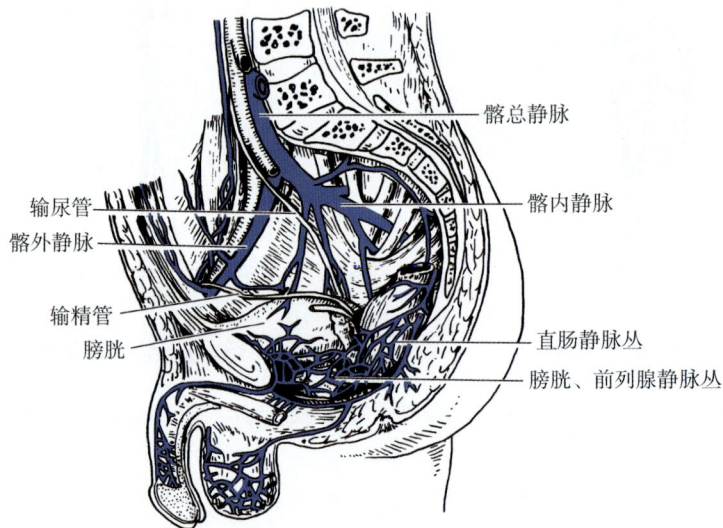

图8-50　盆部的静脉（男性）

　　（3）髂总静脉　由髂外静脉和髂内静脉在骶髂关节的前方汇合而成，斜向内上至第5腰椎右前方，与对侧髂总静脉汇合成下腔静脉。

　　3. 腹部的静脉

　　（1）下腔静脉　由左、右髂总静脉在第5腰椎体右前方汇合而成（图8-51），沿腹主动脉右侧和脊柱右前方上行，经肝的腔静脉沟，穿膈的腔静脉裂孔进入胸腔，注入右心房。下腔静脉的属支分壁支和脏支两种。

　　1）壁支　包括1对膈下静脉和4对腰静脉，在每侧的各腰静脉之间有纵支相连，称为腰升静脉，左、右腰升静脉向上分别移行为半奇静脉和奇静脉，向下连于髂总静脉。

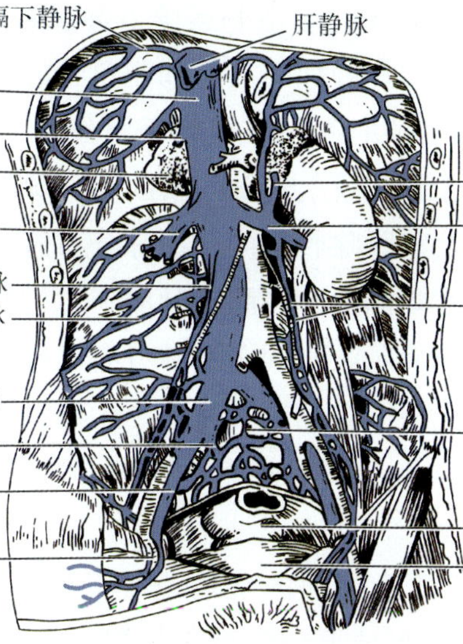

图 8-51 下腔静脉及其属支

2）脏支 包括睾丸（卵巢）静脉、肾静脉、肾上腺静脉和肝静脉等。

睾丸静脉：又称精索内静脉，起自睾丸和附睾，有多条，呈蔓状缠绕睾丸动脉，向上逐渐汇合成一条睾丸静脉，右侧的以锐角注入下腔静脉，左侧的以直角注入左肾静脉，故血液回流较右侧困难。卵巢静脉起自卵巢静脉丛，向上逐渐汇合成一条，伴随卵巢动脉上行。其后的行程和注入部位与男性的睾丸静脉相同。

肾静脉：在肾门处由 3～5 条肾内静脉合成，经肾动脉前方向内横行，注入下腔静脉。

肾上腺静脉：左侧的注入左肾静脉，右侧的注入下腔静脉。

肝静脉：有肝右、中、左静脉 3 支，均包埋于肝实质内，在腔静脉沟处分别注入下腔静脉。肝静脉收集肝门静脉和肝固有动脉运至肝内的血液。

（2）肝门静脉系 由肝门静脉及其属支组成，收集腹腔内不成对器官的静脉血（肝除外）（图 8-52）。起始端和末端均与毛细血管相连，一般无静脉瓣。当回流受阻内压增高时，可发生血液倒流。

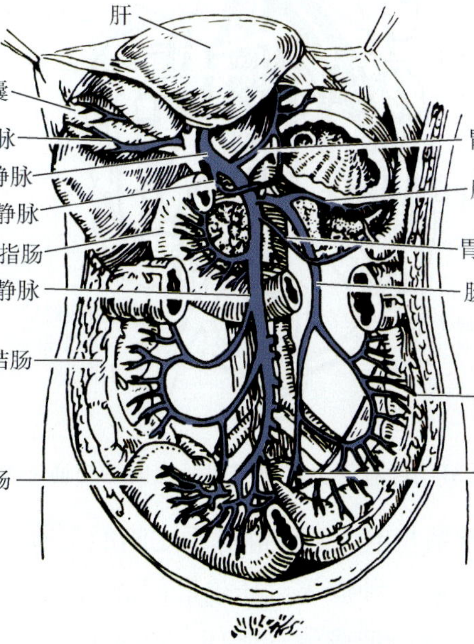

图 8-52 肝门静脉及其属支

肝门静脉：为一粗而短的静脉干，多由肠系膜上静脉和脾静脉在胰颈后面汇合而成，行向右上方进入肝十二指肠韧带，在肝固有动脉和胆总管的后方上行至肝门，分为左、右两支，分别进入肝左叶和肝右叶。肝门静脉在肝内反复分支，最终注入肝血窦。

肝门静脉的主要属支有：①肠系膜上静脉，沿同名动脉的右侧上行，至胰头后面与脾静脉汇合成肝门静脉。肠系膜上静脉除收集同名动脉分布区域的静脉血外，还收集胃十二指肠动脉分布区域的静脉血。②脾静脉，在脾动脉的下方，经胰体的后面横行向右，与肠系膜上静脉汇合成肝门静脉。脾静脉收集同名动脉分布区域的静脉血，多数还有肠系膜下静脉注入。③肠系膜下静脉，先与同名动脉伴行，之后经胰头后方注入脾静脉或肠系膜上静脉，或是直接注入二者的汇合处。④其他属支有胃左静脉、胃右静脉、胆囊静脉和附脐静脉。

肝门静脉系与上、下腔静脉系之间的交通途径，主要有下列3处（图8-53）：①通过食管腹段黏膜下的食管静脉丛形成肝门静脉系的胃左静脉与上腔静脉系的奇静脉和半奇静脉之间的交通；②通过直肠静脉丛形成肝门静脉系的直肠上静脉与下腔静脉系的直肠下静脉和肛静脉之间的交通；③通过脐周静脉网形成肝门静脉系的附脐静脉与上腔静脉系的胸腹壁静脉和腹壁上静脉或与下腔静脉系的腹壁浅静脉和腹壁下静脉之间的交通。

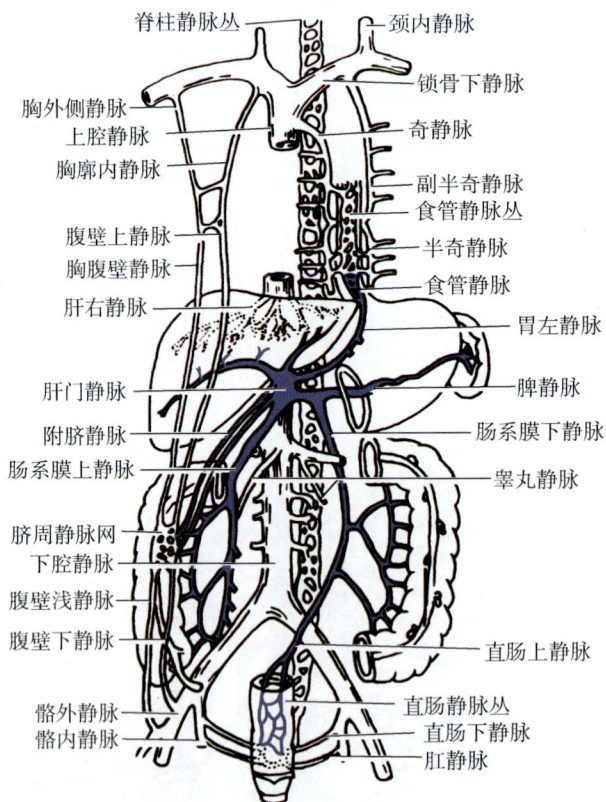

图8-53　肝门静脉与上、下腔静脉之间的交通（模式图）

在正常情况下，肝门静脉系与上、下腔静脉系之间的交通支细小，血流量少。肝硬化、肝肿瘤、肝门处淋巴结肿大或胰头肿瘤等可压迫肝门静脉，导致肝门静脉回流受阻，此时肝门静脉系的血液经上述交通途径形成侧支循环，通过上、下腔静脉系回流。由于血流量增多，交通支变得粗大而弯曲，导致食管静脉丛、直肠静脉丛和脐周静脉网曲张。若曲张的食管静脉丛和直肠静脉丛破裂，则引起呕血和便血。当肝门静脉系的侧支循环失代偿时，可导致胃肠和脾等器官淤血，出现脾肿大和腹水等。

知识拓展

肝门静脉高压症的护理应用

肝门静脉高压时，可致食管静脉丛曲张破裂，造成消化管大出血，所以此类患者要加强饮食护理，应进软食，细嚼慢咽。肝门静脉高压时，也可致直肠静脉丛曲张破裂而便血，应加强排便护理，养成定时排便习惯，防止粪便干结及便秘的发生。

体循环的静脉回流小结见图8-54。

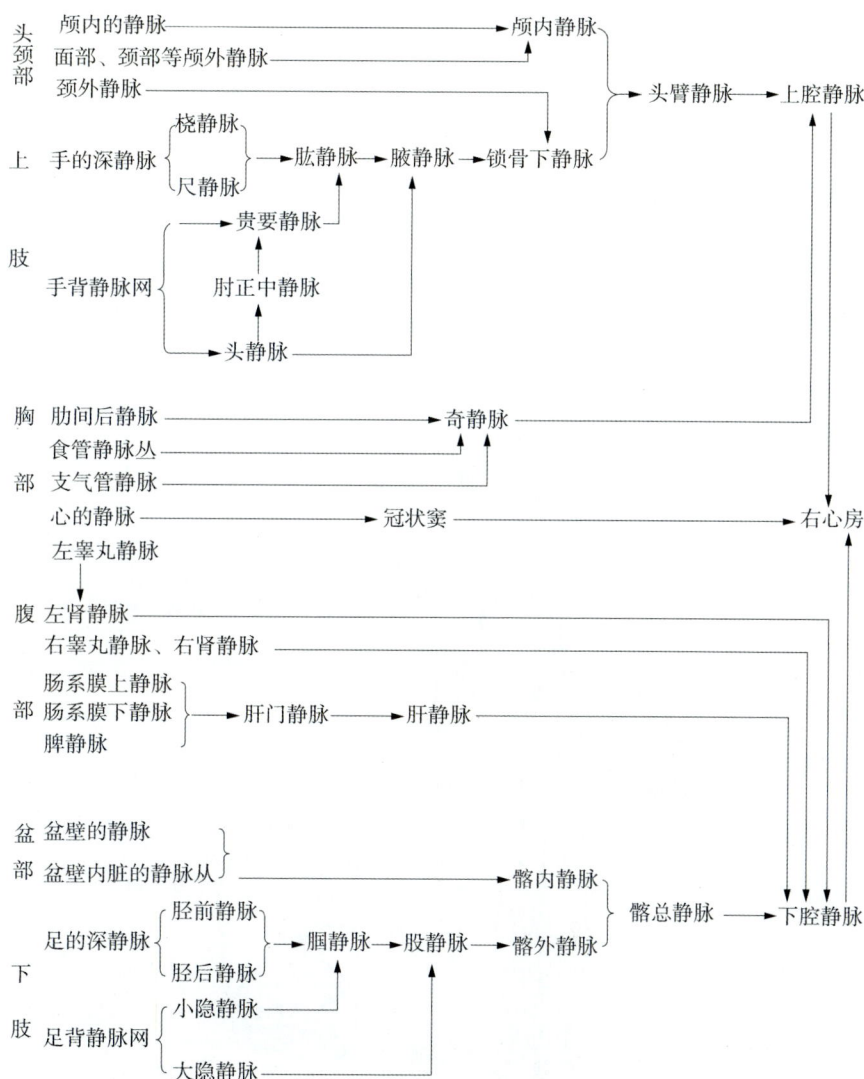

图 8-54 体循环的静脉回流

第四节　淋巴系统

案例导入

　　患者，女性，70岁，因进行性吞咽困难1年就诊。CT检查诊断为：食管中段占位性病变。病理诊断为：鳞状细胞癌。入院后行食管中段癌切除，"食管－胃"主动脉弓上吻合术。术后行"胸腔闭式引流"出现黄白色引流液，生化检查诊断为：胸导管损伤继发乳糜胸。再次开胸行"胸导管结扎术"后，闭式引流液逐渐减少。

请问：

1. 淋巴系统的组成及功能意义？

2. 胸导管损伤为何会导致乳糜胸？

3. 胸导管结扎是否会引起胸导管结扎部位以下的淋巴引流障碍？

　　淋巴系统是脉管系统的重要组成部分，由淋巴管道、淋巴组织和淋巴器官组成（图8-55）。淋巴管道可分为毛细淋巴管、淋巴管、淋巴干和淋巴导管。淋巴器官包括淋巴结、脾、胸腺和腭扁桃体等。淋巴组织是含有大量淋巴细胞的网状组织，主要分布于消化道和呼吸道的黏膜下。

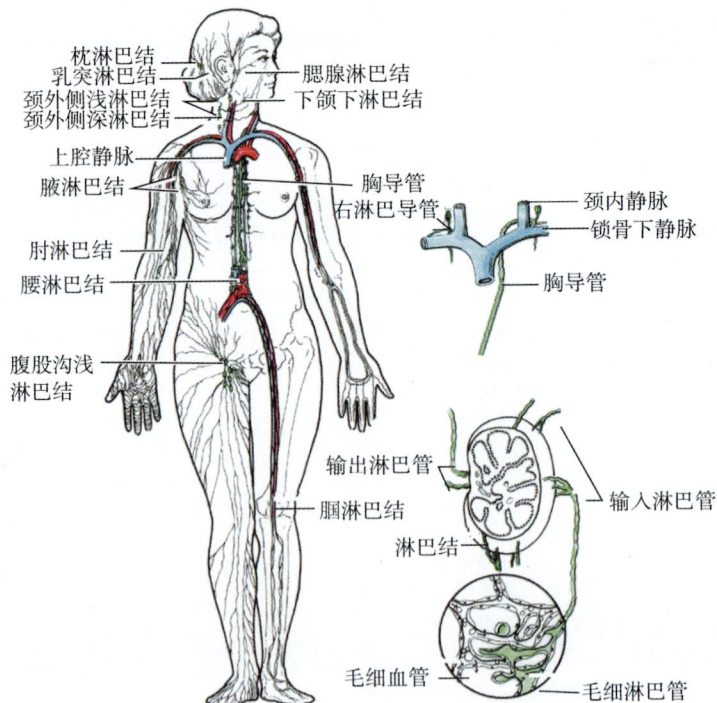

图8-55　淋巴系统示意图

　　当血液经动脉运行到毛细血管的动脉端时，部分水及营养物质透过毛细血管壁滤出，进入组织间隙形成组织液。组织液与细胞进行物质交换后，大部分经毛细血管静脉端被吸收入静脉，小部分则进入毛细淋巴管成为淋巴。淋巴沿淋巴管道向心流动，最后流入静脉。

因此，淋巴管道是静脉的辅助管道，有协助静脉导引体液回流入心的功能（图8-56）。此外，淋巴器官和淋巴组织具有产生淋巴细胞、过滤淋巴和参与机体的免疫等功能。

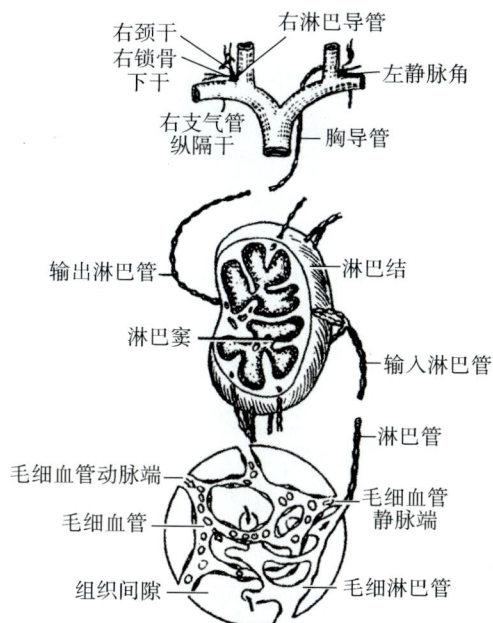

图8-56　淋巴管道模式图

一、淋巴管道

（一）毛细淋巴管

毛细淋巴管是淋巴管道的起始部分，以膨大的盲端起于组织间隙。毛细淋巴管由单层内皮细胞构成，管壁的通透性大于毛细血管，一些大分子物质，如蛋白质、细菌、异物等较易进入毛细淋巴管。毛细淋巴管分布广泛，但中枢神经、上皮组织、骨髓、角膜、晶状体、牙釉质、软骨等处无毛细淋巴管分布。

（二）淋巴管

淋巴管由毛细淋巴管汇合而成。管壁结构与小静脉相似，但管径较细，管壁较薄，也有丰富的瓣膜。淋巴管在向心的行程中，一般都经过一个或多个淋巴结。淋巴管根据所在的位置，可分为浅淋巴管和深淋巴管两种。浅淋巴管行于皮下，多与浅静脉伴行，深淋巴管与深部的血管伴行。

（三）淋巴干

全身的淋巴管逐渐汇合成较大的淋巴干。全身共有九条淋巴干（图8-57）：头颈部的淋巴管汇合成左、右颈干；上肢及部分胸壁的淋巴管汇合成左、右锁骨下干；胸腔脏器和部分胸、腹壁的淋巴管汇合成左、右支气管纵隔干；腹腔不成对器官的淋巴管汇合成一条肠干；下肢、盆部和腹腔内成对器官及部分腹壁的淋巴管汇合成左、右腰干。

（四）淋巴导管

全身九条淋巴干汇集成两条大的淋巴导管，即胸导管和右淋巴导管（图8-57）。

1.胸导管　是全身最大的淋巴管道，长30～40cm。胸导管由左、右腰干和肠干在第1腰椎体前方汇合而成。其起始部膨大，称乳糜池。胸导管自乳糜池起始后，上行经膈的主动脉裂孔入胸腔，在食管后方沿脊柱的右前方上行，至第5胸椎高度向左侧斜行，然后沿脊柱左前方上行，出胸廓上口到达左颈根部后，呈弓形注入左静脉角。胸导管在注入左静脉角前，还接受左颈干、左锁骨下干和左支气管纵隔干。胸导管收集左侧上半身及下半身，即全身约3/4区域的淋巴。

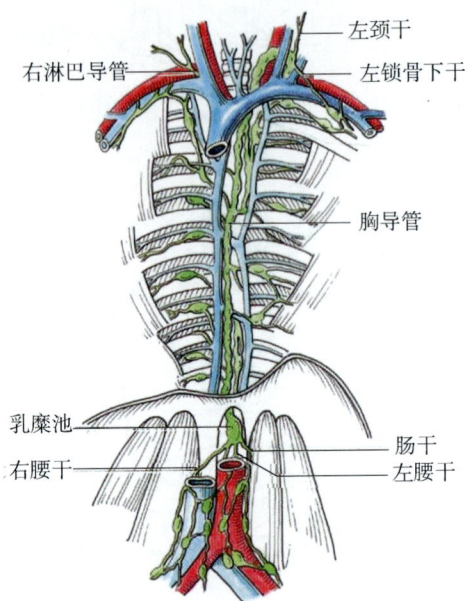

图 8-57　淋巴干和淋巴导管

2.右淋巴导管　为一短干，长约1.5cm，由右颈干、右锁骨下干和右支气管纵隔干汇合而成，注入右静脉角。右淋巴导管收集右侧上半身，即全身约1/4区域的淋巴。

二、淋巴器官

（一）淋巴结

1.淋巴结的形态位置　淋巴结为大小不一的圆形或椭圆形小体，直径2～25mm，新鲜时呈灰红色。淋巴结主要由淋巴组织构成。其隆凸侧有数条输入淋巴管道进入，凹陷侧称淋巴结门，有1～2条输出淋巴管及血管神经出入（图8-58）。淋巴在回流行程中，要数次经过淋巴结，因此某一淋巴结的输出管又可成为下一淋巴结的输入管。全身淋巴结约450个，常聚集成群，并有浅深之分。在四肢淋巴结多位于关节的屈侧；在体腔多沿血管干或位于器官门的附近。

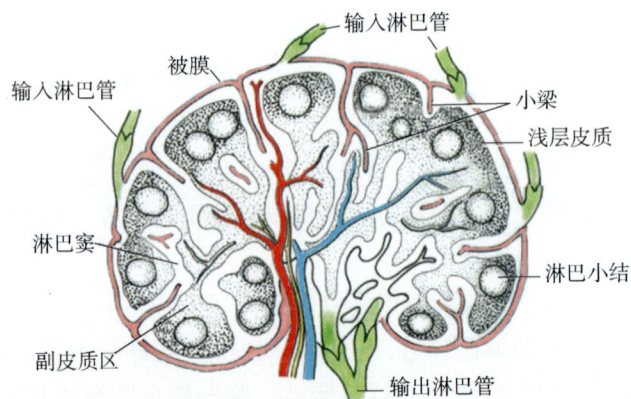

图 8-58　淋巴结

2.淋巴结的功能 ①淋过滤巴，当淋巴流经淋巴结时，淋巴结内的巨噬细胞可以将细菌等异物吞噬清除，起到过滤淋巴的作用；②进行免疫应答，淋巴结是人体的重要免疫器官。淋巴结内的B淋巴细胞能分化为浆细胞，产生抗体，参与体液免疫。淋巴结内的T淋巴细胞可分化为具有杀伤异体细胞能力的效应T淋巴细胞，参与细胞免疫。

> **知识拓展**
>
> **淋巴结与炎症扩散或肿瘤转移**
>
> 人体某个器官或区域的淋巴引流至特定的淋巴结，该组淋巴结则被称为这个区域或器官的局部淋巴结。当某一器官或区域发生感染或肿瘤时，细菌或癌细胞可沿淋巴管侵入相应的局部淋巴结，该淋巴结可清除或阻截这些细菌、癌细胞，从而防止病变的扩散，对机体起到保护作用。此时，局部淋巴结细胞增生、机能旺盛、体积增大，故临床上又将局部淋巴结称为哨位淋巴结。若局部淋巴结未能清除上述致病因素，则病变可继续沿淋巴流向扩散或转移至下一站淋巴结和远处的淋巴结或器官。因此，了解局部淋巴结的位置、收纳范围及引流去向，对于诊断、治疗疾病有重要意义。

3.全身各部的主要淋巴结

（1）头部的淋巴结 头部淋巴结多位于头颈交界处，由后向前依次为枕淋巴结、乳突淋巴结、腮腺淋巴结、下颌下淋巴结和颏下淋巴结。主要引流头面部浅层的淋巴，其输出淋巴管直接或间接注入颈外侧深淋巴结（图8-59）。

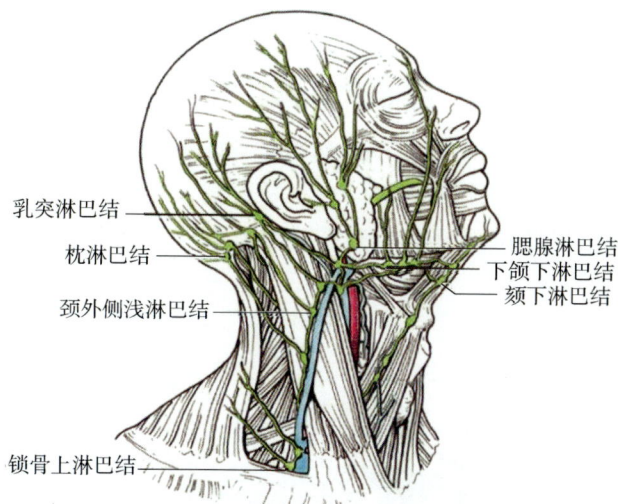

图8-59 头颈部浅层淋巴结

1）枕淋巴结 位于枕部皮下、斜方肌枕骨起点的表面，引流枕部、项部的淋巴。

2）乳突淋巴结 又称耳后淋巴结，位于耳后、胸锁乳突肌上端表面，引流颅顶部和耳郭后部浅层的淋巴。

3）腮腺淋巴结 分浅、深两群，分别位于腮腺表面和腮腺实质内，引流额、颞部、耳郭、外耳道、颊部和腮腺等处的淋巴。

4）下颌下淋巴结 位于下颌下腺的附近和下颌下腺实质内，引流面部、鼻和口腔的淋巴。

5）颏下淋巴结 位于颏下部，引流颏部、舌前部、下唇皮肤和舌尖部的淋巴。

（2）颈部的淋巴结 颈部的淋巴结分为颈前和颈外侧两组。

1）颈前淋巴结 位于颈前正中部，舌骨下方及喉、甲状腺、气管等器官的前方。引流颈前部浅层结构及喉前部、甲状腺、气管等处的淋巴，其输出管注入颈外侧深淋巴结（图8-60）。

2）颈外侧淋巴结 位于颈部两侧，包括沿浅静脉排列的颈外侧浅淋巴结及沿深静脉排列的颈外侧深淋巴结（图8-59、图8-60）。

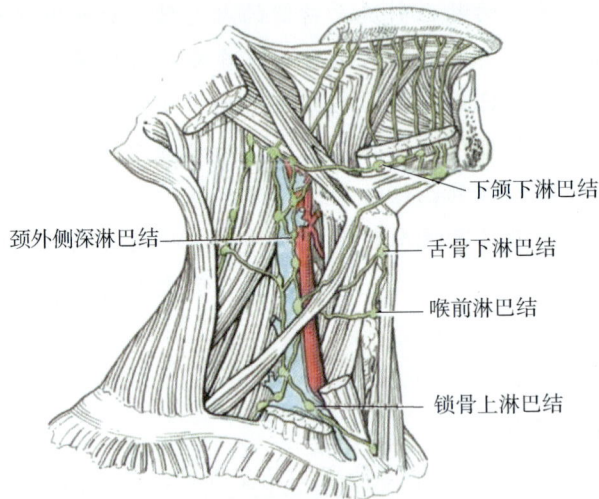

图 8-60 颈深部淋巴结

（3）上肢的淋巴结 上肢的淋巴结主要集中在肘部和腋窝，分为肘淋巴结和腋淋巴结两群。

1）肘淋巴结 肘淋巴结分浅、深两群，分别位于肱骨内上踝附近和肘窝深血管周围。浅群又称滑车上淋巴结。肘淋巴结通过浅、深淋巴管引流手和前臂尺侧半浅、深部的淋巴，其输出淋巴管伴肱静脉上行注入腋淋巴结。

2）腋淋巴结 腋淋巴结位于腋窝的疏松结缔组织内，多沿血管排列，可分为5群（图8-61）。

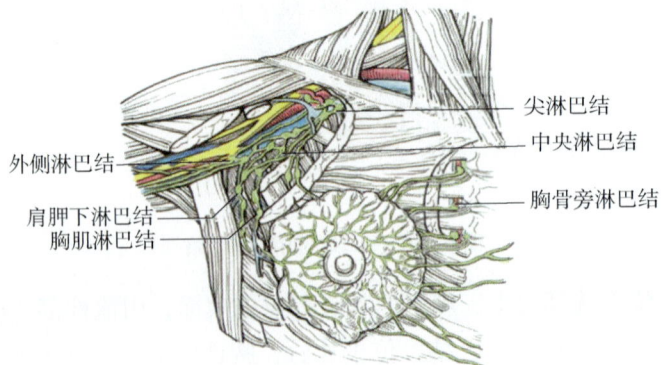

图 8-61 腋淋巴结

胸肌淋巴结：沿胸外侧血管排列，引流腹前外侧壁（脐以上）、胸外侧壁以及乳房外侧部和中央部的淋巴。

外侧淋巴结：沿腋静脉排列，收集上肢的浅、深部淋巴管。

肩胛下淋巴结：在腋窝后壁沿肩胛下血管排列，引流颈后部和背部的淋巴管。

中央淋巴结：位于腋窝中央的脂肪组织内，收纳上述3群淋巴结的输出淋巴管。

尖淋巴结：位于腋窝尖部，沿腋动、静脉的近侧端排列，收集中央淋巴结输出管和乳房上部的淋巴管，其输出管大部汇入锁骨下干，少数注入锁骨上淋巴结。

（4）胸部的淋巴结　胸部的淋巴结包括胸壁淋巴结和胸腔器官淋巴结两部分（图8-62）。

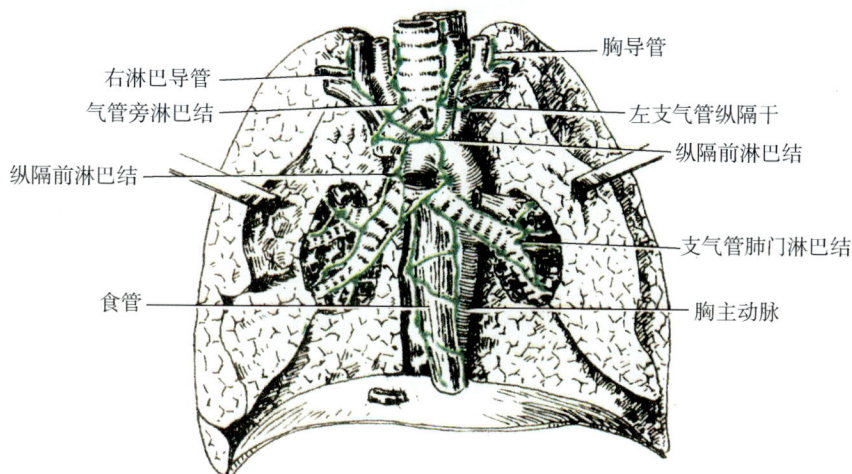

右淋巴导管　　　　　　　　　　　　　　胸导管
气管旁淋巴结　　　　　　　　　　　　　左支气管纵隔干
　　　　　　　　　　　　　　　　　　　纵隔前淋巴结
纵隔前淋巴结
　　　　　　　　　　　　　　　　　　　支气管肺门淋巴结
食管　　　　　　　　　　　　　　　　　胸主动脉

图 8-62　胸部淋巴结

1）胸壁淋巴结　胸壁的淋巴结包括胸骨旁淋巴结、肋间淋巴结及膈上淋巴结等，引流胸、腹壁浅、深部的淋巴，其输出管分别注入纵隔前、后淋巴结，或汇入支气管纵隔干及胸导管。

2）胸腔器官淋巴结　胸腔器官的淋巴结包括纵隔前淋巴结、纵隔后淋巴结、肺淋巴结、气管支气管淋巴结等。引流胸腔内胸腺、心包、支气管、食管、肺、脏胸膜等器官的淋巴。

（5）腹部的淋巴结　腹部的淋巴结包括腹壁淋巴结和腹腔器官淋巴结两部分。

1）腹壁淋巴结　腹壁上部的浅淋巴管注入腋淋巴结，下部的注入腹股沟浅淋巴结。腹后壁的深淋巴管注入腰淋巴结。腰淋巴结位于腹主动脉和下腔静脉的周围，收纳腹后壁和腹腔成对脏器的淋巴管以及髂总淋巴结的输出管。腰淋巴结的输出管汇合成左、右腰干。

2）腹腔器官淋巴结：腹腔成对器官的淋巴管注入腰淋巴结。不成对器官的淋巴管首先注入各器官附近的淋巴结，然后分别注入腹腔淋巴结、肠系膜上淋巴结和肠系膜下淋巴结（图8-63、图8-64）。腹腔淋巴结位于腹腔干起始部周围，接受沿腹腔干各分支排列的淋巴结的输出管，其输出管参与组成肠干。肠系膜上淋巴结接受沿空、回肠动脉排列的淋巴结的输出管，其输出管参与组成肠干。肠系膜下淋巴结接受沿肠系膜下动脉各分支排列的淋巴结的输出管，其输出管也参与组成肠干。

（6）盆部的淋巴结　主要沿髂内、外血管和髂总血管排列，分别称髂内淋巴结、髂外淋巴结和髂总淋巴结。它们分别收纳同名动脉分布区的淋巴管（图8-65）。

（7）下肢的淋巴结　下肢的淋巴结主要有腘淋巴结、腹股沟浅淋巴结和腹股沟深淋巴结。

1）腘淋巴结　位于腘窝中，收纳足外侧缘和小腿后外侧部的浅淋巴管以及足和小腿的深淋巴管，其输出管注入腹股沟深淋巴结。

2）腹股沟浅淋巴结　分上、下两组。上组沿腹股沟韧带排列，下组位于大隐静脉末端周围。收纳腹前壁下部、臀部、会阴、外生殖器及下肢大部分浅淋巴管，其输出管多数注入腹股沟深淋巴结，少数注入髂外淋巴结（图8-66）。

3）腹股沟深淋巴结　位于股静脉根部周围，收纳腘淋巴结输出管、腹股沟浅淋巴结的输出管及下肢的深淋巴管，其输出管注入髂外淋巴结（图8-66）。

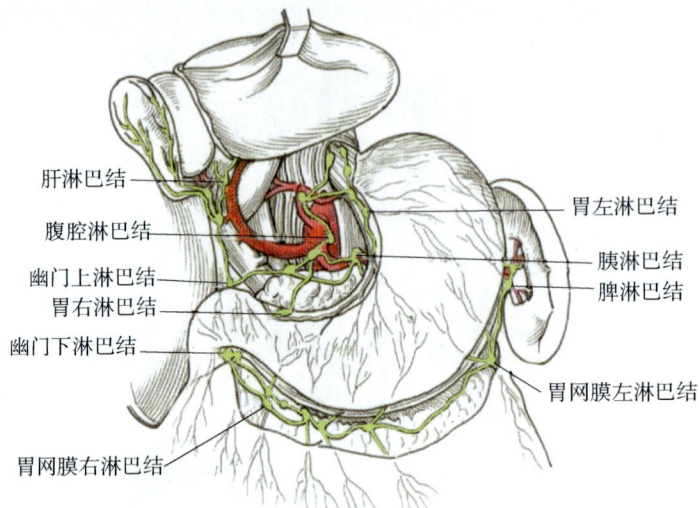

图 8-63　腹腔器官淋巴结（胃）

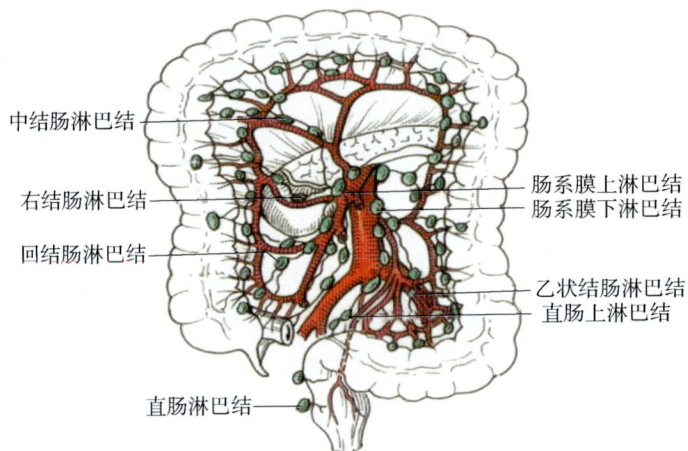

图 8-64　腹腔器官淋巴结（大肠）

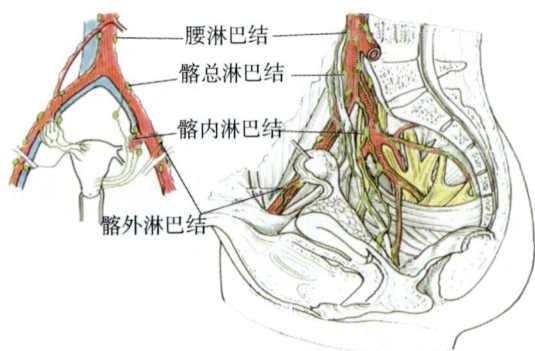

图 8-65　盆部淋巴结

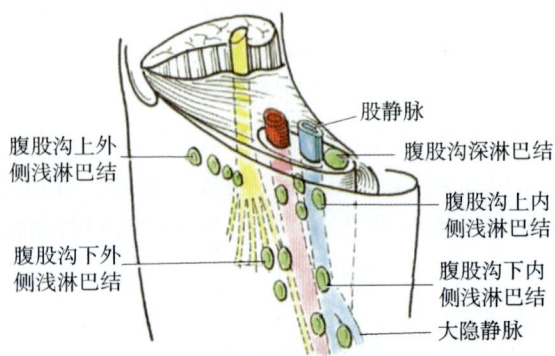

图 8-66　腹股沟淋巴结

全身淋巴的流注小结见图8-67。

右头颈部的淋巴 → 右颈外侧深淋巴结 → 右颈干 →⎫
右上肢的淋巴 → 右腋淋巴结 → 右锁骨下干 →⎬ 右淋巴导管
右胸部的淋巴 → 右支气管纵隔干 →⎭
　　　　　　　　　　　　　　　　　　右静脉角 → 右头臂静脉 ⎫
　　　　　　　　　　　　　　　　　　　　　　　　　　　　 ⎬ 上腔静脉
左头颈部的淋巴 → 左颈外侧深淋巴结 → 左颈干 →⎫　　　　　 ⎭
左上肢的淋巴 → 左腋淋巴结 → 左锁骨下干 →⎬ 左静脉角 → 左头臂静脉
左胸部的淋巴 → 左支气管纵隔干 →⎭
　　　　　　　　　　　　　　　　　　　胸导管
腹腔内不成对脏器的淋巴 → 肠干 →⎫
　　　　　　　　　　　　　　　　⎬ 乳糜池
腹腔内成对脏器的淋巴 → 腰淋巴结 → 左、右腰干 →⎭
下肢、盆部的淋巴

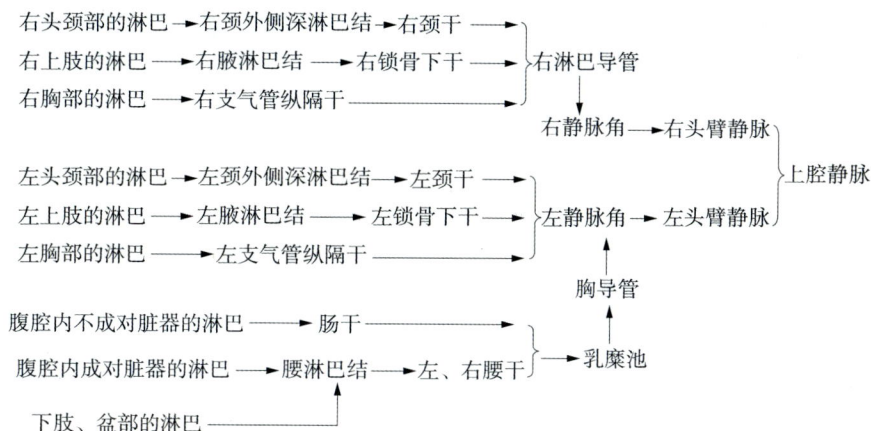

图 8-67　全身淋巴的流注

（二）脾

1.脾的位置　脾是人体最大的淋巴器官，位于左季肋区，第9～11肋的深面，长轴与第10肋一致，正常时在左肋弓下缘触不到脾（图8-68）。

2.脾的形态　脾略呈扁椭圆形，色暗红，质软而脆，受暴力打击时容易破裂。脾可分为膈、脏两面，前、后两端和上、下两缘。膈面光滑隆凸，与膈相贴；脏面凹陷，与腹腔内脏器相邻，脏面近中央处有脾门，是脾的血管、神经和淋巴管出入之处。前端较宽，朝向前外方；后端钝圆，朝向后内方。上缘较锐，朝向前上方并有2～3个脾切迹，是触诊时辨认脾的标志；下缘较钝，朝向后下方（图8-68）。

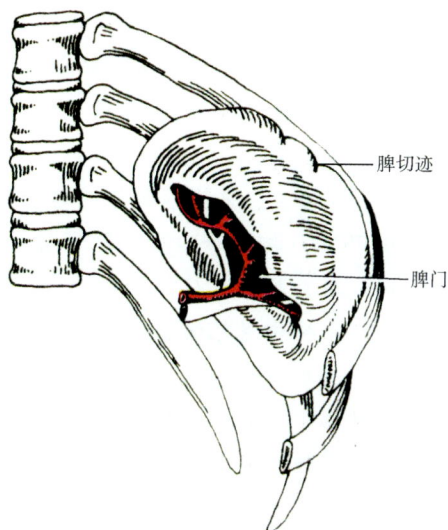

图 8-68　脾的位置和形态

3.脾的功能　脾的主要功能是参与机体的免疫反应，另外还有造血、储血和滤血等功能。

（三）胸腺

胸腺位于上纵隔前部，胸骨柄后方，呈扁条状，分为不对称的左、右两叶（图8-69）。新生儿时为灰红色。胸腺有明显的年龄变化，新生儿的体积相对较大，随年龄增长，青春期发育到顶点，重25～40g。以后逐渐退化，绝大部分被脂肪组织代替。

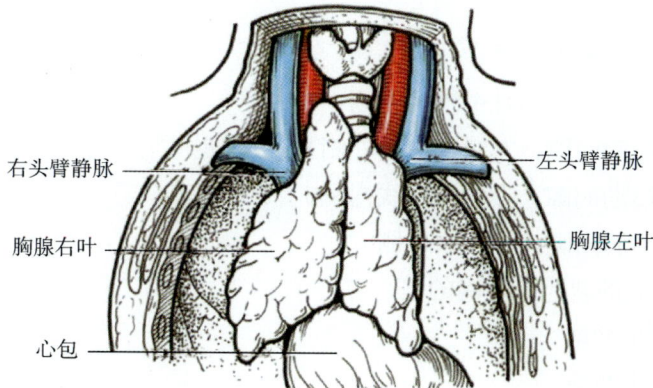

图 8-69　胸腺的位置和形态

胸腺不仅是一个淋巴器官，还有内分泌功能，可分泌胸腺素，使骨髓的淋巴细胞转化成T淋巴细胞，并促进T淋巴细胞成熟和提高其免疫能力。

本章小结

脉管系统包括心血管系统和淋巴系统两部分。心血管系统由心、动脉、静脉和毛细血管组成。心分一尖、一底、两面、三缘和四条沟。心内部有四个腔，即左、右心房和左、右心室。左、右房室口分别有二尖瓣、三尖瓣，主、肺动脉口分别有3个动脉瓣。心传导系包括窦房结、结间束、房室结、房室束、左束支、右束支和Purkinje纤维网。心的血液供应来自左、右冠状动脉；回流的静脉血，绝大部分经冠状窦汇入右心房。心包分内、外两层，外层是纤维心包，内层为浆膜心包。

动脉分为肺循环动脉和体循环的动脉两部分，肺循环的动脉主干是肺动脉干，发自右心室，然后分为左、右肺动脉分别进入左、右肺。体循环的动脉主干是主动脉，发自左心室，全长分为升主动脉、主动脉弓和降主动脉三部分，分支有冠状动脉、上肢的动脉、头颈部的动脉、胸腹部的动脉以及髂内、外动脉等，分布于心、头颈、胸腹和四肢。体循环的静脉分浅、深两类，深静脉多与同名动脉伴行，重要的浅静脉有颈外静脉、头静脉、贵要静脉、肘正中静脉、大隐静脉和小隐静脉等。肝门静脉与上、下腔静脉间通过食管静脉丛、脐周静脉网以及直肠静脉丛等形成吻合。

淋巴系统由淋巴管道、淋巴组织和淋巴器官组成。淋巴管道分为毛细淋巴管、淋巴管、淋巴干和淋巴导管4部分。毛细淋巴管汇合形成淋巴管，全身各部的浅、深淋巴管汇集形成9条淋巴干，9条淋巴干汇合成2条淋巴导管，即胸导管和右淋巴导管。淋巴器官包括淋巴结、扁桃体、脾和胸腺等。

一、选择题

【A1/A2型题】

1.心尖的体表投影

    A.位于左侧第2肋间隙锁骨中线的外侧

    B.位于左侧第4肋间隙锁骨中线的内侧

    C.位于左侧第5肋间隙，左锁骨中线外侧1~2cm处

    D.位于左侧第5肋间隙，左锁骨中线内侧1~2cm处

    E.位于左侧第6肋间隙锁骨中线外侧

2.有关心脏起搏点的叙述，正确的是

    A.仅窦房结产生冲动

    B.仅房室结产生冲动

    C.当窦房结冲动产生受阻时房室结也可产生冲动，但节奏较慢

扫码"练一练"

D.房室束产生冲动

E.房室结是正常起搏点

3.阑尾动脉发自于

  A.空肠动脉   B.回肠动脉   C.回结肠动脉

  D.右结肠动脉   E.左结肠动脉

4.肠系膜下动脉起始部阻塞，可能出现血运障碍的肠管是

  A.空、回肠   B.盲肠   C.升结肠

  D.横结肠   E.降结肠、乙状结肠

5.掌浅弓由下列动脉构成

  A.尺动脉终支和桡动脉终支

  B.尺动脉终支和桡动脉掌浅支

  C.桡动脉终支和尺动脉掌浅支

  D.桡动脉终支和尺动脉掌深支

  E.以上均不正确

6.主动脉弓发出三大分支，自右向左依次排列是

  A.右锁骨下动脉、右颈总动脉、头臂干

  B.右颈总动脉、右锁骨下动脉、头臂干

  C.头臂干、左锁骨下动脉、左颈总动脉

  D.头臂干、左颈总动脉、左锁骨下动脉

  E.以上均不正确

7.脑膜中动脉经颅底何部位进入颅腔

  A.圆孔   B.卵圆孔   C.棘孔

  D.破裂孔   E.眶上裂

8.关于静脉的说法正确的是

  A.浅静脉与浅动脉伴行   B.管壁相对较动脉厚

  C.所有的静脉都有静脉瓣   D.体循环静脉分深浅两种

  E.管腔比相应动脉小

9.静脉角

  A.位于锁骨中点的后方   B.位于胸锁关节的后方

  C.由两侧头臂静脉汇合而成   D.有浅静脉注入   E.以上均不对

10.颈内静脉

  A.直接注入上腔静脉   B.与颈外动脉伴行   C.注入头臂静脉

  D.注入锁骨下静脉   E.是浅静脉

11.肘正中静脉

  A.起于手背静脉网正中   B.大多注入肱静脉   C.属于深静脉

  D.属于浅静脉   E.连接桡静脉和尺静脉

12.右淋巴导管

  A.是全身最粗的淋巴导管   B.起始于乳糜池   C.注入左静脉角

  D.注入右静脉角   E.收纳右颈干、右锁骨下干和左右支气管纵隔干

13.有关体循环与肺循环的说法，何者错误

    A.肺循环又叫小循环

    B.体循环又称大循环

    C.肺循环始于体循环之先

    D.体循环主要是进行物质交换

    E.肺循环主要是进行气体交换

14.关于心脏血管的描述，错误的是

    A.心的动脉血来自左、右冠状动脉

    B.心的静脉血大部分经冠状窦回流至右心房

    C.心的少量静脉血可直接进入心腔

    D.右冠状动脉起于主动脉右窦

    E.右冠状动脉可营养室间隔的前上 2/3 和左室后壁的一部分

15.关于营养胃的动脉来源的描述，错误的是

    A.胃左动脉由腹腔干发出

    B.胃右动脉由肝固有动脉发出

    C.胃网膜左动脉由脾动脉发出

    D.胃网膜右动脉由胃十二指肠动脉发出

    E.胃短动脉由肝固有动脉发出

16.肠系膜上动脉阻塞，不出现明显血运障碍的器官为

    A.空、回肠   B.盲肠   C.阑尾

    D.升、横结肠   E.十二指肠

17.下列关于动脉的叙述哪项不正确

    A.动脉是导血离开心脏的管道

    B.其内流动的均为动脉血

    C.动脉管腔内一般无瓣膜

    D.一般终于毛细血管

    E.分为大动脉、中动脉、小动脉

18.不属于肠系膜上动脉分支的是

    A.回肠动脉   B.左结肠动脉   C.右结肠动脉

    D.中结肠动脉   E.以上均不正确

19.管腔内无瓣膜的静脉是

    A.肝门静脉   B.头静脉   C.贵要静脉

    D.大隐静脉   E.以上都不对

20.有关胸导管的描述，错误的是

    A.是全身最粗最长的淋巴导管

    B.起始于乳糜池

    C.穿膈肌的食管裂孔入胸腔

    D.注入左静脉角

    E.收纳约占全身 3/4 的淋巴

二、思考题

1. 试述体循环和肺循环的路径。

2. 何谓瓣膜复合体？其功能意义如何？

3. 心脏的各腔有哪些入口、出口及防止血液反流的装置？

4. 颈外动脉有哪些主要分支？

5. 胃有哪些动脉分布及其来源？

6. 全身有哪些动脉可以在体表何处触及其搏动？

7. 肝门静脉有哪些主要属支？

8. 简述大隐静脉的起始、经行、注入部位及主要属支。

9. 肝硬化晚期、门静脉高压患者，会出现哪三大症状？为什么？

10. 患者右上颌牙龈发炎，护士于患者臀部外上1/4处注射抗生素治疗，请写出药物到达右上颌牙及牙龈的途径。

（王振全）

第九章 感觉器

感觉器是感受器及其附属结构的总称，是机体感受刺激的装置，如眼、耳及皮肤等。感受器的功能是接受机体内、外环境的各种刺激，并将其转变为神经冲动，由感觉神经传入脑，产生感觉。

第一节 视 器

案例导入

患者，女性，60岁，因左眼视力下降伴眼痛2天入院。患者于2天前与邻居吵架后出现左眼酸痛，有虹视，自行用"抗疲劳眼药水"滴眼，未好转。2天来因左眼痛加重、视力减退，同时伴头痛、恶心、呕吐，故来院诊治。既往有高血压，服用氨氯地平，血压控制尚可。无糖尿病史。无吸烟及饮酒史。无消化系统及神经系统疾病。母亲有青光眼病史，具体不详。专科检查：左眼视力手动/眼前，结膜混合性充血，角膜上皮水肿，角膜后色素沉着，前房极浅，瞳孔中度大，直接、间接对光反射消失，晶体浑浊，晶状体前囊下有灰白色浑浊点，眼后节看不清。右眼视力0.8，结膜（－），角膜（－），瞳孔圆，直径2.5mm，对光敏，晶状体轻混。眼压：左眼65mmHg，右眼18mmHg。UBM检查：左眼中央前房深度1.1mm，周边虹膜膨隆，四象限房角均关闭。右眼：前房浅、房角窄。临床诊断：1.左眼原发性闭角型青光眼（急性发作期）。2.右眼原发性闭角型青光眼（临床前期）。

扫码"学一学"

请问：

1.眼球的形态结构是怎样的？眼球内容物有哪些？

2.说出房水产生的部位、循环途径及临床意义。

3.与青光眼发生有关的解剖因素是什么？

视器又称眼，由眼球和眼副器组成。眼球的功能是接受光波的刺激，并将感受的光波刺激转变为神经冲动，经视觉传导通路传到大脑皮质视觉中枢，产生视觉；眼副器包括眼睑、结膜、泪器、眼球外肌、眶脂体、眶筋膜等结构，对眼球起保护、支持和运动作用。

一、眼球

眼球近似球形，位于眶内，后部借视神经连于脑。当眼平视前方时，眼球前面正中点称前极，后面正中点称后极，把通过前、后极的直线称为眼轴。眼球由眼球壁和眼球的内容物组成（图9-1）。

（一）眼球壁

眼球壁从外向内依次分为外膜、中膜和内膜三层。

1.外膜　又称为纤维膜，主要由坚韧的纤维结缔组织构成，具有维持眼球外形和保护眼球内容物的作用。眼球纤维膜可分为角膜和巩膜两部分。

（1）角膜　占外膜的前1/6，是光线进入眼球首先要通过的结构。角膜无色透明，富有弹性，具有屈光作用，无血管，但富有感觉神经末梢，对触觉和痛觉敏感。

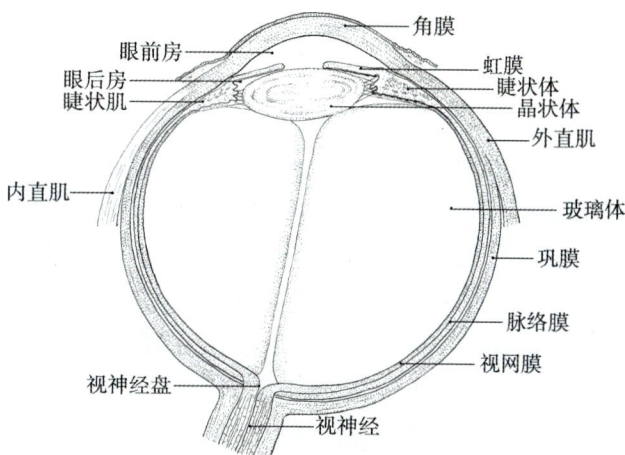

图9-1　眼球的水平切面（右侧）

（标注：眼前房、眼后房、睫状肌、内直肌、视神经盘、视神经、角膜、虹膜、睫状体、晶状体、外直肌、玻璃体、巩膜、脉络膜、视网膜）

知识拓展

角膜移植

眼睛是心灵之窗，而角膜则是这扇窗户上的玻璃。角膜之所以透明，其重要因素之一是角膜组织内没有血管。角膜的营养物质是由角膜周围的毛细血管、泪液和房水供给。如果因外伤或疾病导致角膜形成瘢痕，就会失明。此类失明的唯一治疗方法就是角膜移植，角膜移植是用捐献的正常角膜取代混浊、病变的角膜组织，使患眼复明，是眼科中重要的手术之一。角膜病是当今世界主要致盲的眼病之一，他们中的大多数是可以通过角膜移植脱残脱盲。但由于角膜材料来源困难，及时正确的治疗是挽救患者视力最主要的措施。

（2）巩膜　占外膜的后5/6，为乳白色不透明的纤维膜，厚而坚韧，表面有眼球外肌附着，具有支持和保护眼球的作用。在巩膜与角膜交界处深面有一环形的小管，称为巩膜静脉窦，是房水回流的通道（图9-1）。

2.中膜 又称为血管膜，由疏松结缔组织构成，内含丰富的血管、神经和色素，呈棕黑色，具有营养眼球内组织及遮光的作用。血管膜由前向后分为虹膜、睫状体和脉络膜三部分。

（1）虹膜 位于角膜的后方，是血管膜最前部呈圆盘形的薄膜。虹膜中央有一圆形的孔，称为瞳孔。在虹膜内有两种平滑肌，环绕瞳孔周缘呈环行排列的为瞳孔括约肌，收缩时可缩小瞳孔；瞳孔周围呈放射状排列的平滑肌为瞳孔开大肌，收缩时可使瞳孔开大。在弱光下或看远物时，瞳孔开大；在强光下或看近物时，瞳孔缩小（图9-1、图9-2）。

（2）睫状体 是血管膜中部最肥厚的部分，位于虹膜的外后方。睫状体后部较为平坦，前部有许多向内突出呈放射状排列的皱襞，称为睫状突，由睫状突发出的睫状小带与晶状体相连。睫状体内的平滑肌，称为睫状肌。睫状体有调节晶状体的曲度和产生房水的作用（图9-2）。

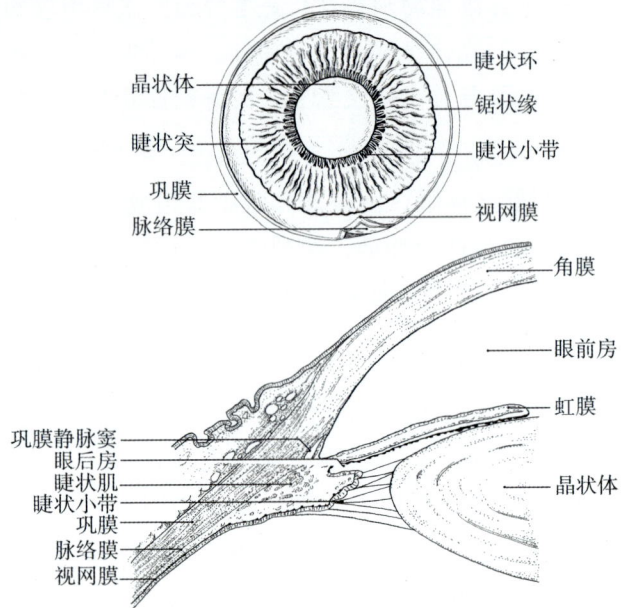

图 9-2 眼球前部内面观

（3）脉络膜 占血管膜的后2/3，位于巩膜和视网膜之间，脉络膜内含有丰富的血管和大量的色素细胞，具有营养眼球内组织和吸收眼内分散的光线。

3.内膜 又称为视网膜，位于血管膜内面，视网膜从前向后可分为视网膜虹膜部、视网膜睫状体部和视网膜脉络膜部三部分。贴附于虹膜和睫状体内面的视网膜，无感光作用，故称为视网膜盲部；贴附于脉络膜内面的视网膜，有接受光波刺激并将其转变为神经冲动的作用，故称为视网膜视部，其后部中央偏鼻侧处，有一白色圆形隆起，称视神经乳头或视神经盘，视神经盘的边缘隆起，中央有视神经、视网膜中央动、静脉穿过，无感光细胞，故又称为生理性盲点。在视神经盘的颞侧约3.5mm处的稍下方，有一黄色小区，称为黄斑，其中央凹陷称为中央凹，此处视锥细胞密集，无血管，是感光和辨色最敏锐的部位（图9-3）。

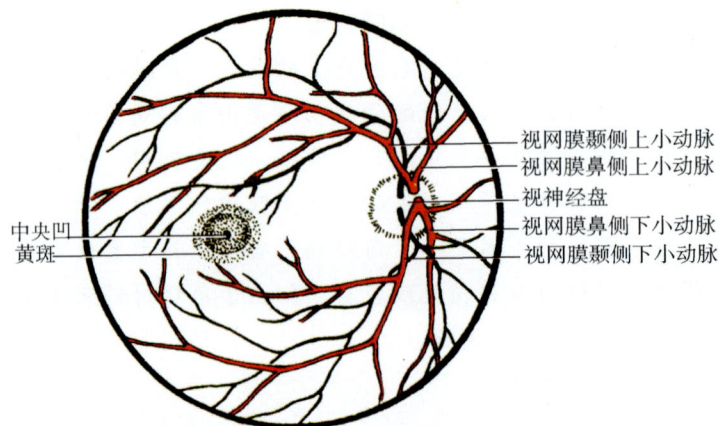

图 9-3 眼底（右侧）

视网膜视部的组织结构可分内、外两层，两层之间有一潜在的间隙。外层为色素上皮层，由单层色素上皮细胞构成，此层具有吸收光线和保护感光细胞的作用；内层为神经细胞层，由内向外依次为节细胞、双极细胞和视细胞。视细胞是感光细胞，可分为视锥细胞和视杆细胞。视锥细胞能感受强光和分辨颜色，在白天或明亮处视物时起主要作用；视杆细胞只能感受弱光，不能辨色，在夜间或暗处视物时起主要作用。双极细胞是连接感光细胞和节细胞之间的双极神经元，将来自感光细胞的神经冲动传导至节细胞。节细胞为多极神经元，其轴突向视神经盘处汇集，穿过脉络膜和巩膜后组成视神经（图9-4）。

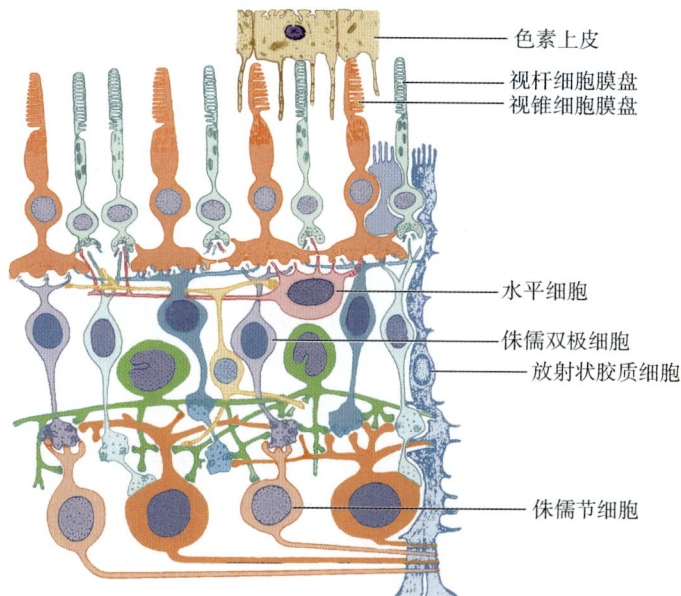

图9-4 视杆视锥细胞模式图

（二）眼球内容物

眼球内容物包括房水、晶状体和玻璃体（图9-1、图9-2）。这些结构都是无色透明，且无血管分布，具有屈光作用，它们与角膜合称为眼的屈光系统，使物体反射出来的光线进入眼球后，在视网膜上形成清晰的物像。

1.房水 为无色透明的液体，由睫状体产生，充满于眼房内。眼房是角膜与晶状体之间的腔隙，虹膜将眼房分为较大的前房和较小的后房，两者借瞳孔相通。在眼前房的周边，虹膜与角膜交界处的环形区域，称为虹膜角膜角或前房角，与巩膜静脉窦相邻。房水除具有屈光作用外，还具有营养角膜和晶状体以及维持正常眼内压的作用。

房水循环途径：睫状体生成房水→眼后房→瞳孔→眼前房→虹膜角膜角→巩膜静脉窦→眼静脉。

知识拓展

眼球结构与"青光眼"

青光眼是指眼内房水循环障碍使眼压升高，造成视功能障碍，并伴有视网膜形态结构变化的疾病。正常情况下，睫状突上皮产生的房水，进入眼后房，经瞳孔至眼前房，经虹膜角膜角隙进入巩膜静脉窦，借睫前静脉汇入眼上、下静脉。房水的生理功能是为角膜和晶状体提供营养并维持正常的眼内压。在某些病理情况下，使房水回流不畅或受阻，造成眼房内房水增加，导致眼内压增高，患者出现视野变窄、视力减弱、头痛眼胀、恶心呕吐等症状，临床上称为青光眼。青光眼多数发病与精神有关，有些青光眼患者与遗传有关。

2.晶状体　位于虹膜和玻璃体之间，呈双凸透镜状，无色透明、富有弹性、不含血管和神经（图9-1、图9-2）。晶状体外面包以具有高度弹性的被膜，称为晶状体囊，晶状体周缘借睫状小带与睫状体相连。晶状体是屈光系统的主要装置，其曲度随所视物体的远近不同而改变。视近物时，睫状肌收缩牵引脉络膜向前，睫状突向内伸，睫状小带松弛，晶状体因本身的弹性而变凸，晶状体的曲度增加，屈光能力加强，使进入眼球的光线恰好能聚焦于视网膜上，以适应看近物；视远物时，睫状肌舒张，使睫状突向外伸，睫状小带被拉紧，加强了对晶状体的牵拉，晶状体的曲度减小，屈光能力减弱，以适应看远物。

3.玻璃体　是无色透明的胶状物质，填充于晶状体与视网膜之间。玻璃体具有屈光、维持眼球形状和支撑视网膜的作用。

二、眼副器

眼副器包括眼睑、结膜、泪器和眼球外肌等结构，具有保护、运动和支持眼球的作用。

（一）眼睑

眼睑位于眼球的前方，分上睑和下睑，有保护眼球的作用（图9-5）。上、下睑之间的裂隙称睑裂。睑裂的内、外侧角分别称为内眦和外眦。眼睑的游离缘称睑缘，睑缘的前缘生有睫毛。睫毛的根部有睫毛腺，睫毛毛囊或睫毛腺的急性炎症，称为睑腺炎。

眼睑由浅至深由皮肤、皮下组织、肌层、睑板和睑结膜构成。眼睑的皮肤较薄，皮下组织较疏松，缺乏脂肪组织，可因积液或出血而发生肿胀。睑板为一半月形致密结缔组织板，上、下各一。睑板内有许多麦穗状的睑板腺，与睑缘垂直排列，其导管开口于睑缘，其分泌物有润滑睑缘和防止泪液外溢的作用。睑板腺的导管阻塞时，形成睑板腺囊肿，或称霰粒肿。

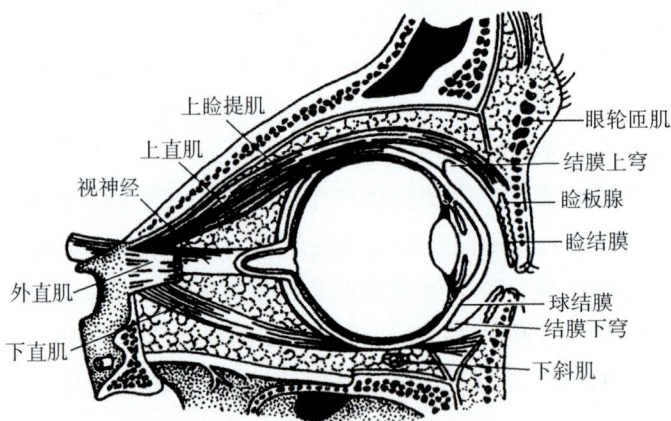

图9-5　右眼眶（矢状面）

（二）结膜

结膜为一层薄而光滑透明富有血管的黏膜，覆盖在眼球的前面和眼睑的后面（图9-5）。其中衬贴在眼睑内面的部分，称为睑结膜；覆盖于巩膜前面的部分，称为球结膜，两者之间相互移行，分别形成结膜上穹和结膜下穹。当上、下睑闭合时，睑结膜和球结膜围成的囊状腔隙，称为结膜囊，此囊通过睑裂与外界相通。

（三）泪器

泪器由泪腺和泪道组成（图9-6）。

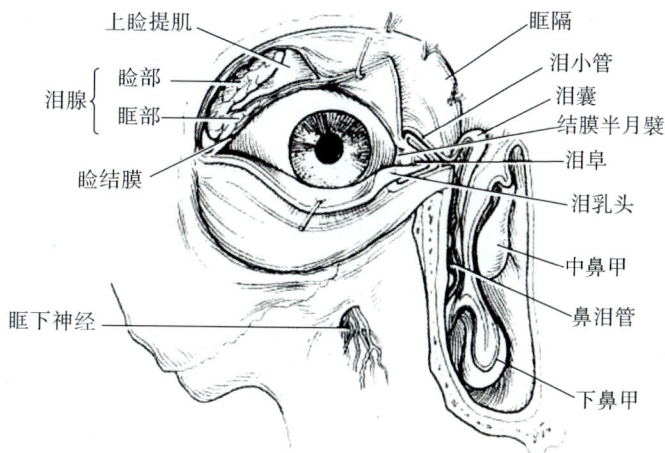

图 9-6 泪器

1.泪腺 位于眶上壁前外侧部的泪腺窝内，有 10 ~ 20 条排泄管开口于结膜上穹的外侧部。泪腺具有分泌泪液的功能，泪液有防止角膜干燥、冲洗结膜囊内的异物和抑制细菌生长的作用。

2.泪道 泪道包括泪点、泪小管、泪囊和鼻泪管等结构。泪点有上泪点和下泪点，分别位于上、下睑缘的内侧端，泪点是泪小管的入口。泪小管为连接泪点与泪囊的小管，分为上泪小管和下泪小管，共同开口于泪囊。泪囊位于眶内侧壁前部的泪囊窝内，为一膜性的盲囊，上端为盲端，下部移行为鼻泪管。鼻泪管为膜性管道，上部包埋在骨性鼻泪管中，下部开口于下鼻道。

（四）眼球外肌

眼球外肌（图9-7）分布在眼球周围，属于骨骼肌，包括上直肌、下直肌、内直肌、外直肌、上斜肌、下斜肌和上睑提肌等，共有 7 块。上睑提肌起自视神经管前上方的眶壁，止于上睑的皮肤、上睑板，该肌收缩可上提上睑，开大眼裂。

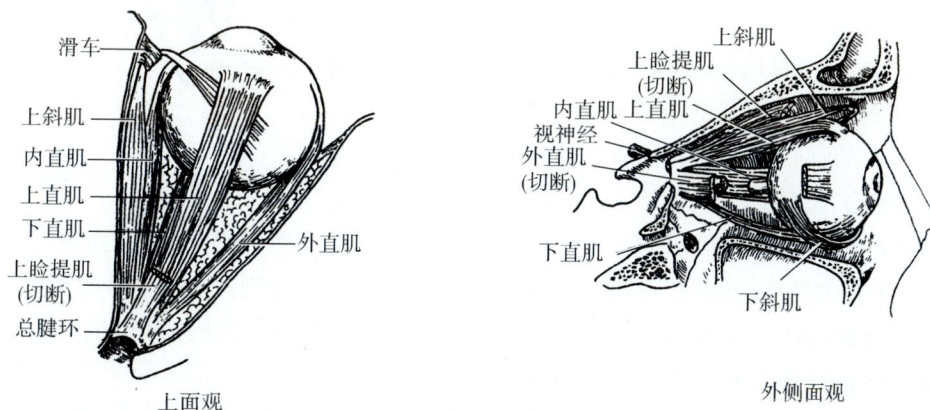

图 9-7 眼球外肌

运动眼球的各肌共同起自视神经管周围和眶上裂内侧的总腱环，分别止于巩膜的上、下、内侧和外侧。上直肌位于眼球上方，上睑提肌下方，该肌收缩可使瞳孔转向上内方。内直肌位于眼球的内侧，该肌收缩可使瞳孔转向内侧。下直肌在眼球下方，该肌收缩可使瞳孔转向下内方。外直肌位于眼球外侧，该肌收缩可使瞳孔转向外侧。上斜肌位于内直肌和上直肌之间，起于总腱环，其腱通过附于眶内侧壁前上方的滑车，在上直肌下方向后外止于巩膜，该肌收缩可使瞳孔转向下外方。下斜肌位于眶下壁与下直肌之间，起自眶下壁的内侧份近前缘处，斜向后外，止于眼球下面，该肌收缩可使瞳孔转向上外方。

> **知识链接**
>
> ### 眼球运动
>
> 　　眼球的正常运动，并非单一肌肉的收缩，而是两眼数条肌协同作用的结果。如眼向下俯视时，两眼的下直肌和上斜肌同时收缩；仰视时，两眼上直肌和下斜肌同时收缩；侧视时，一侧眼的外直肌和另一侧眼的内直肌共同作用；聚视中线时，则是两眼内直肌共同作用的结果。当某一肌麻痹时，在拮抗肌的作用下，眼球则向相反方向偏斜，临床上称为斜视。发生斜视后，同一物像不能准确投射到双侧视网膜对应点上，大脑视觉区不能将两眼传入的信息整合，使得同一物体被看成为分离的两个物体，这种现象称为复视。

三、眼的血管

（一）眼的动脉

　　眼动脉是营养眼球的主要动脉，当颈内动脉穿出海绵窦后，在前床突内侧发出眼动脉。眼动脉在视神经下方经视神经管入眶，在行程中发出分支分布于眼球、眼球外肌、泪腺和眼睑。眼动脉最重要的分支为视网膜中央动脉，该动脉自眼球后方入视神经，经视神经盘处穿出，分为视网膜鼻侧上、下小动脉和颞侧上、下小动脉4条分支，营养视网膜各层结构（图9-8）。

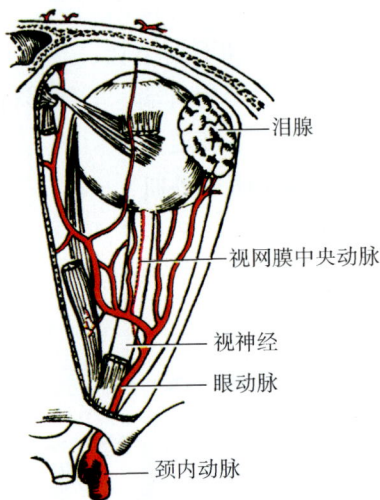

泪腺

视网膜中央动脉

视神经

眼动脉

颈内动脉

图9-8　眼的动脉

（二）眼的静脉

　　眼球内的静脉主要有：①视网膜中央静脉，与同名动脉伴行，收集视网膜的静脉血。②涡静脉，不与动脉伴行，收集虹膜、睫状体和脉络膜的静脉血。③睫前静脉，收集眼球前份的虹膜等处的静脉血。这些静脉以及眶内其他静脉，最后汇入眼上、下静脉。

　　眼球外的静脉主要有眼上静脉和眼下静脉。眼上静脉起自眶内上角，向后经眶上裂注入海绵窦。眼下静脉收集附近眼肌、泪囊和眼睑的静脉血，行向后分别注入眼上静脉和汇入翼静脉丛。眼的静脉无瓣膜，向前经内眦静脉与面静脉相交通，向后主要注入颅内的海绵窦，故面部感染可经眼静脉侵入海绵窦引起颅内感染。

四、眼的神经

　　分布到眼的神经来源较多。视神经传导视觉冲动；动眼神经支配上睑提肌、上直肌、内直肌、下直肌和下斜肌；滑车神经支配上斜肌；展神经支配外直肌；动眼神经内的副交感神经纤维支配瞳孔括约肌和睫状肌；颈交感神经支配瞳孔开大肌。来自三叉神经的眼支管理眼球、眼睑、泪腺等部位的感觉。

第二节 前庭蜗器

患者，女性，5 岁。因咽痛 7 天，左外耳道渗出脓性分泌物伴疼痛 3 天入院。患者于 7 天前受凉后出现咽部疼痛，伴有发热，体温 39.8℃，服阿莫西林胶囊及牛黄解毒片等药后无好转。3 天前出现左侧外耳瘙痒，继之发生疼痛，夜间无法入睡，并且逐渐加重，门诊以"中耳炎"收入院。既往体健，无外伤及手术史。查体：体温 39.8℃，呼吸 26 次 / 分，血压 110/70mmHg。精神疲乏，神志清晰。颈无抵抗，胸廓无畸形，两肺呼吸音清，未闻及干、湿性啰音，心率 80 次 / 分，律齐，各瓣膜区未闻及杂音。腹平坦，肝脾未触及。专科检查：左侧外耳有黄色脓性分泌物，左侧耳郭牵拉痛，乳突区压痛，听力正常。初步诊断：左侧急性化脓性中耳炎。

请问：

1. 中耳的组成及各部分的结构特点是什么？

2. 中耳炎可能引起哪些鼓室外结构的炎症？

3. 婴幼儿咽炎诱发中耳炎的解剖结构基础是什么？

扫码"学一学"

前庭蜗器又称耳，包括前庭器和听器，按部位分为外耳、中耳和内耳三部分（图 9-9）。外耳和中耳是收集和传导声波的结构，听觉感受器和位觉感受器位于内耳。

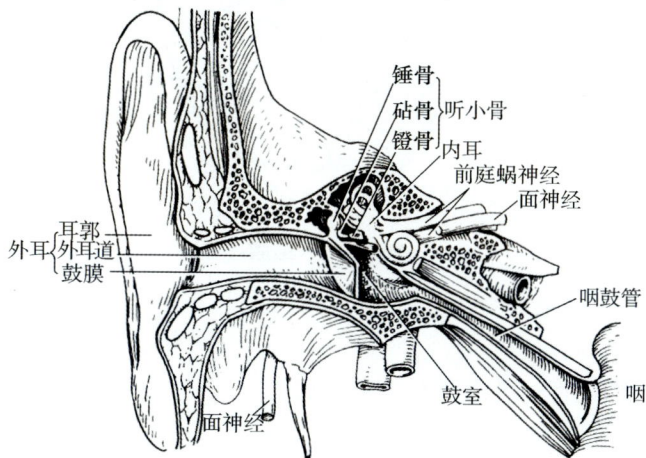

图 9-9 前庭蜗器

一、外耳

外耳包括耳郭、外耳道和鼓膜三部分。

（一）耳郭

耳郭主要由弹性软骨和结缔组织构成，表面覆盖皮肤，皮下组织少但血管神经丰富。耳郭外侧面中部有一孔，称为外耳门，外耳门前方的突起，称为耳屏。耳郭下 1/3 部，称为耳垂，耳垂内仅含结缔组织和脂肪，有丰富的血管神经，是临床常用的采血部位（图

9-9）。

（二）外耳道

外耳道是从外耳门至鼓膜之间的弯曲管道（图9-9），成人长2.0～2.5cm，可分为外侧1/3的软骨部和内侧2/3的骨部。外耳道约呈"S"状弯曲，由外向内，先斜向后上，后斜向前下。检查外耳道和鼓膜时，由于外耳道软骨部可被牵动，将耳郭向后上方牵拉，可使外耳道变直。因婴儿的外耳道短而直，鼓膜近于水平位，检查时须拉耳郭向后下方。

外耳道表面覆以皮肤，皮下组织少，皮肤内含有丰富的感觉神经末梢、毛囊、皮脂腺和耵聍腺。皮肤与软骨膜和骨膜结合紧密，不易移动，当发生外耳道皮肤疖肿时疼痛剧烈。耵聍腺可分泌一种黏稠的液体，称为耵聍，具有保护作用。

（三）鼓膜

鼓膜为位于外耳道与鼓室之间的椭圆形半透明薄膜，与外耳道底略呈45°的倾斜角，婴幼儿鼓膜倾斜较大，几乎呈水平位（图9-10）。鼓膜周缘较厚，中心向内凹陷，称为鼓膜脐。鼓膜上1/4为松弛部，此部薄而松弛，在活体呈淡红色。鼓膜下3/4为紧张部，坚实而紧张，在活体呈灰白色，该部前下方有一三角形的反光区，称为光锥（图9-10），中耳的一些疾患可引起光锥改变或消失。

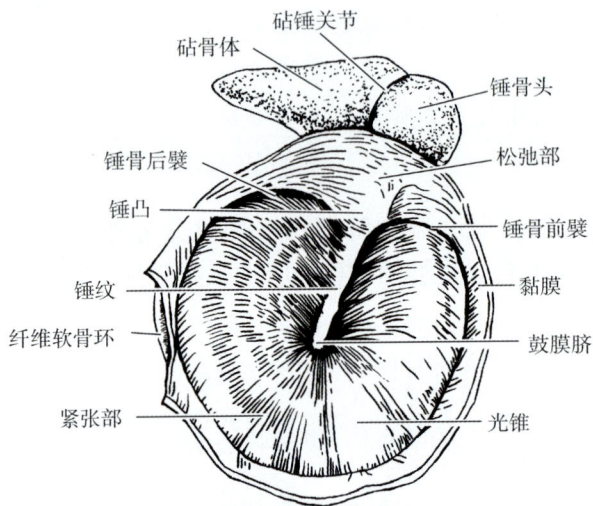

图9-10　鼓膜

二、中耳

中耳包括鼓室、咽鼓管、乳突窦和乳突小房。

（一）鼓室

鼓室（图9-11、图9-12）是颞骨岩部内含气的不规则小腔，在鼓膜与内耳外侧壁之间。鼓室有6个壁，在鼓室内有听小骨、韧带、肌、血管和神经等结构。鼓室内面和听小骨表面均衬有黏膜，并与咽鼓管和乳突小房等处的黏膜相延续。

1.鼓室的壁

（1）外侧壁　称为鼓膜壁，由鼓膜构成（图9-11）。

（2）内侧壁　称为迷路壁，即内耳的外则壁。壁中部圆形隆起的部分，称为岬。岬的后上方有一卵圆形小孔，称为前庭窗，通向前庭，由镫骨底及其周缘的韧带将前庭窗封闭。岬的后下方有一圆形小孔，称蜗窗，被第二鼓膜封闭。在前庭窗后上方有一弓形隆起，称面神经管凸，内有面神经通过（图9-12）。

（3）上壁　称为盖壁，由颞骨岩部前外侧面的鼓室盖构成，分隔鼓室与颅中窝，此壁较薄，因此鼓室的炎症可由此蔓延至颅内。

（4）下壁　称为颈静脉壁，为一薄层骨板，此壁将鼓室与颈静脉起始部分隔。

（5）前壁　称为颈动脉壁，即颈动脉管的后壁。此壁甚薄，借骨板分隔鼓室与颈内动脉。前壁上部有咽鼓管鼓室口。

（6）后壁　称为乳突壁，上部有乳突窦入口，鼓室借乳突窦向后通入乳突内的乳突小房。乳突窦入口的下方有一骨性突起，称为锥隆起，内有镫骨肌。

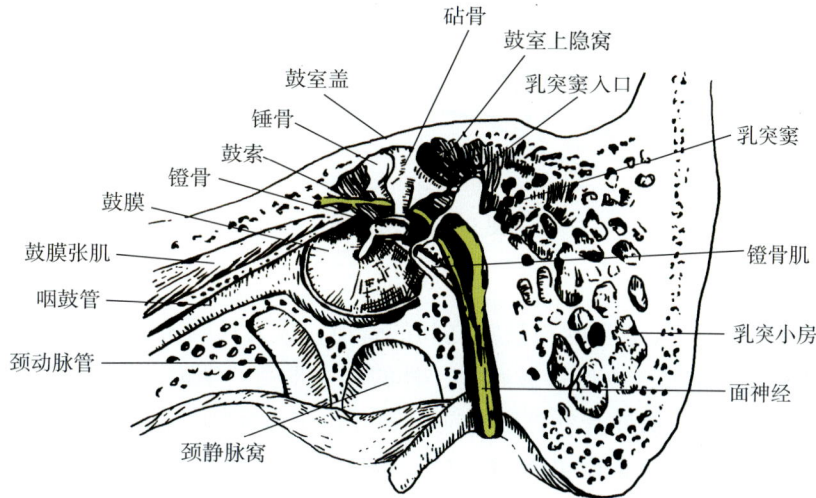

图 9-11　鼓室外侧壁

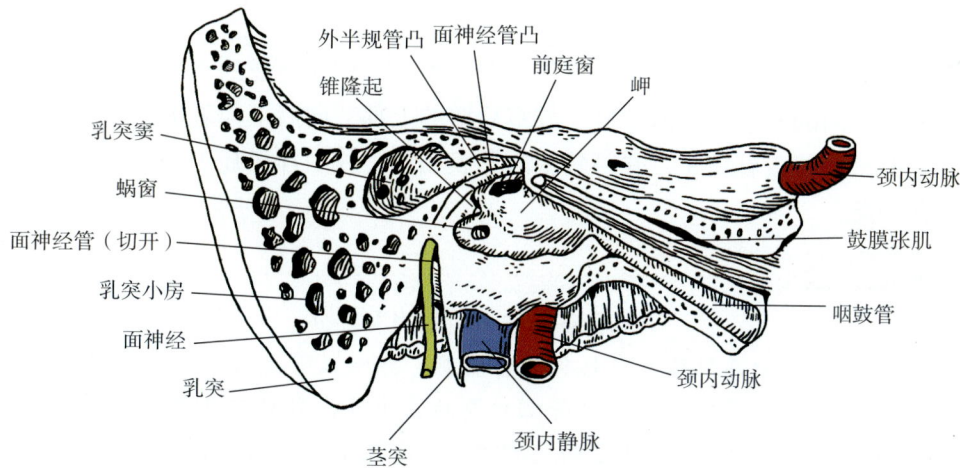

图 9-12　鼓室内侧壁

2.听小骨和听小骨链

（1）听小骨　位于鼓室，有3块，由外侧向内侧依次为锤骨、砧骨和镫骨。锤骨呈锤状，锤骨柄附于鼓膜脐，其上端有鼓膜张肌附着；砧骨形如砧，与锤骨和镫骨构成砧锤关节和砧镫关节；镫骨形似马镫，镫骨底借韧带连于前庭窗的周边，封闭前庭窗（图9-13）。

（2）听小骨链　锤骨、砧骨和镫骨在鼓膜与前庭窗之间以关节和韧带连结构成听小骨链，组成杠杆系统。当声波冲击鼓膜时，听小骨链相继运动，使镫骨底在前庭窗做向内或向外的运动，将声波的振动传至内耳。当炎症引起听小骨粘连、韧带硬化时，听小骨链的活动受到限制，可使听觉减弱。

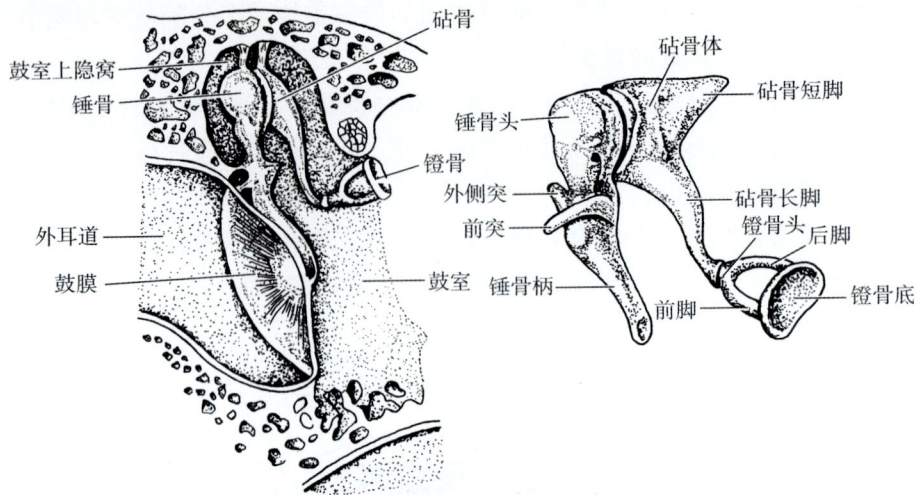

图 9-13　听小骨

（二）咽鼓管

咽鼓管（图 9-9）是连通鼻咽与鼓室之间的管道，成人长约 3.5cm。其作用是使鼓室的气压与外界的大气压相等，以保持鼓膜内、外的压力平衡。咽鼓管可分前内侧 2/3 的软骨部和后外侧 1/3 的骨部。咽鼓管软骨部向前内侧开口于鼻咽侧壁的咽鼓管咽口，咽鼓管骨部向后外侧开口于鼓室前壁的咽鼓管鼓室口。咽鼓管咽口和软骨部平时处于关闭状态，当吞咽或呵欠时可暂时开放。由于小儿咽鼓管短而宽，接近水平位，故咽部感染易经此管侵入鼓室，引起中耳炎。

（三）乳突小房和乳突窦

乳突小房是颞骨乳突内许多大小不等、形态不一、相互连通的含气小腔。乳突窦是乳突小房与鼓室之间的腔隙，向前开口于鼓室后壁的上部，向后下与乳突小房相通。乳突小房和乳突窦的壁都覆盖着黏膜，并与鼓室的黏膜相续，故中耳炎症可经乳突窦侵犯乳突小房而引起乳突炎。

> **知识链接**
>
> **咽鼓管与"中耳炎"**
>
> 急性中耳炎是中耳黏膜的急性化脓性炎症，经咽鼓管途径感染最多见。如感冒后咽部和鼻部的致病菌乘虚经咽鼓管咽口蔓延至中耳，引起中耳炎。因此预防感冒就能减少中耳炎发病的机会。由于幼儿的咽鼓管比较平直，且管腔较短，内径较宽，如果婴幼儿仰卧位吃奶，奶汁可经咽鼓管呛入中耳引发中耳炎。因此母亲给孩子喂奶时应取坐位，把婴儿抱起呈斜位，头部竖直吸吮奶汁。

三、内耳

内耳又称迷路，位于颞骨岩部的骨质内（图 9-14），在鼓室内侧壁与内耳道底之间，其形状不规则，构造复杂，可分为骨迷路和膜迷路。骨迷路是颞骨岩部骨质所围成的不规则的腔隙，膜迷路位于骨迷路内的膜性管腔或囊。膜迷路内充满内淋巴，膜迷路与骨迷路之间充满外淋巴。内、外淋巴互不相通。

（一）骨迷路

骨迷路是由互相连通的骨半规管、前庭和耳蜗组成（图9-15）。

1.骨半规管 为3个半环形的骨性小管，互相垂直，按位置分为前骨半规管、外骨半规管和后骨半规管。每个骨半规管都有2个骨脚与前庭相连，其中1个骨脚膨大称壶腹骨脚，膨大部分称骨壶腹，另一骨脚细小称单骨脚。前、后半规管单骨脚合成一个总骨脚，因此3个骨半规管共有5个口与前庭相通。

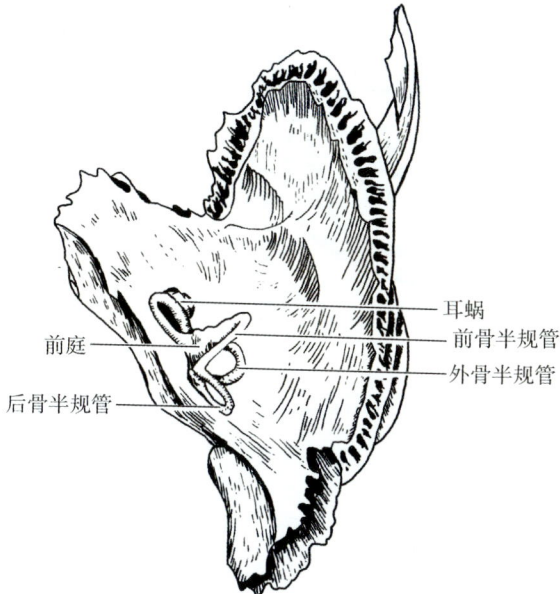

图 9-14 内耳

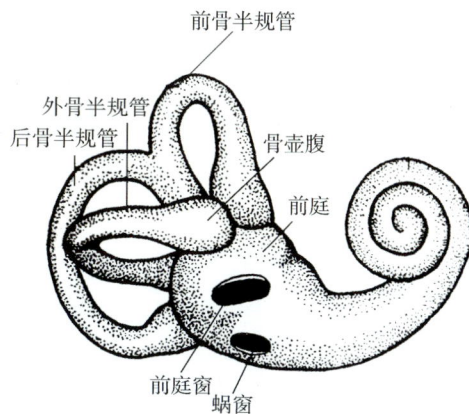

图 9-15 骨迷路

2.前庭 为一不规则的近似椭圆形腔隙，是骨迷路的中间部分，内有膜迷路的椭圆囊和球囊（图9-15）。前庭前部较窄，有一孔与耳蜗相通；后上部较宽，有5个小孔与3个骨半规管相通。前庭的外侧壁即鼓室的内侧壁部分，有前庭窗和蜗窗；前庭的内侧壁即内耳道的底，有神经通过。

3.耳蜗 形如蜗牛壳，位于前庭的前方（图9-16）。其尖朝向前外侧，称为蜗顶，底朝向后内侧，称为蜗底。耳蜗由蜗轴和蜗螺旋管构成。蜗轴为耳蜗的中央骨质，由蜗顶至蜗底，呈圆锥形，由蜗轴伸出骨螺旋板。蜗螺旋管是由骨质围成的小管，环绕蜗轴旋转两圈半，其管腔在蜗底较大，与前庭相通，至蜗顶管腔逐渐变细，以盲端止于蜗顶。蜗轴向蜗螺旋管内伸出的骨板，称为骨螺旋板，此板未达蜗螺旋管的外侧壁，其空缺处由蜗管填补封闭。故蜗螺旋管管腔分为近蜗顶侧的前庭阶，中间是膜性的蜗管和近蜗底侧的鼓阶三个部分。前庭阶起自前庭窗，鼓阶在蜗螺旋管起始处的外侧壁上有蜗窗，为第二鼓膜所封闭，与鼓室相隔。前庭阶和鼓阶内均含外淋巴，在蜗顶处借蜗孔彼此相通。

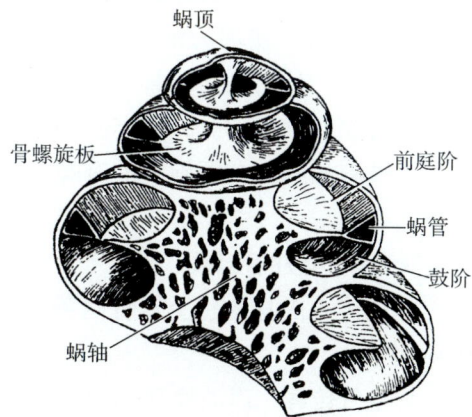

图 9-16 耳蜗纵切面

（二）膜迷路

膜迷路（图9-17）由膜半规管、椭圆囊、球囊和蜗管组成，它们之间相连通，其内充满着内淋巴。

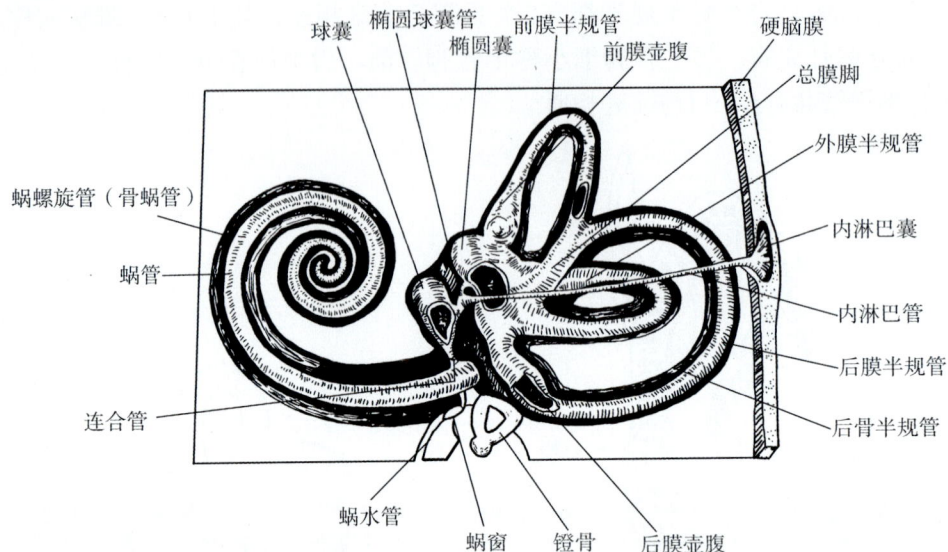

图 9-17　膜迷路

1. **膜半规管**　是位于同名骨半规管内的3个呈半环形膜性小管，其形态与骨半规管相似。在各骨壶腹内的各膜半规管也有相应呈球形膨大的膜壶腹，其壁内面有隆起的壶腹嵴，是位觉感受器，能感受头部变速旋转运动的刺激。

2. **椭圆囊和球囊**　位于骨迷路的前庭，后上为椭圆囊，前下为球囊，两者之间连有椭圆球囊管。在椭圆囊的后壁上有5个开口，与3个膜半规管连通，球囊下端有连合管与蜗管相连。在椭圆囊上端的底部和前壁上有感觉上皮，称椭圆囊斑，在球囊内的前上壁，也有感觉上皮，称球囊斑。球囊斑和椭圆囊斑都是位觉感受器，感受头部静止的位置及直线变速运动引起的刺激。

3. **蜗管**　是位于蜗螺旋管内的膜性小管，蜗管也盘绕蜗轴两圈半，其前庭端借连合管与球囊相连通，顶端为细小的盲端，终于蜗顶。蜗管的横断面呈三角形，分为上壁、外侧壁和下壁。其上壁为蜗管前庭壁，也称前庭膜，分隔前庭阶和蜗管；外侧壁为蜗螺旋管内表面骨膜的增厚部分，有丰富的血管和结缔组织；下壁为蜗管鼓壁，又称螺旋膜或基底膜，与鼓阶相隔，在螺旋膜上有螺旋器又称Corti器，是听觉感受器，能感受声波刺激（图9-16）。

（三）声波的传导

声波传入内耳的感受器有两条途径，一是空气传导，二是骨传导。正常情况下以空气传导为主。

1. **空气传导**　声波经耳郭和外耳道传至鼓膜，引起鼓膜振动，再经听骨链传至前庭窗，使得前庭阶和鼓阶的外淋巴波动，继而引起蜗管内的内淋巴波动，刺激基底膜上的螺旋器并产生神经冲动，经蜗神经传入中枢，产生听觉。

2. **骨传导**　是指声波经颅骨传入内耳的过程。声波的冲击和鼓膜的振动可经颅骨和骨迷路传入，使耳蜗内的淋巴波动，刺激基底膜上的螺旋器产生神经冲动。

耳 聋

由外耳和中耳的病变引起的耳聋称为传导性耳聋，此时声波的空气传导途径被阻断，但骨传导途径还可以部分地代偿，故不会产生完全性耳聋。因内耳、蜗神经、听觉传导通路及听觉中枢的疾患引起的耳聋，称为神经性耳聋，此时空气传导和骨传导的途径虽然正常，但不能引起听觉，故称为完全性耳聋。骨传导的存在与否是鉴别传导性耳聋和神经性耳聋的有效方法。

第三节 皮 肤

皮肤被覆于体表，柔软而富有弹性，是人体面积最大的器官。全身各处皮肤的厚薄不等，手掌、足底和背部的皮肤最厚，而腹部、头部和肢体屈侧的皮肤较薄。皮肤由表皮和真皮构成，其深面主要为疏松结缔组织构成的皮下组织，即浅筋膜。浅筋膜将皮肤和深部组织连接起来，其内有丰富的血管、淋巴管、浅淋巴结等

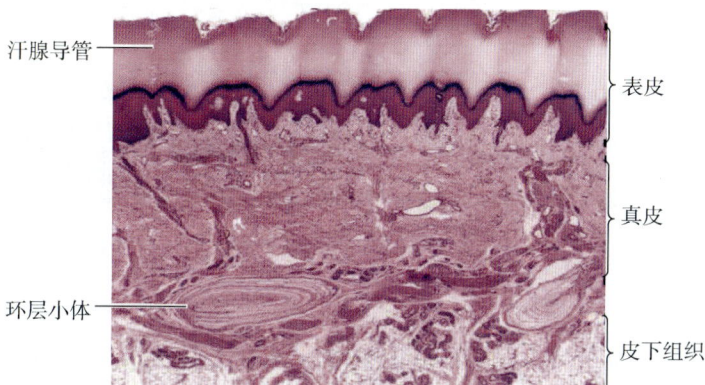

图 9-18 手掌皮肤光镜像

扫码"学一学"

（图9-18）。毛、指（趾）甲、皮脂腺、汗腺为皮肤的附属器。皮肤具有保护、排泄、吸收、感受刺激、调节体温及参与物质代谢等功能。

一、皮肤的结构

皮肤分为表皮和真皮两部分。

（一）表皮

表皮是皮肤的浅层，为复层扁平上皮，无血管分布。根据上皮细胞的分化程度和结构特点，表皮从基底到表面可分为基底层、棘层、颗粒层、透明层和角质层（图9-19）。

1.**基底层** 是表皮的最深层，附着于基膜，为一层矮柱状细胞。基底层细胞具有较强的分裂增殖能力，可不断产生新细胞，并向浅部推移，逐渐分化成表皮的各层细胞，故基底层又称为生发层。

2.**棘层** 由4～10层多边形、体积较大的细胞构成。细胞表面有许多短小的棘状突起。

3.**颗粒层** 由3～5层梭形细胞构成。细胞质内有许多形状不规则、强嗜碱性的透明角质颗粒。

4.**透明层** 由4～10层多边形、体积较大的细胞构成。细胞界限不清，细胞核和细胞器已消失，细胞质呈均质透明状。

5.**角质层** 角质层位于表皮最浅层，由多层扁平的角质细胞构成。角质细胞变得干硬，

已无细胞核和细胞器，细胞质内含有嗜酸性的角质蛋白。其浅层细胞连接松散，脱落后成为皮屑。角质层是皮肤重要的保护层，对酸、碱、摩擦等多种刺激有较强的抵抗能力，并有阻止病原体侵入和防止体内组织液丢失的作用。

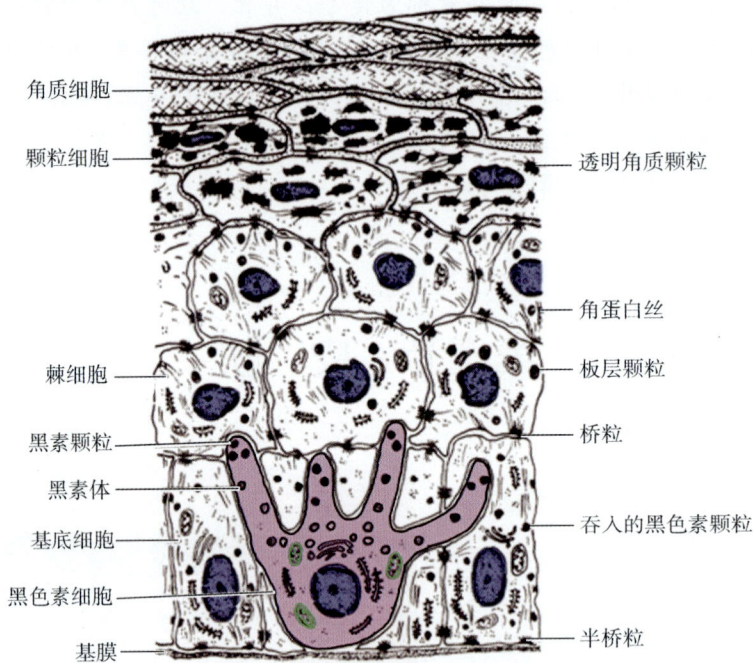

图 9-19　表皮细胞组成模式图

（二）真皮

真皮位于表皮深面的致密结缔组织，分为乳头层和网状层。

1.乳头层　紧邻表皮的基底层，结缔组织呈乳头状突向表皮，可扩大表皮与真皮的接触面积。乳头层内含丰富的毛细血管和感受器，如游离神经末梢、触觉小体等。

2.网织层　为乳头层深面较厚的致密结缔组织，与乳头层之间无明显界限，内有粗大的胶原纤维束交织成网，并有许多弹性纤维夹杂其间，使皮肤具有较大的弹性和韧性。网织层内含有较大血管、淋巴管和神经，以及毛囊、皮脂腺、汗腺和环层小体等。

真皮的深面为皮下组织，又称浅筋膜，主要由疏松结缔组织和脂肪组织构成，将皮肤与深部组织相连，使皮肤具有一定的活动性。皮下组织具有保持体温和缓冲机械压力的作用。

> **知识链接**
>
> **皮肤与"皮内注射和皮下注射"**
>
> 皮内注射是将少量的药物注入真皮浅层。皮内注射常用于药物过敏试验，如青霉素过敏试验。在真皮内有许多的肥大细胞，如果它们对青霉素处于致敏状态，那么很快便会释放颗粒，在局部形成类似荨麻疹的红肿块；皮下注射是将药物注入皮下组织。皮下注射常用于预防接种，如注射麻疹疫苗，或需要迅速达到药效而不能或不宜经口服给药时采用，如注射胰岛素；由于真皮内有较多的神经末梢，故皮内注射比较疼痛。而皮下注射虽然也要经过皮肤，但只要操作得当，患者可以毫无感觉。

二、皮肤的附属器

皮肤的附属器包括毛、皮脂腺、汗腺和指（趾）甲等（图9-20）。

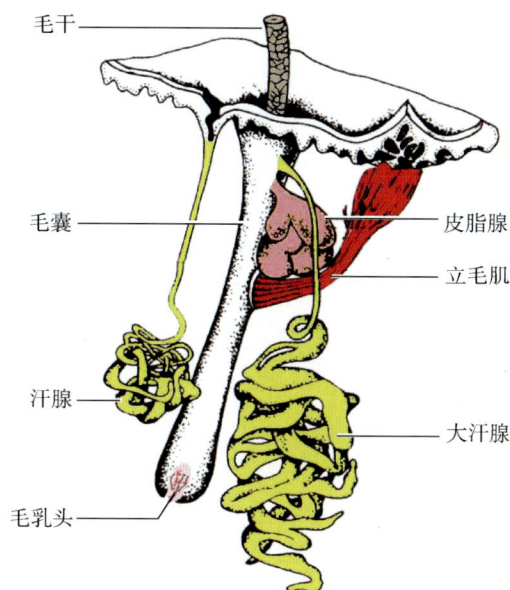

图 9-20 皮肤附属器模式图

（一）毛

毛分为毛干、毛根和毛球三部分。毛干是露于皮肤外面的部分；毛根埋在皮肤内，周围包有由上皮组织和结缔组织构成的毛囊；毛球是毛根和毛囊下端融合形成的膨大小体，毛球内的细胞有较强的分裂增殖能力，是毛的生长点。毛球下方凹陷，结缔组织深入其内为毛乳头。毛乳头对体毛的生长起营养和诱导作用。毛囊一侧有斜行的平滑肌束，连接毛囊和真皮，称为立毛肌。立毛肌受交感神经支配，遇冷或感情冲动时，可使毛发竖立，皮肤出现"鸡皮疙瘩"。

（二）皮脂腺

皮脂腺位于毛囊与立毛肌之间，其导管开口于毛囊上部。皮脂腺的分泌物即皮脂，有润泽皮肤和毛的作用。

（三）汗腺

汗腺遍布于全身大部分皮肤，以手掌、足底为最多，为弯曲的单管状腺。其分泌部位于真皮深层和皮下组织中，盘曲成团。汗腺分泌的汗液，经导管排到皮肤的表面，具有湿润皮肤、调节体温、排除代谢产物和离子等作用。

此外，位于腋窝、会阴等处皮肤内的汗腺，称为大汗腺。其分泌物浓稠呈乳状。大汗腺分泌过盛并且分泌物被细菌分解后，可产生特殊的气味，称为狐臭。

（四）指（趾）甲

指（趾）甲位于手指、足趾远端的背面，由表皮角质层增厚形成。其露于体表的部分称为甲体；埋于皮肤内的部分称为甲根；甲体周缘的皮肤皱襞称为甲襞；甲体与甲襞之间的沟称为甲沟。甲根深部的上皮为甲母质，是甲的生长点，拔甲时应注意保护。

眼由眼球和眼副器组成。眼球包括眼球壁和内容物。眼球壁分为纤维膜、血管膜和视网膜，其中视网膜具有感光细胞。眼球内容物包括房水、晶状体和玻璃体。眼的屈光系统包括角膜、房水、晶状体和玻璃体。眼副器包括眼睑、结膜、泪器和眼球外肌。眼的血液供应主要是眼动脉，最主要的分支是视网膜中央动脉。

耳分为外耳、中耳和内耳。外耳包括耳郭、外耳道和鼓膜；中耳包括鼓室、咽鼓管、乳突窦和乳突小房。鼓室分为六个壁，其内有三块听小骨。咽鼓管是连通咽与鼓室的通道；内耳又称为迷路，分骨迷路和膜迷路两部分。膜迷路内的壶腹嵴、椭圆囊斑、球囊斑和螺旋器，分别是位置觉感受器和听觉感受器。皮肤由表皮和真皮组成，真皮的深面为皮下组织又称浅筋膜。皮肤的附属器包括毛、皮脂腺、汗腺和指（趾）甲等。

习 题

一、选择题

【A1/A2 型题】

1. 能感受弱光的细胞是
   A. 色素上皮细胞　　　　　B. 视杆细胞　　　　　C. 视锥细胞
   D. 双极细胞　　　　　　　E. 节细胞

2. 白内障是由于
   A. 房水产生过多　　　　　B. 房水流出受阻　　　　C. 角膜混浊
   D. 晶状体混浊　　　　　　E. 玻璃体混浊

3. 看近物时，使晶状体变厚的主要原因是
   A. 睫状小带紧张　　　　　B. 睫状肌收缩　　　　　C. 晶状体具有弹性
   D. 瞳孔括约肌收缩　　　　E. 以上都不正确

4. 晶状体位于
   A. 角膜后方　　　　　　　B. 虹膜后方　　　　　　C. 巩膜后方
   D. 玻璃体后方　　　　　　E. 视网膜前方

5. 感光、辨色最敏锐的部位是
   A. 视神经盘　　　　　　　B. 盲点　　　　　　　　C. 黄斑中央凹
   D. 黄斑　　　　　　　　　E. 黄斑周围

6. 属于膜迷路的是
   A. 蜗管　　　　　　　　　B. 耳蜗　　　　　　　　C. 骨螺旋板
   D. 骨半规管　　　　　　　E. 前庭

7. 检查儿童耳道时，应将耳郭拉向
   A. 前上方　　　　　　　　B. 前下方　　　　　　　C. 后上方
   D. 后下方　　　　　　　　E. 外上方

8.内耳位于

　　A.颞骨鳞部内　　　　　　B.颞骨岩部内　　　　　C.鼓室内

　　D.内耳道底部　　　　　　E.颞骨乳突内

9.螺旋器位于

　　A.腹壶腹　　　　　　　　B.椭圆囊　　　　　　　C.球囊

　　D.基底膜　　　　　　　　E.前庭膜

10.能感受头部旋转变速运动的刺激是

　　A.囊斑　　　　　　　　　B.壶腹嵴　　　　　　　C.椭圆囊

　　D.球囊　　　　　　　　　E.螺旋器

11.对眼球壁结构描述错误的是

　　A.视网膜分视部和盲部

　　B.纤维膜包括角膜和巩膜

　　C.分纤维膜、血管膜和视网膜

　　D.纤维膜内富含血管和色素

　　E.血管膜包括虹膜、睫状体和脉络膜

12.关于房水的描述，错误的是

　　A.由睫状体产生　　　　　B.由眼前房经瞳孔流到眼后房

　　C.具有屈光作用　　　　　D.可营养角膜和晶状体并维持眼压

　　E.经虹膜角膜角渗入巩膜静脉窦

13.关于视网膜的描述，错误的是

　　A.位于眼球血管膜的内面　B.视神经盘处无感光能力

　　C.色素上皮内含有黑色素　D.视锥细胞仅感受弱光，无辨色能力

　　E.节细胞轴突形成视神经

14.不具有折光作用的结构是

　　A.角膜　　　　　　　　　B.虹膜　　　　　　　　C.晶状体

　　D.玻璃体　　　　　　　　E.房水

15.不属于眼副器的是

　　A.睑　　　　　　　　　　B.泪器　　　　　　　　C.结膜

　　D.眼球外肌　　　　　　　E.房水

16.不运动眼球的肌是

　　A.提上睑肌　　　　　　　B.外直肌　　　　　　　C.内直肌

　　D.上斜肌　　　　　　　　E.上直肌

17.关于鼓膜的描述，错误的是

　　A.位于外耳道与中耳之间　B.为一椭圆形半透明薄膜

　　C.鼓膜中央部凸向外　　　D.位置倾斜，与外耳道下壁成45°角

　　E.松弛部位于鼓膜的上1/4部

18.中耳不包括

　　A.鼓膜　　　　　　　　　B.鼓室　　　　　　　　C.咽鼓管

　　D.听小骨　　　　　　　　E.乳突小房

19.鼓室的几个壁中，与乳突小房相邻的是

A.前壁　　　　　　　　B.后壁　　　　　　　　C.上壁

D.下壁　　　　　　　　E.内侧壁

20.关于迷路的描述，错误的是

A.骨迷路为骨质构成的管道

B.膜迷路位于骨迷路内

C.膜迷路内含有内淋巴

D.骨迷路与膜迷路间有外淋巴

E.外淋巴和内淋巴在耳蜗顶部相通

二、思考题

1.简述房水的产生、循环途径及作用。

2.试述光线从外界到达视网膜所经过的结构。

3.运动眼球的肌有哪些？其作用如何？

4.内耳有哪些感受器？它们位于何处？分别接受哪些刺激？

5.鼓室通过什么途径和外界相通？小儿为何易患中耳炎？

（叶　明）

第十章 神经系统

📖 **学习目标**

1.**掌握** 神经系统的常用术语;脊髓的位置和外形;脑的分部;脑干的位置、组成、外形;小脑的位置和外形;间脑的位置、分部及功能;大脑半球的外形和内部结构;脑、脊髓被膜的分层;脑脊液的产生和循环途径;颈丛、臂丛、腰丛、骶丛的组成;胸神经前支的分布;动眼神经、三叉神经、面神经、舌咽神经、迷走神经的分布概况;内脏运动神经的结构特点;交感神经和副交感神经的区别;躯干和四肢的本体觉传导通路。

2.**熟悉** 反射的概念和反射弧的结构;脊髓节段及其与椎骨的对应关系;脊髓的内部结构及功能;脑干的内部结构和功能;小脑的内部结构和功能;脑和脊髓的血管;12对脑神经的名称、性质和分布概况;内脏神经的概念;交感神经和副交感神经的组成和分布概况。

3.**了解** 内脏感觉神经的特点和牵涉痛的概念;视觉传导通路;锥体外系的概念;神经系统各部损伤的临床表现。

4.在模型或标本上会观察辨认脑的主要结构、大脑脑沟及各叶的位置,能准确辨认周围神经系统的主要神经的行走途径。

5.具有关心患者、尊重患者的意识及良好的职业素质、人际沟通能力和团结协作精神。

神经系统由位于颅腔内的脑和椎管内的脊髓构成的中枢神经以及与它们相连的、分布全身的周围神经组成,是机体内起主导作用的调节系统,调控器官系统的功能活动,维持人体内、外环境的平衡。

第一节 概 述

一、神经系统的组成

神经系统(图10-1)按其所在位置、形态和功能,分为中枢神经系统和周围神经系统。前者包括脑和脊髓,分别位于颅腔和椎管内;后者包括脑神经和脊神经。脑神经与脑相连,共12对;脊神经与脊髓相连,共31对。根据周围神经系统分布部位不同,又可将其分为躯体神经和内脏神经。躯体神经分布于体表、骨、关节和骨骼肌;内脏神经分布于内脏、心血管和腺体。根据其功能又分为感觉神经和运动神经。感觉神经将神经冲动从感受器传向中枢,又称传入神经;运动神经是将神经冲动从中枢传向周围的效应器,又称传出神经。

扫码"学一学"

内脏运动神经支配心肌、平滑肌与腺体，因其不受人的主观意志控制，故又称自主神经系统或植物神经，可依其形态和功能不同，又分为交感神经和副交感神经。

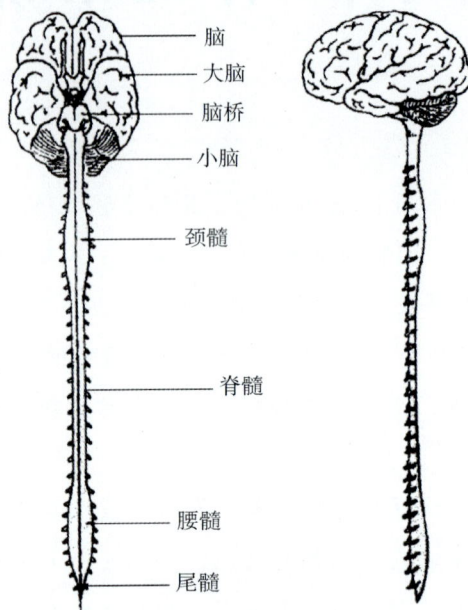

图 10-1　神经系统的区分

二、神经系统的活动方式

神经系统的基本活动方式是反射。神经系统对内、外环境的刺激做出适宜反应的过程，称为反射；反射活动的形态基础是反射弧。反射弧包括：感受器→传入（感觉）神经→中枢→传出（运动）神经→效应器。如果反射弧任一部分损伤，反射即出现障碍。临床上常用检查反射的方法来诊断神经系统的某些疾病。

三、神经系统的常用术语

在神经系统中，不同部位的神经元胞体和突起有不同的集聚方式，因而用不同的术语表示。

1.**灰质和白质**　在中枢神经系统内，神经元的胞体和树突集聚的部位，新鲜时色泽灰暗，称灰质；在大、小脑表面的灰质呈层配布，又称皮质；神经纤维集聚的部位，因神经纤维包有髓鞘而色泽白亮，称白质；位于大、小脑深部的白质又称髓质。

2.**神经核和神经节**　形态与功能相似的神经元胞体集聚成团或柱，在中枢神经系统内称神经核；在周围神经系统内称神经节。

3.**纤维束和神经**　在中枢神经系统内，起止、行程与功能相同的神经纤维聚集成束，称纤维束；在周围神经系统内，若干神经纤维聚集成粗细不等的神经束，数个神经束被结缔组织包裹，称神经。

4.**网状结构**　在中枢神经系统内，神经纤维交织成网状，网眼内含有分散的神经元胞体或较小的核团，称网状结构。

第二节　中枢神经系统

患者，男性，60岁，右侧肢体麻木2个月，不能活动伴嗜睡2小时。患者呈嗜睡状态，叫醒后能正确回答问题。无头痛，无恶心、呕吐，不发热，二便正常。既往无药物过敏史，有高血压史10余年。无心脏病史。查体：T 36.7℃，P 80次/分，R 20次/分，BP 170/90mmHg。嗜睡，双眼向左凝视，双瞳孔等大2mm光反应正常，右侧鼻唇沟浅，伸舌偏右，心率80次/分，律齐，无异常杂音。右上下肢肌力0级，右侧腱反射低，右侧巴氏征（＋）。化验：血象正常，血糖8.5mmol/L。脑CT：左额、颞、顶叶大片低密度病灶。临床诊断：左额颞叶急性脑梗死。

请问：

1. 中枢神经系统包括哪些结构？
2. 脑分为哪几部分？各部分包括哪些结构？
3. 该患者左侧大脑病变为何出现右侧偏瘫？

一、脊髓

（一）脊髓的位置和外形

脊髓位于椎管内，上端于枕骨大孔处与延髓相连，下端在成人约平第1腰椎体下缘，新生儿可达第3腰椎下缘平面，全长42～45cm。

脊髓呈前后略扁的圆柱状，全长粗细不等，有两处膨大，即颈膨大和腰骶膨大。颈膨大位于第4颈节至第1胸节；腰骶膨大位于第2腰节至第3骶节。腰骶膨大以下逐渐变细，呈圆锥状，称脊髓圆锥。脊髓圆锥向下延伸形成终丝，是无神经组织的结构，终止于尾骨背面（图10-2）。

脊髓表面有6条纵行的沟或裂。前面正中的深沟，称前正中裂；后面正中的浅沟称后正中沟。前正中裂两侧有2条前外侧沟，后正中沟两侧有2条后外侧沟。前外侧沟依次穿出31对脊神经前根，后外侧沟依次穿入31对脊神经后根。每条脊神经后根上有一膨大，称脊神经节。脊神经前、后根在椎间孔处合并成一条脊神经，从相应的椎间孔穿出。因椎管长于脊髓，脊神经根距相应椎间孔的距离自上而下逐渐增大，使脊神经根在椎管内自上而下渐进倾斜，至腰骶部时，神经根近乎垂直下行。在脊髓圆锥下方，腰、骶、尾神经根围绕终丝，形成马尾。成人第1腰椎体以下已无脊髓而只有马尾，故临床上常选择第3、4或第4、5腰椎棘突之间进行脊髓蛛网膜下隙穿刺抽取脑脊液或麻醉，以免损伤脊髓。

脊髓在外形上无明显的节段性，通常把每一对脊神经前、后根所连的一段脊髓，称为一个脊髓节段。脊髓共有31个节段，即8个颈节、12个胸节、5个腰节、5个骶节和1个尾节（图10-3）。从胚胎第4个月开始，脊柱的生长速度快于脊髓，致使成人脊髓与脊柱的长度不相等，脊髓节段逐渐高于相应的椎骨。了解脊髓节段与椎骨的对应关系，对确定脊髓病变的部位和临床治疗有重要的实用价值。成人这种对应关系的大致推算方法见表10-1。

扫码"学一学"

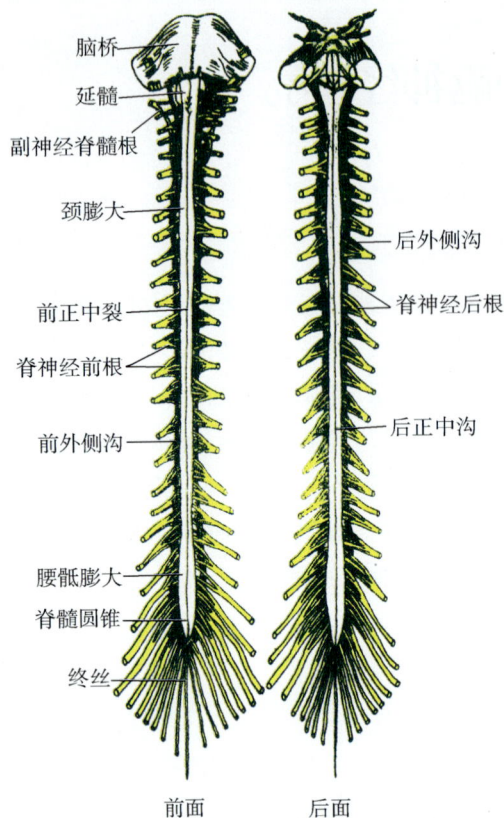

图 10-2　脊髓的外形

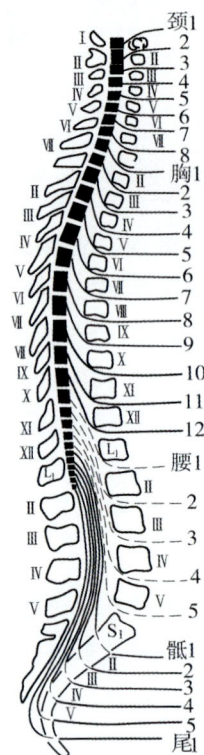

图 10-3　脊髓节段与椎骨的对应关系

表 10-1　脊髓节段与椎骨的对应关系

脊髓节段	对应椎骨	推算举例
上颈髓 C_1~C_4	与同序数椎骨同高	如第 3 颈髓节对第 3 颈体
下颈髓 C_5~C_8	较同序数椎骨高 1 个椎体	如第 5 颈髓节对第 4 颈体
上胸髓 T_1~T_4	较同序数椎骨高 1 个椎体	如第 3 胸髓节对第 2 胸体
中胸髓 T_5~T_8	较同序数椎骨高 2 个椎体	如第 6 胸髓节对第 4 胸体
下胸髓 T_9~T_{12}	较同序数椎骨高 3 个椎体	如第 11 胸髓节对第 8 胸体
腰髓 L_1~L_5	平对第 10~12 胸椎体	
骶、尾髓 S_1~S_5、C_0	平对第 1 腰椎体	

（二）脊髓的内部结构

在脊髓横切面上，中央有一小管称中央管，纵贯脊髓全长，内含脑脊液。中央管周围是"H"形的灰质，灰质的周围是白质（图10-4）。

每侧灰质前部突起，称前角，后部的突起，称后角；前角和后角之间的区域，称中间带；在胸髓和上3节腰髓的前、后角之间，还有向外侧突出的侧角。中央管前、后的灰质分别称灰质前连合和灰质后连合，又称中央灰质。

每侧白质分为3个索，前正中裂与前外侧沟之间为前索；前、后外侧沟之间为外侧索；后外侧沟与后正中沟之间为后索。在灰质前连合的前方有纤维横越，称白质前连合；在灰质后角基底部外侧，灰、白质交织处有网状结构。

1.灰质　主要由神经元的胞体和树突组成。形态和功能相似的神经元胞体聚集成群或成层，称为神经核或板层。脊髓灰质从后向前分为10个板层，分别用罗马数字Ⅰ~Ⅹ命名。在横切面上灰质可形成突起成角，在纵切面上灰质则纵贯成柱。

（1）前角　也称前柱，主要由运动神经元构成。前角运动神经元按位置分为内、外两群，内侧群支配躯干肌，外侧群支配四肢肌。前角运动神经元根据形态和功能分为大、小两型，大型细胞为α运动神经元，支配骨骼肌的运动；小型细胞为γ运动神经元，与调节肌张力有关。

（2）后角　也称后柱，主要由中间神经元组成，接受后根的传入纤维。后角的神经元主要分4群核团：①后角边缘核，是后角尖端的薄层灰质，由较大型的神经元组成，接受后根的传入纤维；②胶状质，在后角边缘前方，由小型神经元组成，贯穿脊髓全长，主要完成脊髓节段间的联系；③后角固有核，位于胶状质前方，由大、中型神经元组成，发出的纤维上行到背侧丘脑；④胸核，又称背核，位于后角基部内侧，仅见于颈8到腰2脊髓节段，发出的纤维组成同侧的脊髓小脑后束。

（3）侧角　又称侧柱，由中、小型神经元组成，仅见于胸1至腰3脊髓节段，是交感神经的低级中枢。在脊髓骶2~4节段的侧角位置，由小型神经元组成核团，称骶副交感核，是副交感神经的低级中枢。

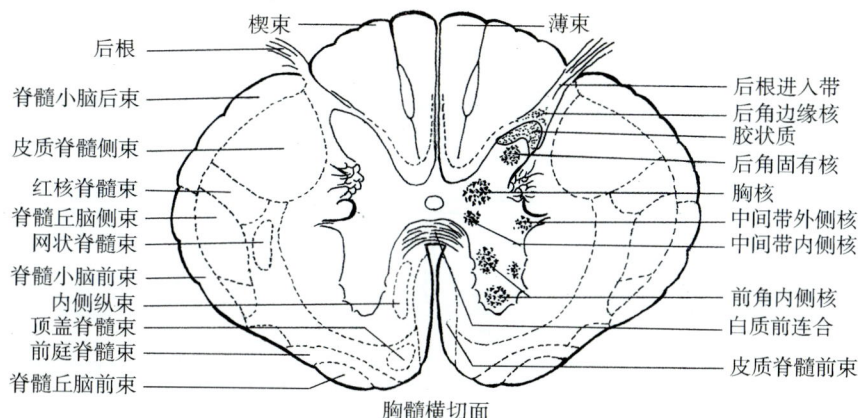

图 10-4　脊髓横切面及灰质板层

2.白质　位于灰质周围，主要由上、下纵行传导的纤维束组成。在白质中，向上传递神经冲动的传导束，称上行纤维束；向下传递神经冲动的传导束，称下行纤维束。联系脊髓各节段的短距离纤维束，称固有束，完成节段内和节段间的反射活（图10-5）。

（1）上行纤维束（又称感觉传导束）

1）薄束和楔束　位于后索，薄束在内侧，楔束在外侧。薄束起自同侧第5胸节以下脊神经节细胞的中枢突；楔束起自同侧第4胸节以上脊神经节细胞的中枢突。这些脊神经节细胞的周围突分布到躯干、四肢的肌、腱、关节和皮肤等处的感受器；其中枢突经后根内侧进入脊髓组成薄束和楔束，向上分别止于延髓内的薄束核和楔束核。薄束和楔束分别传导来自同侧下半身和上半身的本体感觉以及精细触觉的冲动。

2）脊髓小脑前、后束　位于外侧索周边的前部和后部，分别经小脑上、下脚终于小脑皮质。传导来自躯干下部和下肢的非意识性本体感觉冲动。

3）脊髓丘脑束　起自后角边缘核和后角固有核，纤维大部分斜经白质前连合交叉到对侧上升1~2个节段，在外侧索前半和前索内上行，终止于背侧丘脑。交叉至对侧外侧索上行的纤维束，称脊髓丘脑侧束，传导对侧半躯干和四肢的痛觉和温度觉；交叉到对侧前索内上行的纤维束，称脊髓丘脑前束，传导传导对侧半躯干和四肢的粗略触觉和压觉。

（2）下行纤维束（又称运动传导束）

1）皮质脊髓束　是脊髓内最大的下行传导束，其纤维起自大脑皮质的躯体运动区，下行经内囊和脑干，至延髓的锥体交叉处，大部分纤维交叉到对侧下行于脊髓外侧索后部，称皮质脊髓侧束，沿途发出纤维止于同侧脊髓灰质前角的运动神经元，支配四肢骨骼肌的随意运动。不交叉的小部分纤维入同侧脊髓前索内下行，称皮质脊髓前束，沿途发出纤维止于双侧前角运动神经元，支配双侧躯干肌的随意运动。

2）红核脊髓束　位于皮质脊髓侧束的腹侧，其功能主要是兴奋屈肌的运动神经元和抑制伸肌的运动神经元。

3）前庭脊髓束　位于前索内，其功能是兴奋伸肌的运动神经元和抑制屈肌的运动神经元。

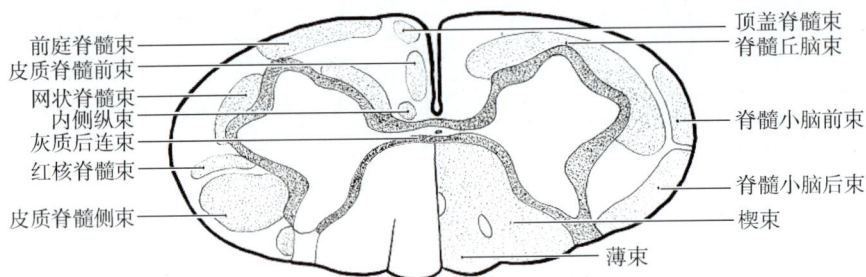

图 10-5　脊髓横切面，上、下行传导束模式图

（三）脊髓的功能

1.传导功能　通过脊髓内的上、下行纤维束使机体周围部分与脑的各部联系起来。来自躯干、四肢和大部分内脏的感觉信息经上行纤维束将信息传递到脑，同时躯干、四肢和部分内脏活动又通过下行纤维束接受高级中枢的调控。

2.反射功能　脊髓灰质内有多种反射中枢，如腱反射、牵张反射、排尿和排便反射中枢等。正常情况下，脊髓的反射活动始终受脑的控制。

> **知识拓展**
>
> **脊髓休克**
>
> 　　脊髓完全横断致损伤平面以下全部感觉和随意运动丧失，损伤早期（数日至一周）各种脊髓反射均消失，处于无反应状态，称脊髓休克。此时躯体运动和内脏反射活动消失，骨骼肌张力下降，外周血管扩张，血压下降，直肠和膀胱内粪尿潴留等。脊髓休克是暂时现象，各种脊髓反射活动可逐渐恢复。

二、脑

脑位于颅腔内，由端脑、间脑、小脑及脑干4部分组成。成人脑的平均重量约为1400g，是中枢神经系统最高级的部分。

（一）脑干

脑干自下而上分为延髓、脑桥和中脑3部分。延髓在枕骨大孔下接脊髓，中脑向上与间脑衔接，脑干的背面与小脑相连。

1.脑干的外形

（1）脑干腹侧面　延髓呈倒置的锥体形，上方借延髓脑桥沟与脑桥分界，下连脊髓。延髓腹侧面上有与脊髓相连续的前正中裂和前外侧沟，在前正中裂的两侧各有一纵行的隆起，称锥体。锥体下方有锥体交叉，其外侧有一卵圆形隆起，称橄榄。锥体与橄榄之间的前外侧沟内有舌下神经根附着。在橄榄后方，自上而下依次有舌咽神经根、迷走神经根和副神经根附着（图10-6）。

脑桥腹侧面膨隆，称脑桥基底部，其正中的纵行浅沟，称基底沟。基底部向两侧变窄移行为小脑中脚，又称脑桥臂，在移行处有三叉神经根附着。在延髓脑桥沟中，自内侧向外侧依次有展神经根、面神经根和前庭蜗神经根附着。

中脑腹侧面有一对粗大的纵行隆起，称大脑脚。两脚间的凹陷为脚间窝，窝底有动眼神经根附着。

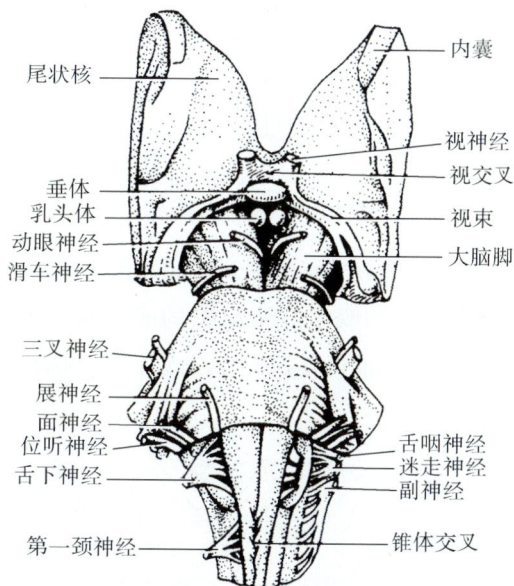

图 10-6　脑干腹面观

（2）脑干背侧面　延髓背侧面的上部参与构成菱形窝，下部形似脊髓。在后正中沟外侧依次有薄束结节和楔束结节，其深面分别有薄束核和楔束核。楔束结节外上方的隆起为小脑下脚（图10-7）。

脑桥背侧面参与构成菱形窝，两侧是小脑上脚和小脑中脚。两侧小脑上脚间的薄层白质，称上髓帆。

菱形窝为第四脑室底，呈菱形，由脑桥和延髓上半部背侧面形成，窝中部有横行的髓纹，为脑桥和延髓背面的分界。窝的正中有纵行的正中沟，正中沟两侧的纵行隆起，称内

侧隆起，其外侧有纵行的界沟。界沟外侧为三角形的前庭区，深面有前庭神经核。前庭区的外侧角有一对听结节，内含蜗神经核。紧靠髓纹上方内侧有一圆形的面神经丘，其深面有展神经核。髓纹下方有2个小的三角形区域，位于下外侧的是迷走神经三角，内含迷走神经背核，位于上内侧的是舌下神经三角，内含舌下神经核。

中脑背侧面有2对圆形隆起，上方的1对称上丘，为视觉反射中枢；下方的一对称下丘，为听觉反射中枢。在下丘的下方有滑车神经根附着。在中脑内部有一贯穿中脑全长的纵行管道，称中脑水管。

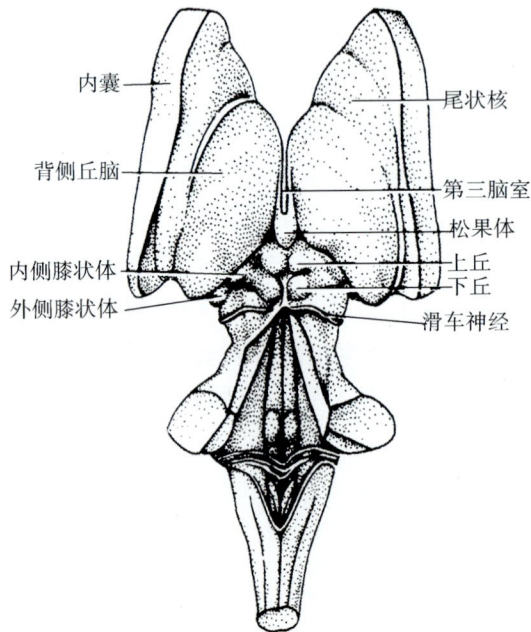

图 10-7　脑干背面观

（3）第四脑室　是位于延髓、脑桥和小脑之间的室腔。菱形窝为其底，小脑上脚和上髓帆组成顶的前上部，下髓帆和第四脑室脉络组织构成顶的后下部。第四脑室向上经中脑水管通第三脑室，向下续为延髓下部和脊髓的中央管。第四脑室有2个外侧孔和1个正中孔，与蛛网膜下隙相通（图10-8）。

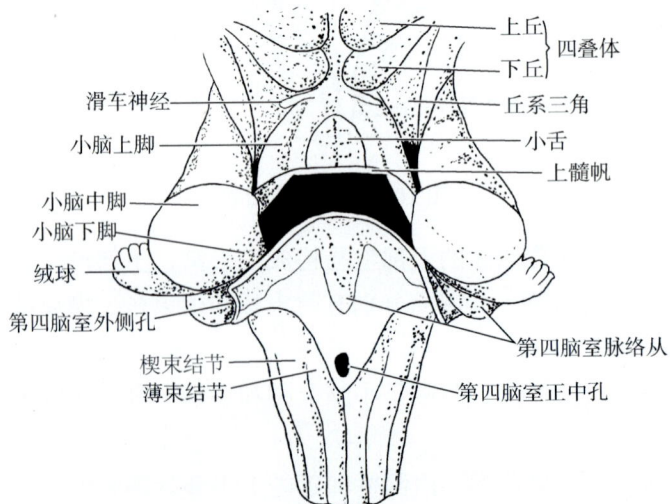

图 10-8　第四脑室脉络组织

2.脑干的内部结构 脑干由灰质、白质及网状结构组成。由于延髓中央管在背侧敞开形成菱形窝，使灰质由腹、背方向排列改为内、外侧方向排列；神经纤维的贯穿及左、右交叉，使灰质柱断裂形成神经核。脑干的神经核有3种：①脑神经核，直接与脑神经相连。②中继核，与许多纤维束中继有关。③网状核，位于网状结构内。后两类合称非脑神经核。脑干的白质由经过脑干的上、下行纤维束和出入小脑的纤维组成。

（1）灰质

1）脑神经核 与第Ⅲ～Ⅻ对脑神经相关联，按其功能分为躯体运动核、内脏运动核、内脏感觉核和躯体感觉核4类（图10-9）。①躯体运动核：共8对，管理骨骼肌运动。动眼神经核、滑车神经核和展神经核，支配眼球外肌；舌下神经核支配舌肌；三叉神经运动核支配咀嚼肌；面神经核支配面肌；疑核支配咽喉肌；副神经核支配胸锁乳突肌和斜方肌。②内脏运动核：共4对，管理心肌、平滑肌和腺体的活动。动眼神经副核支配瞳孔括约肌和睫状肌；上泌涎核支配舌下腺、下颌下腺和泪腺分泌；下泌涎核支配腮腺分泌；迷走神经背核支配颈部、胸腔和腹腔大部分器官活动。③内脏感觉核：仅1对，即孤束核，位于界沟外侧，接受味觉纤维及一般内脏感觉纤维。④躯体感觉核：共5对，位于内脏感觉核的腹外侧，接受头面部的躯体感觉。三叉神经中脑核接受咀嚼肌、面肌和眼球外肌的本体感觉冲动；三叉神经脑桥核接受头面部触、压觉冲动；三叉神经脊束核接受头面部痛、温觉冲动；蜗神经核接受听觉纤维；前庭神经核接受平衡觉纤维。

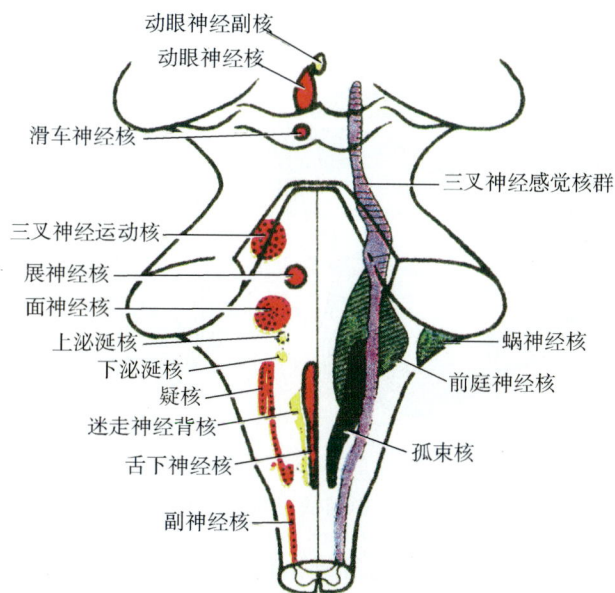

图 10-9 脑神经核在脑干背面的投影

2）非脑神经核 非脑神经核是脑干内上行或下行传导通路的中继核团。①薄束核和楔束核：分别位于薄束结节和楔束结节的深面，接受躯干、四肢的本体感觉和精细触觉冲动（图10-10）。②红核：发出红核脊髓束，管理对侧半脊髓前角运动细胞。③黑质：含黑色素和多巴胺等神经递质，临床上因黑质病变，多巴胺减少，可引起震颤麻痹（图10-11）。

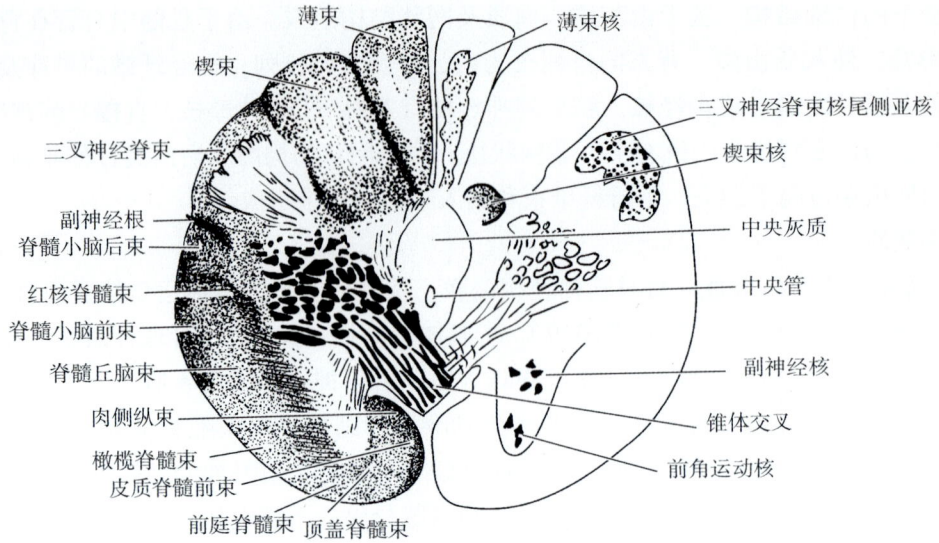

图 10-10　延髓横切面（经锥体交叉）

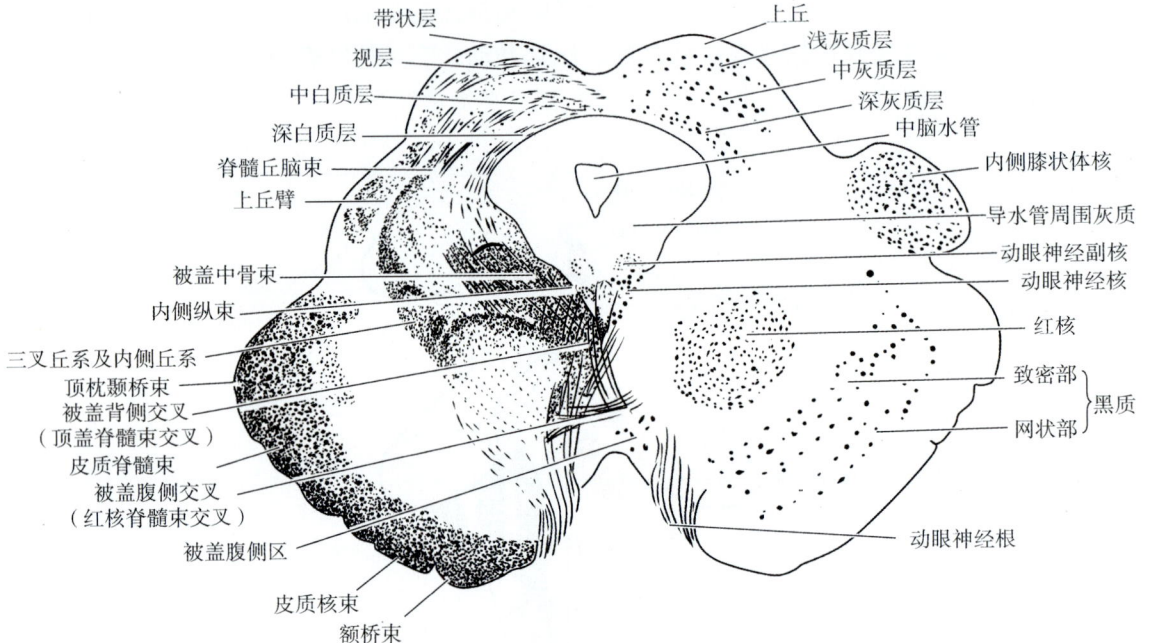

图 10-11　中脑横切面（经上丘）

（2）白质　主要由上行纤维束和下行纤维束构成。

1）上行纤维束　主要有4个丘系。①内侧丘系：由薄束核及楔束核发出的传入纤维，呈弓状绕过中央管腹侧左、右交叉，称内侧丘系交叉；交叉后在中线两侧转折上行，组成内侧丘系，传导对侧躯干及四肢的本体感觉和精细触觉的冲动。②脊髓丘系：在脑干上行于内侧丘系的背外侧，终于背侧丘脑的腹后外侧核，传导对侧躯干及四肢的痛温、触压觉的冲动。③三叉丘系：由三叉神经脑桥核和三叉神经脊束核发出的纤维交叉至对侧组成三叉丘系，行于内侧丘系的背外侧，终于背侧丘脑的腹后内侧核，传导对侧头面部的痛温、触压觉冲动。④外侧丘系：由蜗神经核发出的纤维构成，主要终止于内侧膝状体，传导双侧听觉信息。

2）下行纤维束　主要有锥体束。锥体束包括皮质核束和皮质脊髓束，均由大脑皮质中管理骨骼肌随意运动的大型锥体细胞发出的下行纤维构成，经内囊、中脑的大脑脚底、脑桥基底部下行。皮质核束陆续终止于脑干8对躯体运动核。皮质脊髓束在延髓形成锥体，其中约3/4的纤维经锥体交叉后在脊髓外侧索下行，称皮质脊髓侧束；其余约1/4的纤维不交叉，在脊髓前索下行，称皮质脊髓前束。

（3）脑干网状结构　在脑神经核、非脑神经核和纤维束之间的区域中，还存在范围广泛、界限不清的灰质和白质交错排列的脑干网状结构，是中枢神经系统的整合中心。脑干网状结构对维持大脑皮质的清醒和警觉、调节躯体运动、调节内脏活动及参与睡眠发生和抑制等有重要作用。

（二）小脑

小脑位于颅后窝，在延髓和脑桥后方，借上、中、下3对小脑脚分别与中脑、脑桥和延髓相连。小脑与脑干之间的腔隙为第四脑室。

1.小脑的外形　小脑上面平坦，中间狭窄的部分称小脑蚓，两侧膨隆的部分称小脑半球。小脑下面近枕骨大孔处的膨出部分称小脑扁桃体（图10-12）。

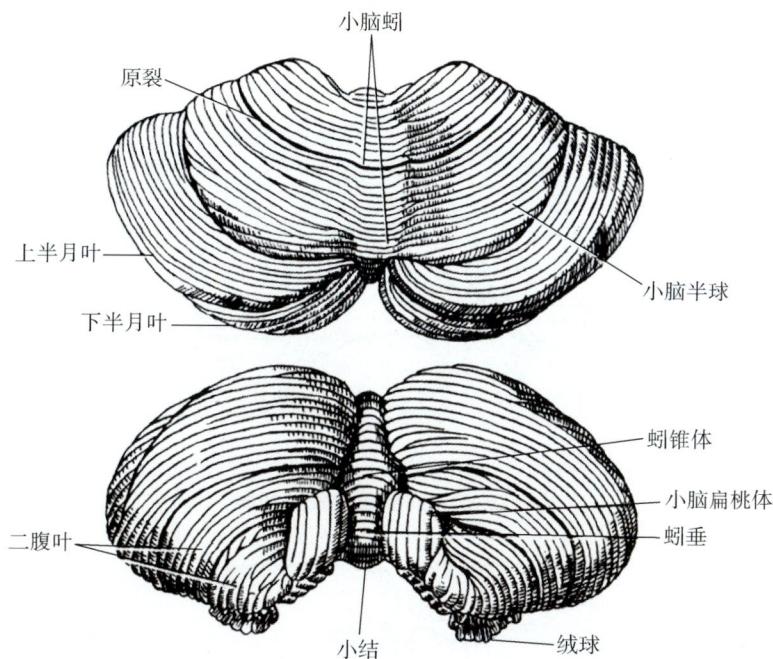

图 10-12　小脑的外形

> **知识链接**
>
> ### 小脑扁桃体疝
>
> 小脑扁桃体邻近延髓和枕骨大孔的两侧，当颅脑病变（如颅内出血、肿瘤等）引起颅内压增高时，小脑扁桃体有可能受挤而嵌入枕骨大孔，造成小脑扁桃体疝（枕骨大孔疝），压迫延髓，危及生命。

2.小脑的内部结构　小脑表面的灰质称小脑皮质，小脑表面有许多大致平行的横沟，将小脑分成许多薄片，称为小脑叶片或小脑回。位于小脑皮质深面的白质称小脑髓质。位于小脑髓质中的灰质核团，称小脑核，如顶核、球状核、栓状核和齿状核等（图10-13）。

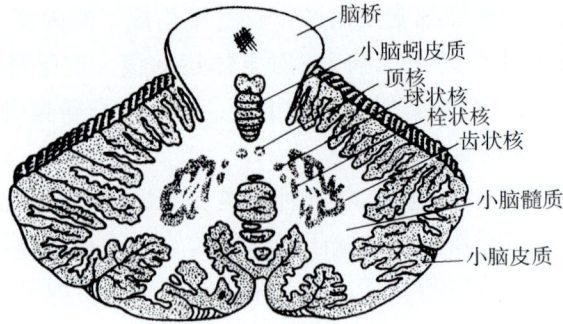

图 10-13　小脑的内部结构

3.小脑的功能　　小脑是重要的运动调节中枢。小脑的主要功能是维持身体平衡、调节肌张力和协调肌群的运动。

（三）间脑

间脑位于脑干与端脑之间。背面和两侧被大脑半球掩盖，腹侧部外露于脑底。间脑分为背侧丘脑、后丘脑、上丘脑、下丘脑和底丘脑5部分。间脑内呈矢状位的窄隙称第三脑室（图 10-14、图 10-15）。

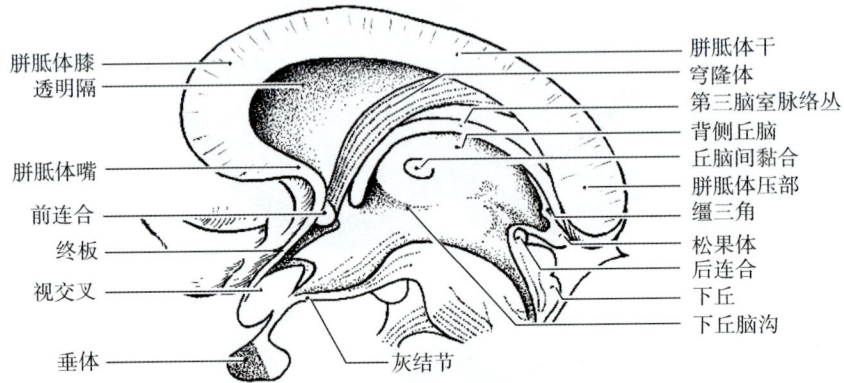

图 10-14　间脑正中矢状切面

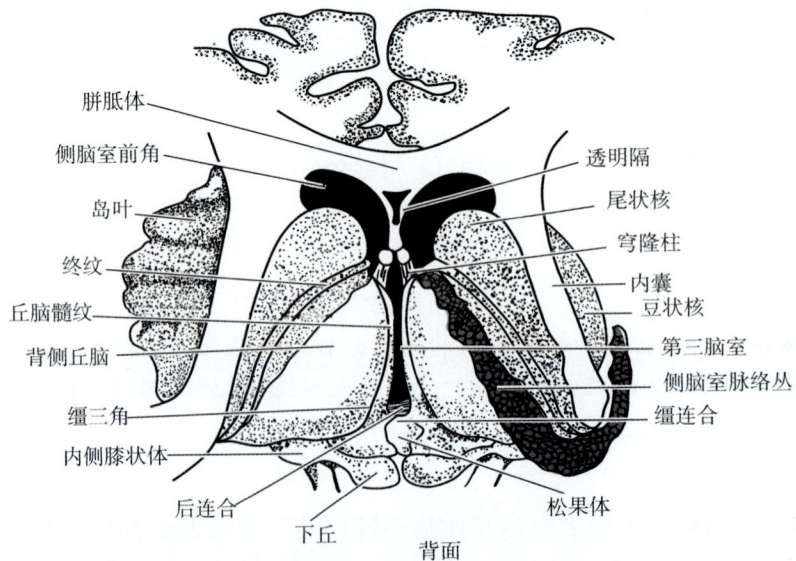

图 10-15　间脑的背侧面

1.背侧丘脑　　又称丘脑，为一对卵圆形的灰质团块，借丘脑间黏合相连，其背面游离，在侧面紧邻内囊，内侧面参与构成第三脑室的侧壁。在丘脑腹侧后部有腹后内侧核和腹后外侧核，三叉丘系终止于丘脑腹后内侧核，内侧丘系和脊髓丘系终止于丘脑腹后外侧核（图10-16）。

2.后丘脑 后丘脑包括内侧膝状体和外侧膝状体，位于背侧丘脑的后下方（图10-16）。外侧丘系终止于内侧膝状体，发出的纤维形成听辐射，传导听觉冲动。视束终止于外侧膝状体，发出的纤维形成视辐射，传导视觉冲动。

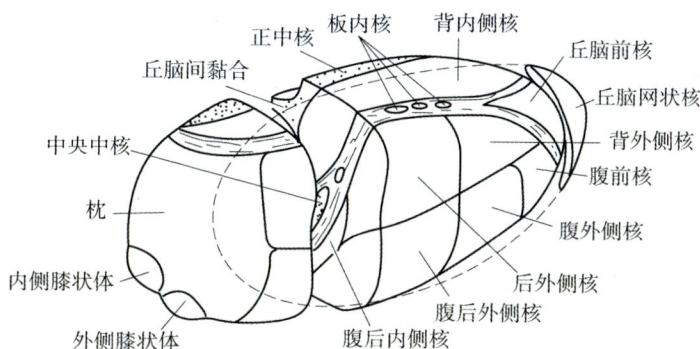

图10-16 背侧丘脑核团模式图

3.下丘脑 位于背侧丘脑下方，上方借下丘脑沟与背侧丘脑分界。下丘脑构成第三脑室底壁和侧壁的下半。在脑底面，下丘脑由前向后是视交叉，其向后延续为视束。视交叉后方为灰结节，灰结节向下形成漏斗，漏斗下端连于垂体，灰结节的后方有一对圆形隆起，称乳头体。

下丘脑的结构比较复杂，内有多个神经核群，重要的有视上核和室旁核。视上核位于视交叉的上方，分泌抗利尿激素；室旁核位于第三脑室的侧壁，分泌催产素。视上核和室旁核分泌的激素，经各自神经元的轴突，通过漏斗直接输送到垂体，由垂体释放于血液。

下丘脑是调节内脏活动和内分泌活动的皮质下中枢，对机体体温、摄食、生殖、水电解质平衡和内分泌活动等进行广泛的调节，同时也对情绪反应活动和昼夜节律进行调节。

4.第三脑室 为两侧背侧丘脑与下丘脑之间的矢状狭窄间隙，前部经室间孔与侧脑室相通，向后经中脑水管通第四脑室。

（四）端脑

端脑又称大脑，由左、右大脑半球借胼胝体相连而成。两侧半球之间的裂隙，称大脑纵裂，大脑半球与小脑之间的间隙，称大脑横裂。

1.大脑半球的外形和分叶 大脑半球表面凹凸不平，布满深浅不一的沟，称大脑沟。沟与沟间的隆起，称大脑回。每侧大脑半球分为上外侧面、内侧面和下面，借3条大脑沟将其分为5叶：额叶、顶叶、颞叶、枕叶和岛叶（图10-17）。

中央沟起自半球上缘中点稍后方，在上外侧面斜向前下，其前方为额叶，后方为顶叶。顶枕沟位于半球内侧面后部，自前下向后上并稍转向上外侧面，为顶叶和枕叶的分界。外侧沟起自半球下面，行向后上方，至上外侧面，外侧沟的下方为颞叶，外侧沟的深部藏有岛叶。

（1）上外侧面 主要有额叶、顶叶、颞叶、枕叶和岛叶等（图10-17）。

额叶：在中央沟的前方有与之平行的中央前沟，两沟之间为中央前回。在中央前沟的前方，有近水平方向的额上沟和额下沟，将额叶分为额上回、额中回和额下回。

顶叶：在中央沟的后方，有与之平行的中央后沟，两沟之间为中央后回，后方有一条与半球上缘平行的顶内沟，将中央后沟后方的顶叶分为顶上小叶和顶下小叶。顶下小叶又分为围绕外侧沟末端的缘上回和围绕在颞上沟末端的角回。

颞叶：在外侧沟下方，有与之平行的颞上沟和颞下沟，将颞叶分为颞上回、颞中回和颞下回。颞上回转入外侧沟内的大脑皮质区，有2~3条短而横行的脑回，称颞横回。

枕叶：在上外侧面的沟回，多不恒定。

岛叶：表面有几个长短不等的大脑回。

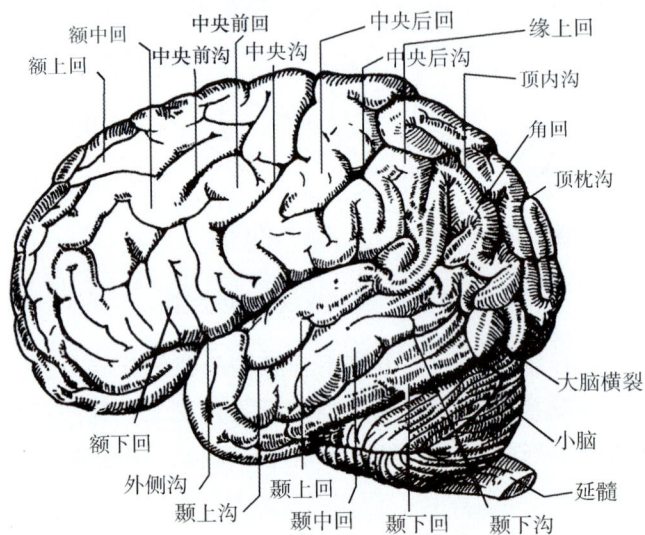

图 10-17 大脑半球上外侧面

（2）内侧面 大脑半球内侧面中部，有前后方向略呈弓形的纤维束，称胼胝体（图10-18）。围绕在胼胝体背面的环行沟，称胼胝体沟，其上方有与之平行的扣带沟，两沟之间的脑回，称扣带回。中央前、后回自上外侧面延伸到内侧面的部分，称中央旁小叶。

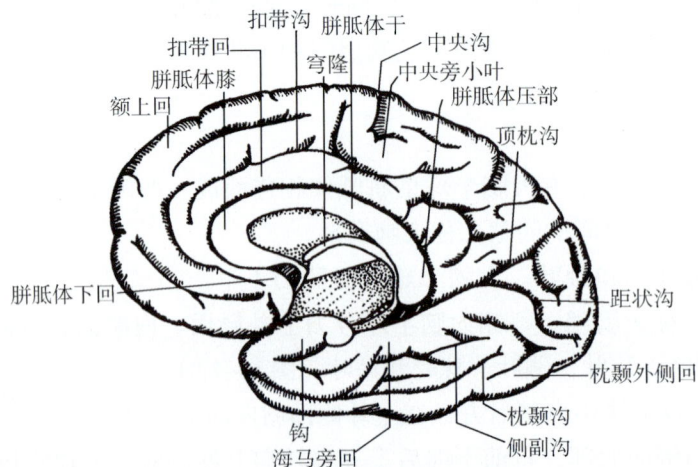

图 10-18 大脑半球内侧面

（3）下面 在额叶的下面，有许多短小多变的眶沟及其间的眶回。在眶回内侧有纵行的嗅束，其前端膨大为嗅球，与嗅神经相连；嗅束向后扩大为嗅三角。嗅三角与视束之间为前穿质。枕、颞叶下面自外侧向内侧，有与大脑半球下缘平行的枕颞沟和侧副沟，两沟之间的部分为枕颞内侧回，枕颞沟的外侧为枕颞外侧回，侧副沟的内侧为海马旁回，其前端弯曲，称钩（图10-18）。海马旁回的上内侧为海马沟，海马沟上方，有呈锯齿状的窄条皮质，称齿状回。在齿状回外侧、侧脑室下角底壁上有一弓状隆起，称海马。海马和齿状回构成海马结构。

2.大脑半球的内部结构　大脑半球表面的灰质，称大脑皮质，深面的白质称大脑髓质，髓质内包埋有灰质团块，称基底核，大脑半球内的腔隙，称侧脑室。

（1）大脑皮质功能定位　大脑皮质是神经系统的高级中枢，主要由大量的神经元和神经胶质细胞构成。大脑皮质不同的区域执行不同的特定功能，将这些具有一定功能的皮质区称为大脑皮质功能定位或称为中枢（图10-19）。大脑皮质重要的中枢如下。

1）躯体运动中枢　位于中央前回和中央旁小叶的前部，管理对侧半身骨骼肌的随意运动。

2）躯体感觉中枢　位于中央后回和中央旁小叶后部，接受丘脑腹后核传来的对侧半身的躯体感觉冲动。

3）视觉中枢　位于距状沟上、下方的枕叶皮质，一侧视觉中枢接受同侧视网膜颞侧半和对侧视网膜鼻侧半的视觉冲动。

4）听觉中枢　位于颞横回，每侧听觉中枢都接受来自两耳的听觉冲动。

5）语言中枢　语言功能是人类大脑皮质所特有的，主要有听话、说话、阅读和书写4个中枢。①书写中枢：位于额中回后部，此中枢受损，虽然手的运动功能仍然保存，但写字、绘图等精细动作不能完成，称失写症。②运动性语言中枢（说话中枢）：位于额下回后部，此中枢受损，患者能发音，却不能说出有意义的语言，称运动性失语症。③听觉性语言中枢（听话中枢）：位于颞上回后部，此中枢受损，患者能听到别人讲话，但不能理解讲话人的意思，自己讲的话也同样不能理解，答非所问，称感觉性失语症。④视觉性语言中枢（阅读中枢）：位于角回，此中枢受损，虽无视觉障碍，但不能理解文字符号的意义，称失读症。

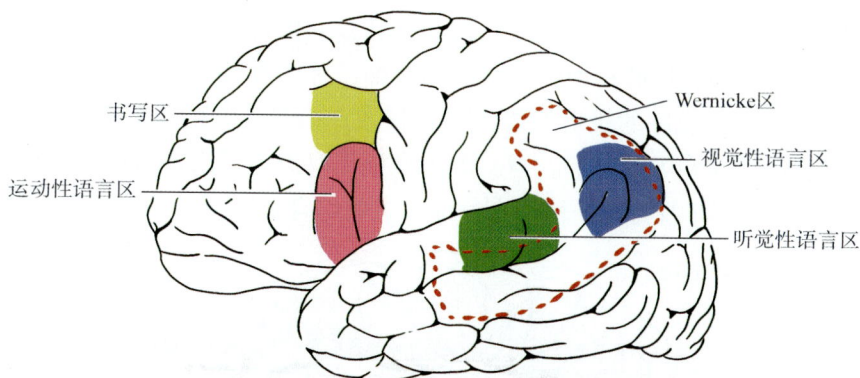

图 10-19　左侧大脑半球的语言中枢

（2）基底核　是埋藏在大脑白质中的灰质团块，位置靠近脑底，包括尾状核、豆状核、屏状核和杏仁体（图10-20）。

1）尾状核　弯曲如弓状，围绕豆状核及背侧丘脑，与侧脑室相邻，分为头、体、尾3部分，尾部末端连接杏仁体。

2）豆状核　位于岛叶深面，借内囊与尾状核和背侧丘脑分开。豆状核被两个白质板分成3部分,内侧的两部分合称苍白球,外侧部最大,称壳。尾状核与豆状核合称纹状体。在种系发生上,苍白球较古老,称旧纹状体;尾状核和壳发生较晚,称新纹状体。纹状体是锥体外系的重要组成部分,在调节躯体运动中起重要作用。

3)杏仁体 位于侧脑室下角前端的上方、海马旁回钩的深面,属于边缘系统的皮质下中枢。其功能与内脏及内分泌活动的调节、情绪活动和学习记忆等有关。

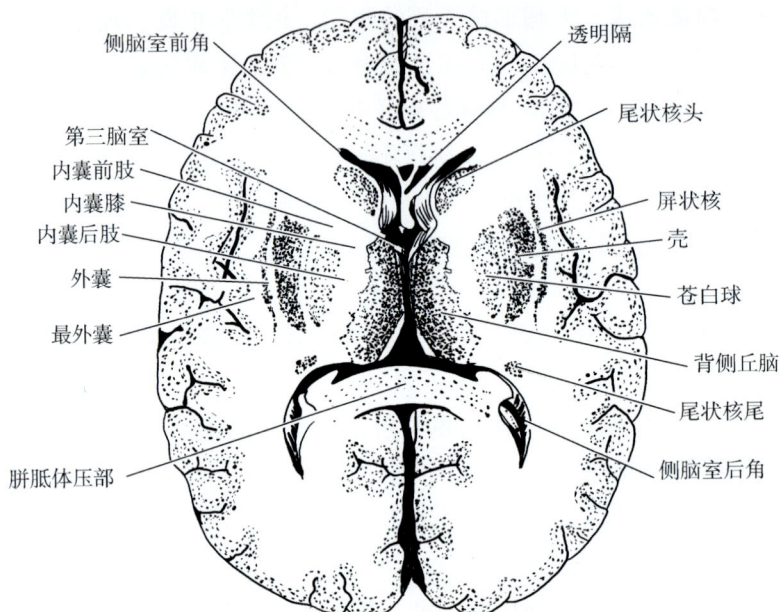

图 10-20 基底核、背侧丘脑和内囊

(3)大脑髓质 主要由神经纤维构成,可分为联络纤维、连合纤维和投射纤维3种(图10-21、图10-22)。联络纤维为联系同侧半球皮质的纤维;连合纤维为联系两侧大脑半球皮质的纤维,包括胼胝体、前连合和穹隆连合;投射纤维为联系大脑皮质和皮质下中枢的上、下行纤维,参与内囊组成。

内囊是位于丘脑、尾状核和豆状核间的宽厚白质板。在大脑水平切面上,左、右略呈"＞＜"形状(图10-23),其中位于尾状核与豆状核间的部分,称内囊前肢;位于丘脑与豆状核间的部分,称内囊后肢;前、后肢的结合部,称内囊膝。内囊前肢的投射纤维有额桥束和丘脑前辐射;内囊膝的投射纤维为皮质核束;内囊后肢的投射纤维有皮质脊髓束、丘脑中央辐射、视辐射和听辐射等。当一侧内囊损伤时患者可出现对侧肢体偏瘫、对侧偏身感觉障碍和双眼对侧半视野同向性偏盲,即"三偏综合征"。

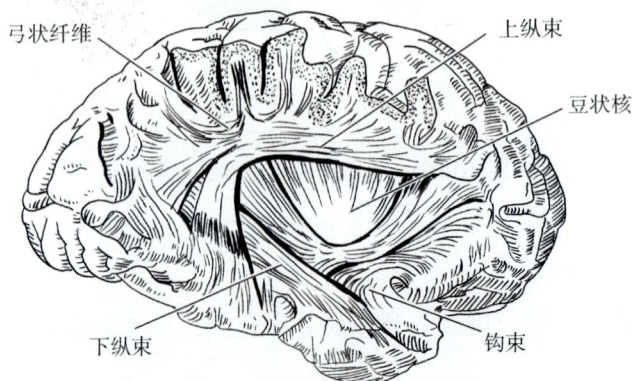

图 10-21 大脑半球的联络纤维

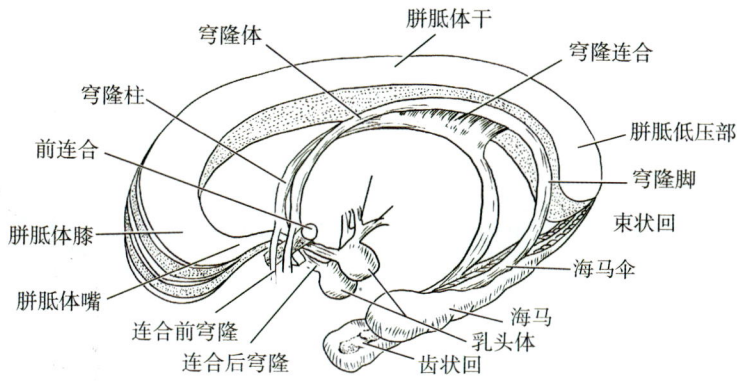

图 10-22　大脑半球的连合纤维

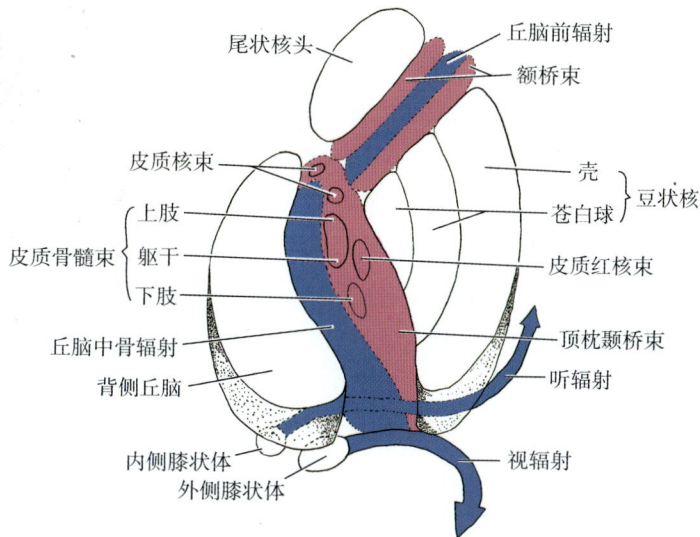

图 10-23　内囊结构的模式图

（4）侧脑室　是位于大脑半球内左右对称的腔隙，分4部分：①中央部：位于顶叶内，是一个狭窄的水平裂隙；②前角：伸向额叶；③后角：伸向枕叶；④下角：最长，伸向颞叶内。左、右侧脑室分别经左、右室间孔与第三脑室相通。侧脑室内有脉络丛，是产生脑脊液的主要部位（图10-24）。

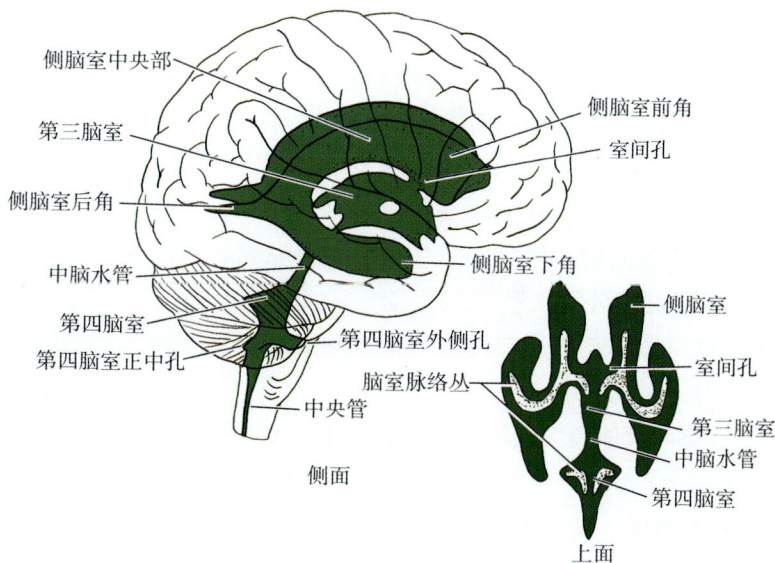

图 10-24　脑室投影图

三、脑和脊髓的被膜

脑和脊髓的表面被有3层被膜，从外向内依次为硬膜、蛛网膜和软膜。

（一）脊髓的被膜

1.**硬脊膜** 硬脊膜上端附着于枕骨大孔边缘，与硬脑膜相延续；下端达第2骶椎平面包裹终丝；末端附着于尾骨。硬脊膜与椎管内面的骨膜之间的间隙，称硬膜外隙，内含疏松结缔组织、脂肪、淋巴管、椎内静脉丛等，有脊神经根通过。临床上进行硬膜外麻醉，就是将药物注入此隙，以阻滞脊神经根内的神经传导（图10-25）。

2.**脊髓蛛网膜** 脊髓蛛网膜位于硬脊膜与软脊膜之间，向上与脑蛛网膜相续，下端达第2骶椎平面。蛛网膜和软脊膜间有宽阔的间隙，称蛛网膜下隙，隙内充满脑脊液，可保护脊髓和马尾。该隙下部在马尾周围扩大，称终池。临床上常在第3、4或4、5腰椎间行腰椎穿刺，即将针刺入终池，可避免损伤脊髓。

3.**软脊膜** 软脊膜紧贴脊髓表面，在脊髓下端移行为终丝。软脊膜在脊髓两侧脊神经前、后根之间形成齿状韧带，其尖端附着于硬脊膜，有固定脊髓、防止震荡的作用。

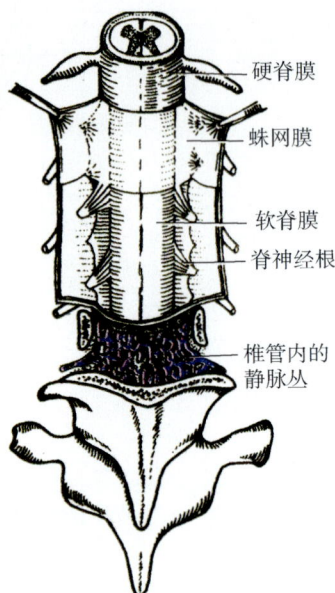

图 10-25 脊髓的被膜

- 硬脊膜
- 蛛网膜
- 软脊膜
- 脊神经根
- 椎管内的静脉丛

知识拓展

腰椎穿刺术

腰椎穿刺术是从终池采集脑脊液，是诊断神经系统疾病的重要辅助手段。穿刺时，通常取弯腰侧卧位，使脊柱屈曲拉伸黄韧带，易于穿刺针进入。穿刺针自第3、4腰椎或第4、5腰椎间隙穿刺。在成人进针4~6cm（小儿为3~4cm）后，即可穿破硬脊膜而达终池，抽出针芯流出的脑脊液送检。术后去枕平卧4~6小时。腰椎穿刺要严格掌握适应证和禁忌证。

（二）脑的被膜

1.**硬脑膜** 与硬脊膜相比较，硬脑膜有如下特点。

（1）硬脑膜厚而韧，由两层构成。外层源于颅骨的内骨膜，内层与硬脊膜相当。硬脑膜的血管和神经行于两层之间。硬脑膜与颅盖骨结合较松，当硬脑膜血管破裂时，易在颅骨与硬脑膜间形成硬膜外血肿。硬脑膜与颅底骨结合紧密，当颅底骨折时，易将硬脑膜和蛛网膜同时撕裂，使脑脊液外漏。

（2）在某些部位，硬脑膜内层向内折叠形成硬脑膜隔，并伸入大脑的某些裂隙内，对脑有固定和承托作用（图10-26）。

1）大脑镰 呈镰刀状伸入大脑纵裂，前端附着于鸡冠，后端连于小脑幕，下缘游离于胼胝体之上。

2）小脑幕 形似幕帐，位于大脑半球与小脑间，后缘附着于横窦沟，前外侧缘附于颞骨岩部上缘。前缘游离凹陷，称小脑幕切迹，有中脑通过。当颅脑病变致颅内压增高时，两侧海马旁回和钩可被挤压至小脑幕切迹下方，压迫大脑脚和动眼神经，形成小脑幕切迹疝。

（3）硬脑膜内、外两层在有些部位分离形成硬脑膜窦（图10-26）。硬脑膜窦为特殊的颅内静脉血的回流通道。

1）上矢状窦 位于大脑镰上缘，自前向后注入窦汇。

2）下矢状窦 位于大脑镰下缘，向后汇入直窦。

3）直窦 位于大脑镰和小脑幕连接处，由大脑大静脉和下矢状窦汇合而成，向后在枕内隆凸处与上矢状窦汇合成窦汇。

4）横窦和乙状窦 横窦左、右各一，起自窦汇，沿横窦沟向两侧走行，至颞骨岩部弯向下方移行为乙状窦，沿乙状窦沟至颈静脉孔，续为颈内静脉。

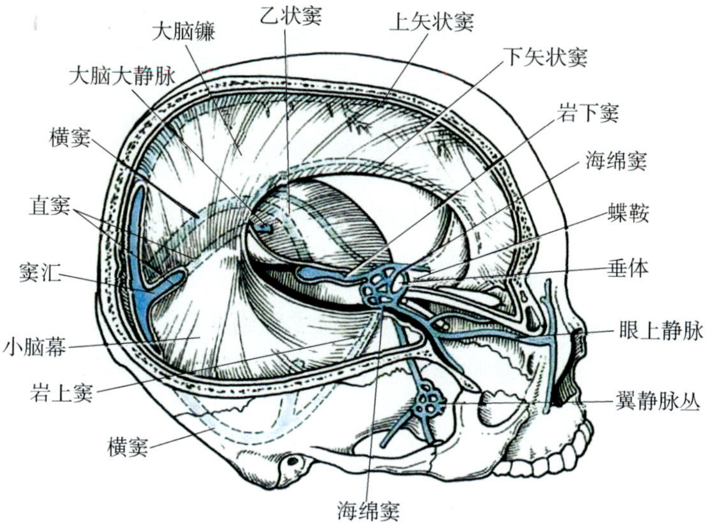

图 10-26 硬脑膜及硬脑膜窦

5）海绵窦 位于蝶鞍两侧，为硬脑膜两层间的不规则腔隙，形似海绵而得名（图10-27）。窦腔内侧壁有颈内动脉和展神经通过，外侧壁内自上而下有动眼神经、滑车神经、眼神经和上颌神经通过。

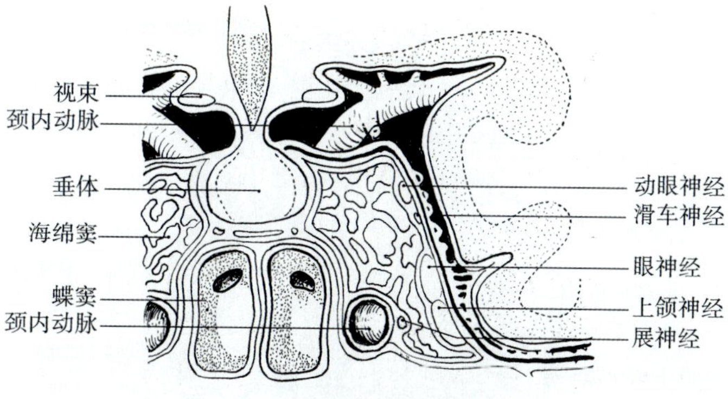

图 10-27 海绵窦

6）岩上窦和岩下窦 分别位于颞骨岩部上缘和后下缘，将海绵窦的血液分别引入横窦、乙状窦或颈内静脉。

硬脑膜窦的血流方向如图10-28所示。

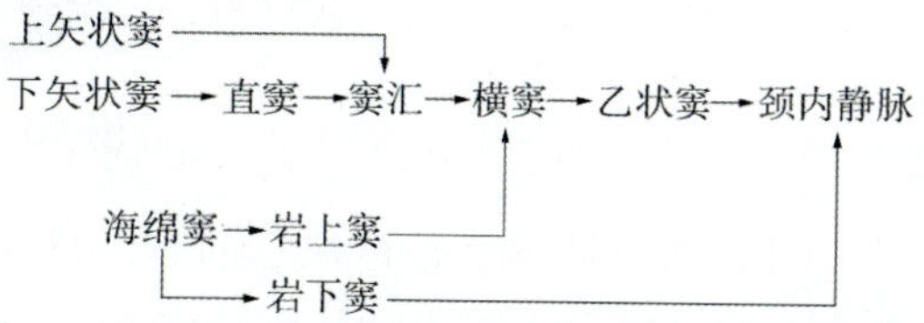

图 10-28 硬脑膜窦内血液流向

2.**脑蛛网膜** 脑蛛网膜薄而透明，缺乏血管和神经。蛛网膜与硬脑膜间为潜在的硬膜下隙，与软脑膜之间有许多结缔组织小梁相连，其间为蛛网膜下隙，内含脑脊液，向下与脊髓蛛网膜下隙相通。蛛网膜下隙在某些部位扩大，称蛛网膜下池，如小脑延髓池、脚间池、桥池和交叉池等。蛛网膜在上矢状窦附近呈颗粒状突入窦内，称蛛网膜粒，脑脊液通过蛛网膜粒渗入硬脑膜窦内，回流入静脉（图10-29）。

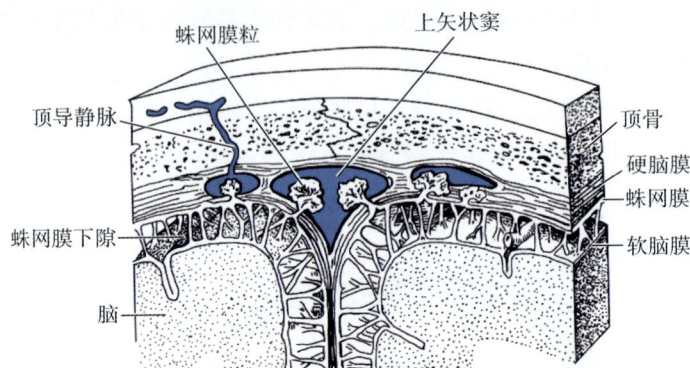

图 10-29 脑的被膜、蛛网膜粒和硬脑膜窦

3.**软脑膜** 软脑膜富含血管和神经，覆盖于脑的表面并伸入沟裂内。在脑室的一定部位，软脑膜及其血管与该部的室管膜上皮共同构成脉络组织。在某些部位，脉络组织的血管反复分支成丛，连同其表面的软脑膜和室管膜上皮一起突入脑室，形成脉络丛，是产生脑脊液的主要结构。

四、脑和脊髓的血管

（一）脑的血管

1.脑的动脉 脑的动脉来源于颈内动脉和椎动脉（图10-30）。颈内动脉供应大脑半球前2/3和部分间脑；椎动脉供应大脑半球后1/3、部分间脑、小脑和脑干。二者都发出皮质支和中央支，皮质支供应端脑和小脑的皮质及浅层髓质；中央支供应间脑、基底核及内囊等。

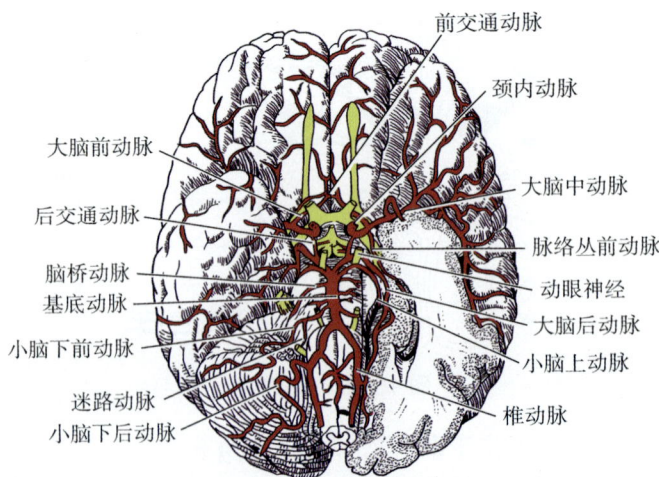

图 10-30 脑底的动脉

（1）**颈内动脉** 起自颈总动脉，自颈动脉管入颅后，向前穿海绵窦至视交叉外侧，分为大脑前动脉和大脑中动脉等分支。颈内动脉的主要分支如下。

扫码"学一学"

1）大脑前动脉　在视交叉上方进入大脑纵裂，两侧大脑前动脉借前交通动脉相连，然后沿胼胝体沟向后行并分支。皮质支分布于顶枕沟以前的半球内侧面、额叶底面和额、顶两叶上外侧面上缘。中央支自大脑前动脉起始部发出，经前穿质入脑实质，供应尾状核、豆状前部及内囊前肢（图10-31）。

2）大脑中动脉　是颈内动脉的直接延续，进入大脑外侧沟向后行，沿途发出皮质支，分布于顶枕沟以前的大脑半球上外侧面和岛叶。起始处发出一些细小的中央支，又称豆纹动脉，垂直向上穿入脑实质，分布于尾状核、豆状核、内囊膝和后肢的前部（图10-32、图10-33）。豆纹动脉行程呈"S"形弯曲，在动脉硬化和高血压时容易破裂，故又称"出血动脉"。

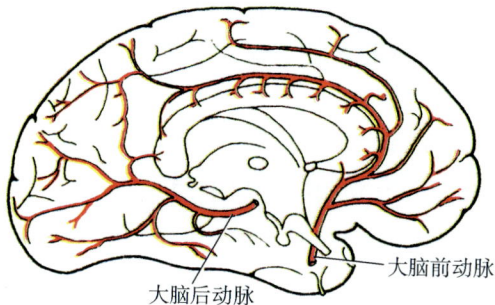

图 10-31　大脑半球的动脉（内侧面）

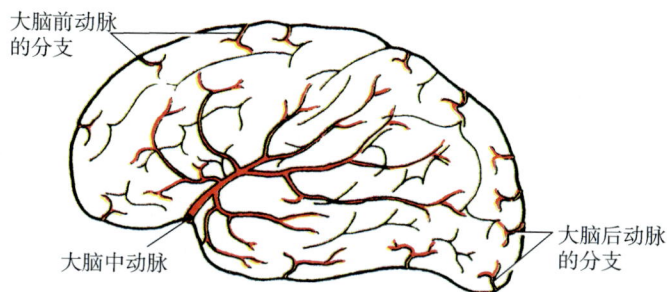

图 10-32　大脑半球的动脉（外侧面）

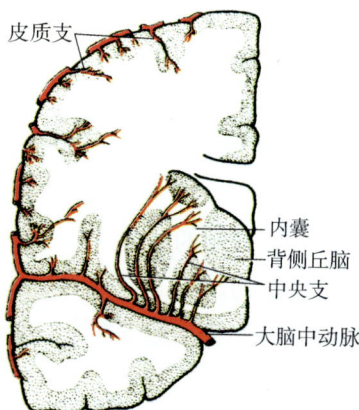

图 10-33　大脑中动脉的皮质支和中央支

3）脉络丛前动脉　细长易栓塞。沿视束下面向后进入侧脑室下角，参与侧脑室脉络丛的形成，沿途发出分支供应纹状体和内囊。

4）后交通动脉　在视束下面行向后，与大脑后动脉吻合，从而连接颈内动脉系与椎–基底动脉系。

（2）椎动脉　起自锁骨下动脉，向上穿过第6至第1颈椎横突孔，经枕骨大孔入颅腔，左、右椎动脉于脑桥下缘合为一条基底动脉，通常将这两段动脉合称椎–基底动脉。基底动脉沿基底沟上行，至脑桥上缘分为左、右大脑后动脉。

大脑后动脉是基底动脉的终支，绕大脑脚向后，行向颞叶和枕叶内侧面。其皮质支分布于颞叶内侧面、底面及枕叶。中央支由起始部发出，供应背侧丘脑、内侧膝状体和下丘脑等处。

椎动脉还发出脊髓前、后动脉和小脑下后动脉，分布于脊髓、小脑下面的后部和延髓等处。基底动脉沿途发出小脑下前动脉、迷路动脉、脑桥动脉和小脑上动脉，分布于小脑下面的前部、内耳、脑桥和小脑上部等处。

（3）大脑动脉环　也称Willis环，由两侧大脑前动脉起始段、两侧颈内动脉末段、两侧大脑后动脉借前、后交通动脉共同组成。位于脑底下方、蝶鞍上方，环绕视交叉、灰结节及乳头体周围。此环使两侧颈内动脉系与椎–基底动脉系相交通。当此环的某处发生阻塞时，可在一定程度上通过此环使血液重新分配和代偿，以维持脑的血液供应（图10-30）。

2.脑的静脉 脑的静脉壁薄而无瓣膜，不与动脉伴行，可分为浅、深静脉。浅静脉位于脑的表面，收集大脑皮质和大脑髓质浅部的静脉血，主要有大脑上静脉、大脑中静脉和大脑下静脉；深静脉收集大脑髓质深部的静脉血。两组静脉均注入附近的硬脑膜窦，最终回流至颈内静脉（图10-34）。

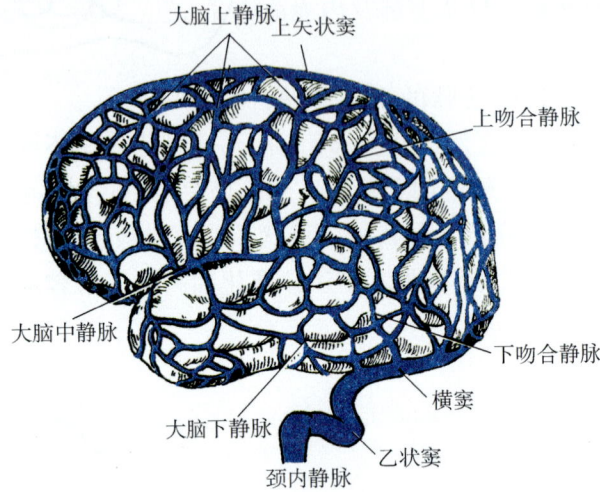

图 10-34　脑的静脉（浅组）

（二）脊髓的血管

1.脊髓的动脉 脊髓的动脉有两个来源，即椎动脉发出的脊髓前、后动脉和颈升动脉，肋间后动脉和腰动脉等发出的节段性动脉（图10-35、图10-36）。

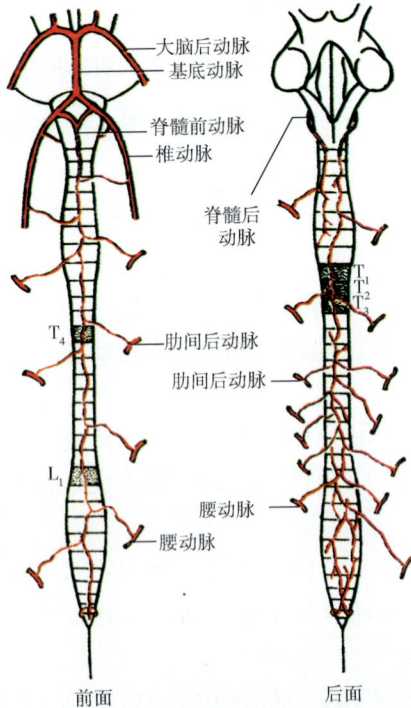

图 10-35　脊髓的动脉

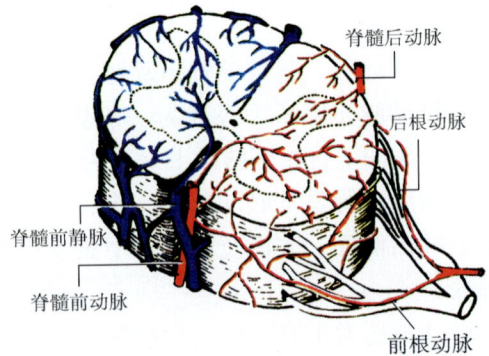

图 10-36　脊髓内部的动脉分布

（1）脊髓前动脉　左、右各一，在延髓腹侧合成一干。沿脊髓前正中裂下行至脊髓末端，沿途接受节段性动脉的增补。

（2）脊髓后动脉　沿左、右后外侧沟下行至脊髓末端，沿途接受节段性动脉的增补。

2.脊髓的静脉　脊髓的静脉较动脉多而粗，与动脉伴行。脊髓内的小静脉汇集成脊髓前、后静脉，通过前、后根静脉注入硬膜外隙的椎内静脉丛。

五、脑脊液及其循环

脑脊液是充满脑室、蛛网膜下隙和脊髓中央管内的无色透明液体。有恒定的化学成分和细胞数，对中枢神经系统起缓冲、保护、营养、运输代谢产物以及调节颅内压的作用。成人脑脊液总量约150ml，处于不断产生、循环和回流的相对平衡状态。

侧脑室脉络丛产生的脑脊液，经室间孔入第三脑室，汇同第三脑室脉络丛产生的脑脊液，经中脑水管入第四脑室，再汇同第四脑室脉络丛产生的脑脊液，经第四脑室正中孔和外侧孔流入蛛网膜下隙，最后经蛛网膜粒渗入上矢状窦、回入血液（图10-37）。

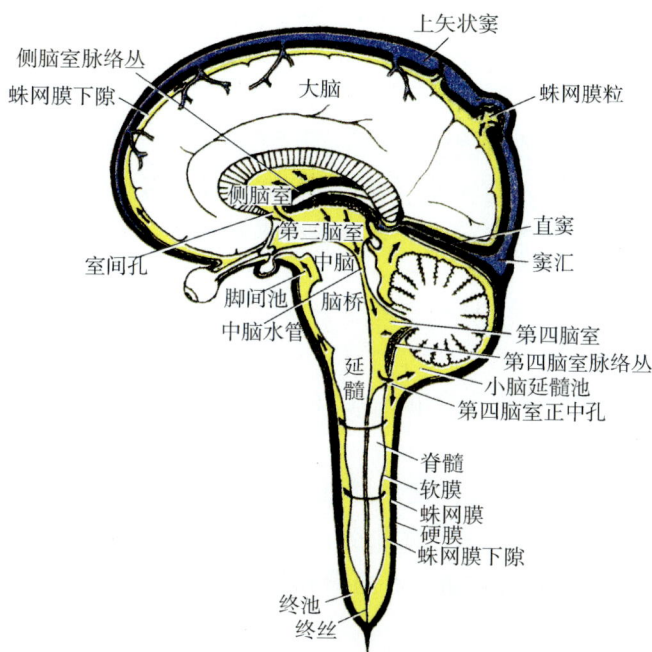

扫码"学一学"

图 10-37　脑脊液循环模式图

> **知识拓展**
>
> **脑屏障的发现**
>
> 19世纪末和20世纪初，有人将染料台盼蓝注入动物的静脉中，发现除脑和脊髓外，全身组织都被染成蓝色。说明血液和脑与脊髓之间有一种屏障，这种屏障阻止了染料进入脑、脊髓，从而提出了脑屏障的概念。后来研究表明，脑屏障只能阻止染料、蛋白质、某些药物等大分子物质进入脑组织，而水、无机离子、葡萄糖、氨基酸等可自由通过。但是脑屏障不是单纯的机械阻挡，对物质的通过有选择性，其作用在于保证中枢神经系统内环境的相对稳定和平衡。

第三节　周围神经系统

周围神经系统是指脑和脊髓以外的神经成分，包括神经、神经节、神经丛、神经末梢等。其中与脑相连的部分，称脑神经，共12对，主要分布于头面部；与脊髓相连的，称脊神经，共31对，主要分布于躯干和四肢。如按分布的对象不同，可分为躯体神经和内脏神经，躯体神经分布于体表、骨、关节和骨骼肌，内脏神经分布于内脏、心血管和腺体。

案例导入

患者，男性，55岁，于7天前无明显原因出现左侧腰腿部疼痛，疼痛由腰部沿左臀部、大腿后部向足部放射。站立、行走时疼痛明显，咳嗽、打喷嚏时疼痛加重。检查：心、肺、腹部（－），无畏寒、发热、游走性关节疼，无尿急、尿频、尿痛，食欲正常，大小便正常。入院后做腰椎CT检查，腰椎$L_3 \sim L_4$、$L_4 \sim L_5$椎间盘突出。初步诊断：1.坐骨神经痛；2.腰椎$L_3 \sim L_4$、$L_4 \sim L_5$椎间盘突出。

请问：

1. 脊神经的组成有什么特点？
2. 脊神经形成的神经丛有哪些？各丛的分布情况如何？
3. 试述坐骨神经的行程、分支、分布及临床意义。

一、脊神经

每对脊神经借前根和后根连于脊髓，共31对，包括颈神经8对、胸神经12对、腰神经5对、骶神经5对和尾神经1对。

脊神经含4种纤维成分。①躯体运动纤维：支配骨骼肌运动。②躯体感觉纤维：传导皮肤的浅感觉和肌、腱、关节的深感觉冲动。③内脏运动纤维：支配平滑肌、心肌和腺体的分泌。④内脏感觉纤维：传导内脏、心血管和腺体等结构的感觉冲动（图10-38）。

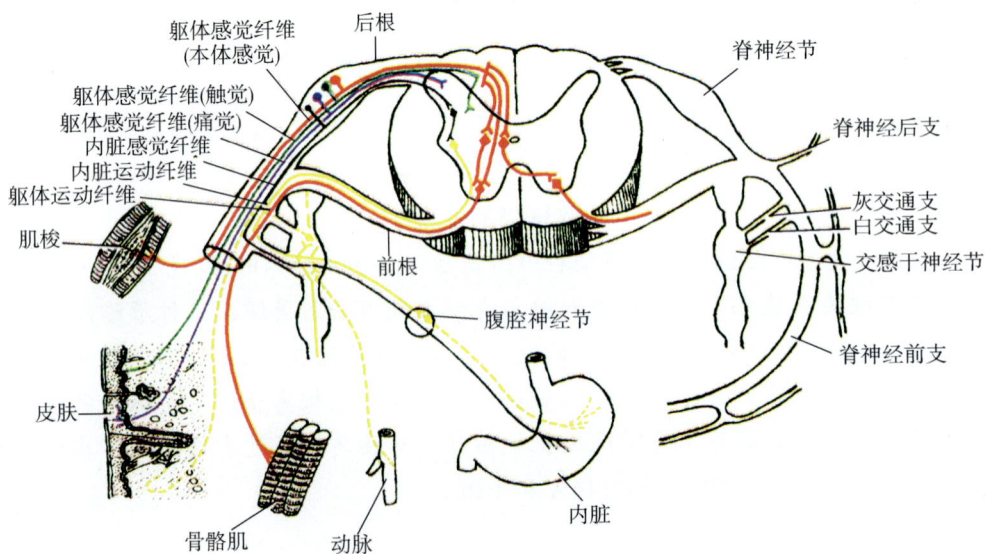

图10-38　脊神经的组成和分布模式图

脊神经出椎间孔后立即分为4支，即脊膜支、交通支、后支和前支。除胸神经前支保持原有的节段性走行和分布外，其余各部前支分别交织成4个神经丛，即颈丛、臂丛、腰丛和骶丛，再由各丛发出分支，分布于躯干、四肢的肌与皮肤。

（一）颈丛

1.组成和位置　颈丛由第1~4颈神经前支组成，位于胸锁乳突肌上部的深面。

2.主要分支　皮支主要有枕小神经、耳大神经、颈横神经和锁骨上神经。颈丛的皮支集中于胸锁乳突肌后缘中点附近浅出，呈辐射状分布于枕部、耳郭、颈部、肩部及胸壁上部的皮肤（图10-39）。颈丛的肌支主要是膈神经，为混合性神经。膈神经自颈丛发出后经前斜角肌前面下降，穿锁骨下动脉、静脉之间进入胸腔，越过肺根前方，沿心包外侧面下降至膈。膈神经的运动纤维支配膈，感觉纤维分布于心包、胸膜和膈下面的部分腹膜，右膈神经的感觉纤维还分布到肝和胆囊（图10-40）。

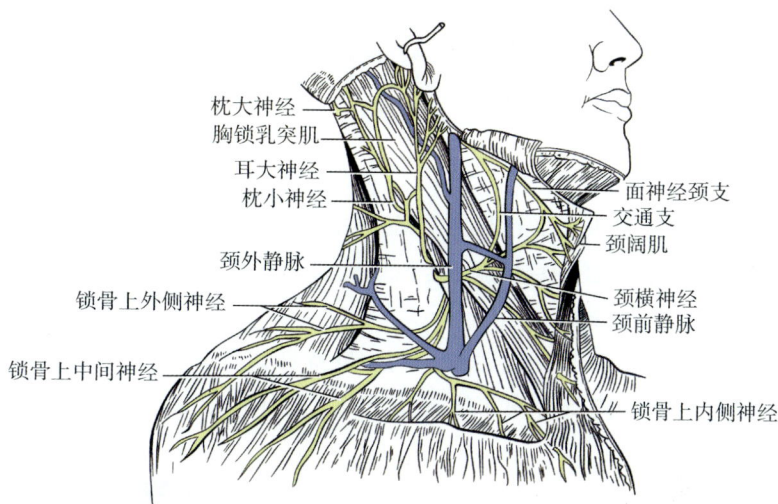

图10-39　颈丛皮支

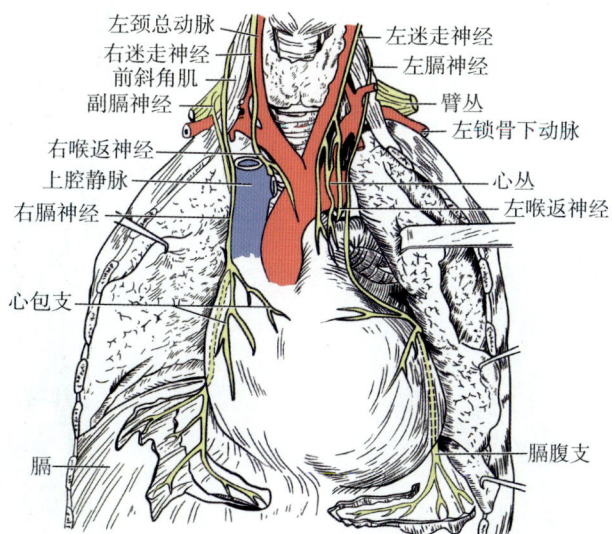

图10-40　膈神经

（二）臂丛

1.组成和位置 臂丛由第5～8颈神经前支和第1胸神经前支的大部分组成，经斜角肌间隙入腋窝（图10-41）。臂丛的神经根经反复分支、组合，最后围绕腋动脉排列形成内侧束、外侧束和后束，由束再发出分支。

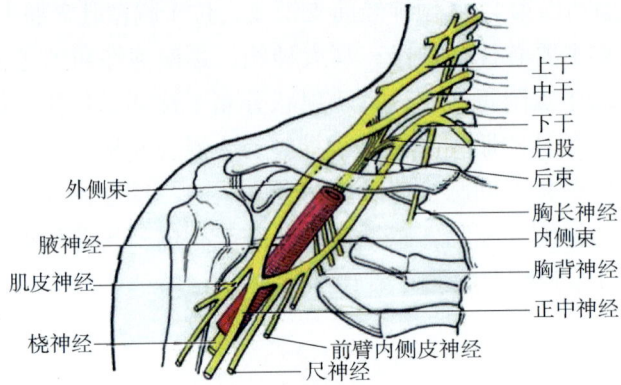

图 10-41 臂丛的组成

2.主要分支

（1）胸长神经 沿前锯肌表面伴胸外侧动脉下行，支配前锯肌。此神经损伤可引起前锯肌瘫痪，出现"翼状肩"（图10-42）。

（2）胸背神经 支配背阔肌。

（3）腋神经 发自后束，伴旋肱后血管向后外穿四边孔，绕肱骨外科颈至三角肌深面，肌支支配三角肌和小圆肌，皮支分布于肩部皮肤等（图10-43）。

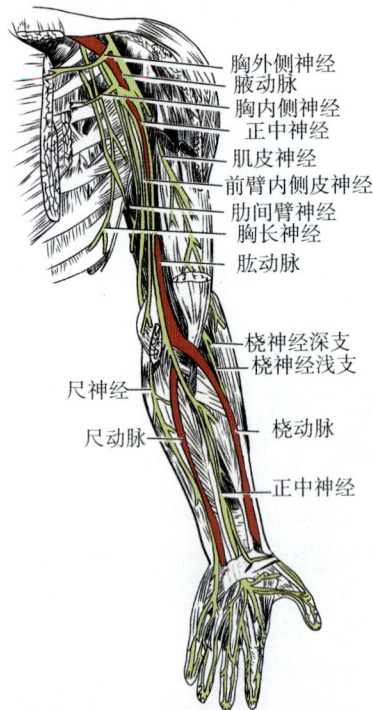

图 10-42 上肢的神经（前面）

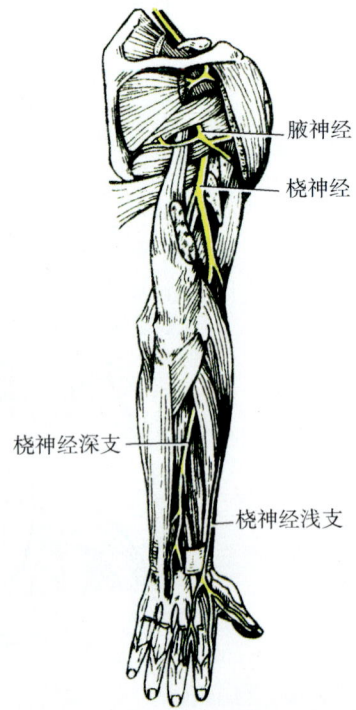

图 10-43 上肢的神经（后面）

（4）肌皮神经　发自外侧束，斜穿喙肱肌后，分支支配臂肌前群。终支延续为前臂外侧皮神经，分布于前臂外侧部皮肤（图10-42）。

（5）正中神经　由来自内、外侧束的两根合成，伴肱动脉沿肱二头肌内侧沟下行至肘窝，继而于前臂正中下行，经腕管至手掌。正中神经在臂部无分支；在前臂发出肌支，支配前臂肌前群大部分；在手部，发出肌支支配手肌外侧群（拇收肌除外）及中间群的小部分。皮支分布于手掌面桡侧大部分皮肤及桡侧3个半指的掌面及其中节和远节指骨背面的皮肤（图10-42、图10-44）。

（6）尺神经　发自内侧束，沿肱二头肌内侧沟下行，经肱骨尺神经沟转至前臂前内侧，与尺动脉伴行至手掌。在前臂发出肌支，支配尺侧腕屈肌和指深屈肌尺侧半；在手部，发出肌支支配手肌内侧群、中间群的大部分和拇收肌。皮支分布于手掌尺侧小部分及尺侧1个半指的皮肤、手背尺侧半及尺侧2个半指的皮肤（图10-42，图10-44）。

（7）桡神经　发自后束，行于腋动脉后方，伴肱深动脉沿桡神经沟向下外，在此发出肌支，支配肱三头肌和肱桡肌等，至肱骨外上髁前方分为浅支和深支。浅支分布于手背桡侧半及桡侧2个半指近节背面的皮肤；深支支配前臂肌后群（图10-43、图10-45）。

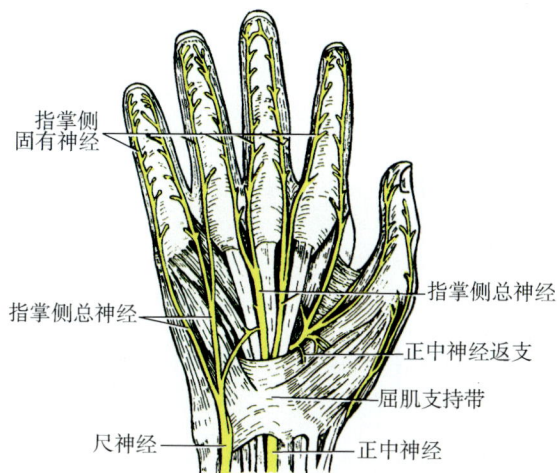

图 10-44　手掌面的神经

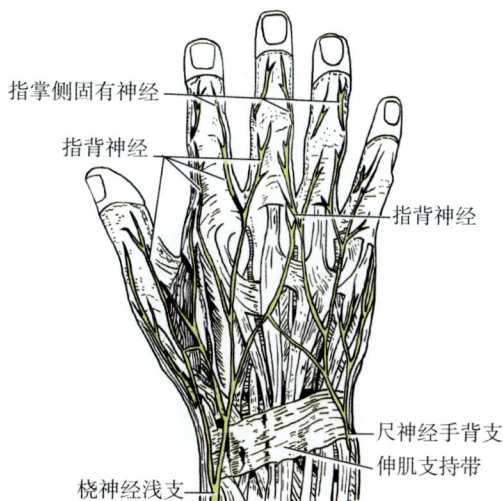

图 10-45　手背面的神经

正中神经、尺神经、桡神经损伤时，除相应的肌群瘫痪外，还可出现不同的病理手形（图10-46）。

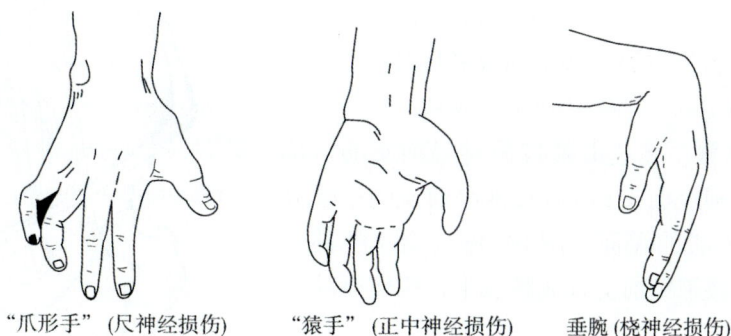

"爪形手"（尺神经损伤）　　"猿手"（正中神经损伤）　　垂腕（桡神经损伤）

图 10-46　正中神经、尺神经、桡神经损伤时的病理手形

正中神经、尺神经和桡神经损伤

正中神经损伤发生于前臂和腕部，可致前臂不能旋前、屈腕和屈指力减弱、皮支分布区感觉障碍等，手掌平坦，称"猿手"。尺神经易受损伤的部位在尺神经沟和豌豆骨桡侧，可导致屈腕力减弱、拇指不能内收、掌指关节过伸和骨间肌萎缩等，出现"爪形手"，手掌、手背内侧缘皮肤感觉障碍。桡神经损伤主要为前臂伸肌群瘫痪，表现为抬起前臂时呈"垂腕"状，不能伸腕和伸指，"虎口"区皮肤感觉障碍。桡骨颈骨折时可损伤桡神经深支，主要表现为伸腕力弱、不能伸指等。

（三）胸神经前支

胸神经前支共12对。第1～11对称肋间神经，位于相应的肋间隙中；第12对称肋下神经，位于第12肋下方。胸神经的肌支支配肋间肌和腹肌的前外侧群，皮支分布于胸、腹部的皮肤以及壁胸膜和壁腹膜（图10-47）。

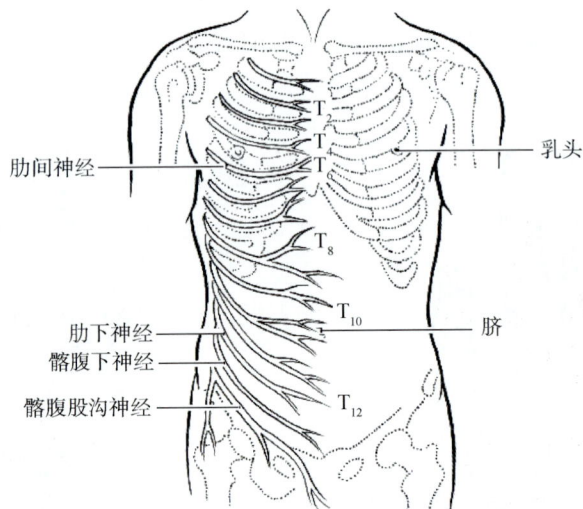

图 10-47　胸神经前支的分布

胸神经前支在胸、腹壁皮肤有明显的节段性分布，自上而下依次排列是：T_2分布区相当于胸骨角平面，T_4相当于乳头平面，T_6相当于剑胸结合平面，T_8相当于肋弓平面，T_{10}相当于脐平面，T_{12}相当于脐与耻骨联合连接中点平面。临床上常以节段性分布区的感觉障碍，推断脊髓损伤平面或麻醉平面。

（四）腰丛

1.组成和位置　腰丛由第12胸神经前支的一部分、第1～3腰神经前支和第4腰神经前支的一部分组成，位于腰大肌的深面（图10-48）。第4腰神经前支部分和第5腰神经前支合成腰骶干，构成骶丛。

2.主要分支

（1）髂腹下神经和髂腹股沟神经　主要分布于

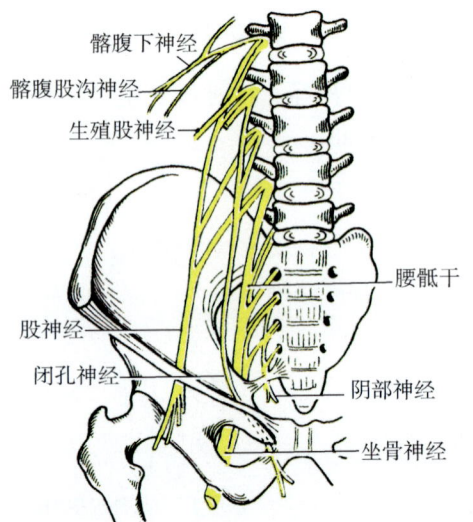

图 10-48　腰丛、骶丛的组成

腹股沟区的肌和皮肤，后者还分布于阴囊（或大阴唇）的皮肤。

（2）股外侧皮神经 分布于大腿前外侧部的皮肤（图10-49）。

（3）股神经 是腰丛最大的分支，经腹股沟韧带深面、股动脉外侧进入股三角，随即分为数支（图10-49）。肌支支配大腿肌前群；皮支分布于大腿及膝关节前面的皮肤。最长皮支称隐神经，分布于小腿内侧面及足内侧缘皮肤。

（4）闭孔神经 伴闭孔血管穿闭膜管达大腿内侧部，分布于大腿肌内侧群、髋关节和大腿内侧面皮肤（图10-49）。

（5）生殖股神经 分为生殖支和股支，生殖支经腹股沟管分布于提睾肌和阴囊或大阴唇皮肤，股支分布于股三角皮肤。

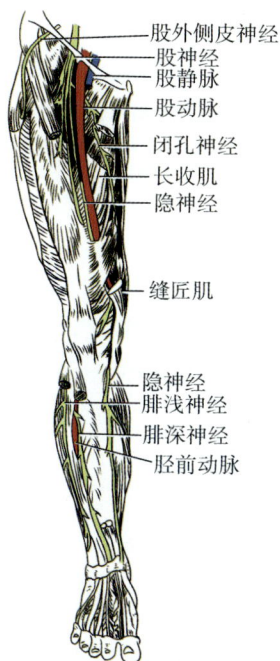

图 10-49　下肢的神经（前面）　　　图 10-50　下肢的神经（后面）

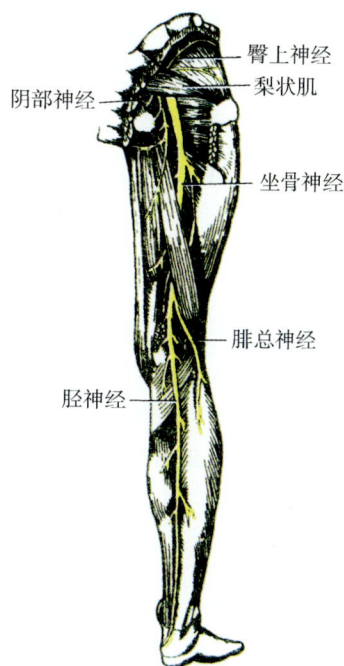

（五）骶丛

1. 组成及位置 骶丛由腰骶干、全部骶神经和尾神经前支组成。位于盆腔内、骶骨和梨状肌前面（图10-48）。

2. 主要分支

（1）臀上神经和臀下神经 分别经梨状肌上、下孔出盆腔，臀上神经支配臀中肌和臀小肌，臀下神经支配臀大肌（图10-50）。

（2）股后皮神经 出梨状肌下孔，分布于臀区、股后区和腘窝处皮肤。

（3）阴部神经 伴阴部内血管出梨状肌下孔，绕坐骨棘经坐骨小孔入坐骨肛门窝，分布于会阴部的肌和皮肤。

（4）坐骨神经 是全身最粗大、最长的神经。经梨状肌下孔出盆腔达臀大肌深面，经坐骨结节与股骨大转子之间至大腿后面，一般在腘窝上方分为胫神经和腓总神经。坐骨神经发出肌支支配大腿肌后群（图10-50）。

1）胫神经 为坐骨神经本干的直接延续，在小腿三头肌深面伴胫后动脉下降，经内踝后方入足底，分为足底内侧神经和足底外侧神经。肌支支配小腿肌后群和足底肌，皮支分布于小腿后部、足底和足背外侧缘的皮肤（图 10-49、图 10-50）。

2）腓总神经　沿股二头肌内侧走向外下，绕腓骨颈向前，穿腓骨长肌分为腓浅神经和腓深神经（图 10-50）。腓浅神经，肌支支配腓骨长、短肌，皮支分布于小腿外侧、足背及趾背皮肤；腓深神经，伴胫前动脉至足背，分布于小腿肌前群和足背肌等（图 10-49）。

胫神经和腓总神经损伤后，除其所支配的肌瘫痪外，还可出现病理性足形（图 10-51）。

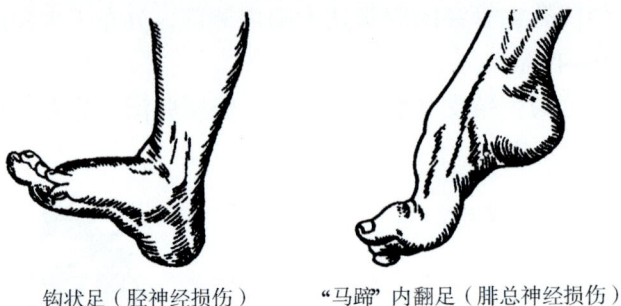

钩状足（胫神经损伤）　　　"马蹄"内翻足（腓总神经损伤）

图 10-51　胫神经和腓总神经损伤后的病理性足形

知识链接

胫神经和腓总神经损伤

胫神经损伤后主要表现为小腿肌后群无力，足不能跖屈、不能以足尖站立、内翻力弱、足底皮肤感觉障碍明显。因小腿肌前、外侧群过度牵拉，使足呈背屈、外翻位，出现"钩状足"畸形。腓总神经损伤后主要表现为足不能背屈、趾不能伸、足下垂且内翻，呈"马蹄"内翻足畸形。行走时呈"跨阈步态"，小腿外侧、足背感觉障碍明显。

扫码"学一学"

二、脑神经

脑神经共 12 对，按其与脑相连的顺序用罗马数字表示（表 10-2，图 10-52）。

表 10-2　脑神经的名称、性质、连脑部位和进出颅腔部位

顺序及名称	性质	连脑部位	进出颅腔部位
Ⅰ 嗅神经	感觉性	端脑	筛孔
Ⅱ 视神经	感觉性	间脑	视神经管
Ⅲ 动眼神经	运动性	中脑	眶上裂
Ⅳ 滑车神经	运动性	中脑	眶上裂
Ⅴ 三叉神经	混合性	脑桥	眼神经：眶上裂 上颌神经：圆孔 下颌神经：卵圆孔
Ⅵ 展神经	运动性	脑桥	眶上裂
Ⅶ 面神经	混合性	脑桥	内耳门→茎乳孔
Ⅷ 前庭蜗神经	感觉性	脑桥	内耳门
Ⅸ 舌咽神经	混合性	延髓	颈静脉孔
Ⅹ 迷走神经	混合性	延髓	颈静脉孔
Ⅺ 副神经	运动性	延髓	颈静脉孔
Ⅻ 舌下神经	运动性	延髓	舌下神经管

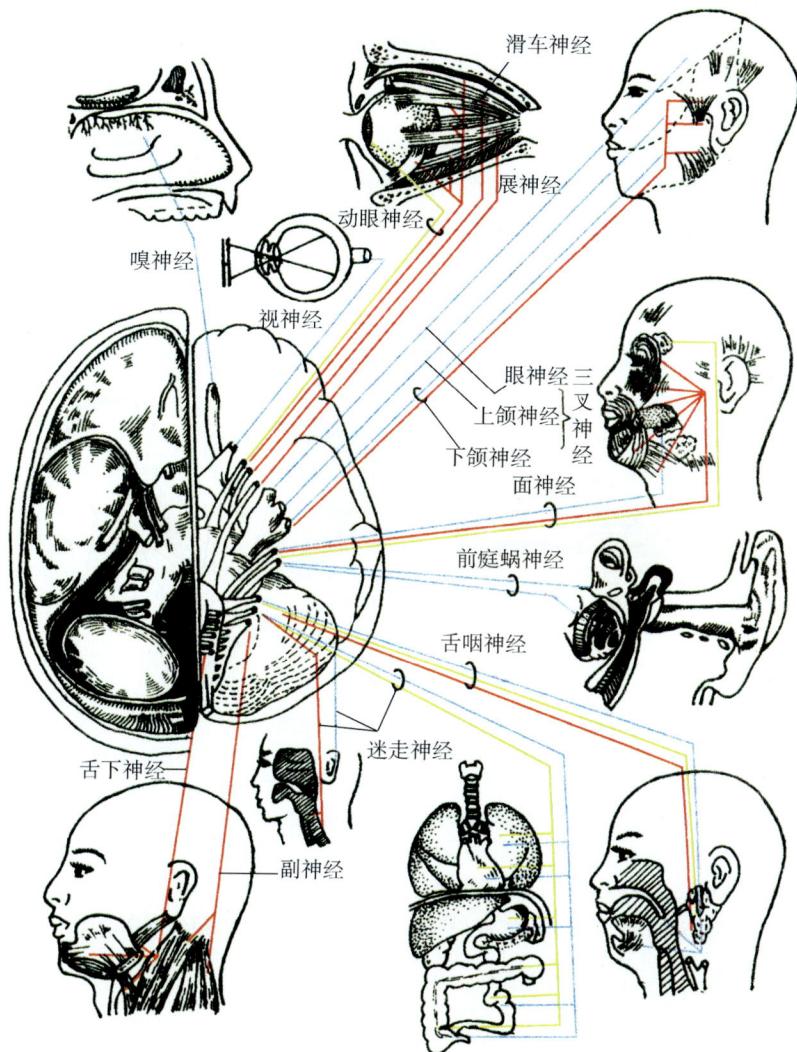

图 10-52　脑神经的分布情况

　　脑神经的纤维成分有 4 种：①躯体感觉纤维：分布于皮肤、肌、腱和口、鼻大部分黏膜以及视器和前庭蜗器；②内脏感觉纤维：分布于头、颈、胸、腹部的器官以及味蕾和嗅黏膜；③躯体运动纤维：分布于眼球外肌、面肌、舌肌、咀嚼肌和咽喉肌等；④内脏运动纤维：分布于心肌、平滑肌和腺体，均属于副交感成分，仅存在于第 Ⅲ、Ⅶ、Ⅸ、Ⅹ 对脑神经中。

　　根据所含纤维成分的不同，将 12 对脑神经分为感觉性神经（Ⅰ、Ⅱ、Ⅷ）、运动性神经（Ⅲ、Ⅳ、Ⅵ、Ⅺ、Ⅻ）和混合性神经（Ⅴ、Ⅶ、Ⅸ、Ⅹ）。

　　（一）嗅神经

　　嗅神经为感觉性神经，由鼻腔嗅区嗅细胞的中枢突聚集成 20 多条嗅丝，向上穿筛孔入颅前窝，连于嗅球，传导嗅觉冲动。颅前窝骨折累及筛板时，可撕脱嗅丝和脑膜，造成嗅觉障碍和脑脊液鼻漏。

　　（二）视神经

　　视神经为感觉性神经，由视网膜节细胞的轴突汇集于视神经盘处，穿出巩膜形成视神经，经视神经管入颅中窝，两侧汇合于视交叉，再经视束终止于间脑，传导视觉冲动。

（三）动眼神经

动眼神经为运动性神经，由躯体运动纤维和内脏运动纤维组成。自中脑脚间窝出脑，经海绵窦外侧壁向前，穿眶上裂入眶，立即分为上、下2支。上支细小，支配上直肌和上睑提肌；下支粗大，支配内直肌、下直肌和下斜肌（图10-53）。内脏运动纤维由下斜肌支分出睫状神经节短根（副交感根），至睫状神经节交换神经元后，分布于睫状肌和瞳孔括约肌，参与晶状体的调节反射和瞳孔对光反射。

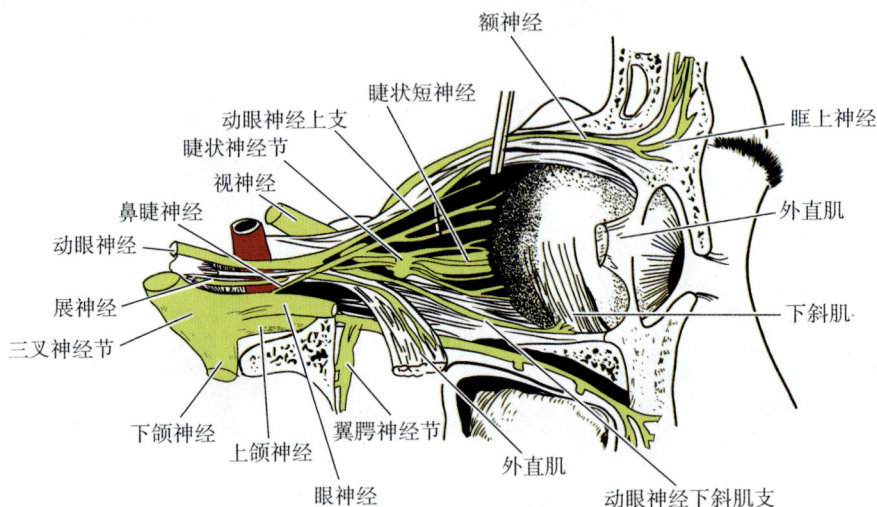

图10-53 动眼、滑车、展神经的纤维成分及分布

（四）滑车神经

滑车神经为运动性神经，自中脑下丘下方出脑，绕大脑脚外侧向前，穿海绵窦外侧壁，经眶上裂入眶，支配上斜肌（图10-53）。

（五）三叉神经

三叉神经为混合性神经，纤维成分有：①躯体感觉纤维：胞体位于颅中窝的三叉神经节内，其周围突组成眼神经、上颌神经和下颌神经；中枢突汇集成粗大的三叉神经感觉根，自脑桥基底部与小脑中脚交界处入脑。②躯体运动纤维：组成细小的三叉神经运动根，行于感觉根的前内侧，加入下颌神经，支配咀嚼肌等（图10-54）。

1.眼神经 为感觉性神经，主要分支有：①额神经，有2~3支，其中眶上神经伴同名血管经眶上切迹穿出，分布于额顶部、上睑皮肤；②泪腺神经，分布于泪腺和上睑等；③鼻睫神经，分布于鼻腔黏膜（嗅区黏膜除外）、泪囊、眼球、鼻背皮肤和眼睑等。

2.上颌神经 为感觉性神经，主要分支有：①眶下神经，为上颌神经的终支，分布于下睑、鼻翼和上唇的皮肤等，行程中还发出上牙槽前、中支；②上牙槽后神经，与上牙槽前、中支相互吻合，构成上牙丛，分布于上颌牙与牙龈；③颧神经，分布于颧、颞区皮肤，并借与泪腺神经的交通支导入面神经副交感纤维，控制泪腺分泌。

3.下颌神经 为混合性神经，是三叉神经中最粗大的一支。主要分支有：①耳颞神经，分布于耳屏、外耳道及颞区的皮肤；②颊神经，分布于颊部皮肤和黏膜；③舌神经，分布于舌前2/3和口腔底的黏膜，传导一般感觉冲动；④下牙槽神经，在下颌管内分支，构成下牙丛，分布于下颌牙和牙龈；终支称颏神经，分布于颏部及下唇的皮肤和黏膜；⑤咀嚼肌神经：支配咀嚼肌。

三叉神经在头部皮肤的分布范围，以睑裂和口裂为界。眼神经分布于鼻背中部、睑裂以上至矢状缝中点外侧区域的皮肤；上颌神经分布于鼻背外侧、睑裂与口裂之间、向后上至翼点的皮肤；下颌神经分布于口裂与下颌底之间、向后上至耳前上方的皮肤（图10-54）。

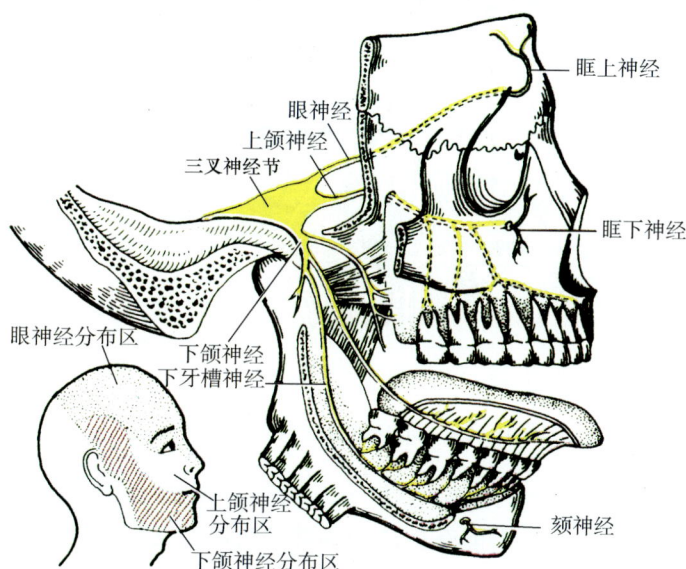

图 10-54　三叉神经的纤维成分及分布

（六）展神经

展神经为运动性神经，自延髓脑桥沟中线两侧出脑，向前穿海绵窦经眶上裂入眶，支配外直肌（图10-53）。

（七）面神经

面神经为混合性神经，含有4种纤维成分。①躯体运动纤维：起自脑桥的面神经核，主要支配面肌。②内脏运动纤维：起自脑桥的上泌涎核，支配泪腺、下颌下腺和舌下腺等分泌。③内脏感觉纤维：分布于舌前2/3味蕾，传导味觉冲动。④躯体感觉纤维：传导耳部皮肤的躯体感觉冲动和面肌的本体感觉冲动。

面神经自延髓脑桥沟外侧部出脑，经内耳门入内耳道，穿过内耳道底进入面神经管，由茎乳孔出颅腔，主干在腮腺内分为数支并交织成丛，再由丛发出颞支、颧支、颊支、下颌缘支和颈支，分别自腮腺的上缘、前缘和下端穿出，呈扇形分布于面肌和颈阔肌等（图10-55）。面神经在面神经管内的分支如下。

1.鼓索　在面神经出茎乳孔前发出，呈弓形穿越鼓室至颞下窝，从后方加入舌神经。鼓索含有2种纤维：味觉纤维分布于舌前2/3的味蕾，传导味觉冲动；副交感纤维在下颌下神经节内交换神经元，支配下颌下腺和舌下腺的分泌。

2.岩大神经　含副交感纤维，在面神经管起始部发出，经破裂孔出颅，在翼腭神经节内交换神经元，支配泪腺和鼻、腭部黏膜腺体的分泌。

3.镫骨肌神经　支配镫骨肌。

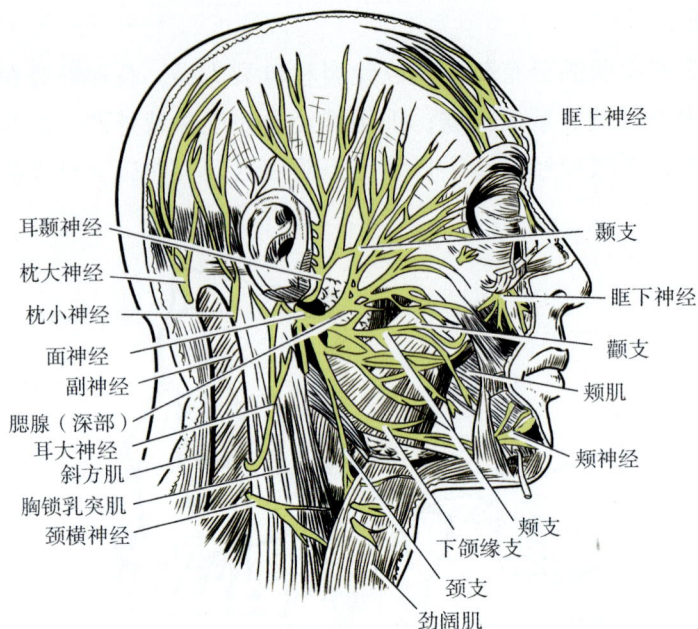

图 10-55　面神经的纤维成分及分布

（八）前庭蜗神经

前庭蜗神经为感觉性神经，由前庭神经和蜗神经组成，又称位听神经。

1.前庭神经　起自内耳道底的前庭神经节。此节由双极神经元组成，周围突穿内耳道底，分布于椭圆囊斑、球囊斑和壶腹嵴的毛细胞；中枢突组成前庭神经，经内耳道、内耳门延髓脑桥沟外侧端入脑，传导平衡觉冲动。

2.蜗神经　起自蜗轴内的蜗神经节。此节由双极神经元组成，周围突分布于内耳螺旋器的毛细胞；中枢突组成蜗神经，穿内耳道底伴前庭神经入脑，传导听觉冲动。

前庭蜗神经损伤后表现为患侧耳聋和平衡功能障碍。

（九）舌咽神经

舌咽神经含有4种纤维成分。①躯体运动纤维：起自疑核，支配茎突咽肌。②内脏运动纤维（副交感）：起自下泌涎核，支配腮腺分泌。③内脏感觉纤维：分布于舌后1/3的味蕾和黏膜，咽、咽鼓管、鼓室等处黏膜，颈动脉窦和颈动脉小球等。④躯体感觉纤维：分布于耳后皮肤。舌咽神经的主要分支如下（图10-56）。

1.舌支　为舌咽神经终支，分布于舌后1/3的黏膜和味蕾，传导一般感觉和味觉冲动。

2.鼓室神经　在鼓室内与交感神经纤维共同形成鼓室丛，分布于鼓室、乳突小房和咽鼓管的黏膜，传导感觉冲动。终支为岩小神经，在耳神经节内交换神经元，随耳颞神经分布于腮腺，支配其分泌。

3.颈动脉窦支　1~2支，在颈动脉孔下方发出，分布于颈动脉窦和颈动脉小球，将动脉压力和二氧化碳浓度变化的刺激传入中枢，反射性地调节血压和呼吸。

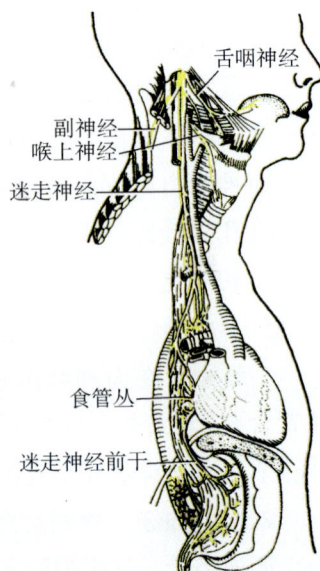

图 10-56　舌咽神经、迷走神经、副神经和舌下神经

一侧舌咽神经损伤，可出现患侧舌后1/3味觉丧失、舌根与咽峡区痛觉障碍以及患侧咽肌无力。

（十）迷走神经

迷走神经为混合性神经，是行程最长、分布最广的脑神经，含有4种纤维成分。①躯体运动纤维：发自疑核，支配咽喉肌。②内脏运动纤维（副交感）：起自迷走神经背核，在颈、胸、腹部器官旁节或器官内节交换神经元，控制心肌、平滑肌与腺体的活动。③内脏感觉纤维：伴随内脏运动纤维分布，传导内脏感觉冲动。④躯体感觉纤维：分布于硬脑膜、耳郭和外耳道的皮肤。

迷走神经经颈静脉孔出颅后，于颈动脉鞘内下行至颈根部，经胸廓上口入胸腔。左迷走神经于左颈总动脉与左锁骨下动脉之间下行，在左肺根后方下行至食管前面，与交感神经分支交织构成左肺丛和食管前丛，在食管下段逐渐集中延续为迷走神经前干。右迷走神经于右锁骨下动、静脉之间至气管右侧下行，在右肺根后方和食管后面，分支构成右肺丛和食管后丛，继续下行并构成迷走神经后干。两干伴随食管穿膈的食管裂孔进入腹腔（图10–57）。主要分支如下。

1.喉上神经　在颈静脉孔下方发出，沿颈内动脉内侧下行至舌骨大角处分为内支和外支（图10–57）。内支伴喉上动脉穿甲状舌骨膜入喉，分布于声门裂以上的喉黏膜以及会厌和舌根等处；外支支配环甲肌。

2.颈心支　有上、下两支，分别在喉上神经起点下方和第1肋上方处分出。在喉与气管外侧下行入胸腔构成心丛，分布于心传导系、心肌和冠状动脉等。上支有一支称主动脉神经或减压神经，分布于主动脉弓壁内，感受压力变化和化学刺激。

3.喉返神经　是迷走神经在胸的分支，左迷走神经越过主动脉弓前方处，发出左喉返神经，勾绕主动脉弓返回颈部；右迷走神经跨过右锁骨下动脉前方处，发出右喉返神经，勾绕右锁骨下动脉返回颈部。喉返神经沿气管食管旁沟上行，至甲状腺侧叶深面、环甲关节后方进入喉内，终支称喉下神经（图10–57）。喉返神经感觉纤维分布于声门裂以下的喉黏膜，运动纤维支配除环甲肌外的全部喉肌。

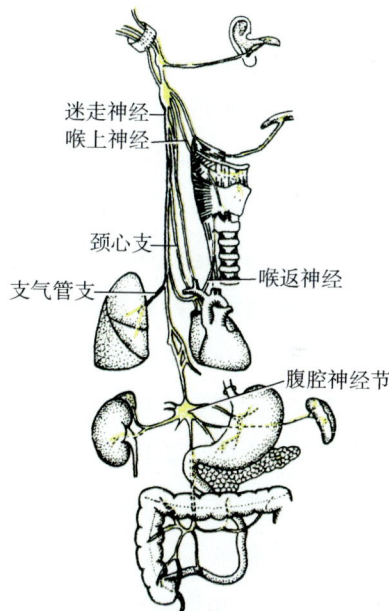

图 10-57　迷走神经的纤维成分及分布

喉返神经是支配喉肌的重要神经，在入喉前与甲状腺下动脉及其分支相互交错。在甲状腺手术钳夹或结扎甲状腺下动脉时，若损伤此神经，可导致声音嘶哑；若两侧同时损伤，可引起失声、呼吸困难甚至窒息。

4.胃前支和肝支　是迷走神经前干的两终支。胃前支分布于胃前壁，终支以"鸦爪"形分支分布于幽门部前壁；肝支向右行于小网膜内参与构成肝丛，随肝固有动脉分布于肝、胆囊等处。

5.胃后支和腹腔支　是迷走神经后干的两终支。胃后支分布于胃后壁及幽门部后壁；腹腔支向右行与交感神经纤维共同构成腹腔丛，分布于肝、胆、胰、脾、肾及结肠左曲以上的消化管。

一侧迷走神经损伤时，患侧喉肌全部瘫痪、咽喉黏膜感觉障碍，出现声音嘶哑、语言和吞咽障碍或吞咽呛咳等。内脏活动障碍表现为脉速、心悸、恶心呕吐、呼吸深慢和窒息等。

（十一）副神经

副神经为运动性神经，经颈静脉孔出颅后，来自颅根的纤维加入迷走神经，支配咽喉肌；来自脊髓根的纤维行向后下，支配胸锁乳突肌和斜方肌（图10-56）。

一侧副神经损伤，可导致同侧胸锁乳突肌和斜方肌瘫痪，出现头不能向患侧屈、面不能转向对侧、患侧肩胛骨下垂。

（十二）舌下神经

舌下神经为运动性神经，自延髓前外侧沟出脑，经舌下神经管出颅，于颈内动、静脉之间下行至舌骨上方，呈弓形弯向前内侧，支配全部舌内肌和大部分舌外肌（图10-56）。

一侧舌下神经损伤时，患侧舌肌瘫痪，萎缩，伸舌时舌尖偏向患侧。

三、内脏神经

内脏神经主要分布于内脏、心血管和腺体，可分为内脏运动神经和内脏感觉神经。内脏运动神经调节内脏、心血管的运动和腺体分泌，以调控人体的新陈代谢活动，通常不受人的意识控制，又称自主神经。内脏感觉神经将来自内脏、心血管等处的感觉冲动传入中枢，通过反射调节这些器官的活动，以维持机体内、外环境的稳定。

（一）内脏运动神经

1.内脏运动神经和躯体运动神经的区别　内脏运动神经（图10-58）与躯体运动神经在结构、功能和分布上存在较大的差异，主要表现在以下几个方面。

（1）支配器官不同　内脏运动神经支配心肌、平滑肌与腺体的分泌，一定程度上不受意识控制；躯体运动神经支配骨骼肌可受意识的控制。

（2）纤维成分不同　内脏运动神经有交感和副交感2种纤维，多数内脏器官同时接受两种神经的双重支配；躯体运动神经只有一种纤维成分。

（3）神经元数目不同　内脏运动神经由低级中枢到效应器需要经过两级神经元。第1级神经元胞体位于脑干和脊髓内，称节前神经元，其轴突称节前纤维；第2级神经元胞体位于内脏运动神经节内，称节后神经元，其轴突称节后纤维。躯体运动神经由低级中枢至骨骼肌只有一个神经元。

（4）分布形式不同　内脏运动神经的节后纤维常攀附内脏或血管形成神经丛，由丛再发分支至效应器；躯体运动神经则以神经干的形式分布。

（5）纤维种类不同　内脏运动神经为薄髓和无髓的细纤维；而躯体运动神经一般为较粗的有髓纤维。

2.内脏运动神经的分部　根据内脏运动神经的形态、功能和药理学特点，分为交感神经和副交感神经两部分。

（1）交感神经　由中枢部及周围部组成。交感神经的低级中枢位于脊髓$T_1 \sim L_3$节段的灰质侧角内；周围部包括交感干、交感神经节及由节发出的分支和交感神经丛等。

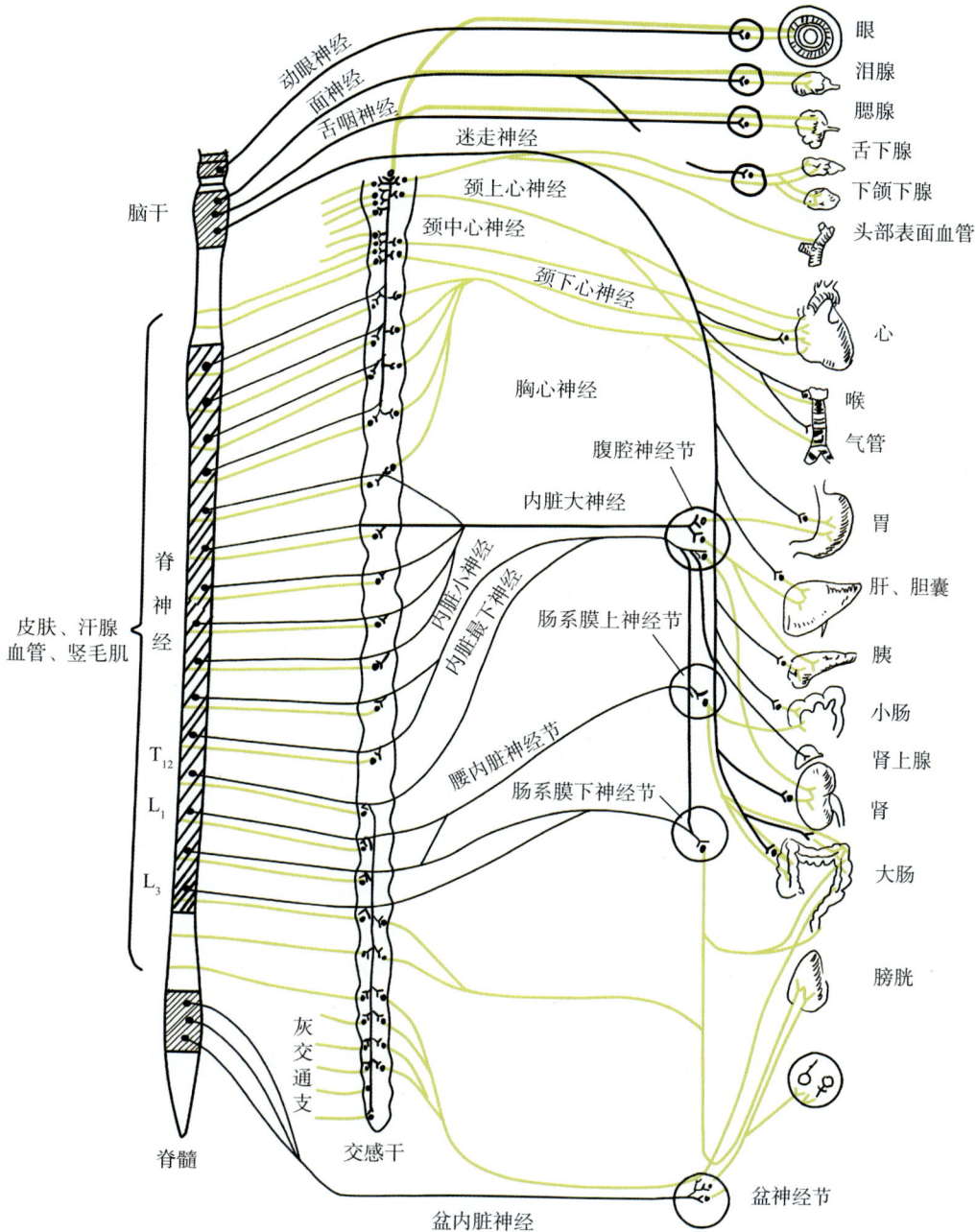

内脏运动神经概况示意图
黑色，节前神经；黄色，节后神经

图 10-58　内脏运动神经概况

1）交感神经节　根据位置不同，分为椎旁节和椎前节。①椎旁节：即交感干神经节，位于脊柱两旁，每侧总数 19～24 个。②椎前节：位于脊柱前方、腹主动脉脏支的根部，包括腹腔神经节、主动脉肾神经节、肠系膜上神经节和肠系膜下神经节等。

2）交感干　由椎旁节和节间支组成，呈串珠状，左、右各一。交感干上至颅底，下至尾骨，两干在尾骨前方汇合于单一的奇神经节。

3）交通支　椎旁节借交通支与相应的脊神经相连，分为白交通支和灰交通支（图 10-59）。①白交通支：呈白色，只存在于 T_1～L_3 各脊神经前支与相应的椎旁节之间，由脊髓侧角发出有髓鞘的节前纤维组成。②灰交通支：色灰暗，存在于全部椎旁节与31对脊神经之间，由椎旁节细胞发出的节后纤维组成，多无髓鞘。

4）节前纤维　进入交感干后有3种去向：①终止于相应的椎旁节，并交换神经元；②在交感干内上行或下降，终止于上方或下方的椎旁节，并交换神经元；③穿经椎旁节，终止于椎前节并交换神经元（图10-59）。

5）节后纤维　也有3种去向：①经灰交通支返回脊神经，随脊神经分布于头颈部、躯干和四肢的血管、汗腺和立毛肌等；②攀附动脉走行，在动脉外膜形成相应的神经丛，并随动脉分布到所支配的器官；③由交感神经节直接发支到所支配的器官（图10-59）。

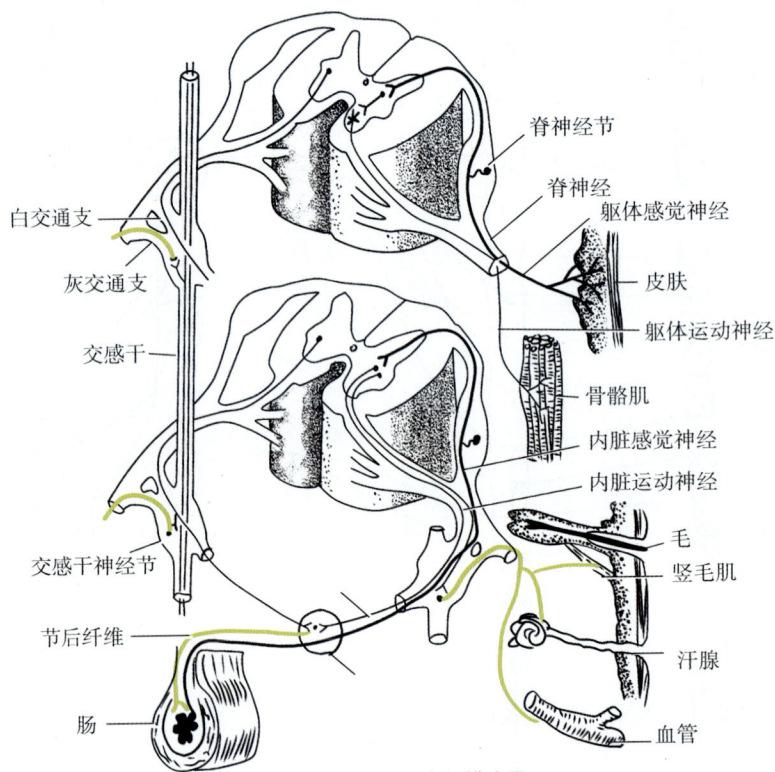

交感神经纤维走行模式图

黑色，节前纤维；黄色，节后纤维

图10-59　交感神经走行模式图

（2）副交感神经　分为中枢部和周围部。低级中枢位于脑干的副交感神经核和骶髓第2~4节段的骶副交感核。周围部由副交感神经节和节前纤维及节后纤维等组成（图10-58）。

1）副交感神经节　多位于所支配器官附近或器官壁内，故称器官旁节或器官内节。位于颅部的副交感神经节较大，有睫状神经节、翼腭神经节、下颌下神经节及耳神经节等；其他部位的副交感神经节则很小。

2）颅部副交感神经　颅部副交感神经分布是：①中脑动眼神经副核→动眼神经→睫状神经节→瞳孔括约肌和睫状肌；②脑桥上泌涎核→面神经→翼腭神经节和下颌下神经节→泪腺、下颌下腺和舌下腺等；③延髓下泌涎核→舌咽神经→耳神经节→腮腺；④延髓迷走神经背核→迷走神经→器官旁节或器官内节→胸、腹腔器官。

3）骶部副交感神经：来自骶髓第2~4节段骶副交感核的节前纤维，经相应骶神经最终加入盆丛，节后纤维支配结肠左曲以下的消化管和盆腔脏器。

（3）交感神经和副交感神经的区别　交感神经和副交感神经都是内脏神经，但两者在形态结构、分布范围和功能上又有不同（表10-3）。

表 10-3　交感神经与副交感神经的区别

	交感神经	副交感神经
低级中枢部位	脊髓 $T_1 \sim L_3$ 节段灰质侧	脑干内脏运动核 脊髓 $S_2 \sim S_4$ 节段骶副交感核
神经节的位置	椎旁节和椎前节	器官旁节和器官内节
节前、节后纤维	节前纤维短，节后纤维长	节前纤维长，节后纤维短
分布范围	分布广泛，头颈、胸、腹腔器官及全身血管、腺体和立毛肌均有分布	不如交感神经分布广，大部分血管、汗腺，立毛肌和肾上腺髓质等无副交感神经分布

（二）内脏感觉神经

内脏器官除有内脏运动神经支配外，还有丰富的内脏感觉神经分布。内脏感觉神经接受内脏的各种刺激，并传入大脑，产生内脏感觉。

内脏感觉神经的特点是：①内脏感觉纤维的数量较少、较细，痛阈较高，一般强度的刺激不引起主观感觉，如胃肠的正常蠕动；器官活动较强烈时，可产生内脏感觉（内脏痛），如过度牵拉、膨胀和痉挛等。②对切、割等刺激不敏感，而对冷热、牵拉、膨胀和痉挛等刺激较敏感。③内脏感觉传入途径较分散，内脏感觉模糊，内脏痛弥散，定位常不准确。

（三）牵涉性痛

牵涉性痛是指当某一内脏器官发生病变时，与之相关的躯体体表部位发生疼痛或痛觉过敏，又称内脏牵扯性痛。牵涉性痛可发生在患病内脏附近的体表，也可发生在较远处的体表。如在阑尾炎初期，脐周皮肤发生牵涉性痛；在心绞痛时，在胸前区及左臂内侧皮肤感到疼痛等。了解各器官病变时牵涉性痛的发生部位，具有一定的临床诊断意义。

第四节　神经系统的传导通路

神经系统的传导通路是指大脑皮质与感受器、效应器之间神经冲动传递的路径，包括感觉传导通路和运动传导通路。周围感受器接受机体内、外环境的各种刺激，并将刺激转变为神经冲动，经传入神经元传入中枢，最后至大脑皮质，产生感觉，此通路称感觉（上行）传导通路。大脑皮质将感觉信息进行分析整合后，发出神经冲动，经传出神经元传递至效应器，做出相应的反应，此通路称运动（下行）传导通路。

一、感觉传导通路

（一）本体感觉与精细触觉传导通路

本体感觉是指肌、腱、关节等处的位置觉、运动觉和振动觉，又称深感觉。该传导通路还传导皮肤的精细触觉，如辨别两点距离和物体纹理的粗细等。

躯干、四肢的本体感觉和精细触觉传导通路包括两条通路：一条传入大脑皮质，传导意识性本体感觉和精细触觉；另一条传至小脑，传导非意识本体感觉，参与姿势反射和调节平衡。

躯干与四肢意识性本体感觉和精细触觉传导通路由3级神经元组成（图10-60）。

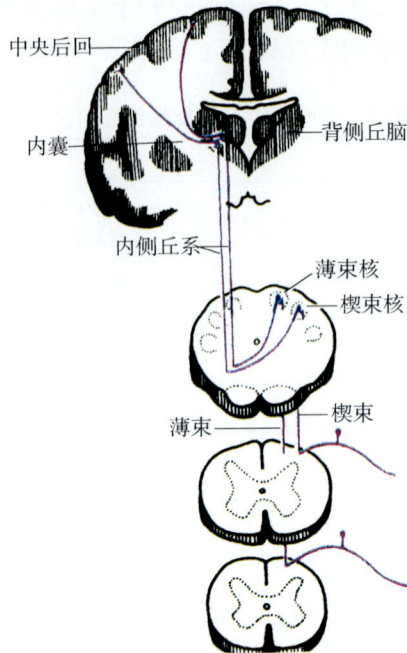

图 10-60　躯干、四肢意识性本体感觉和精细触觉传导通路

第1级神经元胞体位于脊神经节内，其周围突分布于躯干、四肢的肌、腱、关节和皮肤等处的本体感觉与精细触觉感受器；中枢突经脊神经后根进入脊髓后索。其中来自第5胸节以下的组成薄束，来自第4胸节以上的组成楔束；两束上行分别止于延髓的薄束核和楔束核。

第2级神经元胞体位于薄束核和楔束核内，此两核发出的纤维经延髓中央管腹侧交叉至对侧组成内侧丘系，上行止于丘脑腹后外侧核。

第3级神经元胞体位于背侧丘脑腹后外侧核，其发出的纤维组成丘脑中央辐射，经内囊后肢投射于大脑皮质中央后回的上2/3和中央旁小叶后部。

（二）痛温觉、粗略触觉和压觉传导通路

痛温觉、粗略触觉和压觉传导通路又称浅感觉传导通路，由3级神经元组成（图10-61、图10-62）。

1.躯干、四肢痛温觉、粗略触觉和压觉传导通路

第1级神经元胞体位于脊神经节内，其周围突分布于躯干和四肢的皮肤浅感觉感受器；中枢突经脊神经后根进入脊髓，止于后角固有核。

第2级神经元胞体位于脊髓灰质后角固有核，其轴突经白质前连合交叉至对侧外侧索和前索，分别组成脊髓丘脑侧束（传导痛温觉冲动）和脊髓丘脑前束（传导粗略触觉和压觉冲动），二者合称脊髓丘脑束，向上止于丘脑腹后外侧核。

第3级神经元胞体在丘脑腹后外侧核，其发出纤维组成丘脑中央辐射，经内囊后肢投射于大脑皮质中央后回的上2/3和中央旁小叶后部。

2.头面部痛温觉和触压觉传导通路

第1级神经元胞体位于三叉神经节内，其周围突组成三叉神经的感觉支，分布于头面部的皮肤和黏膜感受器；中枢突组成三叉神经感觉根入脑桥。传导痛温觉的纤维形成三叉神经脊束，止于三叉神经脊束核；传导触压觉的纤维止于三叉神经脑桥核。

第2级神经元胞体位于三叉神经脊束核和三叉神经脑桥核，两核发出的纤维交叉至对侧组成三叉丘系，上行止于丘脑腹后内侧核。

第3级神经元胞体在丘脑腹后内侧核，其发出的纤维加入丘脑中央辐射，经内囊后肢投射于中央后回下1/3区。

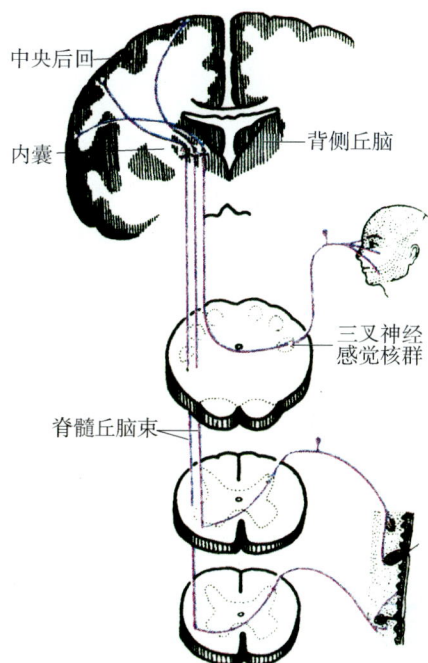

图 10-61 躯干、四肢浅感觉传导通路

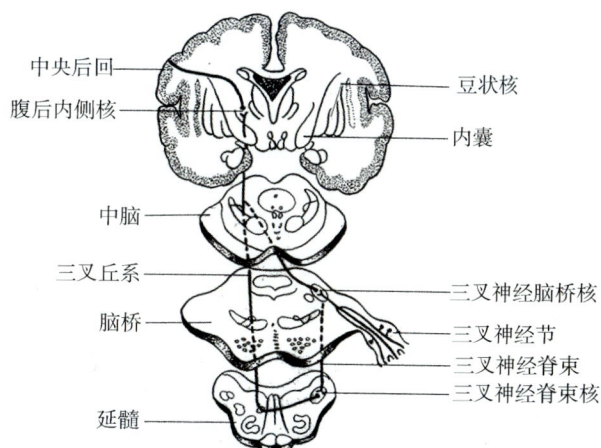

图 10-62 头面部浅感觉传导通路

（三）视觉传导通路

视觉传导通路由3级神经元组成（图10-63）。

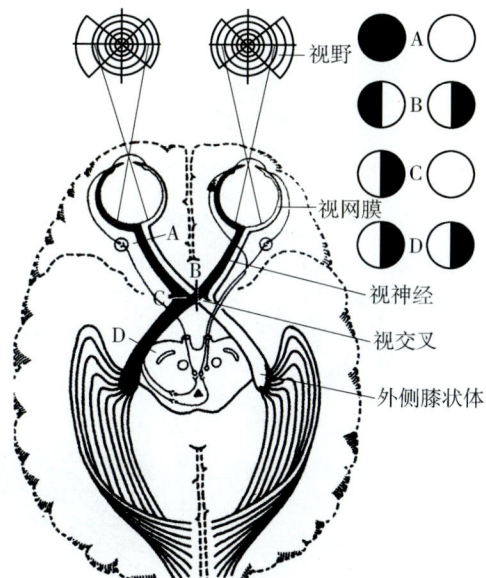

图 10-63 视觉传导通路

第1级神经元为视网膜双极细胞，其周围突与视锥细胞和视杆细胞形成突触，中枢突与节细胞形成突触。

第2级神经元为视网膜节细胞，其轴突在视神经盘处聚集成视神经，经视神经管入颅后形成视交叉，向后延为视束。视束向后绕大脑脚终于外侧膝状体。

第3级神经元胞体位于外侧膝状体，其发出的投射纤维组成视辐射，经内囊后肢投射至大脑皮质视觉中枢。

知识拓展

视觉通路损伤

视野是指眼球固定向前平视时所能看到的空间范围。由于眼的屈光装置对光线的折射作用，鼻侧半视野的物象投射到视网膜的颞侧半，上半部视野的物象投射到视网膜的下半部，反之亦然。视觉传导通路不同部位受损，可引起不同的视野障碍：一侧视神经损伤，可导致该侧眼的视野全盲；视交叉中间部纤维损伤，可导致双眼视野颞侧半偏盲；一侧视交叉外侧部的纤维损伤，可导致患侧视野鼻侧半偏盲；一侧视束或视辐射、视皮质受损，可致双眼病灶对侧半视野同向性偏盲。

（四）听觉传导通路

听觉传导通路由4级神经元组成（图10-64）。

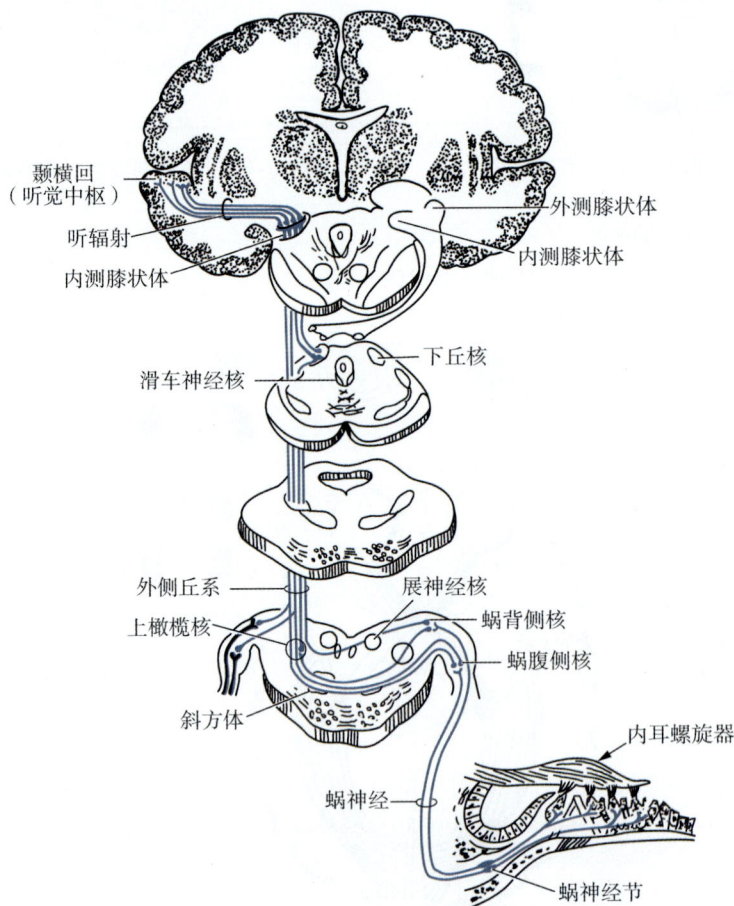

图 10-64　听觉传导通路

第1级神经元为蜗神经节内的双极细胞，其周围突分布于内耳的螺旋器，中枢突组成蜗神经，入脑后止于蜗神经核。

第2级神经元胞体位于蜗神经核，其发出纤维大部分在脑桥内交叉到对侧，再折返上行组成外侧丘系，不交叉的纤维加入同侧外侧丘系。外侧丘系的纤维在脑桥内上行，大部分止于下丘，少部分直接止于内侧膝状体。

第3级神经元胞体位于下丘内，其发出纤维止于内侧膝状体。

第4级神经元胞体位于内侧膝状体，其发出纤维组成听辐射，经内囊后肢投射到大脑皮质听觉中枢。

听觉传导是双侧传导，一侧外侧丘系、听辐射或听觉中枢损伤时，不至于产生明显的听觉障碍。

二、运动传导通路

运动传导通路包括锥体系和锥体外系两部分。

（一）锥体系

锥体系主要是管理骨骼肌的随意运动。由上运动神经元和下运动神经元组成。上运动神经元是指位于大脑皮质中央前回和中央旁小叶前部以及其他一些皮质区域中的锥体细胞，其轴突组成锥体束，经内囊下行至脑干或脊髓，其终止于脑干的脑神经运动核的纤维束，称皮质核束；止于脊髓前角的纤维束，称皮质脊髓束。下运动神经元是指位于脑干的脑神经运动核和脊髓前角运动神经元，其轴突分别组成脑神经和脊神经。

1. 皮质核束 皮质核束主要由中央前回下部锥体细胞的轴突聚集而成，下行经内囊膝至大脑脚底，由此向下陆续分出纤维，大部终止于双侧脑神经运动核，包括动眼神经核、滑车神经核、展神经核、三叉运动核、面神经核上部（支配眼裂以上的面肌）、疑核和副神经核。由这些神经核发出纤维支配眼球外肌、眼裂以上面肌、咀嚼肌、咽喉肌、胸锁乳突肌和斜方肌等；小部分纤维到达对侧面神经核下部（支配眼裂以下的面肌）和舌下神经核（图10-65）。

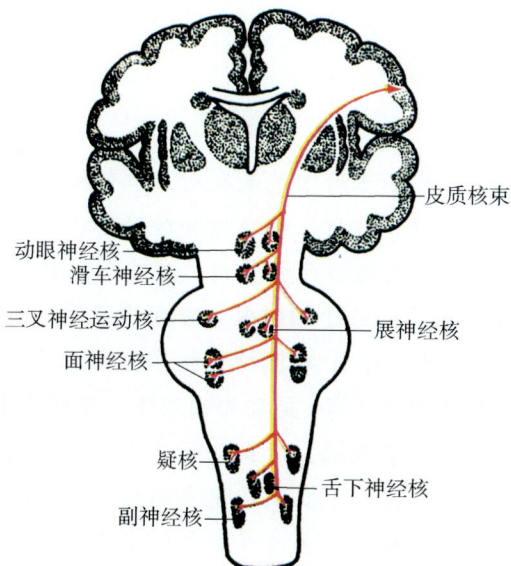

图 10-65 皮质核束

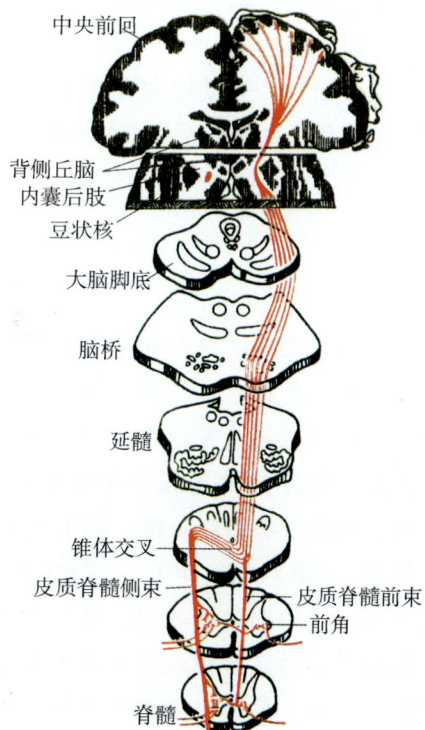

图 10-66 皮质脊髓束

2.皮质脊髓束　皮质脊髓束由中央前回上2/3和中央旁小叶前部等处皮质的锥体细胞轴突聚集而成，经内囊后肢的前部下行至延髓形成锥体（图10-66）。在锥体下端，大部分纤维交叉至对侧，形成锥体交叉。交叉后的纤维下行于对侧脊髓外侧索内，称皮质脊髓侧束，支配四肢肌运动。小部分未交叉的纤维下行于同侧脊髓前索内，称皮质脊髓前束，并经白质前连合逐节交叉至对侧前角运动细胞，支配躯干肌和四肢肌运动。皮质脊髓前束中有一部分纤维始终不交叉，止于同侧前角细胞，支配同侧躯干肌。因此，躯干肌受两侧大脑皮质支配。当一侧皮质脊髓束在锥体交叉前受损，主要引起对侧肢体瘫痪，而躯干肌运动无明显影响。

锥体系的任何部位损伤都可引起支配区域的随意运动障碍。上、下运动神经元损伤后虽均出现瘫痪，但其临床表现不同，见表10-4。

表 10-4　上运动神经元和下运动神经元损伤后的比较

	上运动神经元	下运动神经元
损害部位	皮质运动区、锥体束	脑神经运动核、脊髓前角运动神经元及其轴突
瘫痪范围及特点	较广泛、痉挛性瘫痪（硬瘫）	较局限、弛缓性瘫痪（软瘫）
肌张力	增高、呈折刀状	减低
反射	深反射亢进，浅反射消失	深反射、浅反射均消失
病理反射	有	无
肌萎缩	早期无，晚期为失用性肌萎缩	明显、早期即可出现
肌纤维颤动	无	有

（二）锥体外系

锥体外系是指锥体系以外影响和控制躯体运动的传导通路的统称，主要包括大脑皮质、纹状体、背侧丘脑、底丘脑、中脑顶盖、红核、黑质、脑桥核、前庭神经核、小脑、网状结构等以及它们的纤维联系。锥体外系的纤维最后经红核脊髓束、网状脊髓束等中继，下行终止于脑神经运动核和脊髓前角运动神经元。锥体外系的主要功能是调节肌张力、协调肌群运动和协助锥体系完成精细随意运动及维持、调整体态姿势和完成习惯性动作等。

本章小结

神经系统由中枢部和周围部构成。神经系统的基本活动方式是反射，执行反射活动的形态学基础是反射弧。神经系统的常用术语包括灰质和白质、神经核和神经节、纤维束和神经以及网状结构等。中枢神经系统包括脑和脊髓。脊髓位于椎管内，呈扁圆柱状，有两个膨大，分为31个节段，其内部由灰质和白质构成。脑位于颅腔内，可分为端脑、间脑、中脑、脑桥、小脑和延髓。脑干（中脑、脑桥、延髓）与10对脑神经相连，脑干内部由脑神经核、非脑神经核和上、下行纤维束构成。小脑位于颅后窝，是重要的躯体运动调节中枢。间脑位于端脑和脑干之间，可分背侧丘脑、上丘脑、下丘脑、后丘脑和底丘脑。背侧丘脑外侧核群中的腹后核最为重要，是感觉传导的重要中枢。下丘脑是重要的神经内分泌活动中枢。端脑主要由左右两个大脑半球组成，每侧大脑半球分为5叶。大脑半球上的主要沟回是大脑皮质分区和功能定位的基础。端脑内部结构包括大脑皮质、髓质、基底核和侧脑室。脑和脊髓的被膜由外向内依次为硬膜、蛛网膜和软膜。供应脑的动脉有颈内动脉和椎－基底动脉。脊髓的动脉有脊髓前动脉和脊髓后动脉。脑脊液是由各脑室的脉络丛产生。

　　周围神经系统包括脊神经、脑神经和内脏神经。脊神经共 31 对，除胸神经前支在胸腹壁上仍保持明显节段性分布外，其余脊神经前支交织形成 4 个神经丛即颈丛、臂丛、腰丛和骶丛等。脑神经共 12 对：嗅神经、视神经、动眼神经、滑车神经、三叉神经、展神经、面神经、前庭蜗神经、舌咽神经、迷走神经、副神经和舌下神经。内脏神经主要分布于内脏、心血管和腺体，包括内脏运动神经和内脏感觉神经。内脏运动神经分交感神经和副交感神经。神经传导通路分为感觉传导通路和运动传导通路，感觉传导通路包括本体感觉、浅感觉以及视觉和听觉等传导通路。运动传导通路包括锥体系和锥体外系。

一、选择题

【A1/A2 型题】

1. 锥体交叉是
   A. 位于延髓背侧下端
   B. 交叉后纤维全部行于脊髓外侧索
   C. 为皮质核束的纤维交叉
   D. 交叉后的纤维下行支配对侧躯体运动核团
   E. 交叉后的纤维管理同侧四肢肌意运动

2. 第 1 躯体运动区位于
   A. 中央前回
   B. 中央后回
   C. 中央前回和中央旁小叶前部
   D. 中央后回和中央旁小叶后部
   E. 中央前回和中央旁小叶后部

3. 参与形成脉络丛的是
   A. 硬脊膜　　　　　　　B. 蛛网膜　　　　　　　C. 软脊膜
   D. 硬脑膜　　　　　　　E. 软脑膜

4. 脑干和小脑的血供来源于
   A. 大脑前动脉　　　　　B. 大脑中动脉　　　　　C. 大脑后动脉
   D. 椎 – 基底动脉　　　　E. 大脑小动脉

5. 硬膜外麻醉是将药物注入
   A. 硬膜下隙　　　　　　B. 小脑延髓池　　　　　C. 蛛网膜下隙
   D. 硬膜外隙　　　　　　E. 终池

6. 肌皮神经支配
   A. 肱三头肌　　　　　　B. 三角肌　　　　　　　C. 肱二头肌
   D. 背阔肌　　　　　　　E. 肱桡肌

7. 支配咀嚼肌的神经是

扫码"练一练"

A.面神经   B.副神经   C.迷走神经

D.三叉神经   E.舌咽神经

8.头面部的痛温觉传导通路的第1级神经元的胞体位于

 A.脊神经节   B.三叉神经节   C.三叉神经节束核

 D.三叉神经脑桥核 E.三叉神经中脑核

9.只接受对侧皮质核束纤维的神经核是

 A.三叉神经运动核 B.滑车神经核 C.动眼神经核

 D.舌下神经核   E.展神经核

10.经过内囊膝的是

 A.丘脑中央辐射 B.皮质脊髓束 C.听辐射

 D.视辐射   E.皮质核束

11.下列关于端脑的描述中，错误的是

 A.主要指两侧大脑半球

 B.端脑就是大脑半球加间脑

 C.大脑表面的灰质称大脑皮质

 D.在大脑髓质深部包埋有基底核

 E.大脑半球内的空腔为侧脑室

12.有关海绵窦的描述，错误的是

 A.位于蝶鞍两侧

 B.为硬脑膜两层间不规则腔隙

 C.海绵窦内侧壁内有颈内动脉和三叉神经通过

 D.外侧壁内有动眼神经、滑车神经、眼神经和上颌神经通过

 E.海绵窦与颅外静脉有广泛的交通和联系

13.下列神经根没有连在脑干腹侧面的是

 A.面神经   B.舌下神经   C.展神经

 D.滑车神经   E.动眼神经

14.颅部的副交感神经节不包括

 A.翼腭神经节   B.睫状神经节 C.耳神经节

 D.下颌下神经节   E.三叉神经节

15.有关脑动脉的描述中，错误的是

 A.来自颈内动脉和椎动脉

 B.脑动脉常与脑静脉伴行

 C.大脑中动脉供应大脑半球上外侧面

 D.中央支供应尾状核、豆状核及内囊等

 E.大脑后动脉是基底动脉的终支

16.下列脑神经中，不与脑干相连的是

 A.三叉神经   B.滑车神经   C.嗅神经

 D.副神经   E.动眼神经

17.关于头面部浅感觉传导通路，错误的是

 A.传导头面部的痛觉、温度觉及触觉

B.第1神经元胞体为三叉神经节

C.第2级神经元胞体为三叉神经脊束核和三叉神经脑桥核

D.第3级神经元胞体为丘脑腹后外侧核

E.最终投射至中央后回下1/3区

18.下列关于内侧丘系的说法，错误的是

A.传导意识性本体感觉和精细触觉

B.发自薄束核和楔束核

C.损伤后表现为对侧躯干和四肢本体感觉和精细触觉障碍

D.发自脊髓固有核

E.其纤维止于丘脑腹后外侧核

19.大脑半球的分叶不包括

A.额叶   B.颞叶   C.枕叶

D.岛叶   E.边缘叶

20.不参与大脑动脉组成的动脉是

A.前交通动脉   B.左、右大脑前动脉   C.左、右大脑中动脉

D.左、右大脑后动脉   E.左、右后交通动脉

二、思考题

1.简述脑干内4个丘系的名称、位置及功能。

2.高血压患者一侧内囊出血后，可出现哪些症状？为什么？

3.试述腰椎穿刺的部位及解剖层次。

4.简述脑脊液的产生及循环。

5.试述股神经损伤后的临床表现及解剖学基础。

6.在眼眶内的脑神经有哪些？各自分布或支配何结构？

7.简述交感神经与副交感神经的主要区别。

8.左足被针刺时，痛觉是如何传导至大脑皮质？

9.简述深、浅感觉传导通路的不同点。

（田　恒）

第十一章 内分泌系统

学习目标

1.**掌握** 内分泌系统的组成和功能；垂体的位置、形态和分部；甲状腺的位置和形态；肾上腺的位置和形态。

2.**熟悉** 腺垂体、神经垂体的结构和功能特点；甲状腺滤泡上皮细胞、滤泡旁细胞的功能；肾上腺皮质球状带、束状带、网状带细胞的功能。

3.**了解** 甲状旁腺的位置和形态；肾上腺髓质嗜铬细胞的功能。

4.会观察辨认内分泌器官的主要形态结构。

5.具有关心患者、尊重患者的意识及良好的职业素质、人际沟通能力和团结协作精神。

内分泌系统由内分泌腺和内分泌组织构成。内分泌腺即内分泌器官，它是由内分泌细胞所组成的独立性器官，包括垂体、甲状腺、甲状旁腺、肾上腺、松果体和胸腺等。内分泌组织是指散布在其他器官、组织中的内分泌团块，如胰腺中的胰岛、睾丸中的间质细胞和卵巢中的黄体等（图11-1）。

内分泌腺的结构具有以下特点：①腺细胞排列呈索条状、团块状或围成滤泡，其间有丰富的毛细血管和毛细淋巴管。②内分泌腺无导管，激素直接渗入毛细血管或毛细淋巴管，随血液循环到达全身，对人体新陈代谢、生长发育和生殖功能等，都具有重要调节作用。③其结构和功能活动有显著的年龄变化。

内分泌系统和神经系统，两者在结构和功能上有着密切的联系。几乎所有的内分泌腺和内分泌组织，都直接或间接受神经系统的调节和控制，而内分泌系统也可影响神经系统的功能。如神经系统可以控制甲状腺合成和分泌甲状腺素，而甲状腺素又能影响脑的发育和功能。另外，某些神经元也具有分泌激素的功能，如下丘脑的视上核和室旁核中的神经元等，这些具有分泌功能的神经元，称分泌神经元。

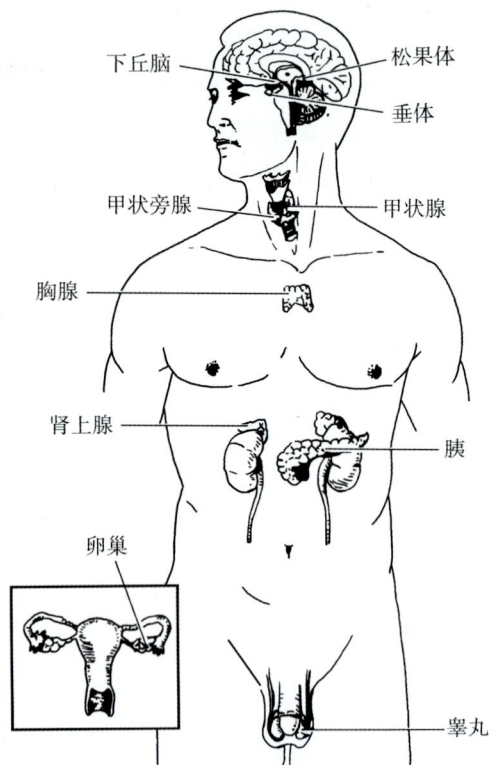

图11-1 内分泌系统

人体的内分泌腺有甲状腺、甲状旁腺、肾上腺、垂体、松果体和胸腺等。本章只介绍垂体、甲状腺、甲状旁腺和肾上腺。

　　患者，男性，37 岁，烦躁不安、畏热、消瘦 2 个月余。稍活动后即感到心悸、呼吸急促，间有手抖。查体：体温 37.2℃，脉搏 106 次 / 分，呼吸 22 次 / 分，血压 132/74mmHg。精神稍激动，眼球略突出，睑裂增宽，瞬目减少，面色潮红。甲状腺可触及，Ⅱ度均匀肿大、质软、无触痛。诊断：甲状腺功能亢进（原发性）。

　　请问：

　　1. 甲状腺的位置及形态如何？

　　2. 甲状腺可分泌哪些激素？这些激素有什么功能？

第一节　垂　体

一、垂体的形态和位置

　　垂体为椭圆形小体，色灰红，重量不超过 1g，位于颅中窝中部的垂体窝内，向上通过漏斗连于下丘脑，前上方与视交叉相邻（图 11-2）。垂体是人体最复杂的内分泌腺，它能分泌多种激素，并调控其他内分泌腺。垂体分前、后两部，前部为腺垂体，后部为神经垂体。腺垂体包括远侧部、中间部和结节部。神经垂体由神经部和漏斗组成。

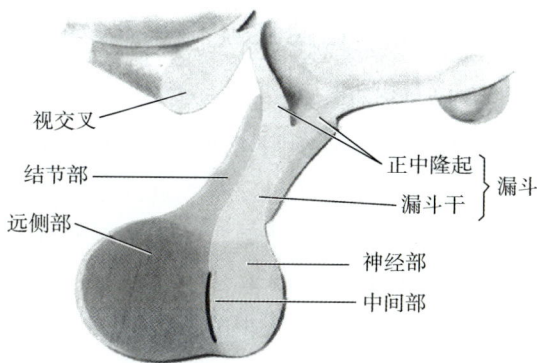

图 11-2　垂体的分部

二、垂体的微细结构

（一）腺垂体

　　腺垂体为垂体的主要部分，主要由腺细胞构成，腺细胞排列成索状或团状，细胞之间有丰富的毛细血管。在 HE 染色切片中，依据腺细胞着色的差异，可将其分为嗜酸性细胞、嗜碱性细胞和嫌色细胞三类（图 11-3）。

　　1.嗜酸性细胞　细胞体积较大，呈圆形或卵圆形，数量较多，胞质内含有许多粗大的嗜酸性颗粒。嗜酸性细胞分泌两种激素。

　　（1）促生长素　其主要作用是促进骨骼的生长和蛋白质的合成。在幼年时期这种激素若分泌过多，可引起巨人症；若分泌不足，则形成侏儒症。

（2）催乳激素　可促进乳腺的发育，在妊娠晚期和哺乳期，可促进乳汁的分泌。

2.嗜碱性细胞　细胞体积大小不等，呈圆形或多边形，数量较少，胞质中内含有嗜碱性颗粒。嗜碱性细胞可分泌三种激素。

（1）促甲状腺激素　可促进甲状腺分泌甲状腺素。

（2）促性腺激素　包括两种激素：①卵泡刺激素，在女性可促进卵泡的发育，在男性可促进精子的生成；②黄体生成素，在女性可促进黄体的形成，在男性称间质细胞刺激素，可促进睾丸间质细胞分泌雄激素。

（3）促肾上腺皮质激素　其主要作用是促进肾上腺皮质分泌糖皮质激素。

3.嫌色细胞　数量最多，体积较小，细胞界限不清。嫌色细胞可能是脱颗粒的嗜碱性细胞和嗜碱性细胞，或是处于形成嗜酸性细胞和嗜碱性细胞的初级阶段。

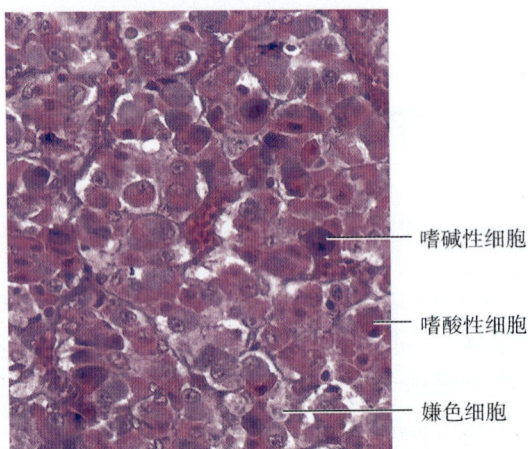

嗜碱性细胞

嗜酸性细胞

嫌色细胞

图 11-3　腺垂体高倍镜下观

（二）神经垂体

神经垂体由无髓神经纤维和神经胶质细胞构成，其间有丰富的血窦。无髓神经纤维来自于下丘脑的视上核和室旁核，是两个核内分泌神经元发出的轴突。视上核和室旁核内的分泌神经元可分泌激素，并经轴突运到神经垂体释放。神经垂体只是储存和释放下丘脑激素的部位。其储存和释放的激素是抗利尿激素和催产素。

1.抗利尿激素　又称血管加压素，由视上核的神经内分泌细胞合成，抗利尿激素可促进肾小管和集合管对水的重吸收，从而使尿量减少。

2.催产素　由室旁核的神经内分泌细胞合成，催产素可促进妊娠子宫平滑肌的收缩，加速胎儿娩出，也可促进乳腺的分泌。

第二节　甲　状　腺

一、甲状腺的形态和位置

甲状腺是人体最大的内分泌腺，其主要功能是促进机体的新陈代谢。甲状腺质地柔软，呈红棕色，近似"H"形，分为左、右两个侧叶，中间以峡部相连，峡部的上缘，常有一向上延伸的锥状叶（图11-4、图11-5）。

甲状腺位于颈前部，左、右侧叶紧贴于喉的下部和气管上部的两侧，峡部一般位于第二至第四气管软骨环的前方。甲状腺左、右侧叶的后外方与颈部血管相邻，内侧面与喉、气管、咽、食管、喉返神经等相邻，因此，当甲状腺肿大时，可压迫上述结构，产生呼吸、吞咽困难和声音嘶哑等症状。甲状腺借结缔组织固定于喉软骨，故吞咽时甲状腺可随喉上下移动。

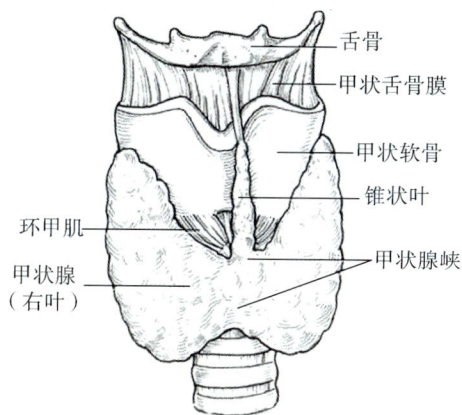

图 11-4　甲状腺前面观

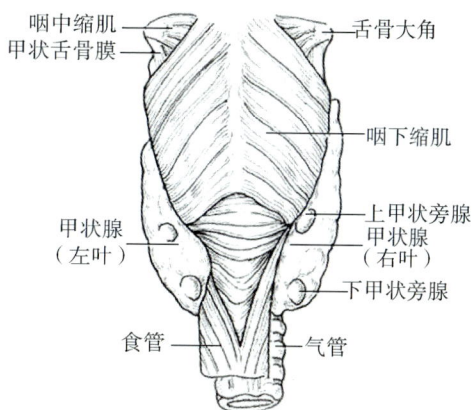

图 11-5　甲状腺后面观

二、甲状腺的微细结构

甲状腺表面包有结缔组织构成的被膜，结缔组织伸入实质内，将其分为许多大小不等的小叶，每个小叶内含有许多甲状腺滤泡和滤泡旁细胞，滤泡间有少量结缔组织和丰富的毛细血管（图11-6）。

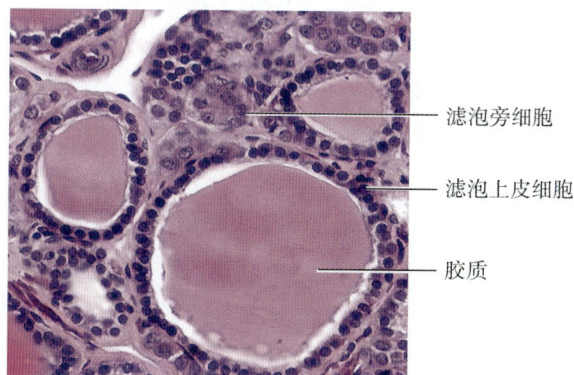

图 11-6　甲状腺高倍镜下观

（一）甲状腺滤泡

甲状腺滤泡是由单层的滤泡上皮细胞围成的泡状结构，大小不等，呈圆形或椭圆形。滤泡上皮细胞通常为立方形，细胞核圆形，位于中央。滤泡腔内充满胶质，是滤泡上皮细胞的分泌物，其主要成分是甲状腺球蛋白，HE染色呈均质状、嗜酸性。

甲状腺滤泡上皮细胞能合成和分泌甲状腺素。甲状腺素的主要功能是促进机体的物质代谢和生长发育，尤其是脑和骨骼的发育。在婴幼儿，如甲状腺功能低下，可导致身材矮小、智力低下，称呆小症。如甲状腺功能过高，甲状腺素分泌增多，称甲状腺功能亢进。

（二）滤泡旁细胞

滤泡旁细胞位于甲状腺滤泡之间和滤泡上皮细胞之间，细胞呈卵圆形，体积较大，细胞质着色较淡。滤泡旁细胞能分泌降钙素，降钙素可促进成骨细胞的活动，形成新骨，并抑制胃肠道和肾对钙的吸收，从而使血钙降低。

第三节 甲状旁腺

一、甲状旁腺的形态和位置

甲状旁腺为棕黄色的扁椭圆形小体，黄豆大小。甲状旁腺通常有上、下两对，分别位于甲状腺左、右侧叶的后缘，也偶见埋入甲状腺的实质内（图11-5）。

二、甲状旁腺的微细结构

甲状旁腺表面包有结缔组织构成的被膜，实质内腺细胞排列成索团状，其间有丰富的毛细血管。甲状旁腺的腺细胞分为主细胞和嗜酸性细胞两种。

主细胞是甲状旁腺的主要腺细胞，体积小，呈圆形或多边形，核圆形，位于中央，HE染色细胞质着色浅。主细胞分泌甲状旁腺素。甲状旁腺素主要作用是调节体内钙和磷的代谢，维持血钙平衡。甲状旁腺素分泌不足时，可引起血钙降低，使神经、肌组织的应激性增高，导致手足搐搦症；分泌功能亢进时，可引起骨质过度吸收，容易发生骨折。

嗜酸性细胞数量较少，单个或成群存在于主细胞之间，体积比主细胞大，呈多边形，核较小，染色深，细胞质内有许多嗜酸性颗粒，功能尚不清楚。

第四节 肾 上 腺

一、肾上腺的形态和位置

肾上腺左、右各一，呈淡黄色，质地柔软的实质性器官，左肾上腺近似半月形，右肾上腺为三角形。肾上腺位于两肾的上内方，与肾共同包被于肾筋膜和脂肪囊内（图11-7）。

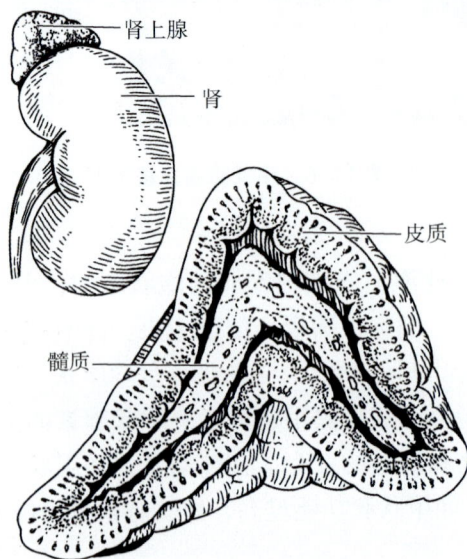

图 11-7 肾上腺的位置

二、肾上腺的微细结构

肾上腺的外面包有一层结缔组织被膜，肾上腺的实质可分为皮质和髓质两部分（图11-8）。

（一）皮质

皮质为肾上腺的周围部，根据细胞的排列形式，可将皮质由外向内分为球状带、束状带和网状带。

1.球状带 位于皮质浅层，较薄，细胞排列成球状团块。细胞较小，呈矮柱状或锥形，核小染色深，胞质内有少量脂滴。球状带细胞分泌盐皮质激素，可调节体内的钠、钾和水的平衡。

2.束状带 位于皮质中层，最厚，细胞排列成索状。细胞较大，呈立方形或多边形，核大染色浅，胞质内有大量脂滴。束状带细胞分泌糖皮质激素，其主要作用是调节糖和蛋白质的代谢，还可降低机体的炎性反应。

3.网状带 位于皮质内层，细胞排列成条索状并相互连接成网，其间有窦状毛细血管和少量的结缔组织。网状带细胞较小，呈边形，核小染色较深，胞质内有少量脂滴及较多的脂褐素。网状带细胞分泌性激素，以雄激素为主，少量的雌激素。

（二）髓质

髓质位于肾上腺的中央部，主要由髓质细胞构成。髓质细胞排列成索或团，并相互吻合成网，其间有窦状毛细血管。细胞体积较大，呈多边形，核圆形，胞质内可见呈黄褐色的嗜铬颗粒，故又称为嗜铬细胞。髓质细胞分泌肾上激素和去甲肾上腺素两种激素。肾上腺素可增强心肌收缩力、心率加快，使心脏和骨骼肌的血管扩张；去甲肾上腺素可使小动脉平滑肌收缩、血压升高及心脏、脑和骨骼肌内的血流加速。

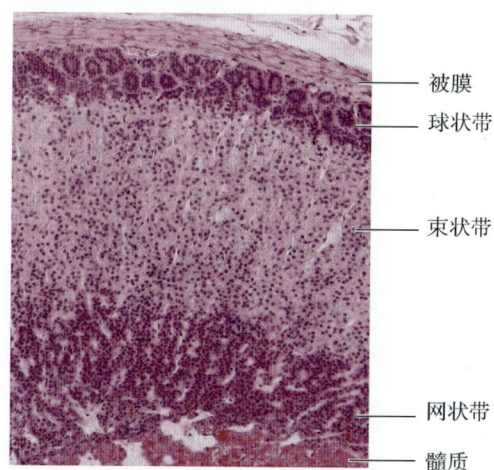

被膜
球状带
束状带
网状带
髓质

图 11-8 肾上腺皮质

本章小结

内分泌系统由内分泌腺和内分泌组织构成。垂体分为腺垂体和神经垂体两部分，腺垂体内有嗜酸性细胞、嗜碱性细胞核和嫌色细胞三种腺细胞；神经垂体由无髓神经纤维和神经胶质细胞构成。甲状腺呈"H"形，滤泡上皮细胞可分泌甲状腺素，滤泡旁细胞可分泌降钙素。甲状旁腺位于甲状腺侧叶的后方，其实质内的主细胞可分泌甲状旁腺素。肾上腺的实质可分为皮质和髓质两部分，皮质由外向内分为球状带、束状带和网状带。

习 题

一、选择题

【A1/A2 型题】

1.列哪个内分泌腺分泌的激素不足时，引起血钙下降
  A.松果体　　　　　　　　B.甲状腺　　　　　　　　C.肾上腺
  D.垂体　　　　　　　　　E.甲状旁腺

2.下列哪些结构不属于内分泌系统
  A.甲状腺和甲状旁腺　　　B.腺垂体和神经垂体　　　C.肾上腺髓质和胰岛
  D.松果体和黄体　　　　　E.胰腺和肝

3.能够分泌雄激素的器官是
  A.甲状旁腺　　　　　　　B.胸腺　　　　　　　　　C.睾丸
  D.垂体　　　　　　　　　E.甲状腺

4.缺碘可引起哪个内分泌腺体肿大
  A.甲状腺　　　　　　　　B.肾上腺　　　　　　　　C.胸腺
  D.松果体　　　　　　　　E.垂体

5.关于甲状旁腺的描述，正确的是
  A.功能亢进时引起血钙下降
  B.通常为一对扁椭圆形小体
  C.约黄豆大小，呈淡红色
  D.贴附于甲状腺侧叶
  E.小儿时期体积较小

6.关于肾上腺的描述，正确的是
  A.腺的前面有不显著的门
  B.为一对三角形腺体
  C.被肾上腺纤维膜包裹
  D.位于肾的外上方
  E.功能亢进时引起血钙下降

7.关于内分泌腺的描述，正确的是
  A.包括甲状腺、肾上腺、垂体、睾丸、卵巢等
  B.其腺细胞属于上皮细胞
  C.腺细胞多排列成囊泡，有排泄管
  D.与神经系统无关
  E.其分泌物可直接输送到靶器官

8.甲状腺峡位于

A.舌骨前方　　　　　　B.环状软骨前方
C.第2~4气管软骨环前方　D.第2~4颈椎前方
E.甲状软骨前方
9.属于内分泌腺的是
A.腮腺　　　　　　B.舌下腺　　　　　C.肾上腺
D.前列腺　　　　　E.泪腺
10.关于垂体的描述正确的是
A.是成对的器官　　　B.位于蝶骨体两侧　　C.借漏斗连于端脑
D.分为神经垂体和腺垂体　E.神经垂体有分泌功能

二、思考题

1.简述垂体的形态、位置和分部。
2.简述甲状腺的形态、位置和功能。
3.简述肾上腺的形态、位置和功能。

（吴龙祥）

第十二章　人体胚胎学概要

　　人体胚胎学是研究人体胚胎发生、发育过程及其机制的科学。胚胎在母体子宫中的发育时间约266天，可分为以下三个时期。①胚前期：从受精到第2周末。②胚期：从第3周至第8周末。③胎期：从第9周至出生。在前两期内，新个体由单个细胞经过迅速而复杂的增殖分化，发育为各器官、系统及外形均初具雏形的胎儿；胎期内胎儿逐渐长大，各器官、系统继续发育，并出现不同程度的功能活动。

第一节　胚胎的早期发育

扫码"学一学"

胚胎的早期发育是指受精卵的形成至第八周末，此时胚胎初具人形，包括胚前期和胚期。此期的胚胎变化很大，易受环境因素的影响，对胎儿的正常发育具有决定性作用。

一、受精和卵裂

（一）受精

精子与卵子结合形成受精卵的过程，称为受精。成年男性一次射精可射出3亿～5亿个精子，最终只有一个精子能与卵子结合形成受精卵。

1.受精的部位和时间 受精发生在输卵管壶腹部，一般发生在排卵后12小时以内。

2.受精的过程 当获能的精子接触到卵细胞周围的放射冠时，精子顶体发生一系列变化并释放顶体酶，这种变化称为顶体反应。在顶体酶作用下，精子穿过放射冠而接触到透明带，形成一个精子穿过的通道，精子则与卵子直接接触，两者细胞膜相互融合，精子的细胞核和细胞质进入卵细胞的胞质内，精子的细胞膜与卵膜融为一体。精子进入卵子后，卵子立即释放溶酶体酶样物质，使透明带失去了接受精子穿越的功能，这一过程称为透明带反应，该反应防止其他精子穿越透明带而导致多精受精的发生。精子进入卵子激发卵子迅速完成第二次成熟分裂，生成成熟的卵子。此时精子和卵子的细胞核膨大，形成了雄性原核和雌性原核，均可进行染色体复制。两性原核逐渐在细胞中部靠拢融合，核膜随即消失，染色体混合，形成二倍体的受精卵，受精过程完成（图12-1）。

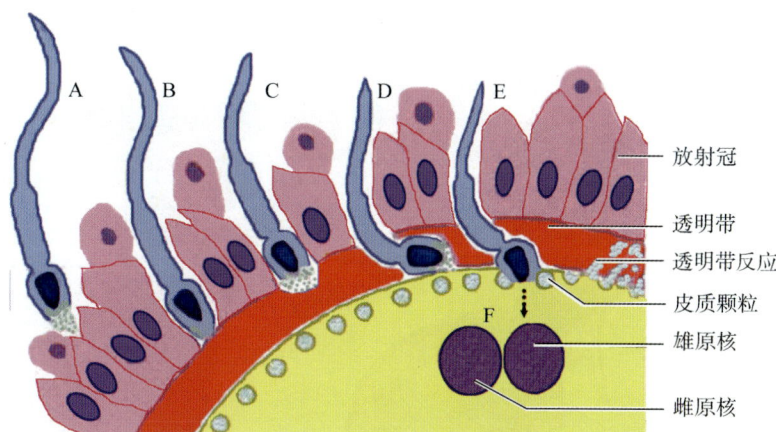

图 12-1 受精过程示意图

A、B 示第一期精子溶蚀并穿越放射冠；C、D 示第二期精子溶蚀并穿越透明带；
E、F 示第三期精子核进入，雌雄原核靠拢

3.受精的条件 受精的条件是：①发育正常并已获能的精子与发育正常的卵细胞在限定的时间相遇是受精的基本条件。排卵后12~24小时，卵细胞便失去受精能力；精子进入女性生殖管道后24小时内未与卵细胞相遇，也会丧失受精能力。②精液中精子的数量和质量必须正常。如果每毫升精液所含精子少于500万个，不能受精。若小头、双头、双尾等畸形精子的数量超过20%，或者精子的活动力太弱，均不易受精。③男、女性生殖管道必须通畅，否则受精也不可能实现。避孕套、子宫帽、输精管结扎、输卵管粘堵等就是根据这一原理而设计的避孕或绝育方法。

4.受精的意义 受精的意义是：①受精是两性生殖细胞相互融合和相互激活的过程，

是新生命的开端；②受精过程是双亲的遗传基因随机组合的过程，并使受精卵恢复二倍体核型，因而由受精卵发育来的新个体既保持了双亲的遗传特征，又有着比双亲更丰富多样的遗传特征和更强的生命力；③受精决定新个体的遗传性别。

知识拓展

试管婴儿

1988年3月10日，我国大陆第一例试管婴儿诞生于北京医科大学第三附属医院妇产科，其创始人为张丽珠教授。"试管婴儿"，指通过手术从母体取出卵子，加入经处理的精子之后放在"试管"中受精；再将受精卵在试管中发育约2天后，移至子宫内继续发育直至成为成熟的胎儿，分娩。根据各种技术出现的时间次序，可分为常规试管婴儿、单精子注射技术、胚胎遗传病诊断技术、卵浆置换术，这些技术无优劣之分，均有各自的适应证。

（二）卵裂

受精卵早期的细胞分裂称为卵裂；卵裂后的子细胞称卵裂球，受精后第三天，卵裂球的数目达12~16个，外观如桑椹果，故称桑椹胚（图12-2），同时已经过输卵管运行到子宫腔内。

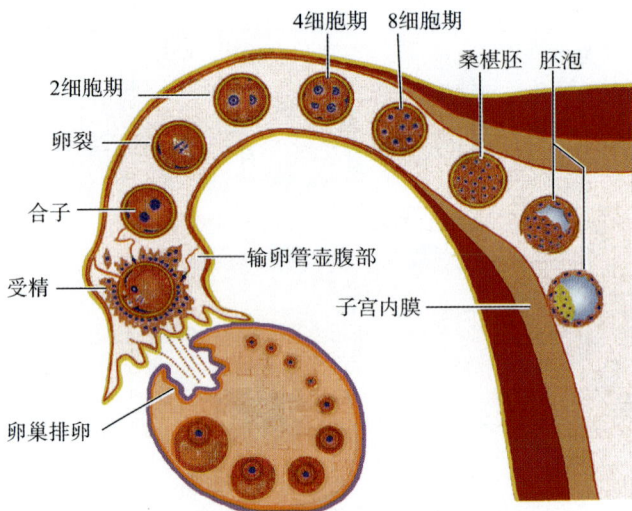

图 12-2　排卵、受精、卵裂和胚泡形成、植入示意图

二、胚泡的形成

桑椹胚进入子宫腔后，继续分裂增殖，当卵裂球的数目增至100个左右时，细胞间出现若干小的间隙，小间隙逐渐融合成一个大腔，腔内充满液体，整个胚形似囊泡，故称胚泡。胚泡中间的腔称胚泡腔，胚泡的壁由单层细胞构成，可吸收营养，故名滋养层。在胚泡腔的一端有一团大而不规则的细胞团，称内细胞群。覆盖在内细胞群表面的滋养层称极端滋养层（图12-3）。

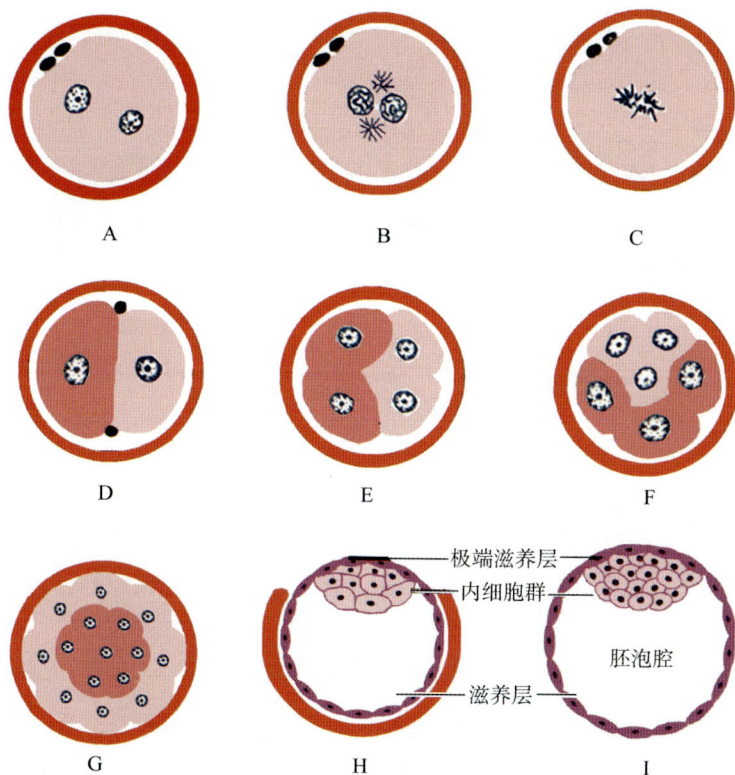

图 12-3 卵裂、胚泡形成和胚泡结构

A.雌原核与雄原核形成；B.雌、雄原核靠近；C.卵裂开始；D.2 细胞期；E.4 细胞期；

F.8 细胞期；G.桑椹胚；H.胚泡早期；I.胚泡

三、植入和蜕膜

（一）植入

胚泡埋入子宫内膜的过程，称植入，亦称着床。始于受精后第 5 天末或第 6 天初，第 11 天左右完成。常见的植入部位是子宫前壁或后壁的中上份。

植入的过程：受精后第 5 天，包绕胚泡的透明带溶解消失，胚泡的极端滋养层黏附于子宫内膜表面，并分泌溶组织酶分解消化与其黏附的子宫内膜的功能层。在植入过程中，胚泡的极端滋养层的细胞迅速增生并分化为两层，即外层的合体滋养层及内层的细胞滋养层。当胚泡全部进入子宫内膜后，表面上皮处的缺口由一团非细胞物质填充，称凝栓。至此胚泡即完全植入子宫内膜（图 12-4）。

（二）蜕膜

胚泡植入后的子宫内膜称为蜕膜，胎儿分娩时脱落。

根据蜕膜与胚泡的位置关系将蜕膜分为三部分：位于胚泡深部的部分称底蜕膜；覆盖在胚泡浅层的部分称包蜕膜；其余的部分称壁蜕膜。随着胚胎的生长发育，包蜕膜逐渐向子宫腔凸起，子宫腔逐渐变窄。最后，包蜕膜与壁蜕膜相贴，并互相融合，子宫腔消失（图 12-5）。

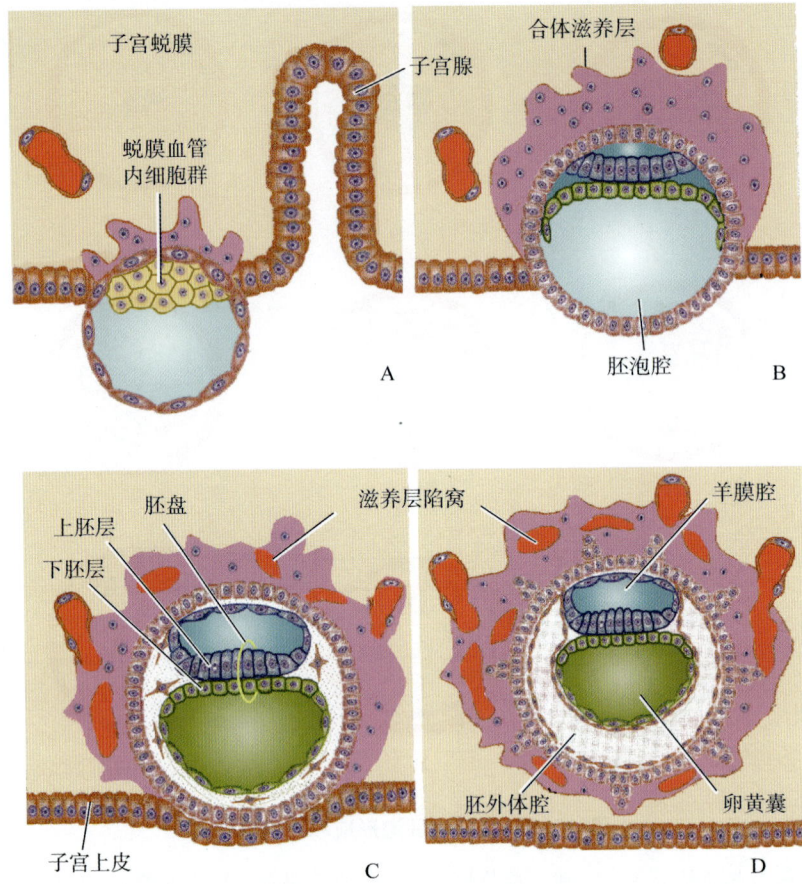

图 12-4 植入过程示意图

A. 极端滋养层溶解子宫内膜，形成小缺口；B. 随缺口变深，胚泡逐渐陷入内膜；
C. 胚泡完全埋入子宫内膜；D. 缺口修复，植入完成

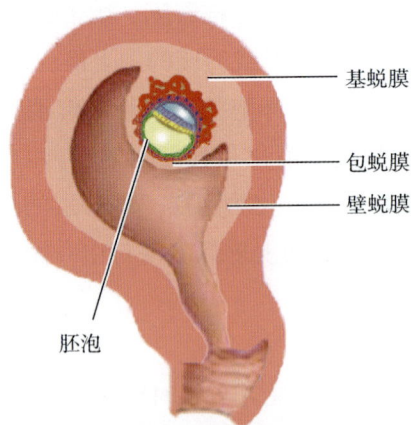

图 12-5 胚胎植入与子宫蜕膜关系示意图

四、三胚层的形成和分化

（一）三胚层的形成

1.内胚层和外胚层的形成 大约在受精后第2周，胚泡植入后，内细胞群的细胞不断分裂增生，分化成两层不同的细胞，邻近滋养层的一层柱状细胞为外胚层；靠近胚泡腔侧

的一层立方细胞为内胚层。两个胚层紧密相贴，共同形成圆盘状的结构，称胚盘。胚盘是胚发育的原基，胚盘的外胚层面为背面，内胚层面为腹面（图12-6）。

在内、外胚层形成的同时，外胚层与滋养层之间出现一个腔隙，称羊膜腔。羊膜腔由羊膜上皮细胞围成，其腔内的液体称羊水；在内胚层的腹侧，内胚层周缘的细胞向腹侧生长逐渐围成一个囊，称卵黄囊（图12-4）。

2.胚外中胚层的形成　在内外胚层形成时，胚泡滋养层的细胞迅速增生并分化为两层，外层细胞较厚，细胞之间的界限消失，细胞质融合在一起，称合体滋养层；内层细胞的细胞界限清楚，呈立方形，称细胞滋养层。细胞滋养层的部分细胞进入胚泡腔内，形成星形细胞网，称胚外中胚层（图12-6）。

3.中胚层的形成　胚胎第3周初，在二胚层胚盘尾端中线处的外胚层细胞增殖，形成一条纵行的细胞索，称原条。原条的细胞向深处迁移进入内外胚层之间形成中胚层（图12-6）。

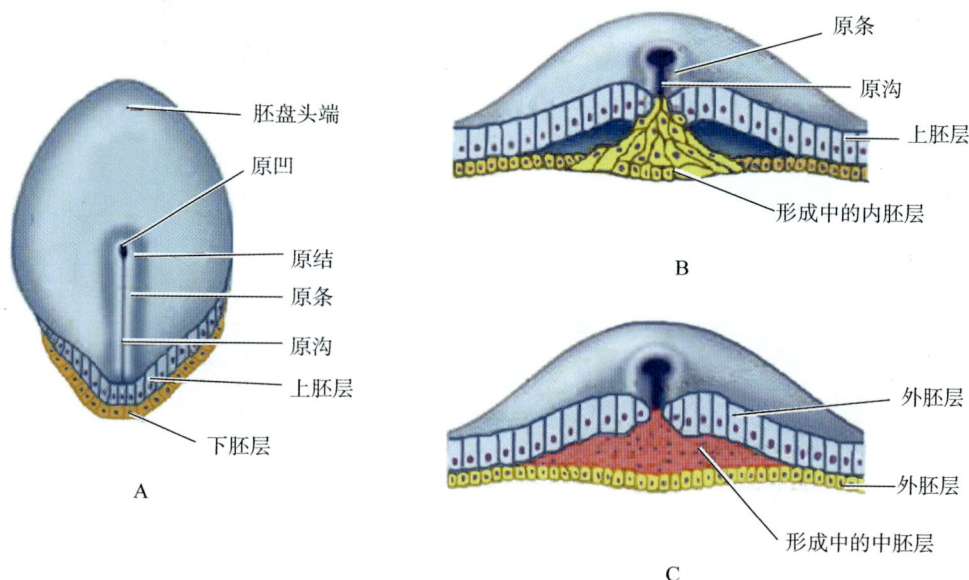

图 12-6　三胚层形成示意图

A.第三周初人胚盘背面观；B.经原条横切示上胚层形成内胚层；
C.经原条横切示上胚层形成中胚层

（二）三胚层的分化

胚胎第4~8周，三胚层的细胞经过增殖分化，形成人体的各种细胞和组织，各种组织构成人体器官。内胚层主要形成消化管、消化腺、气管、肺、膀胱及尿道等处的上皮；外胚层主要分化形成脑、脊髓及皮肤的表皮及附属结构；中胚层主要形成椎骨、骨骼肌、皮肤的真皮、泌尿生殖系统的主要器官，以及心包腔、胸膜腔和腹膜腔。在内、外胚层之间一些散在的中胚层细胞，称为间充质细胞，有很强的分化能力，可分化为肌组织和结缔组织（图12-7）。

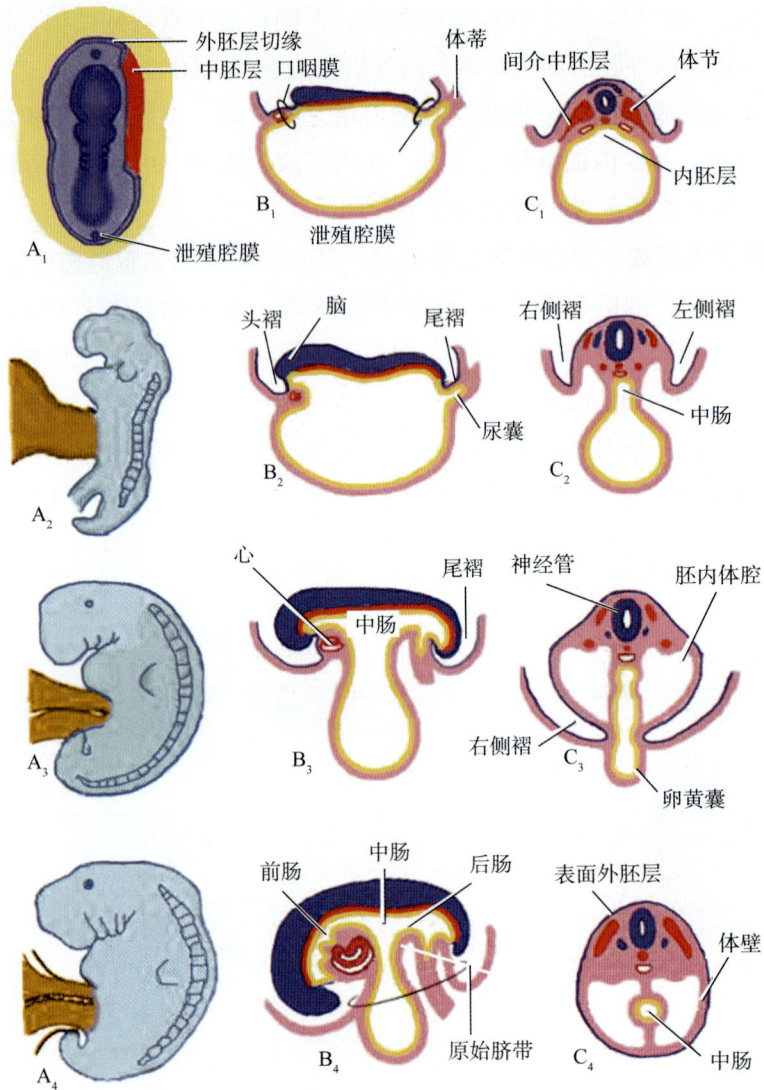

图 12-7　胚层的分化及胚体外形的形成

A₁. 背面观人胚第 20 天；A₂~A₄. 侧面观人胚第 23、26、28 天；B₁~B₄. 人胚经中轴纵切面；
C₁~C₄. 人胚经中肠横切面

第二节　胎膜和胎盘

　　胎膜和胎盘是附属结构，有保护、营养、呼吸、排泄及与母体进行物质交换等功能，有些具有内分泌功能。胎儿娩出后，胎膜、胎盘与子宫蜕膜一并排出。

一、胎膜

胎膜包括绒毛膜、卵黄囊、尿囊、羊膜和脐带等。

（一）绒毛膜

绒毛膜由滋养层和胚外中胚层发育而成（图12-8）。随着胚胎的发育，胚外中胚层进入绒毛中轴，形成血管，血管内含有胎儿的血液。

　　在胚胎发育的前6周，绒毛膜的表面均匀地分布着绒毛。伸入底蜕膜中的绒毛由于营

养丰富而生长茂盛，并发生若干分支，该处的绒毛膜称丛密绒毛膜。伸入包蜕膜中的绒毛因缺乏营养而逐渐萎缩退化，使该处的绒毛膜变得光滑平坦，故称平滑绒毛膜。随着胚胎的发育，丛密绒毛膜与底蜕膜共同构成了胎盘，而平滑绒毛膜则和包蜕膜一起逐渐与壁蜕膜融合。

由于绒毛浸浴在绒毛间隙内的母体血中，绒毛膜的功能是从母体血中吸收氧气和营养物质并排出代谢废物。绒毛膜还有内分泌功能和屏障作用。

如果在绒毛膜的发育中血管发育不良，或者与胚体血管连通不良，就会使胚胎发育不良甚至死亡。如果绒毛滋养层细胞过度增殖，间质变性水肿，血管消失，绒毛呈水泡状或葡萄状，胎儿死亡，整个胎盘像串串葡萄，称葡萄胎。如果滋养层过度增生并癌变，称绒毛膜上皮癌。

（二）卵黄囊

卵黄囊位于原始消化管腹侧。人类的造血干细胞和原始生殖细胞分别来自卵黄囊的胚外中胚层和内胚层。人胚胎卵黄囊被包入脐带后，与原始消化管相连的卵黄蒂于第6周闭锁，卵黄囊也逐渐退化，正常情况下，卵黄蒂于胚胎第5~6周闭锁为实心的细胞索，卵黄囊也随之闭锁。卵黄蒂退化后，其与肠管相接处常遗留一个小憩室，即回肠壁上的梅克尔憩室。

（三）尿囊

尿囊是卵黄囊的尾侧壁伸向体蒂的一个盲囊。其壁上的一对尿囊动脉和一对尿囊静脉逐渐演变成脐动脉和脐静脉。尿囊大部分退化，但根部不退化，演化为膀胱的一部分。尿囊闭锁后形成膀胱至脐的脐正中韧带。

（四）羊膜

羊膜是半透明的薄膜（图12-8）。羊膜最初附着于胚盘的边缘，随着胚体形成、羊膜腔扩大和胚体凸入羊膜腔内，羊膜遂在胚胎的腹侧包裹在体蒂表面，形成原始脐带。羊膜腔的扩大逐渐使羊膜与绒毛膜相贴，胚外体腔消失。羊膜腔内含有羊水，妊娠早期的羊水无色透明，羊水呈弱碱性，含有脱落的上皮细胞和一些胎儿的代谢产

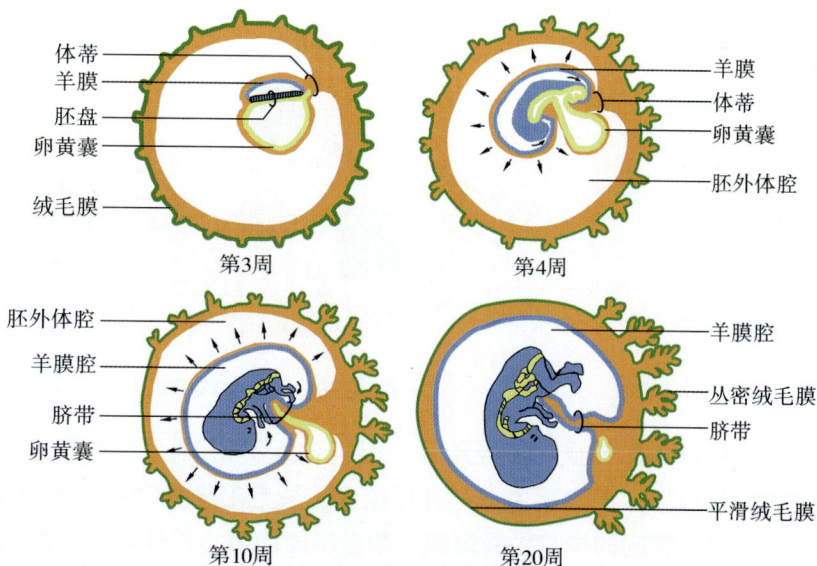

图 12-8　胎膜的形成与演变

物。羊水主要由羊膜不断分泌产生，又不断地被羊膜吸收和被胎儿吞饮，故羊水是不断更新的。羊膜和羊水在胚胎发育中起重要的保护作用，如胚胎在羊水中可较自由地活动，有利于骨骼肌的正常发育，并防止胚胎局部粘连或受外力的压迫与震荡。临产时，羊水还具扩张宫颈冲洗产道的作用。随着胚胎的长大，羊水也相应增多，妊娠第10周仅为30ml，第

20周便增至350ml，足月时可达1000~1500ml。羊水过少（500ml以下），易发生羊膜与胎儿粘连。羊水过多（2000ml以上），也可影响胎儿正常发育。羊水过多或过少常伴有胎儿的某种先天畸形。

（五）脐带

脐带是胎儿和母体进行物质交换的唯一通道，呈圆索状，一端连于胎儿脐部，另一端连于胎盘（图12-9）。脐带的形成与胚体的卷折密切相关。早期胚借体蒂与绒毛膜相连，随着胚盘向腹侧卷折及羊膜腔不断扩大，与胚盘周边相连的羊膜也向腹侧包卷，将卵黄囊、体蒂及其中的尿囊均挤到胚体腹侧，形成一圆柱状结构，称脐带。脐带外包羊膜，内有黏液性结缔组织，两条脐动脉、一条脐静脉互相盘绕，呈螺旋状走行。足月胎儿脐带长40~60cm，平均直径1~2cm。

二、胎盘

（一）胎盘的形态结构

胎盘由胎儿的丛密绒毛膜和母体子宫的底蜕膜构成。足月胎儿的胎盘呈圆盘状，直径为15~20cm。胎盘分胎儿面和母体面，胎儿面光滑，覆盖有羊膜，脐带附着于中央附近。母体面粗糙，由剥离后的底蜕膜组成，被不规则的浅沟分隔成的15~30个胎盘小叶（图12-9）。

（二）胎盘的血液循环

在胎盘内，有母体和子体两套血液循环通路：母体血液循环通路起自子宫动脉的分支，血液经物质交换后，经子宫内膜的小静脉回流至母体的子宫静脉。胎儿血液循环通路起自脐动脐，胎儿的血液借绒毛与胎盘母体血液进行物质交换后，经绒毛内毛细血管最终汇入脐静脉（图12-9）。

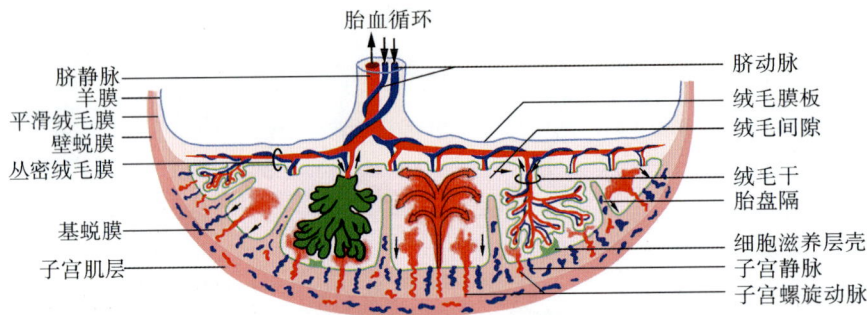

图12-9 胎盘结构模式图

母体血和胎儿血均流经胎盘，但二者互不相混，之间隔有一层极薄的膜，称胎盘膜，也叫胎盘屏障。胎盘膜由下列几层组成：绒毛毛细血管内皮及其基膜、滋养层上皮及其基膜、两层基膜间的少量结缔组织。胎盘屏障能阻止母体血液中的大分子物质进入胎儿体内，但对抗体、大部分药物、病毒和螺旋体，如风疹、麻疹、脑炎病毒、梅毒螺旋体等，并无屏障作用。

（三）胎盘的功能

1.物质交换　妊娠期间，胎儿生长发育所需要的营养物质和氧气等需要从母体获得，其代谢产物也需通过母体排出。因此，胎儿血与母体血须通过胎盘膜进行物质交换。

2.屏障作用　胎盘膜是分隔胎儿血与母体血的薄层结构，有选择性透过作用。可阻止母血中的某些有害物质进入胎儿血。但这一屏障并不严密，有些病原微生物，尤其是病毒（如风疹病毒、腮腺炎病毒等）仍可通过胎盘膜而感染胎儿。

3.内分泌功能 胎盘合体滋养层的细胞可分泌多种激素，这对维持正常妊娠过程和促进胎儿的生长发育起着重要的作用。分泌的激素主要如下。

（1）人绒毛膜促进性腺激素 能维持母体卵巢内的黄体继续存在以使妊娠正常进行。在受精后的第二周末，绒毛膜促性腺激素即开始在孕妇的尿中出现。故临床检查此激素，辅助诊断早孕。

（2）人胎盘雌激素和人胎盘孕激素 在妊娠第4个月开始分泌，以后逐渐增多。母体的黄体退化后，这两种激素起着继续维持妊娠的作用，并逐渐代替了母体雌激素和孕酮的作用。

（3）人胎盘催乳素 促进母体乳腺的生长发育，于妊娠第2个月开始分泌，第8个月达高峰，直到分娩。

第三节 胎儿的血液循环和出生后的变化

案例导入

产妇张某，31岁，妊娠39周，第1胎足月顺产，新生儿无窒息，体重3300g，生后哭声好，无青紫，查体未见异常，第二天面色青紫，呼吸急促，反应差，经吸氧无好转，在胸骨左缘2～5肋间出现轻微2级收缩期心脏杂音。心脏彩超：大动脉转位合并动脉导管未闭及卵圆孔开放。

请问：

1.胎儿心血管系统有何特点？

2.出生后心血管系统出现哪些变化？

扫码"学一学"

一、胎儿心血管系统的结构特点

胎儿在母体内，肺没有进行呼吸，气体交换及排泄的功能要靠胎盘来完成，故胎儿心血管系统的结构具有以下特点（图12-10）。

1.卵圆孔 在胎儿心脏房间隔右面的中下部有一卵圆形的孔，称卵圆孔，左、右心房经此孔相通。因胎儿右心房内血液的压力大于左心房，所以血液只能从右心房经卵圆孔流入左心房。

2.动脉导管 是一条连接肺动脉干和主动脉弓的血管。肺动脉干内的血液可经动脉导管流入主动脉。胎儿出生前，尚无肺呼吸，肺处于不张状态，不进行气体交换，由右心室射出的血液进入肺动脉干，小部分血液入肺，营养肺组织，大部分血液经动脉导管入降主动脉。

3.脐动脉 一对，脐动脉从髂总动脉发出，经胎儿脐部进入脐带内，其末梢分支在胎盘绒毛中形成毛细血管。脐动脉将含有二氧化碳和代谢产物的静脉血运输到胎盘。

4.脐静脉 一条，脐静脉起于胎盘绒毛中的毛细血管，进入脐带，由胎儿脐部入胎儿体内，脐静脉在胎儿肝内形成静脉导管，并有分支与肝血窦相通。脐静脉的大部分血液经静脉导管入下腔静脉，小部分血液入肝血窦，营养肝组织。脐静脉将含氧高、营养物质丰富的动脉血运输到胎儿体内。

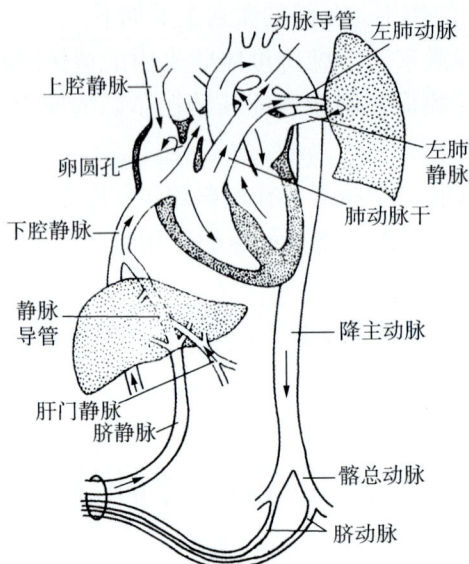

图 12-10　胎儿血液循环途径

二、胎儿的血液循环途径

胎儿的血液与母体血液在胎盘内进行物质交换后，含氧高、营养物质丰富的动脉血，由胎盘经脐静脉进入胎儿体内，脐静脉在胎儿肝内形成静脉导管，并有分支与肝血窦相通。脐静脉的大部分血液经静脉导管汇入下腔静脉；小部分血液流入肝血窦，与来自肝门静脉的含氧量低的血液混合，经肝静脉流入下腔静脉。下腔静脉的血液流入右心房后，大部分经卵圆孔流入左心房，再流入左心室，然后射入主动脉。其中大部分血液经主动脉弓的分支分布于头颈部和上肢；少部分的血液流入降主动脉。

上腔静脉的血液流入右心房，与少量来自下腔静脉的血液一起流入右心室，再入肺动脉干，小部分血液入肺，营养肺组织，大部分血液经动脉导管流入降主动脉，在此和左心室来的血液混合，混合血进入降主动脉的各级分支，分布于躯干、内脏和下肢；一部分血液经脐动脉流入胎盘，在胎盘内与母体血液进行物质交换（图 12-10）。

三、出生后心血管系统的变化

胎儿出生后，胎盘循环停止，肺开始呼吸，于是心血管系统相继发生下述变化（图 12-11）。

1.卵圆孔封闭　胎儿出生后，由于肺开始呼吸，肺循环的回流血量急剧增加，因而左心房压力超过右心房，使卵圆孔功能性关闭。出生后一年左右，因房间隔的结缔组织增生，在结构上得以完全封闭。仅在房间隔的右侧面留有一凹，称卵圆窝。如果卵圆孔未封闭或封闭不全，称卵圆孔未闭。

2.动脉导管闭锁　由于肺动脉压降低，动脉导管壁上的平滑肌收缩，导致动脉导管呈功能性关闭。以后，管壁平滑肌细胞和内膜组织增生，形成内膜垫突入腔内，使管腔变窄。由肺动脉干来的血流途经动脉导管的狭窄管道时，常引起局部血流高压，形成血栓，使管腔逐渐闭锁。一般在出生后3个月左右，动脉导管达到结构上的闭锁。若出生后动脉导管仍不闭锁，或闭锁不全，肺动脉、主动脉依旧相通，即造成动脉导管未闭。

3.脐静脉和脐动脉　脐静脉（腹腔内部分）闭锁，成为肝圆韧带，一般认为脐静脉的管腔并不完全消失，必要时，可利用其重建肝脏的侧支循环；脐动脉近侧一小段保留，成为膀胱上动脉，大部分闭锁，成为脐外侧韧带。

4.静脉导管　静脉导管闭锁成为静脉韧带。

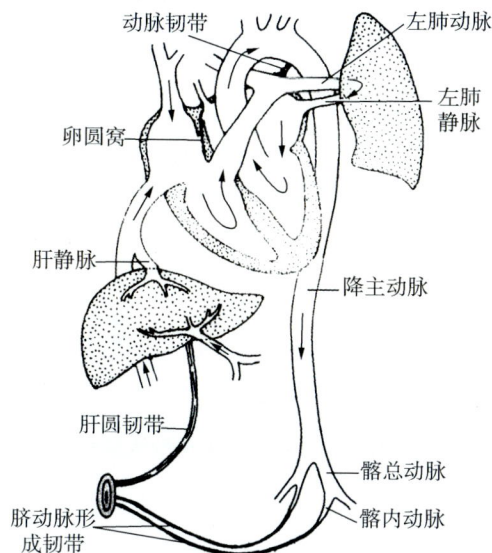

图 12-11　胎儿出生后血液循环途径的变化

知识拓展

先天性心脏病

　　先天性心脏病是指胎儿时期心脏及大血管发育异常所致的先天畸形，是小儿最常见的心脏病，其中室间隔缺损占第一位。发病原因很多，遗传因素仅占8%左右，92%都因环境因素造成。

　　妊娠前三个月患病毒或细菌感染，尤其是风疹病毒和柯萨奇病毒，孕妇患有糖尿病未经治疗和控制，妊娠早期服用致畸药物（锂、苯妥英钠或类固醇等），妊娠早期受到X射线过量照射，高龄产妇（35岁以上），遗传因素，以上原因均可使孩子罹患先天性心脏病的风险急剧增加。

第四节　双胎和多胎

一、双胎

　　一次分娩生出两个新生儿的现象，称双胎或孪生。双胎分为两类。

（一）单卵双胎

由一个受精卵发育成两个胎儿的双胎，称单卵双胎。单卵双胎可由一个受精卵分裂形成两个胚泡，每个胚泡发育成一个胎儿；或在一个胚泡内形成两个内细胞团，每个内细胞团发育成一个胎儿；也可在胚盘形成后，发生两个原条，再发育形成两个胎儿。由于单卵双胎的两个胎儿来自一个受精卵，遗传构成完全相同，出生后的相貌、体态、代谢类型、生理特点等都相同。因其血型及组织抗原性均相同，其组织器官可相互移植而不被排斥。

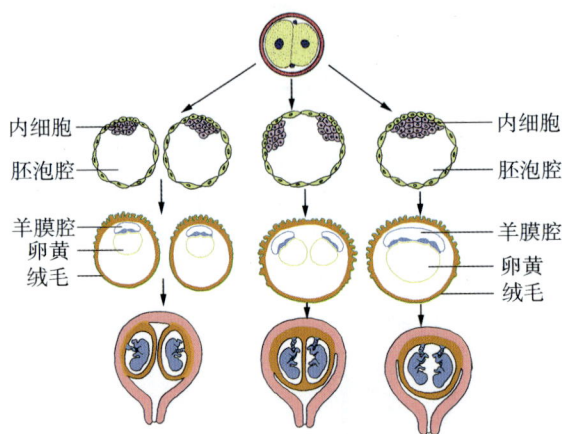

图 12-12　单卵孪生类型示意图

（二）双卵双胎

卵巢排出两个卵，各自受精，分别发育成一个胎儿，称双卵双胎。双卵双胎中每个胎儿各具独立的胎盘、绒毛膜囊和羊膜囊。两个胎儿的性别可相同也可不同，其相貌、血型及组织抗原性均同一般的兄弟姐妹。

二、多胎

多胎是一次分娩生出三个以上的胎儿。多胎如果来自一个受精卵，则称为单卵多胎；如果来自多个受精卵，则称为多卵多胎。

三、联体双胎

联体双胎来自两个未完全分离的单卵双胎。当一个胚盘出现两个原条并分别发育为两个胚胎时，两个胚胎未完全分开，胚体的某一部分还不同程度的联在一起。如果头联在一起，称头联双胎；如果臀部联在一起，称臀联双胎；如果头胸部或腹部联在一起，称胸联或腹联双胎。

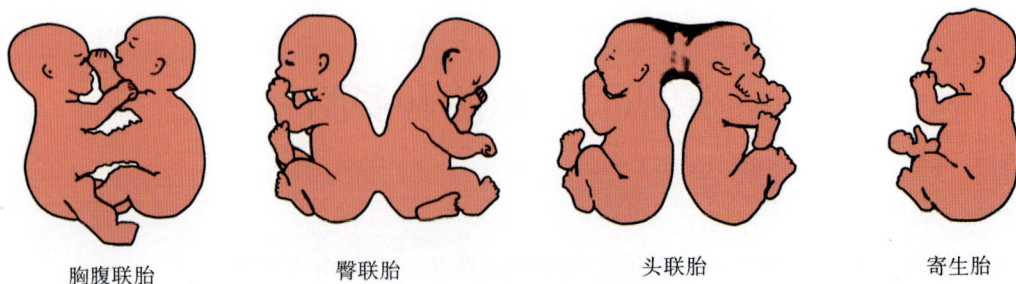

胸腹联胎　　　　　　臀联胎　　　　　　头联胎　　　　　　寄生胎

图 12-13　联体双胎模式图

第五节　先天性畸形

先天性畸形是胚胎发育过程中出现的组织器官形态结构的异常。先天性畸形是婴儿死亡的首位原因。先天性畸形的表现有多种多样，常见的畸形有：无脑儿、脊柱裂、脑积水等中枢神经系统异常；法洛四联症、室间隔缺损、房间隔缺损等先天性心脏病；肾发育不全或肾缺失、多囊肾、肾盂积水等泌尿系统畸形；四肢畸形、唇裂、唇腭裂等骨骼发育异常；头联双胎、臀联双胎、胸联或腹联双胎等双胎畸形。

扫码"学一学"

一、先天性畸形的发生原因

引起先天性畸形的原因可分为遗传因素和环境因素以及两者的相互作用。

（一）遗传因素

遗传信息的基本单位基因发生突变或基因的载体染色体发生畸变都可影响新个体的发育。遗传因素引起的先天畸形包括亲代畸形的血缘遗传和配子或胚体细胞的染色体畸变及基因突变。由于某些遗传因素引起的代谢异常或畸形不一定于出生时即表现，大部分要到幼少年或成长后才发病。包括单基因遗传病、多基因遗传病及染色体病。

（二）环境因素

影响胚胎发育的环境有三个方面，即母体周围的外环境、母体的内环境和胚体周围的微环境，这三个层次的环境中引起胚胎畸形的因素均称为环境致畸因子。环境致畸因子主要有：①生物性致畸因子，如风疹病毒、单纯疱疹病毒、弓形体、梅毒螺旋体等；②物理性致畸因子，如放射线、机械性压迫和损伤等；③化学性致畸因子，如工业"三废"、防腐剂和食品添加剂中含有多种致畸作用的化学物质；④致畸性药物，如镇静药、抗肿瘤药、治疗精神病的药物、某些抗生素和激素等可产生致畸作用；⑤其他致畸因子，酗酒、吸烟、缺氧、营养不良等均有致畸作用。

（三）环境因素与遗传因素的相互作用

在畸形的发生中，环境因素与遗传因素的相互作用是非常明显的，这不仅表现在环境致畸因子通过引起染色体畸变和基因突变而导致先天畸形，而且更表现在胚胎的遗传特性，即基因型决定和影响胚胎对致畸因子的易感程度。

二、致畸敏感期

胚胎受到致畸因子作用后，是否发生畸形，不仅取决于致畸因子的性质和胚胎的遗传特性，而且还取决于胚胎受到致畸因子作用时所处的发育阶段。受致畸因子作用最易发生畸形的发育阶段，称致畸敏感期。一般受精后的前2周，正值卵裂或胚泡植入，此时致畸因子可造成胚胎死亡流产；受精后的第3~8周，为胚胎各器官原基分化时期，最易受致畸因子的干扰而发生器官形态结构的异常，所以此期属于致畸高度敏感期；第9周以后，胎儿生长发育快，大多数器官基本定型，受致畸因子的影响减少，一般不出现器官形态的畸形。

本章小结

　　精子和卵子结合成受精卵，分裂成桑椹胚进入子宫腔，继续分裂成胚泡埋入子宫内膜。随着胚胎的生长发育，形成三胚层，并分化成不同的组织器官。胎膜包括绒毛膜、卵黄囊、尿囊、羊膜和脐带等。胎盘由胎儿的丛密绒毛膜和母体子宫的底蜕膜构成，在胎盘内，有母体和胎儿两套血液循环通路，可进行物质交换，胎盘膜作为屏障阻止母血中的某些有害物质进入胎儿血，胎盘可分泌激素。胎儿心血管系统的结构特点包括卵圆孔、动脉导管、脐动脉和脐静脉。出生后，胎盘血液循环停止后，肺开始呼吸，于是心血管系统相继发生相应变化，卵圆孔封闭、动脉导管闭锁成为动脉韧带、脐静脉（腹腔内部分）闭锁成为肝圆韧带、脐动脉大部分闭锁成为脐外侧韧带。

习　题

扫码"练一练"

一、选择题

【A1/A2 型题】

1.人的胚胎发育过程历时

    A. 36周　　　　　　　　　B. 37周　　　　　　　　　C. 38周

    D. 40周　　　　　　　　　E. 35周

2.胎期是指

    A. 从受精至出生　　　　　B. 从第3周至出生　　　　C. 从第8周至出生

    D. 从第9周至出生　　　　　E. 从第4周至出生

3.精子在女性生殖管道内的受精能力能保持

    A. 12小时　　　　　　　　B. 1天　　　　　　　　　C. 2天

    D. 3天　　　　　　　　　　E. 4天

4.胚胎植入是在

    A.卵裂期　　　　　　　　B.桑椹胚期　　　　　　　C.胚泡期

    D.胚盘分化期　　　　　　E.以上均不对

5.胚泡植入与完成的时间于受精后

    A.第1~2天至第7~8天　　　　B.第3~4天至第9~10天

    C.第5~6天至第11~12天　　　D.第7~8天至第13~14天

    E.第9~10天至第15~16天

6.植入后的子宫内膜称

    A.基膜　　　　　　　　　B.胎膜　　　　　　　　　C.蜕膜

    D.绒毛膜　　　　　　　　E.以上均不对

7.二胚层胚盘形成是在受精后

    A.第1周末　　　　　　　　B.第2周末　　　　　　　C.第3周末

    D.第8周末　　　　　　　　E.第4周末

8.脐带表面包裹的是

    A.羊膜   B.基蜕膜   C.胎盘膜

    D.丛密绒毛膜   E.以上均不对

9.胎盘催乳素

    A.促进卵泡生长   B.促进卵巢排卵   C.促进乳腺生长发育

    D.松弛子宫平滑肌   E.以上均不对

10.临床上早期妊娠的辅助诊断，常通过检查孕妇尿中的

    A.雌激素   B.孕激素

    C.人绒毛膜促性腺激素   D.卵泡刺激素

    E.雄激素

11.下列哪项不是来源于中胚层

    A.真皮   B.肌肉   C.表皮

    D.血管   E.结缔组织

12.下列哪项不属于胎膜

    A.羊膜   B.包蜕膜   C.卵黄囊

    D.绒毛膜   E.胎盘

13.哪个不是胚泡的结构

    A.滋养层   B.内细胞群   C.桑椹胚

    D.胚泡腔   E.极端滋养层

14.关于胎盘的功能说法错误的是

    A.物质交换   B.内分泌功能   C.防御功能

    D.屏障功能   E.以上均不是

15.关于羊水的功能说法错误的是

    A.保护胎儿   B.利于胎儿运动，防止粘连

    C.缓冲外力、减轻震荡   D.临产时扩张宫颈冲洗产道

    E.以上均不是

16.胎儿心血管系统的特点不包括

    A.卵圆孔   B.静脉导管   C.脐动脉

    D.脐静脉   E.动脉导管

17.出生后心血管系统的变化描述错误的是

    A.卵圆孔封闭形成卵圆窝

    B.动脉导管闭锁形成动脉韧带

    C.脐静脉成为肝圆韧带，脐动脉成为脐内侧韧带

    D.静脉导管闭锁成为静脉韧带

    E.以上均不对

18.不属于腹部畸形异常的是

    A.膈疝   B.消化道闭锁   C.脐疝

    D.腹壁裂   E.腹部囊肿

19.不属于胎膜结构的是

    A.绒毛膜   B.蜕膜   C.卵黄囊及尿囊

D.羊膜和脐带　　　　　　E.以上均不是

20.关于受精描述错误的是

A.精子与卵子结合形成受精卵的过程称为受精

B.当获能的精子接触到卵细胞周围的放射冠时，会发生顶体反应

C.受精发生在子宫

D.受精发生在输卵管壶腹部

E.受精是新生命的开端

二、思考题

1.试述受精的定义、部位和意义。

2.试述植入的时间、部位和过程。

3.简述外胚层的分化。

4.简述胎盘的结构和功能。

5.何谓胎膜？包括哪些结构？

（刘一奇）

参考答案

绪　论

1. B　　2. D　　3. E　　4. D　　5. A

第一章

1. E　　2. C　　3. E　　4. C　　5. B　　6. B　　7. C　　8. C

第二章

1. D　　2. E　　3. D　　4. C　　5. B　　6. B　　7. B　　8. D　　9. C　　10. B

11. C　　12. C　　13. A　　14. C　　15. E　　16. B　　17. C　　18. B　　19. B　　20. C

第三章

1. E　　2. D　　3. D　　4. B　　5. B　　6. B　　7. C　　8. C　　9. C　　10. B

11. B　　12. C　　13. D　　14. E　　15. D　　16. C　　17. B　　18. E　　19. B　　20. D

第四章

1. C　　2. A　　3. B　　4. D　　5. C　　6. B　　7. D　　8. C　　9. D　　10. E

11. E　　12. B　　13. B　　14. C　　15. D　　16. C　　17. C　　18. D　　19. D　　20. C

第五章

1. B　　2. E　　3. A　　4. B　　5. D　　6. C　　7. B　　8. C　　9. B　　10. A

11. E　　12. A　　13. D　　14. E　　15. E　　16. D　　17. E　　18. A　　19. D　　20. C

第六章

1. B　　2. C　　3. C　　4. A　　5. B　　6. A　　7. C　　8. B　　9. A　　10. B

11. A　　12. A　　13. C　　14. B　　15. D　　16. B　　17. D　　18. E　　19. C　　20. E

第七章

1. A　　2. C　　3. B　　4. A　　5. B　　6. C　　7. C　　8. B　　9. D　　10. B

11. C　　12. E　　13. E　　14. B　　15. D　　16. E　　17. E　　18. A　　19. A　　20. E

第八章

1. D　　2. C　　3. C　　4. E　　5. B　　6. D　　7. C　　8. D　　9. B　　10. C

11. D　　12. D　　13. C　　14. E　　15. E　　16. E　　17. B　　18. B　　19. A　　20. C

第九章

1. B　　2. D　　3. B　　4. B　　5. C　　6. A　　7. D　　8. B　　9. D　　10. B

11. D　　12. B　　13. D　　14. B　　15. E　　16. A　　17. C　　18. A　　19. B　　20. E

第十章

1. E　　2. C　　3. E　　4. D　　5. D　　6. C　　7. D　　8. B　　9. D　　10. E

11. B   12. C   13. D   14. E   15. B   16. C   17. D   18. D   19. E   20. D

第十一章

1. E   2. E   3. C   4. A   5. D   6. C   7. B   8. C   9. C   10. D

第十二章

1. C   2. D   3. B   4. C   5. C   6. C   7. B   8. A   9. C   10. C

11. C   12. B   13. C   14. E   15. E   16. B   17. C   18. A   19. B   20. C

参考文献

[1] 苏衍萍，吴春云 . 组织学与胚胎学 [M]. 北京：中国医药科技出版社，2016.

[2] 段斐，任明姬 . 组织学与胚胎学 [M]. 北京：中国医药科技出版社，2016.

[3] 丁自海，范真 . 人体解剖学 [M].2 版 . 北京：人民卫生出版社，2017.

[4] 黄文华，张雁儒，赵志军 . 系统解剖学 [M].2 版 . 北京：科学出版社，2017.

[5] 徐旭东，邹智荣 . 人体解剖学 [M]. 北京：中国医药科技出版社，2016.

[6] 董博，付世杰，魏宏志 . 解剖组胚学 [M].4 版 . 北京：科学出版社，2016.

[7] 陈地龙，胡小和 . 人体解剖学与组织胚胎学 [M]. 北京：人民卫生出版社，2016.

[8] 腾少康，汲军 . 人体解剖学与组织胚胎学 [M]. 北京：中国医药科技出版社，2015.

[9] 何从军，杨春辉，刘浩 . 正常人体结构 [M]. 西安：第四军医大学出版社，2015.

[10] 刘江舟，唐鹏 . 人体解剖学与组织胚胎学 [M]. 北京：中国医药科技出版社，2015.

[11] 柯丰年，王向东，郑晓波等 . 人体解剖学与组织胚胎学 [M]. 北京：科学出版社，2015.

[12] 甘功友，何从军，刘玉红 . 人体正常结构学 [M]. 西安：世界图书出版社，2014.

[13] 罗建文，谭毅，史铀 . 人体解剖学与组织胚胎学 [M]. 北京：科学出版社，2014.

[14] 曹述铁，刘求梅 . 人体解剖学 [M].2 版 . 西安：世界图书出版社，2014.

[15] 窦肇华，吴建清 . 人体解剖学与组织胚胎学 [M].7 版 . 北京：人民卫生出版社，2014.

[16] 唐晓伟，唐三省 . 人体解剖与生理 [M].2 版 . 北京：中国医药科技出版社，2013.

[17] 傅文学，桂勤，胡小和 . 人体解剖学与组织胚胎学 [M]. 北京：科学出版社，2013.

[18] 柏树令，应大君 . 系统解剖学 [M].8 版 . 北京：人民卫生出版社，2013.

[19] 庞传武 . 人体解剖学与组织胚胎学 [M]. 北京：中国医药科技出版社，2013.

[20] 盖一峰，胡小和 . 人体结构学 [M].2 版 . 北京：中国医药科技出版社，2012.

[21] 王之一，王子彪 . 解剖学基础 [M].2 版 . 西安：第四军医大学出版社，2012.

[22] 祝继明，伍赶球 . 医用组织学与胚胎学 [M]. 北京：北京大学医学出版社，2011.